51单片机C语言编程

从入门到精通

蔡杏山　主编

化学工业出版社

·北京·

本书通过大量实例和采用程序逐行解说的方式介绍51单片机和C语言编程。全书主要内容有单片机快速入门、数制与C51语言基础、51单片机编程软件的使用、单片机驱动发光二极管的电路及编程、单片机驱动LED数码管的电路及编程、中断功能的使用及编程、定时器/计数器的使用及编程、按键电路及编程、双色LED点阵的使用及编程、液晶显示屏的使用及编程、步进电机的使用及编程、单片机的串行通信及编程、模拟I²C总线通信及编程、A/D（模/数）与D/A（数/模）转换电路及编程、51单片机的硬件系统、单片机开发常用电子元器件。

本书内容由浅入深、语言通俗易懂，并且内容结构安排符合学习认知规律，适合作为初学者学习51单片机C语言编程的自学图书，也适合作为职业院校电类专业的单片机教材使用。

图书在版编目（CIP）数据

51单片机C语言编程从入门到精通/蔡杏山主编. —北京：化学工业出版社，2019.11 （2025.4重印）

ISBN 978-7-122-35080-0

Ⅰ.①5… Ⅱ.①蔡… Ⅲ.①单片微型计算机－C语言－程序设计 Ⅳ.①TP368.1②TP312.8

中国版本图书馆CIP数据核字（2019）第182747号

责任编辑：刘丽宏　李军亮　　　　　　　　　文字编辑：吴开亮
责任校对：刘　颖　　　　　　　　　　　　　装帧设计：刘丽华

出版发行：化学工业出版社（北京市东城区青年湖南街13号　邮政编码100011）
印　　装：河北延风印务有限公司
787mm×1092mm　1/16　印张19½　字数480千字　2025年4月北京第1版第12次印刷

购书咨询：010-64518888　　　　　　　　售后服务：010-64518899
网　　址：http://www.cip.com.cn
凡购买本书，如有缺损质量问题，本社销售中心负责调换。

定　　价：79.80元

前言

8051 单片机是 Intel 公司推出的最成功的单片机产品，后来由于 Intel 公司将重点放在 PC 机芯片（如 8086、80286、80486 和奔腾 CPU 等）开发上，故将 8051 单片机内核使用权以专利出让或互换的形式提供给世界许多著名 IC 制造商，如 Philips、NEC、Atmel、AMD、Dallas、Siemens、Fujutsu、OKI、华邦和 LG 等，这些公司在确保与 8051 单片机兼容基础上改善和扩展了许多功能，设计生产出与 8051 单片机兼容的一系列单片机，这种具有 8051 硬件内核且兼容 8051 指令的单片机称为 MCS-51 系列单片机，简称 51 单片机。新型 51 单片机可以运行 8051 单片机的程序，而 8051 单片机可能无法正常运行为新型 51 单片机新增功能编写的程序。目前市面上广泛使用的 51 单片机主要为宏晶公司（STC）的 51 系列单片机，其编写的程序可以在线写入单片机，无需专门的编程器，并且可反复擦写单片机内部的程序，另外该系列单片机价格低廉且容易买到。

单片机的应用非常广泛，已深入到工业、农业、教育、国防等各个领域。由于单片机应用广泛，电工电子技术人员大多希望学会单片机技术，但真正掌握单片机技术并能进行单片机软、硬件开发的人却不多，其主要原因是学习单片机编程比较困难。

本书采用"实用的单片机电路 + 大量典型的实例应用程序 + 通俗易懂的程序逐条解说"方式编写，读者阅读程序时，可查看与程序对应的单片机电路，遇到某条程序不明白时，可查看该条程序后面的详细注释说明，从而明白程序运行的来龙去脉。读懂程序后，读者可尝试采用类似方法自己编写一些程序，慢慢就可以自己编写一些复杂的程序，从而成为单片机软件编程高手。另外，读者可添加微信（etv100）或发电子邮件（etv100@163.com）免费索取编程软件和书中的程序源代码。

本书在编写过程中得到了很多老师的支持，其中蔡玉山、詹春华、何慧、蔡理杰、黄晓玲、蔡春霞、邓艳姣、黄勇、刘凌云、邵永亮、蔡理忠、何彬、刘海峰、蔡理峰、李清荣、万四香、蔡任英、邵永明、蔡理刚、何丽、梁云、吴泽民、蔡华山和王娟等参与了部分章节的编写工作，在此一并表示感谢。

由于作者水平有限，书中的不足之处在所难免，望广大读者和同仁予以批评指正。

编　者

目录

第4章

单片机驱动发光二极管的电路及编程 ⸺⸺⸺⸺⸺⸺⸺⸺⸺⸺ 52

第5章

单片机驱动LED数码管的电路及编程 ⸺⸺⸺⸺⸺⸺⸺⸺⸺⸺ 70

第6章

中断功能的使用及编程 ·· 82

第7章

定时器/计数器的使用及编程 ·· 91

第8章

按键电路及编程 ··· 103

第9章

双色LED点阵的使用及编程 ·················· 129

第10章

液晶显示屏的使用及编程 ·················· 145

第14章

A/D（模数）与D/A（数模）转换电路及编程 ················206

第15章

51单片机的硬件系统 ··················219

第1章 单片机快速入门

1.1 单片机简介

1.1.1 什么是单片机

单片机是一种内部集成了很多电路的 IC 芯片（又称集成电路、集成块），图 1-1 列出了几种常见的单片机，有的单片机引脚较多，有的引脚少，同种型号的单片机，可以采用直插式引脚封装，也可以采用贴片式引脚封装。

(a) 直插式引脚封装　　　　　(b) 贴片式引脚封装

图 1-1　几种常见单片机外形

单片机全称单片微型计算机（Single Chip Microcomputer），由于单片机主要用于控制领域，所以又称作微型控制器（Microcontroller Unit，MCU）。单片机与微型计算机都是由 CPU、存储器和输入 / 输出接口电路（I/O 接口电路）等组成的，但两者又有所不同，微型计算机（PC）和单片机（MCU）的基本结构分别如图 1-2（a）、图 1-2（b）所示。

(a) 微型计算机　　　　　　　　　(b) 单片机

图 1-2　微型计算机与单片机的基本结构

1

从图 1-2 可以看出，微型计算机是将 CPU、存储器和输入 / 输出接口电路等安装在电路板（又称电脑主板）上，外部的输入 / 输出设备（I/O 设备）通过接插件与电路板上的输入 / 输出接口电路连接起来。单片机则是将 CPU、存储器和输入 / 输出接口电路等安装在半导体硅片上，再接出引脚并封装起来构成集成电路，外部的输入 / 输出设备通过单片机的外部引脚与内部输入 / 输出接口电路连接起来。

与单片机相比，微型计算机具有性能高、功能强的特点，但其价格昂贵，并且体积大，所以在一些不是很复杂的控制方面，如电动玩具、缤纷闪烁的霓虹灯和家用电器等设备中，完全可以采用价格低廉的单片机进行控制。

1.1.2 单片机应用系统的组成及实例说明

单片机应用系统组成及实例

（1）组成

单片机是一块内部包含有 CPU、存储器和输入 / 输出接口等电路的 IC 芯片，但单独一块单片机芯片是无法工作的，必须给它增加一些相关的外围电路来组成单片机应用系统，才能完成指定的任务。典型的单片机应用系统的组成如图 1-3 所示，即单片机应用系统主要由单片机芯片、输入部件、输入电路、输出部件和输出电路组成。

（2）实例说明

图 1-4 是一种采用单片机控制的 DVD 影碟机托盘检测及驱动电路。按键 S1、S2 为输入部件，与二极管 VD 构成单片机的输入电路；电机 M 为输出部件，与 R1～R5 和 VT1～VT4 构成输出电路。

图 1-3　典型的单片机应用系统的组成

图 1-4　采用单片机控制的 DVD 影碟机托盘检测及驱动电路

当按下"OPEN/CLOSE"键时，单片机 a 脚的高电平（一般为 3V 以上的电压，常用 1 或 H 表示）经二极管 VD 和闭合的按键 S2 送入 b 脚，触发单片机内部相应的程序运行，程序运行后从 e 脚输出低电平（一般为 0.3V 以下的电压，常用 0 或 L 表示），低电平经电阻 R3 送到 PNP 型三极管 VT2 的基极，VT2 导通，+5V 电压经 R1、导通的 VT2 和 R4 送到 NPN 型三极管 VT3 的基极，VT3 导通，于是有电流流过托盘电机（电流途径是：+5V → R1 → VT2 的发射极→ VT2 的集电极→接插件的 3 脚→托盘电机→接插件的 4 脚→ VT3 的集电极→ VT3 的发射极→地），托盘电机运转，通过传动机构将托盘推出机器，当托盘出仓到位后，托盘检测开关 S1 断开，单片机的 c 脚变为高电平（出仓过程中 S1 一直是闭合的，c 脚为低电平），内部程序运行，使单片机的 e 脚变为高电平，三极管 VT2、VT3 均由导通转为截止，无电流流过托盘电机，电机停转，托盘出仓完成。

在托盘上放好碟片后，再按压一次 "OPEN/CLOSE" 键，单片机 b 脚再一次接收到 a 脚送来的高电平，又触发单片机内部相应的程序运行，程序运行后从 d 脚输出低电平，低电平经电阻 R2 送到 PNP 型三极管 VT1 的基极，VT1 导通，+5V 电压经 R1、VT1 和 R5 送到 NPN 型三极管 VT4 的基极，VT4 导通，马上有电流流过托盘电机（电流途径是：+5V → R1 → VT1 的发射极→ VT1 的集电极→接插件的 4 脚→托盘电机→接插件的 3 脚→ VT4 的集电极→ VT4 的发射极→地），由于流过托盘电机的电流反向，故电机反向运转，通过传动机构将托盘收回机器，当托盘入仓到位后，托盘检测开关 S1 断开，单片机的 c 脚变为高电平（入仓过程中 S1 一直是闭合的，c 脚为低电平），内部程序运行，使单片机的 d 脚变为高电平，三极管 VT1、VT4 均由导通转为截止，无电流流过托盘电机，电机停转，托盘入仓完成。

在图 1-4 中，检测开关 S1 和按键 S2 均为输入部件，与之连接的电路称为输入电路；托盘电机为输出部件，与之连接的电路称为输出电路。

1.1.3 单片机的分类

单片机的分类

各公司设计生产的单片机很多，较常见的有 Intel 公司生产的 MCS-51 系列单片机、Atmel 公司生产的 AVR 系列单片机、MicroChip 公司生产的 PIC 系列单片机和美国德州仪器（TI）公司生产的 MSP430 系列单片机等。

8051 单片机是 Intel 公司推出的最成功的单片机产品，后来由于 Intel 公司将重点放在 PC 机芯片（如 8086、80286、80486 和奔腾 CPU 等）开发上，故将 8051 单片机内核使用权以专利出让或互换的形式提供给世界许多著名 IC 制造商，如 Philips、NEC、Atmel、AMD、Dallas、Siemens、Fujitsu、OKI、华邦和 LG 等，这些公司在确保与 8051 单片机兼容基础上改善和扩展了许多功能，设计生产出与 8051 单片机兼容的一系列单片机，这种具有 8051 硬件内核且兼容 8051 指令的单片机称为 MCS-51 系列单片机，简称 51 单片机。新型 51 单片机可以运行 8051 单片机的程序，而 8051 单片机可能无法正常运行为新型 51 单片机新增功能编写的程序。

51 单片机是目前应用最为广泛的单片机，由于生产 51 单片机的公司很多，故型号众多，但不同公司各型号的 51 单片机之间也有一定的对应关系。表 1-1 是部分公司的 51 单片机常见型号及对应表，对应型号的单片机功能基本相似。

表 1-1 部分公司的 51 单片机常见型号及对应表

STC 公司的 51 单片机	Atmel 公司的 51 单片机	Philips 公司的 51 单片机	Winbond 公司的 51 单片机
STC89C516RD	AT89C51RD2/RD+/RD	P89C51RD2/RD+，89C61/60X2	W78E516
STC89LV516RD	AT89LV51RD2/RD+/RD	P89LV51RD2/RD+/RD	W78LE516
STC89LV58RD	AT89LV51RC2/RC+/RC	P89LV51RC2/RC+/RC	W78LE58，W77LE58
STC89C54RC2	AT89C55，AT89S8252	P89C54	W78E54
STC89LV54RC2	AT89LV55	P87C54	W78LE54

续表

STC 公司的 51 单片机	Atmel 公司的 51 单片机	Philips 公司的 51 单片机	Winbond 公司的 51 单片机
STC89C52RC2	AT89C52，AT89S52	P89C52，P87C52	W78E52
STC89LV52RC2	AT89LV52，AT89LS52	P87C52	W78LE52
STC89C51RC2	AT89C51，AT89S51	P89C51，P87C51	W78E51

1.1.4 单片机的应用领域

单片机的应用非常广泛，已深入到工业、农业、教育、国防等各个领域，下面简单介绍一下单片机在一些领域的应用。

• 单片机在家电方面的应用：彩色电视机、影碟机内部的控制系统；数码相机、数码摄像机中的控制系统；中高档电冰箱、空调器、电风扇、洗衣机、加湿机和消毒柜中的控制系统；中高档微波炉、电磁灶和电饭煲中的控制系统等。

• 单片机在通信方面的应用：移动电话、传真机、调制解调器和程控交换机中的控制系统；智能电缆监控系统、智能线路运行控制系统和智能电缆故障检测仪等。

• 单片机在商业方面的应用：自动售货机、无人值守系统、防盗报警系统、灯光音响设备、IC 卡等。

• 单片机在工业方面的应用：数控机床、数控加工中心、无人操作、机械手操作、工业过程控制、生产自动化、远程监控、设备管理、智能控制和智能仪表等。

• 单片机在航空、航天和军事方面的应用：航天测控系统、航天制导系统、卫星遥控遥测系统、载人航天系统、导弹制导系统和电子对抗系统等。

• 单片机在汽车方面的应用：汽车娱乐系统、汽车防盗报警系统、汽车信息系统、汽车智能驾驶系统、汽车全球卫星定位导航系统、汽车智能化检验系统、汽车自动诊断系统和交通信息接收系统等。

1.2 单片机应用系统开发实例

单片机开发实例—
选择单片机

1.2.1 选择单片机的型号

（1）明确控制要求

在开发单片机应用系统时，首先要明确需要实现的控制功能，单片机硬件和软件开发都要围绕着要实现的控制功能进行。如果要实现的控制功能比较多，可一条一条列出来；若要实现的控制功能比较复杂，则需分析控制功能及控制过程，并明确表述出来（如控制的先后顺序、同时进行几项控制等），这样在进行单片机软、硬件开发时才会目标明确。

本项目的控制要求是：当按下按键时，LED（发光二极管）亮；松开按键时，LED 熄灭。

（2）选择合适型号的单片机

明确单片机应用系统要实现的控制功能后，再选择单片机的种类和型号。单片机种类很多，不同种类型号的单片机结构和功能有所不同，软、硬件开发也有区别。

在选择单片机型号时，一般应注意以下几点。

• 选择自己熟悉的单片机。不同系列的单片机内部硬件结构和软件指令或多或少有些不同，而选择自己熟悉的单片机可以提高开发效率，缩短开发时间。

• 在功能够用的情况下，考虑性能价格比。有些型号的单片机功能强大，但相应的价格也较高，而选择单片机型号时功能足够即可，不要盲目选用功能强大的单片机。

目前市面上使用广泛的为 51 单片机，其中宏晶公司（STC）51 系列单片机最为常见，编写的程序可以在线写入单片机，无需专门的编程器，并且可反复擦写单片机内部的程序，另外，价格低且容易买到。

1.2.2 设计单片机电路原理图

单片机开发实例—
设计单片机电路

明确控制要求并选择合适型号的单片机后，接下来就是设计单片机电路，即给单片机添加工作条件电路、输入部件和输入电路、输出部件与输出电路等。图 1-5 是设计好的用一个按键控制一只发光二极管亮灭的单片机电路原理图，该电路采用了 STC 公司 8051 内核的 89C51 型单片机。

对于STC89C5x系列单片机：
晶振X频率为4MHz时，C2、C3应为100pF
晶振X频率为6MHz时，C2、C3应为47~100pF
晶振X频率为12MHz~25MHz时，C2、C3应为47pF

图 1-5　用一个按键控制一只发光二极管亮灭的单片机电路原理图

单片机是一种集成电路，普通的集成电路只需提供电源即可使内部电路开始工作，而要让单片机内部电路正常工作，除了需要提供电源外，还需要提供时钟信号和复位信号。电源、时钟信号和复位信号是单片机工作必须提供的，提供这三者的电路称为单片机的工作条件电路。

STC89C51 单片机的工作电源为 5V，电压允许范围为 3.8～5.5V。5V 电源的正极接到单片机的正电源脚（VCC、40 脚），负极接到单片机的负电源脚（VSS、20 脚）。晶振 X、电容 C_2、电容 C_3 与单片机时钟脚（XTAL2—18 脚、XTAL1—19 脚）内部的电路组成时钟振荡电路，产生 12MHz 时钟信号提供给单片机内部电路，让内部电路有条不紊地按节拍工作。C1、R1 构成单片机复位电路，在接通电源的瞬间，C1 还未充电，C1 两端电压为 0V，R1 两端电压为 5V，5V 电压为高电平，它作为复位信号经复位脚（RST、9 脚）送入单片机，对内部电路进行复位，使内部电路全部进入初始状态，随着电源对 C1 充电，C1 上的电压迅速上升，R1 两端电压则迅速下降，当 C1 上充的电压达到 5V 时充电结束，R1 两端电压为 0V（低电平），单片机 RST 脚变为低电平，结束对单片机内部电路的复位，内部电路开始工作，如果单片机 RST 脚始终为高电平，内部电路则被钳在初始状态，无法工作。

按键 S 闭合时，单片机的 P1.2 脚（3 脚）通过 S 接地（电源负极），P1.2 脚输入为低电平，内部电路检测到该脚电平再执行程序，让 P0.3 脚（36 脚）输出低电平（0V），发光二极管 VD 导通，有电流流过 VD（电流途径是：5V 电源正极→R2→VD→单片机的 P0.3 脚→内部电路→单片机的 VSS 脚→电源负极），VD 点亮；按键 S 松开时，单片机的 P1.2 脚（3 脚）变为高电平（5V），内部电路检测到该脚电平再执行程序，让 P0.3 脚（36 脚）输出高电平，发光二极管 VD 截止（即 VD 不导通），VD 熄灭。

1.2.3　制作单片机电路

单片机开发实例——
制作单片机电路

按控制要求设计好单片机电路原理图后，还要依据电路原理图将实际的单片机电路制作出来。制作单片机电路有两种方法：一种是用电路板设计软件（如 Protel99SE 软件）设计出与电路原理图相对应的 PCB 图（印制电路板图），再交给 PCB 板厂生产出相应的 PCB 电路板，然后将单片机及有关元件安装焊接在电路板上即可；另一种是使用万能电路板，将单片机及有关元件安装焊接在电路板上，再按电路原理图的连接关系用导线或焊锡将单片机及元件连接起来。前一种方法适合大批量生产，后一种方法适合少量制作实验，这里使用万能电路板来制作单片机电路。

图 1-6 是一个按键控制一只发光二极管亮灭的单片机电路元件和万能电路板（又称洞洞板）。在安装单片机电路时，从正面将元件引脚插入电路板的圆孔，在背面将引脚焊接好，由于万能电路板各圆孔间是断开的，故还需要按电路原理图连接关系，用焊锡或导线将有关元件引脚连接起来，为了方便将单片机各引脚与其他电路连接，在单片机两列引脚旁安装了两排 20 脚的单排针，安装时将单片机各引脚与各自对应的排针脚焊接在一起，暂时不用的单片机引脚可不焊接。制作完成的单片机电路如图 1-7 所示。

图 1-6　一个按键控制一只发光二极管亮灭的单片机电路元件和万能电路板

图 1-7　制作完成的单片机电路

1.2.4 用编程软件编写单片机控制程序

单片机是一种软件驱动的芯片，要让它进行某些控制就必须为其编写相应的控制程序。Keil µVision2 是一款最常用的 51 单片机编程软件，在该软件中可以使用汇编语言或 C 语言编写单片机程序。Keil µVision2 的安装和使用在后面章节会有详细说明，故下面只对该软件编程进行简略介绍。

单片机Keil编程
软件的安装

单片机Keil编程
软件的使用

（1）编写程序

在电脑屏幕桌面上执行"开始→程序→ Keil µVision2"，如图 1-8 所示，Keil µVision2 软件打开，如图 1-9 所示，在该软件中新建一个项目"一个按键控制一只 LED 亮灭 .Uv2"，再在该项目中新建一个"一个按键控制一只 LED 亮灭 .c"文件，如图 1-10 所示，然后在该文件中用 C 语言编写单片机控制程序（采用英文半角输入），如图 1-11 所示，最后点击工具栏上的 （编译）按钮，将当前 C 语言程序转换成单片机能识别的程序，在软件窗口下方出现编译信息，如图 1-12 所示，如果出现"0 Error（s），0 Warning（s）"，表示程序编译通过。

图 1-8　在电脑屏幕桌面上执行"开始→程序→ Keil µVision2"

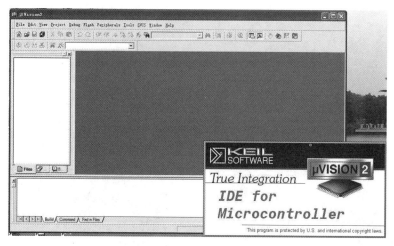

图 1-9　Keil μVision2 软件打开

图 1-10　新建一个项目并在该项目中新建一个"一个按键控制一只 LED 亮灭 .c"文件

图 1-11　在"一个按键控制一只 LED 亮灭 .c"文件中用 C 语言编写单片机控制程序

图 1-12 点击编译按钮将 C 语言程序转换成单片机可识别的程序

C 语言程序文件（.c）编译后会得到一个十六进制程序文件（.hex），如图 1-13 所示，利用专门的下载软件将该十六进制程序文件写入单片机，即可让单片机工作而产生相应的控制。

图 1-13 C 语言程序文件被编译后就得到一个可写入单片机的十六进制程序文件

（2）程序说明

"一个按键控制一只 LED 亮灭 .c"文件的 C 语言程序说明如图 1-14 所示。在程序中，如果将"LED=KEY"改成"LED=!KEY"，即让 LED（P0.3 端口）的电平与 KEY（P1.2 端口）的反电平相同，这样当按键按下时 P1.2 端口为低电平，P0.3 端口则为高电平，LED 灯不亮。如果将程序中的"while（1）"改成"while（0）"，while 函数大括号内的语句"LED=KEY"不会执行，即未将 LED（P0.3 端口）的电平与 KEY（P1.2 端口）对应起来，操作按键无法控制 LED 灯的亮灭。

单片机程序代码详解

图 1-14 "一个按键控制一只 LED 亮灭 .c"文件的 C 语言程序说明

1.2.5 计算机、下载（烧录）器和单片机的连接

（1）计算机与下载（烧录）器的连接与驱动

计算机需要通过下载器（又称烧录器）才能将程序写入单片机。图 1-15 是一种常用的 USB 转 TTL 的下载器及连接线，使用它可以将程序写入 STC 单片机。

程序下载器硬件
介绍与驱动安装

图 1-15 USB 转 TTL 的下载器及连接线

在将下载器连接到计算机前，需要先在计算机中安装下载器的驱动程序，再将下载器插入计算机的 USB 接口，计算机才能识别并与下载器建立联系。下载器驱动程序的安装如图 1-16 所示，由于计算机操作系统为 WinXP，故选择与 WinXP 对应的驱动程序文件，双击该文件即开始安装。

驱动程序安装完成后，将下载器的 USB 插口插入计算机的 USB 接口，计算机即可识别出下载器。在计算机的"设备管理器"可以查看下载器与计算机的连接情况，在计算机屏幕桌面上右击"我的电脑"，在弹出的菜单中单击"设备管理器"，如图 1-17 所示，弹出设备管理器窗口，展开其中的"端口（COM 和 LPT）"项，可以看出下载器的连接端口为 COM3，下载器实际连接的为计算机的 USB 端口，COM3 端口是一个模拟端口，记下该端口序号以便下载程序时选用。

图 1-16　安装 USB 转 TTL 下载器的驱动程序

(a)　　　　　　　　　　　　(b)

图 1-17　查看下载器与计算机的连接端口序号

（2）下载器与单片机的连接

USB 转 TTL 的下载器一般有 5 个引脚，分别是 3.3V 电源脚、5V 电源脚、TXD（发送数据）脚、RXD（接收数据）脚和 GND（接地）脚。

下载器与 STC89C51 单片机的连接如图 1-18 所示，从图中可以看出，除了两者电源正、负脚要连接起来外，下载器的 TXD（发送数据）脚与 STC89C51 单片机的 RXD（接收数据）脚（10 脚，与 P3.0 为同一个引脚）、下载器的 RXD 脚与 STC89C51 单片机的 TXD 脚（11 脚，与 P3.1 为同一个引脚）也要连接起来。下载器与其他型号的 STC-51 单片机连接基本相同，只是对应的单片机引脚序号可能不同。

(a) 连接说明

(b) 实际连接

图 1-18 下载器与 STC89C51 单片机的连接

1.2.6 用烧录软件将程序写入单片机

用烧录软件将
程序写入单片机

（1）将计算机、下载器与单片机电路三者连接起来

要将在计算机中编写并编译好的程序下载到单片机中，须先将下载器与计算机及单片机电路连接起来，如图 1-19 所示，然后在计算机中打开 STC-ISP 烧录软件，用该软件将程序写入单片机。

图 1-19　计算机、下载器与单片机电路三者的连接

（2）打开烧录软件将程序写入单片机

STC-ISP 烧录软件只能烧写 STC 系列单片机，它分为安装版本和非安装版本，非安装版本使用更为方便。图 1-20 是 STC-ISP 烧录软件非安装中文版，双击 "STC_ISP_V483.exe"

(a) 双击 "STC_ISP_V483.exe" 文件

图 1-20

13

(b) 打开的 STC-ISP 烧录软件

图 1-20　打开非安装中文版的 STC-ISP 烧录软件

文件，打开 STC-ISP 烧录软件。用 STC-ISP 烧录软件将程序写入单片机的操作如图 1-21 所示，需要注意的是，在单击软件中的 "Download/ 下载" 按钮后，计算机会反复往单片机发送数据，但单片机不会接收该数据，这时需要切断单片机的电源，几秒钟后再接通电源，单片机重新上电后会检测到计算机发送过来的数据，会将该数据接收下来并存到内部的程序存储器中，从而完成程序的写入。

(a) 选择单片机型号

(b) 打开要写入单片机的程序文件

(c) 选择计算机与下载器连接的 COM 端口序号

(d) 开始往单片机写入程序

图 1-21

(e) 程序写入完成

图 1-21　用 STC-ISP 烧录软件将程序写入单片机的操作

1.2.7　单片机电路的通电与测试

单片机电路的
通电与测试

程序写入单片机后，给单片机电路通电，测试其能否实现控制要求，如果不能，需要检查是单片机硬件电路的问题，还是程序的问题，并解决这些问题。

（1）用计算机的 USB 接口通过下载器为单片机供电

在给单片机供电时，如果单片机电路简单、消耗电流少，可让下载器（需与计算机的 USB 接口连接）为单片机提供 5V 或 3.3V 电源，该电压实际来自计算机的 USB 接口，单片机通电后再进行测试，如图 1-22 所示。

图 1-22　利用下载器（需与计算机的 USB 接口连接）为单片机提供电源

（2）用 USB 电源适配器给单片机电路供电

如果单片机电路消耗电流大，需要使用专门的 5V 电源为其供电。图 1-23 是一种手机充电常见的 5V 电源适配器及数据线，该数据线一端为标准 USB 接口，另一端为 Micro USB 接口，在 Micro USB 接口附近将数据线剪断，可看见有四根不同颜色的线，分别是"红——电源线（VCC，5V+）""黑——地线（GND，5V-）""绿——数据正（DATA+）"和"白——数据负（DATA-）"，将绿、白线剪短不用，红、黑线剥掉绝缘层露出铜芯线，再将红、黑线分别接到单片机电路的电源正、负端，如图 1-24 所示。USB 电源适配器可以将 220V 交流电压转换成 5V 直流电压，如果单片机的供电不是 5V 而是 3.3V，可在 5V 电源线上再串接 3 只整流二极管，由于每只整流二极管电压降为 0.5～0.6V，故可得到 3.2～3.5V 左右的电压，如图 1-25 所示。

用 USB 电源适配器给单片机电路供电并进行测试如图 1-26 所示。

图 1-23 USB 电源适配器与电源线制作

图 1-24 将正、负电源线接到单片机电路的电源正、负端

图 1-25 利用 3 只整流二极管可将 5V 电压降低成 3.3V 左右的电压

图 1-26 用 USB 电源适配器给单片机电路供电并进行测试

第2章 数制与 C51 语言基础

2.1 数制与数制的转换

数制就是数的进位制。在日常生活中，人们经常会接触到 0、7、8、9、168、295 等这样的数字，它们就是十进制数，另外，还有二进制数和十六进制数等。

2.1.1 十进制数

十进制数有以下两个特点。

· 有 10 个不同的数码：0、1、2、3、4、5、6、7、8、9。任意一个十进制数均可以由这 10 个数码组成。

· 遵循"逢十进一"的计数原则。对于任意一个十进制数 N，它都可以表示成

$$N=a_{n-1}\times10^{n-1}+a_{n-2}\times10^{n-2}+\cdots+a_1\times10^1+a_0\times10^0+a_{-1}\times10^{-1}+\cdots+a_{-m}\times10^{-m}$$

其中 m 和 n 为正整数。

这里的 a_{n-1}、a_{n-2}、$\cdots$、a_{-m} 称为数码，10 称为基数，10^{n-1}、10^{n-2}、$\cdots$、10^{-m} 是各位数码的"位权"。

例如，根据上面的方法可以将十进制数 3259.46 表示成 $3259.46=3\times10^3+2\times10^2+5\times10^1+9\times10^0+4\times10^{-1}+6\times10^{-2}$。

2.1.2 二进制数

十进制是最常见的数制，除此以外，还有二进制数、八进制数、十六进制数等。在数字电路中，二进制数用得最多。

（1）二进制数的特点

二进制数有以下两个特点。

· 有两个数码：0 和 1。任何一个二进制数都可以由这两个数码组成。

· 遵循"逢二进一"的计数原则。对于任意一个二进制数 N，它都可以表示成

$$N=a_{n-1}\times2^{n-1}+a_{n-2}\times2^{n-2}+\cdots+a_0\times2^0+a_{-1}\times2^{-1}+\cdots+a_{-m}\times2^{-m}$$

其中 m 和 n 为正整数。

这里的 a_{n-1}、a_{n-2}、$\cdots$、a_{-m} 称为数码，2 称为基数，2^{n-1}、2^{n-2}、$\cdots$、2^{-m} 是各位数码的"位权"。

例如，二进制数 11011.01 可表示为 $(11011.01)_2=1\times2^4+1\times2^3+0\times2^2+1\times2^1+1\times2^0+0\times2^{-1}+1\times2^{-2}$。

（2）二进制数的四则运算

① 加法运算　加法运算法则是"逢二进一"。举例如下：

$$0+0=0 \quad 0+1=1 \quad 1+0=1 \quad 1+1=10$$

当遇到"1+1"时就向相邻高位进1。

例如，求 $(1011)_2+(1011)_2$，可以用与十进制数相同的竖式计算：

$$
\begin{array}{r}
1011 \\
+\ 1011 \\
\hline
10110
\end{array}
$$

即 $(1011)_2+(1011)_2=(10110)_2$。

② 减法运算　减法运算法则是"借一当二"。举例如下：

$$0-0=0 \quad 1-0=1 \quad 1-1=0 \quad 10-1=1$$

当遇到"0-1"时，需向高位借1当"2"用。

例如，求 $(1100)_2-(111)_2$

$$
\begin{array}{r}
1100 \\
-\ 111 \\
\hline
101
\end{array}
$$

即 $(1100)_2-(111)_2=(101)_2$。

③ 乘法运算　乘法运算法则是"各数相乘，再作加法运算"。举例如下：

$$0\times0=0 \quad 1\times0=0 \quad 0\times1=0 \quad 1\times1=1$$

例如，求 $(1101)_2\times(101)_2$

$$
\begin{array}{r}
1101 \\
\times\ 101 \\
\hline
1101 \\
1101\ \ \ \\
\hline
1000001
\end{array}
$$

即 $(1101)_2\times(101)_2=(1000001)_2$。

④ 除法运算　除法运算法则是"各数相除，再作减法运算"。举例如下：

$$0\div1=0 \quad 1\div1=1$$

例如，求 $(1111)_2\div(101)_2$

$$
\begin{array}{r}
11 \\
101\overline{)1111} \\
\underline{101}\ \ \ \\
101 \\
\underline{101} \\
0
\end{array}
$$

即 $(1111)_2\div(101)_2=(11)_2$。

2.1.3　十六进制数

十六进制数有以下两个特点。

· 有 16 个数码：0、1、2、3、4、5、6、7、8、9、A、B、C、D、E、F，这里的 A、B、C、D、E、F 分别代表 10、11、12、13、14、15。

· 遵循"逢十六进一"的计数原则。对于任意一个十六进制数 N，它都可以表示成

$$N=a_{n-1}\times16^{n-1}+a_{n-2}\times16^{n-2}+\cdots+a_0\times16^0+a_{-1}\times16^{-1}+\cdots+a_{-m}\times16^{-m}$$

其中 m 和 n 为正整数。

这里的 a_{n-1}、a_{n-2}、$\cdots$、a_{-m} 称为数码，16 称为基数，16^{n-1}、16^{n-2}、$\cdots$、16^{-m} 是各位数码的"位权"。

例如，十六进制数可表示为 $(3A6.D)_{16}=3\times16^2+10\times16^1+6\times16^0+13\times16^{-1}$。

2.1.4　二进制数与十进制数的转换

（1）二进制数转换成十进制数

二进制数转换成十进制数的方法是：将二进制数各位数码与位权相乘后求和，就能得到十进制数。

例如，$(101.1)_2=1\times2^2+0\times2^1+1\times2^0+1\times2^{-1}=4+0+1+0.5=(5.5)_{10}$

（2）十进制数转换成二进制数

十进制数转换成二进制数的方法是：采用除 2 取余法，即将十进制数依次除 2，并依次记下余数，一直除到商数为 0，最后把全部余数按相反次序排列，就能得到二进制数。

例如，将十进制数 $(29)_{10}$ 转换成二进制数，方法为

$$
\begin{array}{lll}
2 & \underline{|29} & \text{余 1} \quad a_0 \quad \text{低位} \\
2 & \underline{|14} & \text{余 0} \quad a_1 \\
2 & \underline{|7} & \text{余 1} \quad a_2 \\
2 & \underline{|3} & \text{余 1} \quad a_3 \\
2 & \underline{|1} & \text{余 1} \quad a_4 \quad \text{高位} \\
& 0
\end{array}
$$

即 $(29)_{10}=(11101)_2$。

2.1.5　二进制数与十六进制数的转换

（1）二进制数转换成十六进制数

二进制数转换成十六进制数的方法是：从小数点起向左、右按 4 位分组，不足 4 位的，整数部分可在最高位的左边加"0"补齐，小数部分不足 4 位的，可在最低位右边加"0"补齐，每组以其对应的十六进制数代替，将各个十六进制数依次写出即可。

例如，将二进制数 $(1011000110.111101)_2$ 转换为十六进制数，方法为

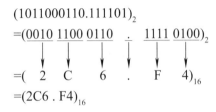

$$(1011000110.111101)_2$$
$$=(\underline{0010}\ \underline{1100}\ \underline{0110}\ .\ \underline{1111}\ \underline{0100})_2$$
$$=(\ \ 2\ \ \ \ C\ \ \ \ 6\ \ .\ \ \ F\ \ \ \ 4\ )_{16}$$
$$=(2C6.F4)_{16}$$

注意：十六进制的 16 位数码为 0、1、2、3、4、5、6、7、8、9、A、B、C、D、E、F，它们分别与二进制数 0000、0001、0010、0011、0100、0101、0110、0111、1000、1001、1010、1011、1100、1101、1110、1111 相对应。

（2）十六进制数转换成二进制数

十六进制数转换成二进制数的过程与上述方法相反。其过程是：从左到右将待转换的十六进制数中的每个数依次用 4 位二进制数表示。

例如，将十六进制数 $(13AB.6D)_{16}$ 转换成二进制数，方法为

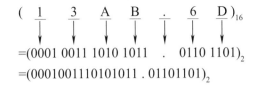

$$(\ \ 1\ \ \ \ 3\ \ \ \ A\ \ \ \ B\ \ .\ \ \ 6\ \ \ \ D\ )_{16}$$
$$=(0001\ 0011\ 1010\ 1011\ .\ 0110\ 1101)_2$$
$$=(0001001110101011.01101101)_2$$

2.1.6 单片机的数的表示及运算

单片机的数是以二进制表示的，分为有符号数和无符号数两种。

（1）有符号数的表示方法

有符号数是指有"+（正）""−（负）"符号的数。由于单片机采用二进制数，所以只有 1 和 0 两种数字，其中用"0"表示"+"，用"1"表示"−"。单片机中的数据一般只有 8 位，一般规定最高位为符号位，因为要用 1 位表示数的符号，所以只有 7 位用来表示数值，可以表示 −128～+127。

有符号数的表示方法有 3 种：原码、反码和补码。同一有符号数，用 3 种表示方法得到的数是不同的。下面用 3 种方法来表示两个有符号数 +1011101 和 −1011101。

① 原码 用"1"表示"−"，用"0"表示"+"，其他各数保持不变，采用这种方法表示出来的数称为原码。

+1011101 用原码表示是 01011101，可写成 [01011101]原

−1011101 用原码表示是 11011101，可写成 [11011101]原

② 反码 反码是在原码的基础上求得的。对于正的有符号数，其反码与原码相同；对于负的有符号数，其反码除符号位与原码相同外，其他各位数由原码各位数取反得到。

+1011101 用反码表示是 01011101，可写成 [01011101]反

−1011101 用反码表示是 10100010，可写成 [10100010]反

③ 补码 补码是在反码的基础上求得的。对于正的有符号数，其补码与反码、原码相同；对于负的有符号数，其补码除符号位与反码一致外，其他各位数由反码加 1 得到。

+1011101 用补码表示是 01011101，可写成 [01011101]补

−1011101 用补码表示是 10100011，可写成 [10100011]补

（2）有符号数的运算

用原码表示有符号数简单、直观，但在单片机中，如果采用原码进行减法运算，需要很复杂的硬件电路；如果用补码，可以将减法运算变为加法运算，从而省去减法器而简化硬件电路。

例：用二进制减法运算和补码加法运算分别计算 35−21。

• 二进制减法运算：35−21=00100011−00010101=00001110

• 用补码加法运算：

先将算式转换成补码形式，35−21=[+35]+[−21]=[00100011]$_原$+[10010101]$_原$=[00100011]$_反$+[11101010]$_反$=[00100011]$_补$+[11101011]$_补$。

再对补码进行二进制加法运算：

$$
\begin{array}{r}
0\,0\,1\,0\,0\,0\,1\,1 \\
+\ 1\,1\,1\,0\,1\,0\,1\,1 \\
\hline
1\,0\,0\,0\,0\,1\,1\,1\,0
\end{array}
$$

从上面的运算过程可以看出，补码的符号也参与运算，在 8 位单片机中，由于数据长度只能有 8 位，上式结果有 9 位，第 9 位会自然丢失，补码加法的运算结果与二进制减法的运算结果是一样的，都是 00001110=14。

由此可见，用补码的形式进行运算，可以将减法运算转换为加法运算，运算结果仍是正确的，所以单片机普遍采用补码的形式表示有符号数。

（3）无符号数的表示方法

无符号数因为不用符号位，8 位全部用来表示数据，所以这种方法可以表示的数据范围是 0～255。8 位二进制数的不同表示方式的换算关系见表 2-1。

表 2-1　8 位二进制数的不同表示方式的换算关系

8 位二进制数	无符号数	原　码	反　码	补　码
00000000	0	+0	+0	+0
00000001	1	+1	+1	+1
00000010	2	+2	+2	+2
⋮	⋮	⋮	⋮	⋮
01111100	124	+124	+124	+124
01111101	125	+125	+125	+125
01111110	126	+126	+126	+126
01111111	127	+127	+127	+127
10000000	128	−0	−127	−128
10000001	129	−1	−126	−127
10000010	130	−2	−125	−126
⋮	⋮	⋮	⋮	⋮
11111100	252	−124	−3	−4
11111101	253	−125	−2	−3
11111110	254	−126	−1	−2
11111111	255	−127	−0	−1

从表 2-1 中可以看出，对于同一个二进制数，当采用不同的表示方式时，得到的数值是不同的，特别是大于 10000000 的有符号数。若想确切知道单片机中的二进制数所对应的十进制数是多少，先要了解该二进制数是有符号数还是无符号数，再换算出该二进制数对应的十进制数。

2.2　C51 语言基础

C51 语言是指 51 单片机编程使用的 C 语言，它与计算机 C 语言大部分相同，但由于编程对象不同，故两者也略有区别。本节主要介绍 C51 语言的基础知识，学习时如果一些知识无法理解也没关系，在后续章节有大量的 C51 编程实例，在学习这些实例时可以再到本节查看理解有关内容。

2.2.1　常量

常量是指程序运行时其值不会变化的量。常量有整型常量、浮点型常量（也称实型常量）、字符型常量和符号常量。

（1）整型常量

① 十进制数　编程时直接写出，如 0、18、−6。

② 八进制数　编程时在数值前加"0"表示八进制数，如"012"为八进制数，相当于十进制数的"10"。

③ 十六进制数　编程时在数值前加"0x"表示十六进制数，如"0x0b"为十六进制数，相当于十进制数的"11"。

（2）浮点型常量

浮点型常量又称实数或浮点数。在 C 语言中可以用小数形式或指数形式来表示浮点型常量。

① 小数形式表示　由数字和小数点组成的一种实数表示形式，例如 0.123、.123、123.、0.0 等都是合法的浮点型常量。小数形式表示的浮点型常量必须要有小数点。

② 指数形式表示　这种形式类似数学中的指数形式。在数学中，浮点型常量可以用幂的形式来表示，如 2.3026 可以表示为 0.23026×10^1、2.3026×10^0、23.026×10^{-1} 等形式。在 C 语言中，则以"e"或"E"后跟一个整数来表示以"10"为底数的幂数。2.3026 可以表示为 0.23026E1、2.3026e0、23.026e−1。C 语言规定，字母 e 或 E 之前必须要有数字，且 e 或 E 后面的指数必须为整数，如 e3、5e3.6、.e、e 等都是非法的指数形式。在字母 e 或 E 的前后以及数字之间不得插入空格。

（3）字符型常量

字符型常量是用单引号括起来的单个普通字符或转义字符。

① 普通字符常量　用单引号括起来的普通字符，如 'b'、'xyz'、'?' 等。字符常量在计算机中是以其代码（一般采用 ASCII 代码）储存的。

② 转义字符常量　用单引号括起来的前面带反斜杠的字符，如 '\n'、'\xhh' 等，其具有另外的含义。表 2-2 列出一些常用的转义字符及含义。

表 2-2　一些常用的转义字符及含义

转义字符	转义字符的含义	ASCII 代码
\n	回车换行	10
\t	横向跳到下一制表位置	9
\b	退格	8
\r	回车	13
\f	走纸换页	12
\\	反斜线符 "\"	92
\'	单引号符	39
\"	双引号符	34
\a	鸣铃	7
\ddd	1～3 位八进制数所代表的字符	
\xhh	1～2 位十六进制数所代表的字符	

（4）符号常量

在 C 语言中，可以用一个标识符来表示一个常量，这样的常量称之为符号常量。符号常量在程序开头定义后，在程序中可以直接调用，在程序中其值不会更改。符号常量在使用之前必须先定义，其一般形式为：

#define　标识符　常量

例如在程序开头编写"#define PRICE 25"，就将 PRICE 定义为符号常量，在程序中，PRICE 就代表 25。

2.2.2　变量

变量是指程序运行时其值可以改变的量。每个变量都有一个变量名，变量名必须以字母或下划线"_"开头。在使用变量前需要先声明，以便程序在存储区域为该变量留出一定的空间，例如在程序中编写"unsigned char num=123"，就声明了一个无符号字符型变量 num，程序会在存储区域留出一个字节的存储空间，将该空间命名（变量名）为 num，在该空间存储的数据（变量值）为 123。

变量类型有位变量、字符型变量、整型变量和浮点型变量。

① 位变量（bit）　占用的存储空间为 1 位，位变量的值：0 或 1。

② 字符型变量（char）　占用的存储空间为 1 个字节（8 位），无符号字符型变量的数值范围为 0～255，有符号字符型变量的数值范围为 −128～+127。

③ 整型变量　可分为短整型变量（int 或 short）和长整型变量（long），短整型变量的长度（即占用的存储空间）为 2 个字节，长整型变量的长度为 4 个字节。

④ 浮点型变量　可分为单精度浮点型变量（float）和双精度浮点型变量（double），单精度浮点型变量的长度（即占用的存储空间）为 4 个字节，双精度浮点型变量的长度为 8 个字节。由于浮点型变量会占用较多的空间，故单片机编程时尽量少用浮点型变量。

C51 变量的类型、长度和取值范围见表 2-3。

2.2.3　运算符

C51 的运算符可分为算术运算符、关系运算符、逻辑运算符、位运算符和复合赋值运算符。

表 2-3　C51 变量的类型、长度和取值范围

变量类型	长度 /bit	长度 /Byte	取值范围
bit	1	…	0、1
unsigned char	8	1	0～255
signed char	8	1	−128～127
unsigned int	16	2	0～65 535
signed int	16	2	−32 768～32 767
unsigned long	32	4	0～4 294 967 295
signed long	32	4	−2 147 483 648～2 147 483 647
float	32	4	±1.176E−38～±3.40E+38（6 位数字）
double	64	8	±1.176E−38～±3.40E+38（10 位数字）

（1）算术运算符

C51 的算术运算符见表 2-4。在进行算术运算时，按"先乘除模，后加减，括号最优先"的原则进行，即乘、除、模运算优先级相同，加、减优先级相同且最低，括号优先级最高，对于优先级相同的运算按先后顺序执行。

表 2-4　C51 的算术运算符

算术运算符	含义	算术运算符	含义
+	加法或正值符号	/	除法
−	减法或负值符号	%	模（相除求余）运算
*	乘法	^	乘幂
− −	减 1	++	加 1

在 C51 语言编程时，经常会用到加 1 符号"++"和减 1 符号"− −"，这两个符号使用比较灵活。常见的用法如下：

y=x++（先将 x 赋给 y，再将 x 加 1）

y=x− −（先将 x 赋给 y，再将 x 减 1）

y=++x（先将 x 加 1，再将 x 赋给 y）

y=− −x（先将 x 减 1，再将 x 赋给 y）

x=x+1 可写成 x++ 或 ++x

x=x−1 可写成 x− − 或 − −x

% 为模运算，即相除取余数运算，例如 9%5 结果为 4。

^ 为乘幂运算，例如 2^3 表示 2 的 3 次方（2^3），2^ 表示 2 的平方（2^2）。

（2）关系运算符

C51 的关系运算符见表 2-5。<、>、<= 和 >= 运算优先级高且相同，==、!= 运算优先级低且相同，例如"a>b!=c"相当于"(a>b)!=c"。

表 2-5　C51 的关系运算符

关系运算符	含义	关系运算符	含义
<	小于	>=	大于等于
>	大于	==	等于
<=	小于等于	!=	不等于

用关系运算符将两个表达式（可以是算术表达式、关系表达式、逻辑表达式或字符表达式）连接起来的式子称为关系表达式，关系表达式的运算结果为一个逻辑值，即真（1）或假（0）。

例如：a=4、b=3、c=1，则

a>b 的结果为真，表达式值为 1；

b+c<a 的结果为假，表达式值为 0；

(a>b)==c 的结果为真，表达式值为 1，因为 a>b 的值为 1，c 值也为 1；

d=a>b，d 的值为 1；

f=a>b>c，由于关系运算符的结合性为左结合，a>b 的值为 1，而 1>c 的值为 0，所以 f 值为 0。

（3）逻辑运算符

C51 的逻辑运算符见表 2-6。"&&""||"为双目运算符，要求两个运算对象，"!"为单目运算符，只有一个运算对象。&&、|| 运算优先级低且相同，! 运算优先级高。

表 2-6　C51 的逻辑运算符

逻辑运算符	含义	逻辑运算符	含义
&&	与（AND）	!	非（NOT）
||	或（OR）		

与关系表达式一样，逻辑表达式的运算结果也为一个逻辑值，即真（1）或假（0）。

例如：a=4、b=5，则

!a 的结果为假，因为 a=4 为真（a 值非 0 即为真），!a 即为假（0）；

a||b 的结果为真（1）；

!a&&b 的结果为假（0），因为 ! 优先级高于 &&，故先运算 !a 的结果为 0，而 0&&b 的结果也为 0。

在进行算术、关系、逻辑和赋值混合运算时，其优先级从高到低依次为：!（非）→算术运算符→关系运算符→ && 和 || →赋值运算符（=）。

（4）位运算符

C51 的位运算符见表 2-7。位运算的对象必须是位型、整型或字符型数，不能为浮点型数。

表 2-7　C51 的位运算符

位运算符	含义	位运算符	含义
&	位与	^	位异或（各位相异或，相同为 0，相异为 1）
|	位或	<<	位左移（各位都左移，高位丢弃，低位补 0）
~	位非	>>	位右移（各位都右移，低位丢弃，高位补 0）

位运算举例如表 2-8 所示：

表 2-8　位运算示例

位与运算	位或运算	位非运算	位异或运算	位左移	位右移
00011001 & 01001101 = 00001001	00011001 | 01001101 = 01011101	~ 00011001 = 11100110	00011001 ^ 01001101 = 01010100	00011001<<1 所有位均左移 1 位， 高位丢弃，低位补 0， 结果为 00110010	00011001>>2 所有位均右移 2 位， 低位丢弃，高位补 0， 结果为 00000110

（5）复合赋值运算符

复合赋值运算符就是在赋值运算符"="前面加上其他运算符，C51常用的复合赋值运算符见表2-9。

表2-9 C51常用的复合赋值运算符

运算符	含义	运算符	含义
+=	加法赋值	<<=	左移位赋值
−=	减法赋值	>>=	右移位赋值
*=	乘法赋值	&=	逻辑与赋值
/=	除法赋值	|	逻辑或赋值
%=	取模赋值	^=	逻辑异或赋值

复合运算就是变量与表达式先按运算符运算，再将运算结果值赋给参与运算的变量。凡是双目运算（两个对象运算）都可以用复合赋值运算符去简化表达。

复合运算的一般形式为：

变量　复合赋值运算符　表达式

例如：a+=28 相当于 a=a+28。

2.2.4 关键字

在C51语言中，会使用一些具有特定含义的字符串，称之为"关键字"，这些关键字已被软件使用，编程时不能将其定义为常量、变量和函数的名称。C51语言关键字分两大类：由ANSI（美国国家标准学会）标准定义的关键字和由Keil C51编译器扩充的关键字。

（1）由ANSI标准定义的关键字

由ANSI标准定义的关键字有char、double、enum、float、int、long、short、signed、struct、union、unsigned、void、break、case、continue、default、do、else、for、goto、if、return、switch、while、auto、extern、register、static、const、sizeof、typedef、volatile 等。这些关键字可分为以下几类：

① 数据类型关键字　用来定义变量、函数或其他数据结构的类型，如 unsigned char、int 等。

② 控制语句关键字　在程序中起控制作用的语句，如 while、for、if、case 等。

③ 预处理关键字　表示预处理命令的关键字。如 define、include 等。

④ 存储类型关键字　表示存储类型的关键字，如 static、auto、extern 等。

⑤ 其他关键字　如 const、sizeof 等。

（2）由Keil C51编译器扩充的关键字

Keil C51编译器扩充的关键字可分为两类。

•用于定义51单片机内部寄存器的关键字：如 sfr、sbit。

sfr用于定义特殊功能寄存器，如"sfr P1=0x90;"是将地址为0x90的特殊功能寄存器名称定义为P1; sbit用于定义特殊功能寄存器中的某一位，如"sbit LED1=P1^1;"是将特殊功能寄存器P1的第1位名称定义为LED1。

•用于定义51单片机变量存储类型关键字。这些关键字有6个，见表2-10。

表 2-10　用于定义 51 单片机变量存储类型关键字

存储类型	与存储空间的对应关系
data	直接寻址片内数据存储区，访问速度快（128 字节）
bdata	可位寻址片内数据存储区，允许位与字节混合访问（16 字节）
idata	间接寻址片内数据存储区，可访问片内全部 RAM 地址空间（256 字节）
pdata	分页寻址片外数据存储区（256 字节）
xdata	片外数据存储区（64KB）
code	代码存储区（64KB）

2.2.5　数组

数组也常称作表格，是指具有相同数据类型的数据集合。在定义数组时，程序会将一段连续的存储单元分配给数组，存储单元的最低地址存放数组的第一个元素，最高地址存放数组的最后一个元素。

根据维数不同，数组可分为一维数组、二维数组和多维数组；根据数据类型不同，数组可分为字符型数组、整型数组、浮点型数组和指针型数组。在用 C51 语言编程时，最常用的是字符型一维数组和整型一维数组。

（1）一维数组

① 数组定义　一维数组的一般定义形式如下：

类型说明符 数组名 [下标]

方括号（又称中括号）中的下标也称为常量表达式，表示数组中的元素个数。

一维数组定义举例如下：

unsigned int a[5]；

以上定义了一个无符号整型数组，数组名为 a，数组中存放 5 个元素，元素类型均为整型，由于每个整型数据占 2 个字节，故该数组占用了 10 个字节的存储空间，该数组中的第 1～5 个元素分别用 a[0]～a[4] 表示。

② 数组赋值　在定义数组时，也可同时指定数组中的各个元素（即数组赋值），例如：

unsigned int a[5]={2,16,8,0,512}；

unsigned int b[8]={2,16,8,0,512}；

在数组 a 中，a[0]=2，a[4]=512；在数组 b 中，b[0]=2，b[4]=512，b[5]～b[7] 均未赋值，全部自动填 0。

在定义数组时，要注意以下几点：

• 数组名命名必须遵循标识符命名规则，在同一个程序中，数组名不能与变量名相同。

• 数组中的每个元素的数据类型必须相同，并且与数组类型一致。

• 数组名后面的下标表示数组的元素个数（又称数组长度），必须用方括号括起来，下标是一个整型值，可以是常数或符号常量，不能包含变量。

（2）二维数组

① 数组定义　二维数组的一般定义形式如下：

类型说明符　数组名 [下标 1] [下标 2]

下标 1 表示行数，下标 2 表示列数。

二维数组定义举例如下：

unsigned int a[2] [3]；

以上定义了一个无符号整型二维数组，数组名为a，数组为2行3列，共6个元素，这6个元素依次用a[0] [0]、a[0] [1]、a[0] [2]、a[1] [0]、a[1] [1]、a[1] [2] 表示。

② 数组赋值　二维数组赋值有两种方法：

• 按存储顺序赋值。例如：

unsigned int a[2] [3]={1,16,3,0,28,255}；

• 按行分段赋值。例如：

unsigned int a[2] [3]={{1,16,3},{0,28,255}}；

（3）字符型数组

字符型数组用来存储字符型数据。字符型数组可以在定义时进行初始化赋值，例如：

char c[4]={ 'A', 'B', 'C', 'D'}；

以上定义了一个字符型数组，数组名为c，数组中存放4个字符型元素（占用了4个字节的存储空间），分别是A、B、C、D（实际上存放的是这4个字母的ASCII码，即0x65、0x66、0x67、0x68）。如果对全体元素赋值时，数组的长度（下标）也可省略，即上述数组定义也可写成：

char c[]={ 'A', 'B', 'C', 'D'}；

如果要在字符型数组中存放一个字符串"good"，可采用以下3种方法：

char c[]={ 'g', 'o', 'o', 'd', '\0'}；　　// "\0"为字符串的结束符

char c[]={"good"}；　　// 使用双引号时，编译器会自动在后面加结束符 '\0'，故数组长度应较字符数多一个

char c[]="good"；

如果要定义二维字符数组，存放多个字符串时，二维字符数组的下标1为字符串的个数，下标2为每个字符串的长度，下标1可以不写，下标2则必须要写，并且其值应较最长字符串的字符数（空格也算一个字符）至少多出一个。例如：

char c[][20]={{"How old are you?",\n}, {"I am 18 years old.",\n},{"and you?"}}；

上例中的"\n"是一种转义符号，其含义是换行，将当前位置移到下一行开头。

2.2.6 循环语句（while、do while、for 语句）

在编程时，如果需要某段程序反复执行，可使用循环语句。C51的循环语句有3种：while 语句、do while 语句和 for 语句。

（1）while 语句

while 语句的格式为"while（表达式）{ 语句组 ;}"，编程时为了书写阅读方便，一般按以下方式编写：

```
while（表达式）
{
语句组 ;
}
```

while 语句在执行时，先判断表达式是否为真（非0即为真）或表达式是否成立，若为

真或表达式成立则执行大括号（也称花括号）内的语句组（也称循环体），否则不执行大括号内的语句组，直接跳出 while 语句，执行大括号之后的内容。

在使用 while 语句时，要注意以下几点：

·当 while 语句的大括号内只有一条语句时，可以省略大括号，但使用大括号可使程序更安全可靠。

·若 while 语句的大括号内无任何语句（空语句）时，应在大括号内写上分号";"，即"while（表达式）{}"，简写就是"while（表达式）;"。

·如果 while 语句的表达式是递增或递减表达式，while 语句每执行一次，表达式的值就增 1 或减 1。例如"while(i++){语句组;}"。

·如果希望某语句组无限次循环执行，可使用"while(1){语句组;}"。如果希望程序停在某处等待，待条件（即表达式）满足时往下执行，可使用"while（表达式）;"。如果希望程序始终停在某处不往下执行，可使用"while(1);"，即让 while 语句无限次执行一条空语句。

（2）do while 语句

do while 语句的格式如下：

```
do
{
语句组；
}
while（表达式）
```

do while 语句在执行时，先执行大括号内的语句组（也称循环体），然后用 while 判断表达式是否为真（非 0 即为真）或表达式是否成立，若为真或表达式成立则执行大括号内的语句组，直到 while 表达式为 0 或不成立，直接跳出 do while 语句，执行之后的内容。

do while 语句是先执行一次循环体语句组，再判断表达式的真假以确定是否再次执行循环体，而 while 语句是先判断表达式的真假，以确定是否执行循环体语句组。

（3）for 语句

for 语句的格式如下：

```
for（初始化表达式；条件表达式；增量表达式）
{
语句组；
}
```

for 语句执行过程：先用初始化表达式（如 i=0）给变量赋初值；然后判断条件表达式（如 i<8）是否成立，不成立则跳出 for 语句，成立则执行大括号内的语句组，执行完语句组后再执行增量表达式（如 i++）；接着再次判断条件表达式是否成立，以确定是否再次执行大括号内的语句组，直到条件表达式不成立才跳出 for 语句。

2.2.7 选择语句（if、switch…case 语句）

C51 常用的选择语句有 if 语句和 switch…case 语句。

（1）if 语句

if 语句有三种形式：基本 if 语句、if…else…语句和 if…else if…语句。

① 基本 if 语句　基本 if 语句格式如下：

```
if(表达式)
{
语句组;
}
```

if 语句执行时，首先判断表达式是否为真（非 0 即为真）或表达式是否成立，若为真或表达式成立则执行大括号（也称花括号）内的语句组（执行完后跳出 if 语句），否则不执行大括号内的语句组，直接跳出 if 语句，执行大括号之后的内容。

② if…else…语句　if…else…语句格式如下：

```
if(表达式)
{
语句组1;
}
else
{
语句组2;
}
```

if…else…语句执行时，首先判断表达式是否为真（非 0 即为真）或表达式是否成立，若为真或表达式成立则执行语句组 1，否则执行语句组 2，执行完语句组 1 或语句组 2 后跳出 if…else…语句。

③ if…else if…语句（多条件分支语句）　if…else if…语句格式如下：

```
if(表达式1)
{
语句组1;
}
else if(表达式2)
{
语句组2;
}
……
else if(表达式n)
{
语句组n;
}
```

if…else if…语句执行时，首先判断表达式 1 是否为真（非 0 即为真）或表达式 1 是否成立，为真或表达式 1 成立则执行语句组 1，然后判断表达式 2 是否为真或表达式 2 是否成立，为真或表达式 2 成立则执行语句组 2……最后判断表达式 n 是否为真或表达式 n 是否成立，为真或表达式 n 成立则执行语句组 n，如果所有的表达式都不成立或为假时，跳出 if…else if…语句。

（2）switch…case 语句

switch…case 语句格式如下：

```
switch（表达式）
{
case 常量表达式 1；语句组 1；break；
case 常量表达式 2；语句组 2；break；
…
case 常量表达式 n；语句组 n；break；
default：语句组 n+1；
}
```

switch…case 语句执行时，首先计算表达式的值，然后按顺序逐个与各 case 后面的常量表达式的值进行比较，当与某个常量表达式的值相等时，则执行该常量表达式后面的语句组，再执行 break 而跳出 switch…case 语句，如果表达式与所有 case 后面的常量表达式的值都不相等，则执行 default 后面的语句组，并跳出 switch…case 语句。

第3章　51单片机编程软件的使用

单片机软件开发的一般过程是：先根据控制要求用汇编语言或 C 语言编写程序，然后对程序进行编译，转换成二进制或十六进制形式的程序，再对编译后的程序进行仿真调试，程序满足要求后用烧录软件将程序写入单片机。Keil C51 软件是一款最常用的 51 系列单片机编程软件，它由 Keil 公司（已被 ARM 公司收购）推出，使用该软件不但可以编写和编译程序，还可以仿真和调试程序，编写程序时既可以选择用汇编语言，也可以使用 C 语言。

3.1　Keil C51 软件的安装

3.1.1　Keil C51 软件的版本及获取

Keil C51 软件的版本很多，主要有 Keil μVision2、Keil μVision3、Keil μVision4 和 Keil μVision5，Keil μVision3 是在 Keil 公司被 ARM 公司收购后推出的，故该版本及之后版本除了支持 51 系列单片机外，还增加了对 ARM 处理器的支持。如果仅对 51 系列单片机编程，可选用 Keil μVision2 版本，本章即在 Keil μVision2 的基础上进行介绍。

单片机Keil编程
软件的安装

如果读者需要获得 Keil C51 软件，可到 Keil 公司网站下载 Eval（评估）版本。

3.1.2　Keil C51 软件的安装

Keil C51 软件下载后是一个压缩包，将压缩包解压打开后，可看到一个 setup 文件夹，如图 3-1（a）所示，双击打开 setup 文件夹，文件夹中有一个 Setup.exe 文件，如图 3-1（b）所示，双击该文件开始安装软件，先弹出一个如图 3-1（c）所示的对话框，若选择"Eval Version（评估版本）"，则无需序列号即可安装软件，但软件只能编写不大于 2KB 的程序，初级用户基本够用，若选择"Full Version（完整版本）"，那么在后续安装时需要输入软件序列号，软件使用不受限制，这里选择"Full Version（完整版本）"，软件安装开始，在安装过程中会弹出如图 3-1（d）所示对话框，要求选择 Keil 软件的安装位置，点击"Browse（浏览）"可更改软件的安装位置，这里保持默认位置（C:\keil），点击"Next（下一步）"，会出现如图 3-1（e）所示对话框，在"Serial Number"项输入软件的序列号，在"安装说明"文件［如图 3-1（a）所示］中可找到序列号，其他各项可随意填写，填写完成后，点击"Next"，软件安装过程继续，如图 3-1（f）所示，在后续安装对话框中出现选择项时均保持默认选择，最后出现图 3-1（g）所示对话框，点击"Finish（完成）"则完成软件的安装。

(a) 在 Keil C51 软件文件夹中打开 setup 文件夹

(b) 在 setup 文件夹中双击 Setup.exe 文件开始安装 Keil C51 软件

(c) 选择安装版本（评估版和完整版）对话框

(d) 选择软件的安装位置（安装路径）

(e) 在对话框内输入软件序列号及有关信息

(f) 软件安装进度条

(g) 点击"Finish"完成 Keil C51 软件的安装

图 3-1 Keil C51 软件的安装

3.2 程序的编写与编译

3.2.1 启动 Keil C51 软件并新建工程文件

单片机Keil编程
软件的使用

（1）Keil C51 软件的启动

Keil C51 软件安装完成后，双击电脑屏幕桌面上的"Keil μVision2"图标，如图 3-2（a）所示，或单击电脑屏幕桌面左下角的"开始"按钮，在弹出的菜单中执行"程序"→"Keil μVision2"，如图 3-2（b）所示，就可以启动 Keil μVision2，启动后的 Keil μVision2 软件窗口如图 3-3 所示。

（2）新建工程文件

在用 Keil μVision2 软件进行单片机程序开发时，为了便于管理，需要先建立一个项目文件，用于管理本项目中的所有文件。

在 Keil μVision2 软件中新建工程文件的操作过程见表 3-1。

（a）双击桌面上的图标启动软件　　　　　　　（b）用开始菜单启动软件

图 3-2　Keil C51 软件的两种启动方法

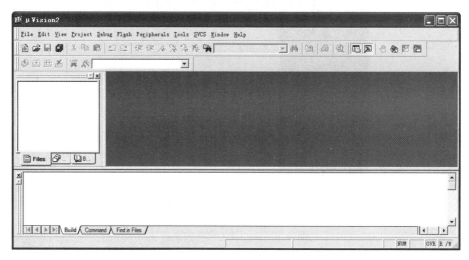

图 3-3　启动后的 Keil μVision2 软件窗口

表 3-1　在 Keil μVision2 软件中新建工程文件的操作说明

序号	操作说明	操作图
1	执行菜单命令"Project"→"New Project"，会弹出相应的对话框	

序号	操作说明	操作图
2	在"Create New Project"对话框中选择新工程的保存位置，这里先打开D盘的"Book_C51程序"文件夹，然后在该文件夹中新建一个"3_1"文件夹	
3	打开"3_1"文件夹，输入新建工程的文件名，工程文件扩展名为".uv"，再点击"保存"按钮，弹出相应的对话框	
4	该对话框为选择单片机型号对话框，有很多公司的51系列单片机供选择，但无STC公司的51系列单片机，由于51单片机基本内核是相同的，这里选择Atmel公司的AT89S52型单片机	
5	在单片机型号对话框中找到Atmel公司的AT89S52型单片机，选中后点击"确定"按钮，弹出询问对话框	

序号	操作说明	操作图
6	对话框询问是否复制8051标准启动代码到当前工程文件所有文件夹中，初学者可选择"否"，如果用到了某些增强功能需要初始化配置时，则可以选择"是"	
7	在Keil软件左边的工程管理器中新增了一个"Target 1"文件夹，该文件夹中还有一个"Source Group 1"文件夹，新建工程文件完成	

3.2.2　新建源程序文件并与工程关联起来

新建工程完成后，还要在工程中建立程序文件，并将程序文件保存后再与工程关联到一起，然后就可以在程序文件中用C语言或汇编语言编写程序。

新建源程序文件并与工程关联起来的操作过程如下：

① 新建源程序文件　在Keil μVision2软件窗口中执行菜单命令"File"→"New"，即新建了一个默认名称为"Text 1"的空白文件，同时该文件在软件窗口中打开，如图3-4所示。

图3-4　新建源程序文件

② 保存源程序文件　单击工具栏上的█工具图标，或执行菜单命令"File"→"Save As"，

弹出如图 3-5 所示的"Save As"对话框。在对话框中打开之前建立的工程文件所在的文件夹，再将文件命名为"一个按键控制一只 LED 亮灭 .c"（扩展名 .c 表示为 C 语言程序，不能省略），单击"保存"按钮即将该文件保存下来。

③ 将源程序文件与工程关联起来　新建的源程序文件与新建的项目没有什么关联，需要将它加入工程中。展开工程管理器的"Target 1"文件夹，在其中的"Source Group

图 3-5　保存源程序文件

1"文件夹上右击，弹出如图 3-6 所示的快捷菜单，选择其中的"Add Files to Group 'Source Group 1'"项，会出现如图 3-7 所示的加载文件对话框，在该对话框中选择文件类型为"C Source file（*.c）"，找到刚新建的"一个按键控制一只 LED 亮灭 .c"文件，再单击"Add"按钮，该文件即被加入项目中，此时对话框并不会消失，可以继续加载其他文件，单击"Close"按钮关闭对话框。在 Keil 软件工程管理器的"Source Group1"文件夹中可以看到新加载的"一个按键控制一只 LED 亮灭 .c"文件，如图 3-8 所示。

图 3-6　用快捷菜单执行加载文件命令

图 3-7　在对话框中选择要加载的文件

图 3-8　源程序文件被加载到工程中

3.2.3　编写程序

编写程序有两种方式：一种是直接在 Keil 软件的源程序文件中编写；另一种是用其他文本工具（如 windows 自带的记事本程序）编写，再加载到 Keil 软件中。

（1）在 Keil 软件的源程序文件中编写

在 Keil 软件窗口左边的工程管理器中选择源程序文件并双击，源程序文件被 Keil 软件自带的程序编辑器（文本编辑器）打开，如图 3-9 所示，再在程序编辑器中用 C 语言编写单片机控制程序，如图 3-10 所示。

图 3-9　打开源程序文件

图 3-10　在 Keil 软件自带的程序编辑器中用 C 语言编写程序

（2）用其他文本工具编写程序

Keil 软件的程序编辑器实际上是一种文本编辑器，它对中文的支持不是很好，在输入中文时，有时会出现文字残缺现象。编程时也可以使用其他文本编辑器（如 Windows 自带的记事本）编写程序，再将程序加载到 Keil 软件中进行编译、仿真和调试。

用其他文本工具编写并加载程序的操作如下。

① 用文本编辑器编写程序　打开 Windows 自带的记事本，在其中用 C 语言（或汇编语言）编写程序，如图 3-11 所示。编写完后将该文件保存下来，文件的扩展名为 .c（或 .asm），这里将文件保存为"1KEY_1LED.c"。

② 将程序文件载入 Keil 软件与工程关联　打开 Keil 软件并新建一个工程（如已建工程，本步骤忽略），再将"1KEY_1LED.c"文件加载进 Keil 软件与工程关联起来，加载程序文件的过程如图 3-6～图 3-8 所示。程序载入完成后，在 Keil 软件的工程管理器的 Source Group 1 文件夹中可看到加载进来的"1KEY_1LED.c"文件，如图 3-12 所示，双击可以打开该文件。

图 3-11　用 Windows 自带的记事本编写单片机控制程序

图 3-12　用记事本编写的程序被载入 Keil 软件

3.2.4　编译程序

用 C 语言（或汇编语言）编写好程序后，程序还不能直接写入单片机，因为单片机只接受二进制数，所以要将 C 语言程序转换成二进制或十六进制代码。将 C 语言程序（或汇编语言程序）转换成二进制或十六进制代码的过程称为编译（或汇编）。

C 语言程序的编译要用到编译器，汇编语言程序要用到汇编器，51 系列单片机对 C 语言程序编译时采用 C51 编译器，对汇编语言程序汇编时采用 A51 汇编器。Keil C51 软件本身带有编译器和汇编器，在对程序进行编译或汇编时，会自动调用相应的编译器或汇编器。

（1）编译或汇编前的设置

在 Keil C51 软件中编译或汇编程序前需要先进行一些设置。设置时，执行菜单命令"Project"→"Options for Target 'Target 1'"，如图3-13（a）所示，弹出如图3-13（b）所示的对话框，

(a) 执行菜单命令"Project"→"Options for Target 'Target 1'"

(b)"Options for Target 'Target 1'"对话框

(c) 在对话框中切换到 Output 选项卡并选中"Create HEX File"项

图 3-13 编译或汇编程序前进行的设置

该对话框中有 10 个选项卡，每个选项卡中都有一些设置内容，其中"Target"和"Output"选项卡较为常用，默认打开"Target"选项卡，这里保持默认值。单击"Output"选项卡，切换到该选项卡，如图 3-13（c）所示，选中"Create HEX File"项并确定关闭对话框。设置时选中"Create HEX File"项的目的是让编译或汇编时生成扩展名为.hex 的十六进制文件，再用烧录软件将该文件烧录到单片机中。

（2）编译或汇编程序

编译设置结束后，在 Keil 软件窗口执行菜单命令"Project"→"Rebuild all target files（重新编译所有的目标文件）"，如图 3-14（a）所示，也可以直接单击工具栏上的 图标，Keil 软件自动调用 C51 编译器将"一个按键控制一只 LED 亮灭.c"文件中的程序进行编译，编译完成后，在软件窗口下方的输出窗口中可以看到有关的编译信息，如果出现"0 Error(s)，0 Warning(s)"，如图 3-14（b）所示，表示程序编译没有问题（至少在语法上不存在问题）；如果存在错误或警告，要认真检查程序，修改后再编译，直到通过为止。

(a) 执行编译命令

(b) 编译完成

图 3-14　编译程序

　　程序编译完成后，打开工程文件所在的文件夹，会发现生成了一个"一个按键控制一只LED 亮灭 .hex"文件，如图 3-15 所示，该文件是编译器将 C 语言程序"一个按键控制一只LED 亮灭 .c"编译成的十六进制代码文件，双击该文件，系统会调用记事本程序打开它，可以看见该文件的具体内容，如图 3-16 所示，在单片机烧录程序时，用烧录软件载入该文件并转换成二进制代码写入单片机。

图 3-15 程序编译后在工程文件所在文件夹中会生成一个扩展名为".hex"的十六进制文件

图 3-16 "一个按键控制一只 LED 亮灭 .hex"文件的内容

3.3 程序的仿真与调试

编写的程序能顺利编译成功，只能说明程序语法上没有问题，但却不能保证该程序写入单片机后一定能达到预定的效果。为了让程序写入单片机后能达到预定的效果，可以对程序进行仿真和调试。如果认为编写的程序没有问题，也可以不进行仿真、调试，而直接用编程器将程序写入单片机。

仿真有软件仿真和硬件仿真两种。软件仿真是指在软件中（如 Keil μVision2）运行编写的程序，再在软件中观察程序运行的情况，分析、判断程序是否正常。硬件仿真是指将实验板（取下单片机芯片）、仿真器（代替单片机芯片）和 PC 连接起来，在软件中将程序写入仿真器，让程序在仿真器中运行，同时观察程序在软件中的运行情况和在实验板上是否实现了预定的效果。由于软件仿真直接在软件中操作，无需硬件仿真器，故被单片机开发者广泛使用，本节主要介绍软件仿真调试。

在仿真的过程中，如果发现程序出现了问题，就要找出问题的所在，并改正过来，然后再编译、仿真，有问题再改正，如此反复，直到程序完全达到要求，这个过程称为仿真、调试程序。因为传真与调试两个步骤是交叉进行的，所以一般将它们放在一起说明。由于仿真、调试程序涉及的知识很广，如果阅读时理解有困难，可浏览一下本部分内容后去学习后面的知识，待掌握后面一些章节的知识，再重新学习本节内容。

3.3.1 编写或打开程序

单片机在执行程序时，一般会改变一些数据存储器（含特殊功能寄存器）的值。软件仿真就是让软件模拟单片机来一条条执行程序，再在软件中观察相应寄存器的值的变化，以此来分析判断程序能否达到预定的效果。如果在 Keil μVision2 软件中已编写好了程序（图 3-17 为已编写好待仿真的 Test1.c 程序），要对该程序进行软件仿真，应先进行软件仿真设置，再编译程序，然后对程序进行仿真调试。

图 3-17　已编写好待仿真的文件

3.3.2　仿真设置

软件仿真是指用软件模拟单片机逐条执行程序。为了让软件仿真更接近真实的单片机，要求在仿真前对软件进行一定的设置。

软件仿真设置的操作过程如下。

• 在 Keil C51 软件的工程管理器中选中"Target1"文件夹，再执行菜单命令"Project → Options for Target 'Target 1' "，弹出如图 3-18 所示的对话框，默认显示"Target"选项卡，将

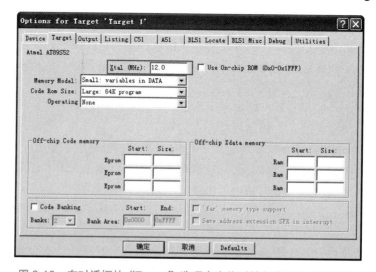

图 3-18　在对话框的"Target"选项卡中将时钟频率设为 12.0MHz

其中的"Xtal(MHz)（单片机时钟频率）"项设为 12.0MHz，然后单击"Output"选项卡，切换到如图 3-19 所示的对话框。

• 在图 3-19 的对话框中将"Create HEX File（建立 HEX 文件）"项选中，这样在编译时可以生成扩展名为 .hex 的十六进制文件，然后单击"Debug"选项卡，切换到如图 3-20 所示对话框。

• 在如图 3-20 所示的对话框中选中"Use Simulator（使用仿真）"项，再单击"确定"按钮，退出设置对话框。

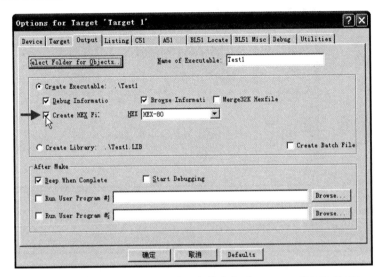

图 3-19　切换到"Output"选项卡并选中"Create HEX File"项

图 3-20　切换到"Debug"选项卡并选中"Use Simulator（使用仿真）"项

3.3.3　编译程序

软件设置好后，还要将程序文件（.c 格式）编译成十六进制 .hex 格式的文件，因为仿真器只能识别这种机器语言文件。

在如图 3-21 所示的软件窗口中点击 （重新编译所有目标文件）图标，系统开始对
Test1.c 文件进行编译，编译完成后，如果在窗口下方的区域显示"0 Error(s), 0 Warning(s)"，
表明程序编译时没有发现错误。编译生成的 Test.hex 文件会自动放置在工程文件所在的文件
夹中，在软件窗口无法看到，但在仿真、调试时，软件会自动加载该文件。

图 3-21　在工具栏上单击编译工具图标

3.3.4　仿真调试程序

程序编译完成后，就可以开始进行仿真调试。程序的仿真操作见表 3-2。

表 3-2　程序的仿真操作

序号	操作说明	操作图
1	启动仿真。单击工具栏上的工具图标，或执行菜单命令"Debug"→"Start/Stop Debug Session"，软件马上进入右图所示的仿真等待状态。 软件窗口左侧的工程管理器自动由文件管理器切换成寄存器显示器，在窗口中间还悬浮着 P0 端口寄存器显示器（若该显示框没有出现，可以执行菜单命令"Peripherals"→"I/O Ports"→"Port 0"，将它调出来）。 软件窗口右下角为变量显示器（点击工具栏上的可以显示或关闭该显示器），显示程序中出现的变量名及变量值。 在中间的程序区，有一个黄色箭头指向第一个待执行的命令。在左侧的寄存器区，显示常用的寄存器名及值，如累加器 a 的值为 0x00，PSW 寄存器的值为 0x00	

续表

序号	操作说明	操作图
2	开始进行仿真。单击工具栏上的（单步仿真）工具图标，软件开始执行程序仿真。 　　第1次单击工具时，软件执行"ACC=0xd5"，该行程序执行后，黄色箭头移到下一行，如右图所示，"ACC=0xd5"执行后，软件窗口左侧寄存器显示器的累加器a的数据变为0xd5（这里0x表示后面d5是十六进制数），同时psw寄存器中的数据变为0x01，它的奇偶校验位P由"0"变为"1"	
3	第2次单击工具，软件执行"ACC=0x00"，该行程序执行后，黄色箭头移到下一行，如右图所示，"ACC=0x00"执行后，寄存器显示器中的累加器a的数据变为0x00，同时psw寄存器中的数据变为0x00，它的奇偶校验位P由"1"变为"0"	
4	第3次单击工具，软件执行"P0=0x00"，该行程序执行后，黄色箭头移到下一行，如右图所示，"P0=0x00"执行后，P0端口显示器的8个端口全部由"1"变为"0"	

续表

序号	操作说明	操作图
5	第4次单击工具，软件执行"P02=1"，该行程序执行后，黄色箭头移到下一行，如右图所示，"P02=1"执行后，P0端口显示器的P0.2端口的"0"变为"1"。 　P端口显示器有上下两组，上组用于显示端口的值，下组用于手动给端口输入值，选中则表示输入为"1"	
6	第5次单击工具，软件执行"H=0xa3"，该行程序执行后，黄色箭头移到下一行，如右图所示，"H=0xa3"执行后，变量显示器的变量H的值由"0x00"变为"0xA3"	
7	第6次单击工具，软件结束程序，黄色箭头返回到"ACC=0xd5"，不断点击工具，软件不断重复上述过程	

在程序仿真时，用 工具可以让程序一步一步执行，通过查看寄存器、变量等的值及变化来判断程序是否正常，如果仿真执行到某步不正常时，可点击 工具图标，停止仿真，返回到编程状态，找到程序不正常的原因并改正，然后重新编译，再进行仿真，如此反复，直到程序仿真运行通过。单步仿真时程序每执行一步都会停止，如果点击 （全速运行）工具图标，程序仿真时会全速运行不停止（除非程序中有断点，程序无法往后执行），可以直接看到程序运行的结果，点击 （停止）工具图标，可停止全速运行仿真。

前面用到了与仿真有关的几个工具，为了更好地进行仿真操作，这里再对其他一些仿真工具进行说明。常用的仿真工具图标及功能说明如图3-22所示。

图3-22　常用的仿真工具图标及功能说明

第4章 单片机驱动发光二极管的电路及编程

4.1 LED（发光二极管）

4.1.1 外形与符号

发光二极管简称 LED（Light Emitting Diode），是一种电-光转换器件，能将电信号转换成光。图 4-1（a）是一些常见的发光二极管的实物外形，图 4-1（b）为发光二极管的电路符号。

4.1.2 性质

发光二极管在电路中需要正接才能工作。下面以如图 4-2 所示的电路来说明发光二极管的性质。

（a）实物外形   新符号   旧符号

（b）电路符号

图 4-1　发光二极管   图 4-2　　发光二极管的性质说明

在图 4-2 中，可调电源 E 通过电阻 R 将电压加到发光二极管 VD 两端，电源正极对应 VD 的正极，负极对应 VD 的负极。将电源 E 的电压由 0 开始慢慢调高，发光二极管两端电压 U_{VD} 也随之升高，在电压较低时，发光二极管并不导通，只有 U_{VD} 达到一定值时，VD 才导通，此时的 U_{VD} 电压称为发光二极管的导通电压。发光二极管导通后有电流流过，发光二极管就开始发光，流过的电流越大，发出光线越强。

不同颜色的发光二极管，其导通电压有所不同，红外线发光二极管导通电压最低，略高于 1V，红光二极管导通电压 1.5～2V，黄光二极管 2V 左右，绿光二极管 2.5～2.9V，高亮度蓝光、白光二极管导通电压一般达到 3V 以上。

发光二极管正常工作时的电流较小，小功率的发光二极管工作电流一般在 3～20mA，若流过发光二极管的电流过大，发光二极管容易被烧坏。发光二极管的反向耐压也较低，一般在 10V 以下。在焊接发光二极管时，应选用功率在 25W 以下的电烙铁，焊接点应离管帽4mm 以上，焊接时间不要超过 4s，最好用镊子夹住引脚散热。

4.1.3 检测

发光二极管的检测包括极性判别和好坏检测。

（1）从外观判别极性

对于未使用过的发光二极管，引脚长的为正极，引脚短的为负极，也可以通过观察发光二极管内电极来判别引脚极性，内电极大的引脚为负极，如图4-3所示。

（2）用万用表检测极性

发光二极管与普通二极管一样具有单向导电性，即正向电阻小，反向电阻大。根据这一点可以用万用表检测发光二极管的极性。

图 4-3 从外观判别引脚极性

由于大多数发光二极管的导通电压在 1.5V 以上，而万用表选择 $R\times1\Omega\sim R\times1k\Omega$ 挡时，内部使用 1.5V 电池，其提供的电压无法使发光二极管正向导通，故检测发光二极管极性时，万用表选择 $R\times10k\Omega$ 挡（内部使用 9V 电池），红、黑表笔分别接发光二极管的两个电极，正、反各测一次，两次测量的阻值会出现一大一小，以阻值小的那次为准，黑表笔接的为正极，红表笔接的为负极。

（3）好坏检测

在检测发光二极管好坏时，万用表选择 $R\times10k\Omega$ 挡，测量两引脚之间的正、反向电阻。若发光二极管正常，正向电阻小，反向电阻大（接近 ∞）。

若正、反向电阻均为 ∞，则发光二极管开路。

若正、反向电阻均为 0Ω，则发光二极管短路。

若反向电阻偏小，则发光二极管反向漏电。

4.1.4 限流电阻的阻值计算

由于发光二极管的工作电流小、耐压低，故使用时需要连接限流电阻，图4-4是发光二极管的两种常用驱动电路，在采用如图4-4（b）所示的晶体管驱动时，晶体管相当于一个开关（电子开关），当基极为

图 4-4 发光二极管的两种常用驱动电路

高电平时三极管会导通，相当于开关闭合，发光二极管有电流通过而发光。

发光二极管的限流电阻的阻值可按 $R=(U-U_F)/I_F$ 计算，U 为加到发光二极管和限流电阻两端的电压，U_F 为发光二极管的正向导通电压（约 1.5~3.5V，可用数字万用表测量获得），I_F 为发光二极管的正向工作电流（约 3~20mA，一般取 10mA）。

4.2 单片机点亮单个 LED 的电路及程序详解

4.2.1 单片机点亮单个 LED 的电路

图4-5是单片机（STC89C51）点亮单个 LED 的电路，当单片机 P1.7 端为低电平时，LED（发光二极管）VD8 导通，有电流流过 LED，LED 点亮，此时 LED 的工作电流 $I_F=(U-U_F)/R=(5-1.5)/510\approx0.007A=7mA$。

图 4-5　单片机点亮单个 LED 的电路

4.2.2　采用位操作方式编程点亮单个 LED 的程序及详解

要点亮 P1.7 引脚外接的 LED，只需让 P1.7 引脚为低电平即可。点亮单个 LED 可采用位操作方式或字节操作方式，如果选择位操作方式，在编程时直接让 P1.7=0，即让 P1.7 引脚为低电平，如果选择字节操作方式，在编程时让 P1=7FH=01111111B，也可以让 P1.7 引脚为低电平。

图 4-6 是用 Keil C51 软件编写的采用位操作方式点亮单个 LED 的程序。

```
/*点亮单个LED的程序，采用直接
  将某位置0或置1的位操作方式编程*/
#include<reg51.h>      //调用reg51.h文件对单片机各特殊功能寄存器进行地址定义
sbit LED7=P1^7;        //用位定义关键字sbit将LED7代表P1.7端口，
                       //LED7是自己任意定义且容易记忆的符号

/*以下为主程序部分*/
void main (void)       //main为主函数，main前面的void表示函数无返回值(输出参数)，
                       //后面小括号内的void(也可不写)表示函数无输入参数，一个程序
                       //只允许有一个主函数，其语句要写在main首尾大括号内，不管程序
                       //多复杂，单片机都会从main函数开始执行程序
{                      //main函数首大括号
    LED7=1;            //将P1.7端口赋值1，让P1.7引脚输出高电平
    while (1)          //while为循环控制语句，当小括号内的条件非0(即为真)时，
                       //反复执行while首尾大括号内的语句
    {                  //while语句首大括号
    LED7=0;            //将P1.7端口赋值0，让P1.7引脚输出低电平
    }                  //while语句尾大括号
}                      //main函数尾大括号
```

图 4-6　采用位操作方式点亮单个 LED 的程序

（1）现象

接通电源后，单片机 P1.7 引脚连接的 LED 点亮。

（2）程序说明

• "/* */" 为多行注释符号（也可单行注释），"/*" 为多行注释的开始符号，"*/" 为多行注释的结束符号，注释内容写在开始符号和结束符号之间，注释内容可以是单行，也可以是多行。

• "//" 为单行注释开始符号，注释内容写在该符号之后，换行自动结束注释。注释部分有助于阅读和理解程序，不会写入单片机，图 4-7 是去掉注释部分的程序，其功能与图 4-6 程序一样，只是阅读理解不方便。

```
#include<reg51.h>
sbit LED7=P1^7;
void main ()
{
    LED7=1;
  while (1)
  {
    LED7=0;
  }
}
```

图 4-7　去掉注释部分的程序

• "#include" 是一个文件包含预处理命令，它是软件在编译前要做的工作，不会写入单片机，C 语言的预处理命令相当于汇编语言中的伪指令，预处理命令之前要加一个 "#"。

• "reg51.h" 是 8051 单片机的头文件，在程序的 reg51.h 上单击右键，弹出如图 4-8 所示的右键菜单，选择打开 reg51.h 文件，即可将 reg51.h 文件打开，reg51.h 文件的内容如图 4-9 所示，它主要是定义 8051 单片机特殊功能寄存器的字节地址或位地址，如定义 P0 端口（P0 锁存器）的字节地址为 0x80（即 80H），定义 PSW 寄存器的 CY 位的位地址为 0xD7（即 D7H）。reg51.h 文件位于 C\Keil\C51\INC 中。在程序中也可不写 "#include<reg51.h>"，但此时需要将 reg51.h 文件中所有内容复制到程序中。

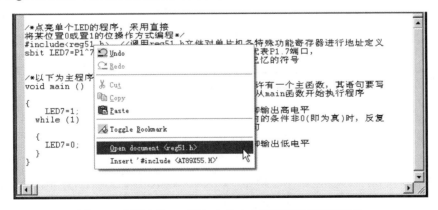

图 4-8　在程序的 reg51.h 上单击右键用菜单打开该文件

4.2.3　采用字节操作方式编程点亮单个 LED 的程序及详解

图 4-10 是采用字节操作方式编写点亮单个 LED 的程序。

图 4-9　reg51.h 文件的内容

图 4-10　采用字节操作方式编写点亮单个 LED 的程序

（1）现象

接通电源后，单片机 P1.7 引脚连接的 LED 点亮。

（2）程序说明

程序采用一次 8 位赋值（以字节为单位），先让 P1=0xFF=FFH=11111111B，即让 P1 锁存器 8 位全部为高电平，P1 端口 8 个引脚全部输出高电平，然后让 P1=0x7F=7FH=01111111B，即让 P1 锁存器的第 8 位为低电平，P1.7 引脚输出低电平，P1.7 引脚外接 LED 导通发光。

4.2.4　单个 LED 以固定频率闪烁发光的程序及详解

图 4-11 是控制单个 LED 以固定频率闪烁发光的程序。

（1）现象

单片机 P1.7 引脚连接的 LED 以固定频率闪烁发光。

（2）程序说明

LED 闪烁是指 LED 亮、灭交替进行。在编写程序时，可以先让连接 LED 负极的单片机引脚为低电平，点亮 LED，该引脚低电平维持一定的时间，然后让该引脚输出高电平，熄灭 LED，使该引脚高电平维持一定的时间，这个过程反复进行，LED 就会闪烁发光。

为了让单片机某引脚高、低电平能持续一定的时间，可使用 Delay（延时）函数。函数可以看作是具有一定功能的程序段，函数有标准库函数和用户自定义函数，标准库函数是 Keil 软件自带的函数，用户自定义函数是由用户根据需要自己编写的。无论标准库函数还是用户自定义函数，都可以在 main 函数中调用执行，在调用函数时，可以赋给函数输入值（输入参数），函数执行后可能会输出结果（返回值）。图 4-11 程序用到了 Delay 函数，它是一个自定义函数，只有输入参数 t，无返回值，执行 Delay 函数需要一定时间，故起延时作用。

主函数 main 是程序执行的起点，如果将被调用的函数写在主函数 main 后面，该函数必须要在 main 函数之前声明，若将被调用函数写在 main 主函数之前，可以省略函数声明，但在执行函数多重调用时，编写顺序是有先后的。例如在主函数中调用函数 A，而函数 A 又去调用函数 B，如果函数 B 编写在函数 A 的前面，就不会出错，相反就会出错。也就是说，在使用函数之前，必须告诉程序有这个函数，否则程序就会报错，故建议所有的函数都写在主函数后面，再在主函数前面加上函数声明，这样可以避免出错且方便调试，直观性也很强，很容易看出程序使用了哪些函数。图 4-11 中的 Delay 函数内容写在 main 函数后面，故在 main 函数之前对 Delay 函数进行了声明。

```
/*控制单个LED闪烁的程序*/
#include<reg51.h>              //调用reg51.h文件对单片机各特殊功能寄存器进行地址定义
sbit LED7=P1^7;                //用位定义关键字sbit将LED7代表P1.7端口，
                               //LED7是自己任意定义且容易记忆的符号
void Delay(unsigned int t);    //声明一个Delay（延时）函数，Delay之前的void表示
                               //函数无返回值（即无输出参数），Delay的输入参数
                               //为unsigned int t（无符号的整数型变量t）

/*以下为主程序部分*/
void main ( void)              //main为主函数，main前面的void表示函数无返回值(输出参数)，
                               //后面小括号内的void表示函数无输入参数，一个程序只允许有
                               //一个主函数，其语句要写在main首尾大括号内，不管程序多复杂，
                               //单片机都会从main函数开始执行程序
{                              //main函数首大括号
    while (1)                  //while为循环控制语句，当小括号内的条件非0(即为真)时，
                               //反复执行while首尾大括号内的语句
    {                          //while语句首大括号
    LED7=0;                    //将P1.7端口赋值0，让P1.7引脚输出低电平
    Delay(30000);             //执行Delay函数，同时将30000赋给Delay函数的输入参数t，
                               //更改输入参数值可以改变延时时间
    LED7=1;                    //将P1.7端口赋值1，让P1.7引脚输出高电平
    Delay(30000);             //执行Delay函数，同时将30000赋给Delay函数的输入参数t，
                               //更改输入参数值可以改变延时时间
    }                          //while语句尾大括号
}                              //main函数尾大括号
/*以下为延时函数*/
void Delay(unsigned int t)     //Delay为延时函数，函数之前的void表示函数无返回值，后面括号
                               //内的unsigned int t表示输入参数为变量t，t的数据类型为无符号整数型
{                              //Delay函数首大括号
 while(--t);                   // while为循环控制语句，--t表示减1，即每执行一次while语句，t值就减1，
                               //t值非0(即为真)时，反复执行while语句，直到t值为0(即为假)时，执行while首尾
                               //大括号（本例无）之后的语句。由于每执行一次while语句都需要一定的时间，
                               //while语句执行次数越多，花费时间越长，即可起延时作用
}                              //Delay函数尾大括号
```

图 4-11　控制单个 LED 以固定频率闪烁发光的程序

4.2.5　单个 LED 以不同频率闪烁发光的程序及详解

图 4-12 是控制单个 LED 以不同频率闪烁发光的程序。

（1）现象

单片机 P1.7 引脚的 LED 先以高频率快速闪烁 10 次，再发光以低频率慢速闪烁 10 次，该过程不断重复进行。

（2）程序说明

该程序第一个 for 循环语句使 LED 以高频率快速闪烁 10 次，第二个 for 循环语句使 LED 以低频率慢速闪烁 10 次，while 循环语句使其首尾大括号内的两个 for 语句不断重复执行，即让 LED 快闪 10 次和慢闪 10 次不断重复进行。

```
/*控制单个LED以不同频率闪烁的程序*/
#include<reg51.h>              //调用reg51.h文件对单片机各特殊功能寄存器进行地址定义
sbit LED7=P1^7;               //用位定义关键字sbit将LED7代表P1.7端口，
                             //LED7是自己任意定义且容易记忆的符号
void Delay(unsigned int t);   //声明一个Delay（延时）函数，Delay之前的void表示函数
                             //无返回值（即无输出参数），Delay的输入参数为无符号(unsigned)
                             //整数型（int）变量t，t值为16位，取值范围为0~65535


/*以下为主程序部分*/
void main (void)              //main为主函数，main前面的void表示函数无返回值(输出参数)，
                             //后面小括号内的void表示函数无输入参数，可省去不写，一个程序
                             //只允许有一个主函数，其语句要写在main首尾大括号内，不管程序
                             //多复杂，单片机都会从main函数开始执行程序
{                            //main函数首大括号
unsigned char i;             //定义一个无符号(unsigned)字符型(char)变量i，i的取值范围为0~255
while (1)                    //while为循环控制语句，当小括号内的条件非0(即为真)时，
                             //反复执行while首尾大括号内的语句
 {                           //while语句首大括号
   for(i=0; i<10; i++)       // for也是循环语句，执行时先用表达式一i=0对i赋初值0，然后
                             //判断表达式二i<10是否成立，若表达式二成立，则执行for语句
                             //首尾大括号的内容，再执行表达式三i++将i值加1，接着又判断
                             //表达式二i<10是否成立，如此反复进行，直到表达式二不成立时，
                             //才跳出for语句，去执行for语句尾大括号之后的内容，这里的
                             //for语句大括号内容会循环执行10次
   {                         //for语句首大括号
    LED7=0;                  //将P1.7端口赋值0，让P1.7引脚输出低电平
    Delay(6000);             //执行Delay函数，同时将6000赋给Delay函数的输入参数t，
                             //更改输入参数值可以改变延时时间
    LED7=1;                  //将P1.7端口赋值1，让P1.7引脚输出高电平
    Delay(6000);             //执行Delay函数，同时将6000赋给Delay函数的输入参数t，
                             //更改输入参数值可以改变延时时间
   }                         //for语句尾大括号
   for(i=0; i<10; i++)
   {                         //第二个for语句首大括号
    LED7=0;
    Delay(50000);
    LED7=1;
    Delay(50000);
   }                         //第二个for语句尾大括号
 }                           //while语句尾大括号
}                            //main函数尾大括号

/*以下为延时函数*/
void Delay(unsigned int t)   //Delay为延时函数，函数之前的void表示函数无返回值，后面括号
                             //内的unsigned int t表示输入参数为变量t，t的数据类型为无符号整数型
{                            //Delay函数首大括号
 while(--t);                 // while为循环控制语句，--t表示减1，即每执行一次while语句，t值就减1，
                             //t值非0(即为真)时，反复执行while语句，直到t值为0(即为假)时，执行while
                             //首尾大括号（本例无）之后的语句。由于每执行一次while语句都需要一定
                             //的时间，while语句执行次数越多，花费时间越长，即可起延时作用
}                            //Delay函数尾大括号
```

图 4-12　控制单个 LED 以不同频率闪烁发光的程序

4.3 单片机点亮多个 LED 的电路及程序详解

4.3.1 单片机点亮多个 LED 的电路

图 4-13 是单片机（STC89C51）点亮多个 LED 的电路，当单片机 P1 端某个引脚为低电平时，LED 导通，有电流流过 LED，LED 点亮，此时 LED 的工作电流 $I_F=(U-U_F)/R=(5-1.5)/510\approx0.007A=7mA$。

图 4-13　单片机点亮多个 LED 的电路

4.3.2 采用位操作方式编程点亮多个 LED 的程序及详解

图 4-14 是采用位操作方式编程点亮多个 LED 的程序。

（1）现象

接通电源后，单片机 P1.0、P1.2、P1.3、P1.4 引脚外接的 LED 点亮。

（2）程序说明

程序说明见图 4-14 程序的注释部分。

```
/*采用位操作方式编程点亮多个LED的程序 */
#include<reg51.h>    //调用reg51.h文件对单片机各特殊功能寄存器进行地址定义
sbit LED0=P1^0;      //用位定义关键字sbit将容易记忆的符号LED0代表P1.0端口
sbit LED1=P1^1;      //用位定义关键字sbit将容易记忆的符号LED1代表P1.1端口
sbit LED2=P1^2;
sbit LED3=P1^3;
sbit LED4=P1^4;
sbit LED5=P1^5;
sbit LED6=P1^6;
sbit LED7=P1^7;

/*以下为主程序部分*/
void main (void)     //main为主函数，main前面的void表示函数无返回值(输出参数)，
                     //后面小括号内的void(也可不写)表示函数无输入参数，一个程序
                     //只允许有一个主函数，其语句要写在main首尾大括号内，不管
                     //程序多复杂，单片机都会从main函数开始执行程序
{                    //main函数首大括号
  LED0=0;            //将LED0(P1.0)端口赋值0，让P1.0引脚输出低电平
  LED1=1;            //将LED1(P1.1)端口赋值1，让P1.1引脚输出高电平
  LED2=0;
  LED3=0;
  LED4=0;
  LED5=1;
  LED6=1;
  LED7=1;
  while (1)          //while为循环控制语句，当小括号内的条件非0(即为真)时，
                     //反复执行while首尾大括号内的语句
  {                  //while语句首大括号
                     //可在while首尾大括号内写需要反复执行的语句，如果
                     //首尾大括号内的内容为空，可用分号取代首尾大括号
  }                  //while语句尾大括号
}                    //main函数尾大括号
```

图 4-14　采用位操作方式编程点亮多个 LED 的程序

4.3.3　采用字节操作方式编程点亮多个 LED 的程序及详解

图 4-15 是采用字节操作方式编程点亮多个 LED 的程序。

（1）现象

接通电源后，单片机 P1.1、P1.2、P1.4、P1.7 引脚外接的 LED 点亮。

（2）程序说明

程序说明见图 4-15 程序的注释部分。

```
/*采用字节操作方式编程点亮多个LED的程序 */
#include<reg51.h>    //调用reg51.h文件对单片机各特殊功能寄存器进行地址定义

/*以下为主程序部分*/
void main (void)     //main为主函数，main前面的void表示函数无返回值(输出参数)，
                     //后面小括号内的void(也可不写)表示函数无输入参数，一个程序
                     //只允许有一个主函数，其语句要写在main首尾大括号内，不管
                     //程序多复杂，单片机都会从main函数开始执行程序
{                    //main函数首大括号
  P1=0xFF;           //让P1=FFH=11111111B，即让P1所有引脚都输出高电平
  while (1)          //while为循环控制语句，当小括号内的条件非0(即为真)时，
                     //反复执行while首尾大括号内的语句
  {                  //while语句首大括号
  P1=0x69;           //让P1=69H=01101001B，即P1.7、P1.4、P1.2、P1.1引脚输出低电平
  }                  //while语句尾大括号
}                    //main函数尾大括号
```

图 4-15　采用字节操作方式编程点亮多个 LED 的程序

4.3.4 多个LED以不同频率闪烁发光的程序及详解

图4-16是控制多个LED以不同频率闪烁发光的程序。

（1）现象

单片机P1.7、P1.5、P1.3、P1.1引脚的4个LED先以高频率快速闪烁10次，然后以低频率慢速闪烁10次，该过程不断重复进行。

（2）程序说明

图4-16程序的第一个for循环语句使单片机P1.7、P1.5、P1.3、P1.1引脚连接的4个LED以高频率快速闪烁10次，第二个for循环语句使这些LED以低频率慢速闪烁10次，主程序中的while循环语句使其首尾大括号内的两个for语句不断重复执行，即让LED快闪10次和慢闪10次不断重复进行。该程序以字节操作方式编程，也可以使用位操作方式对P1.7、P1.5、P1.3、P1.1端口赋值来编程，具体编程方法可参见如图4-14所示的程序。

```
/*控制多个LED以不同频率闪烁发光的程序*/
#include<reg51.h>                    //调用reg51.h文件对单片机各特殊功能寄存器进行地址定义
void Delay(unsigned int t);          //声明一个Delay（延时）函数，Delay之前的void表示函数
                                     //无返回值（即无参数），Delay的输入参数为无符号（unsigned）
                                     //整数型（int）变量t，t值为16位，取值范围为0~65535

/*以下为主程序部分*/
void main (void)                     //main为主函数，一个程序只允许有一个主函数，不管程序
                                     //多复杂，单片机都会从main函数开始执行程序
{                                    //main函数首大括号
unsigned char i;                     //定义一个无符号（unsigned）字符型(char)变量i，i的取值范围为0~255
while (1)                            //while为循环控制语句，当小括号内的条件非0(即为真)时，反复
                                     //执行while首尾大括号内的语句
{                                    //while语句首大括号
    for(i=0; i<10; i++)              // for也是循环语句，执行时先用表达式一i=0对i赋初值0，然后
                                     //判断表达式二i<10是否成立，若表达式二成立，则执行for语句
                                     //首尾大括号内的内容，再执行表达式三i++将i值加1，接着又判断
                                     //表达式二i<10是否成立，如此反复进行，直到表达式二不成立时，
                                     //才跳出for语句，去执行for语句尾大括号之后的内容，这里的
                                     //for语句大括号内容会循环执行10次
    {                                //for语句首大括号
      P1=0x55;                       //让P1=55H=01010101B，即P1.7、P1.5、P1.3、P1.1引脚输出低电平
      Delay(6000);                   //执行Delay函数，同时将6000赋给Delay函数的输入参数t，
                                     //更改输入参数值可以改变延时时间
      P1=0xFF;                       //让P1=FFH=11111111B，即P1.7、P1.5、P1.3、P1.1引脚输出高电平
      Delay(6000);                   //执行Delay函数，同时将6000赋给Delay函数的输入参数t，
                                     //更改输入参数值可以改变延时时间
    }                                //for语句尾大括号
    for(i=0; i<10; i++)              //第二个for语句首大括号
    {
      P1=0x55;                       //让P1=55H=01010101B，即P1.7、P1.5、P1.3、P1.1引脚输出低电平
      Delay(50000);
      P1=0xFF;                       //让P1=FFH=11111111B，即P1.7、P1.5、P1.3、P1.1引脚输出高电平
      Delay(50000);
    }                                //第二个for语句尾大括号
}                                    //while语句尾大括号
}                                    //main函数尾大括号
/*以下为延时函数*/
void Delay(unsigned int t)           //Delay为延时函数，函数之前的void表示函数无返回值，后面括号
                                     //内的unsigned int t表示输入参数为变量t，t的数据类型为无符号整数型
{                                    //Delay函数首大括号
    while(--t);                      // while为循环控制语句，--t表示t减1，即每执行一次while语句，t值就减1，
                                     //t值非0(即为真)时，反复执行while语句，直到t值为0(即为假)时，执行while
                                     //首尾大括号（本例无）之后的语句。由于每执行一次while语句都需要一定
                                     //的时间，while语句执行次数越多，花费时间越长，即可起延时作用
}                                    //Delay函数尾大括号
```

图4-16 控制多个LED以不同频率闪烁发光的程序

4.3.5 多个LED左移和右移的程序及详解

（1）控制多个LED左移的程序

图4-17为控制多个LED左移的程序。

① 现象 接通电源后，单片机P1.0引脚的LED先亮，然后P1.1~P1.7引脚的LED按

顺序逐个亮起来，最后 P1.0～P1.7 引脚所有 LED 全亮。

② 程序说明　程序首先给 P1 赋初值，让 P1=FEH=11111110B，P1.0 引脚输出低电平，P1.0 引脚连接的 LED 点亮，然后执行 for 循环语句，在 for 语句中，用位左移运算符"<<1"将 P1 端口数据（8 位）左移一位，右边空出的位，其值用 0 补充。for 语句会执行 8 次，第 1 次执行后，P1=11111100，P1.0、P1.1 引脚的 LED 点亮；第 2 次执行后，P1=11111000，P1.0、P1.1、P1.2 引脚的 LED 点亮；第 8 次执行后，P1=00000000，P1 所有引脚的 LED 都会点亮。

单片机程序执行到最后时，又会从头开始执行，如果希望程序运行到某处时停止，可使用"while(1){}"语句［或使用"while(1);"］，如果 while(1) {} 之后还有其他语句，空 {} 可省掉，否则空 {} 不能省掉。图 4-17 中的主程序最后用 while(1){} 语句来停止主程序，使之不会从头重复执行，因此 P1 引脚的 8 个 LED 全亮后不会熄灭，如果删掉主程序最后的 while(1){} 语句，LED 逐个点亮（左移）到全亮这个过程会不断重复。

```
/*控制多个LED左移的程序*/
#include<reg51.h>                //调用reg51.h文件对单片机各特殊功能寄存器进行地址定义
void Delay(unsigned int t);      //声明一个Delay（延时）函数，Delay之前的void表示函数
                                 //无返回值（即无输出参数），Delay的输入参数为无符号 (unsigned)
                                 //整数型 (int) 变量,t值为16位,取值范围 0～65535
/*以下为主程序部分*/
void main (void)                 //main为主函数，一个程序只允许有一个主函数，不管程序
                                 //多复杂，单片机都会从main函数开始执行程序
{                                //main函数首大括号
    unsigned char i;            //定义一个无符号(unsigned)字符型(char)变量i，i的取值范围为0～255
    P1=0xfe;                    //给P1端口赋初值，让P1＝FEH=11111110B
    for(i=0;i<8;i++)            // for是循环语句，执行时先用表达式一i=0对i赋初值0，然后
                                //判断表达式二i<8是否成立，若表达式二成立，则执行for语句
                                //首尾大括号内的内容，再执行表达式三i++将i值加1，接着又判断
                                //表达式二i<8是否成立，如此反复进行，直到表达式二不成立时，
                                //才跳出for语句，去执行for语句尾大括号之后的内容，这里的
                                //for语句大括号内的内容会循环执行8次
    {                           //for语句首大括号
     Delay(60000);             //执行Delay函数，同时将6000赋给Delay函数的输入参数t，
                                //更改输入参数值可以改变延时时间
     P1=P1<<1;                 //将P1端口数值(8位)左移一位，"<<"表示左移，"1"为移动的位数
                                //P1=P1<<1也可写作P1<<=1
    }                           //for语句尾大括号
     while (1)                  //while为循环控制语句，当小括号内的条件非0(即为真)时，反复
                                //执行while首尾大括号内的语句
     {                          //while语句首大括号
                                //可在while首尾大括号内写需要反复执行的语句，如果首尾大括号
                                //内的内容为空，也可用分号取代首尾大括号
     }                          //while语句尾大括号
}                               //main函数尾大括号
/*以下为延时函数*/
void Delay(unsigned int t)      //Delay为延时函数，函数之前的void表示函数无返回值，后面括号
                                //内的unsigned int t表示输入参数为变量t，t的数据类型为无符号整数型
{                               //Delay函数首大括号
    while(--t);                 // while为循环控制语句，--t表示t减1，即每执行一次while语句，t值就减1，
                                //t值非0(即为真)时，反复执行while语句，直到t值为0(即为假)时，执行while
                                //首尾大括号（本例无）之后的语句。由于每执行一次while语句都需要一定
                                //的时间，while语句执行次数越多，花费时间越长，即可起延时作用
}                               //Delay函数尾大括号
```

图 4-17　控制多个 LED 左移的程序

（2）多个 LED 右移的程序

图 4-18 是控制多个 LED 右移的程序。

① 现象　接通电源后，单片机 P1.7 引脚的 LED 先亮，然后 P1.6～P1.0 引脚的 LED 按顺序逐个亮起来，最后 P1.7～P1.0 引脚所有 LED 全亮。

② 程序说明　该程序结构与左移程序相同，右移采用了位右移运算符">>1"，程序首先赋初值 P1=7FH=01111111B，P1.7 引脚的 LED 点亮。然后让 for 语句执行 8 次，第 1 次执行后，P1=00111111，P1.7、P1.6 引脚的 LED 点亮；第 2 次执行后，P1=0001111，P1.7、

P1.6、P1.5 引脚的 LED 点亮；第 8 次执行后，P1=00000000，P1 所有引脚的 LED 都会点亮。由于主程序最后有"while(1);"语句，故 8 个 LED 始终处于点亮状态。若删掉"while(1);"语句，多个 LED 右移过程会不断重复。

```
/*控制多个LED右移的程序*/
#include<reg51.h>
void Delay(unsigned int t);
/*以下为主程序部分*/
void main (void)
{
    unsigned char i;
    P1=0x7f;                    //给P1端口赋初值，让P1=7FH=01111111B
  for(i=0;i<8;i++)
  {
    Delay(60000);
    P1=P1>>1;                   //将P1端口数值(8位)右移一位，">>"表示右移，"1"为移动
                                //的位数，P1=P1>>1也可写作P1>>=1
  }
  while (1);
}
/*以下为延时函数*/
void Delay(unsigned int t)
{
    while(--t);
}
```

图 4-18　控制多个 LED 右移的程序

4.3.6　LED 循环左移和右移的程序及详解

（1）控制 LED 循环左移的程序

图 4-19 是控制 LED 循环左移的程序。

① 现象　单片机 P1.7～P1.0 引脚的 8 个 LED 从最右端（P1.0 端）开始，逐个往左（往 P1.7 端方向）点亮（始终只有一个 LED 亮），最左端（P1.7 端）的 LED 点亮再熄灭后，最右端 LED 又点亮，如此反复循环进行。

```
/*控制LED循环左移的程序*/
#include<reg51.h>                //调用reg51.h文件对单片机各特殊功能寄存器进行地址定义
void Delay(unsigned int t);      //声明一个Delay（延时）函数
/*以下为主程序部分*/
void main (void)                 //main为主函数，一个程序只允许有一个主函数,不管程序
                                 //多复杂，单片机都会从main函数开始执行程序
{                                //main函数首大括号
  unsigned char i;               //定义一个无符号(unsigned)字符型(char)变量i，i的取值范围为0~255
  P1=0xfe;                       //给P1端口赋初值，让P1=FEH=11111110B
  while (1)                      //while为循环控制语句，当小括号内的条件非0(即为真)时，反复
                                 //执行while首大括号内的语句
  {                              //while语句首大括号
  for(i=0;i<8;i++)               //for是循环语句，for语句首尾大括号内的内容会循环执行8次
    {                            //for语句首大括号
      Delay(60000);              //执行Delay函数进行延时
      P1=P1<<1;                  //将P1端口数值(8位)左移一位，"<<"表示左移，"1"为移动的位数，
      P1=P1|0x01;                //将P1端口数值(8位)与00000001进行或运算，即给P1端口最低位补1
    }                            //for语句尾大括号
    P1=0xfe;                     //P1端口赋初值，让P1=FEH=11111110B
  }                              //while语句尾大括号
}                                //main函数尾大括号
/*以下为延时函数*/
void Delay(unsigned int t)       //Delay为延时函数，unsigned int t表示输入参数为无符号整数型变量t
{                                //Delay函数首大括号
  while(--t){};                  // while为循环语句，每执行一次while语句，t值就减1，直到t值为0时
                                 //才执行while首大括号之后的语句，在主程序中可以为t赋值，t值越大，while语句
                                 //执行次数越多，延时时间越长
}                                //Delay函数尾大括号
```

图 4-19　控制 LED 循环左移的程序

② 程序说明 LED 循环左移是指 LED 先往左移，移到最左边后又返回最右边重新开始往左移，反复循环进行。图 4-19 是控制 LED 循环左移的程序，该程序先用 P1=P1<<1 语句让 LED 左移一位，然后用 P1=P1 | 0x01 语句将左移后的 P1 端口的 8 位数与 00000001 进行位或运算，目的是将左移后最右边空出的位用 1 填充，左移 8 次后，最右端（最低位）的 0 从最左端（最高位）移出，程序马上用 P1=0xfe 赋初值，让最右端值又为 0，然后 while 语句使上述过程反复进行。"|" 为 "位或" 运算符按键，在计算机键盘的回车键附近。

（2）控制 LED 循环右移的程序

图 4-20 是控制 LED 循环右移的程序。

① 现象 单片机 P1.7～P1.0 引脚的 8 个 LED 从最左端（P1.7 端）开始，逐个往右（往 P1.0 端方向）点亮（始终只有一个 LED 亮），最右端（P1.0 端）的 LED 点亮再熄灭后，最左端 LED 又点亮，如此反复循环进行。

② 程序说明 在右移（高位往低位移动）前，先用 P1=0x7f 语句将最高位的 LED 点亮，然后用 P1=P1>>1 语句将 P1 的 8 位数右移一位，执行 8 次，每次执行后用 P1=P1|0x80 语句给 P1 最高位补 1，8 次执行完后，用 P1=0x7f 语句将最高位的 LED 点亮，接着又执行 for 语句，如此循环反复。

```
/*控制LED循环右移的程序*/
#include<reg51.h>
void Delay(unsigned int t);
/*以下为主程序部分*/
void main (void)
{
  unsigned char i;
  P1=0x7f;                  //给P1端口赋初值，让P1=7FH=01111111B，最高位的LED点亮
  while (1)          //while为循环语句，当小括号内的值不是0时，反复执行首尾大括号内的语句
  {
  for(i=0;i<8;i++)          //for为循环语句，其首尾大括号内的语句会执行8次
   {
    Delay(60000);          //执行Delay延时函数延时
    P1=P1>>1;              //将P1端口数值(8位)右移一位，">>"表示右移，"1"为移动的位数
    P1=P1|0x80;            //将P1端口数值(8位)与10000000进行或运算，即给P1最高位补1
   }
   P1=0x7f;               //给P1端口赋初值，让P1=7FH=01111111B，最高位的LED点亮
  }
}
/*以下为延时函数*/
void Delay(unsigned int t)
{
  while(--t){};
}
```

图 4-20　控制 LED 循环右移的程序

4.3.7　LED 移动并闪烁发光的程序及详解

图 4-21 是一种控制 LED 左右移动并闪烁发光的程序。

（1）现象

接通电源后，两个 LED 先左移（即单片机 P1.0、P1.1 引脚的两个 LED 先点亮，接着 P1.1、P1.2 引脚的 LED 点亮，P1.0 引脚的 LED 熄灭，最后 P1.6、P1.7 引脚的 LED 点亮，此时 P1.0～P1.5 引脚的 LED 都熄灭），然后两个 LED 右移（即从 P1.6、P1.7 引脚的 LED 点亮变化到 P1.0、P1.1 引脚的 LED 点亮），之后 P1.0～P1.7 引脚的 8 个 LED 同时亮、灭闪烁 3 次，以上过程反复进行。

```
/*控制LED左右移动并闪烁发光的程序*/
#include<reg51.h>              //调用reg51.h文件对单片机各特殊功能寄存器进行地址定义
void Delay(unsigned int t);    //声明一个Delay（延时）函数,其输入参数为无符号（unsigned)
                               //整数型（int）变量t,t值为16位,取值范围为0~65535

/*以下为主程序部分*/
void main (void)          //main为主函数,一个程序只允许有一个主函数,不管程序
                          //多复杂,单片机都会从main函数开始执行程序
                          //main函数首大括号
{
  unsigned char i;        //定义一个无符号(unsigned)字符型(char)变量i,i的取值范围为0~255
  unsigned char temp;     //定义一个无符号字符型变量temp,temp的取值范围为0~255
  while (1)               //while为循环语句,当小括号内的值不是0时,反复执行首尾大括号内的语句
  {                       //while语句首大括号
    temp=0xfc;            //让变量temp=FCH=11111100B
    P1=temp;             //将变量temp的值（11111100）赋给P1,让P1.0、P1.1引脚的两个LED亮
    for(i=0;i<7;i++)     // 第一个for语句,其首尾大括号内的语句会执行7次,双LED从右端亮到左端
    {                     //第一个for语句首大括号
      Delay(60000);       //执行Delay延时函数延时,同时将60000赋给Delay的输入参数t
      temp=temp<<1;       //也可写作temp<<=1,让变量temp的值（8位数）左移一位
      temp=temp|0x01;     //也可写作temp|=0x01,将变量temp的值与00000001进行位或运算,
                          //即给temp最低位补1,采用temp作为中间变量,可避免直接操作
      P1=temp;            //将temp的值赋给P1,采用temp作为中间变量,可避免直接操作
                          //P1端口导致端口外接的LED短暂闪烁
    }                     //第一个for语句尾大括号
    temp=0x3f;            //让变量temp=3FH=00111111B
    P1=temp;             //将变量temp的值（00111111）赋给P1,即让P1.7、P1.6引脚的LED亮
    for(i=0;i<7;i++)     //第二个for语句,其首尾大括号内的语句会执行7次,双LED从左端亮到右端
    {                     //第二个for语句首大括号
      Delay(60000);       //执行Delay延时函数延时,同时将60000赋给Delay的输入参数t
      temp=temp >>1;      //也可写作temp >>=1,让变量temp的值（8位数）右移一位
      temp=temp|0x80;     //也可写作temp|=0x80,将变量temp的值与10000000进行位或运算,
                          //即给temp最高位补1
      P1=temp;            //将temp的值赋给P1,采用temp作为中间变量,可避免直接操作
                          //P1端口导致端口外接的LED短暂闪烁
    }                     //第二个for语句尾大括号
    for(i=0;i<3;i++)     //第三个for语句,使首尾大括号内的语句执行3次,使8个LED同时闪烁3次
    {                     //第三个for语句首大括号
      P1=0xff;            //让P1=FFH=11111111B,让P1端口所有LED熄灭
      Delay(60000);       //执行Delay延时函数延时,同时将60000赋给Delay的输入参数t
      P1=0x00;            //让P1=00H=00000000B,即让P1端口所有LED变亮
      Delay(60000);       //执行Delay延时函数延时,同时将60000赋给Delay的输入参数t
    }                     //第三个for语句尾大括号
  }                       //while语句尾大括号
}                         //main语句尾大括号

/*以下为延时函数*/
void Delay(unsigned int t)   //Delay为延时函数,unsigned int t表示输入参数为无符号整数型变量t
{                            //Delay函数首大括号
 while(--t);                 // while为循环语句,每执行一次while语句,t值就减1,直到t值为0时
                             //才执行while尾大括号之后的语句,在主程序中可以为t赋值,t值越大,
                             // while语句执行次数越多,延时时间越长
}                            //Delay函数尾大括号
```

图 4-21 控制 LED 左右移动并闪烁发光的程序

（2）程序说明

在图 4-21 程序中，第一个 for 语句使两个 LED 从右端移到左端，第二个 for 语句使两个 LED 从左端移到右端，第三个 for 语句使 8 个 LED 亮、灭闪烁 3 次，三个 for 语句都处于 while(1) 语句的首尾大括号内，故三个 for 语句反复循环执行。

4.3.8 用查表方式控制 LED 多样形式发光的程序及详解

图 4-22 为用查表方式控制 LED 多样形式发光的程序。

（1）现象

单片机 P1.0～P1.7 引脚的 8 个 LED 以 16 种形式变化发光。

（2）程序说明

程序首先用关键字 code 定义一个无符号字符型表格 table（数组），在表格中按顺序存

```
/*按表格的代码来显示LED的程序*/
#include<reg51.h>              //调用reg51.h文件对单片机各特殊功能寄存器进行地址定义
void Delay(unsigned int t);    //声明一个Delay（延时）函数
unsigned char code table[]={0x1f,0x45,0x3e,0x68,  //定义一个无符号(unsigned)字符型(char)表格(table),
                            0xa7,0xf3,0x46,0x33,  //code表示表格数据存在单片机的代码区(ROM中),
                            0xff,0xaa,0x08,0x60,  //表格按顺序存放16个代码,每个代码8位,第0个
                            0x88,0x11,0xa5,0xda}; //代码为1FH,即00011111B
/*以下为主程序部分*/
void main (void)
{
 unsigned char i;             //定义一个无符号(unsigned)字符型(char)变量i,i的取值范围为0~255
 while (1)                     //while为循环语句,当小括号内的值不是0时,反复执行首尾大括号内的语句
 {
  for(i=0;i<16;i++)           //for是循环语句,for语句首尾大括号内的内容会循环执行16次,每执行一次,
                              // i加1,这样可将table表格中的16个代码按顺序依次赋给P1端口
  {
    P1=table[i];              //将table表格中的第i个代码（8位）赋给P1
    Delay(60000);             //执行Delay延时函数延时,同时将60000赋给Delay的输入参数t
  }
 }
}
/*以下为延时函数*/
void Delay(unsigned int t)    //Delay为延时函数,unsigned int t表示输入参数为无符号整数型变量t
{
 while(--t);                  //while为循环语句,每执行一次while语句,t值就减1,直到t值为0时
                              //才执行while尾大括号之后的语句
}
```

图 4-22　用查表方式控制 LED 多样形式发光的程序

放 16 个数据（编号为 0～15）。程序再让 for 语句循环执行 16 次，每执行一次将 table 数据的序号 i 值加 1，并将选中序号的数据赋值给 P1 端口，P1 端口外接 LED 按表格数值发光。例如 for 语句第一次执行时，i=0，将表格中第 1 个位置（序号为 0）的数据 1FH（即00011111）赋给 P1 端口，则 P1.7、P1.6、P1.5 引脚外接的 LED 发光，for 语句第二次执行时，i=1，将表格中第 2 个位置（序号为 1）的数据 45H（即 01000101）赋给 P1 端口，则 P1.7、P1.5～P1.3 和 P1.1 引脚外接的 LED 发光。

关键字 code 定义的表格数据存放在单片机的 ROM 中，这些数据主要是一些常量或固定不变的参数，放置在 ROM 中可以节省大量 RAM 空间。table[] 表格实际上是一种一维数组，table [n] 表示表格中第 n+1 个元素（数据），例如 table [0] 表示表格中第 1 个位置的元素，table [15] 表示表格中第 16 个位置的元素，只要 ROM 空间允许，表格的元素数量可自由增加。在使用 for 语句查表时，要求循环次数与表格元素的个数相等，若次数超出个数，则越出表格范围，查到的将是随机数。

4.3.9　LED 花样发光的程序及详解

图 4-23 是 LED 花样发光的程序。

（1）现象

单片机 P1.7～P1.0 引脚的 8 个 LED 先往左（往 P1.7 方向）逐个点亮，全部 LED 点亮后再熄灭右边的 7 个 LED，接着 8 个 LED 往右（往 P1.0 方向）逐个点亮，全部 LED 点亮后再熄灭左边的 7 个 LED，然后单个 LED 先左移点亮再右移点亮（始终只有 1 个 LED 亮），之后 8 个 LED 按 16 种形式变化发光。

（2）程序说明

程序的第一个 for 语句将 LED 左移点亮（最后全部 LED 都亮），第二个 for 语句将 LED 右移点亮（最后全部 LED 都亮），第三、四个 for 语句先将一个 LED 左移点亮再右移点亮（左、右移时始终只有一个 LED 亮），第五个 for 语句以查表方式点亮 P1 端口的 LED。本例综合应用了左移、右移、循环左右移和查表点亮 LED 的点亮方式。

```
/*LED花样显示的程序*/
#include<reg51.h>                          //调用reg51.h文件对单片机各特殊功能寄存器进行地址定义
void Delay(unsigned int t);              //声明一个Delay（延时）函数
unsigned char code table[]={0x1f,0x45,0x3e,0x68,  //定义一个无符号(unsigned)字符型(char) 表格(table)，
                            0xa7,0xf3,0x46,0x33,   //code表示表格数据存在单片机的代码区(ROM中)，
                            0xff,0xaa,0x08,0x60,   //表格按顺序存放16个代码，每个代码8位，第0个
                            0x88,0x11,0xa5,0xda};  //代码为1FH，即00011111B

/*以下为主程序部分*/
void main (void)
{
  unsigned char i;             //定义一个无符号(unsigned)字符型(char)变量i，i的取值范围为0~255
  while(1)
   {
    P1=0xfe;                   //让P1=FEH=11111110B，点亮P1.0端口的LED
    for(i=0;i<8;i++)           //第一个for语句执行8次，LED往左点亮，最后8个LED全亮
     {
      Delay(60000);
      P1 <<=1;
     }
    P1=0x7f;                   //让P1=7FH=01111111B，熄灭7个LED，仅点亮P1.7端口的LED
    for(i=0;i<8;i++)           //第二个for语句执行8次，LED往右点亮，最后8个LED全亮
     {
      Delay(60000);
      P1 >>=1;
     }
    P1=0xfe;                   //让P1=FEH=11111110B，点亮P1.0端口的LED
    for(i=0;i<8;i++)           //第三个for语句执行8次，LED逐个往左点亮（始终只有一个LED亮）
     {
      Delay(60000);
      P1 <<=1;
      P1 |=0x01;
     }
    P1=0x7f;                   //让P1=7FH=01111111B，点亮P1.7端口的LED
    for(i=0;i<8;i++)           //第四个for语句执行8次，LED逐个往右点亮（始终只有一个LED亮）
     {
      Delay(60000);
      P1 >>=1;
      P1 |=0x80;
     }
    for(i=0;i<16;i++)          //第五个for语句执行16次，依次将表格table中的16个数据赋给P1端口
                               //让外接LED按数据显示
     {
      Delay(20000);
      P1= table [i];
     }
   }
}
/*以下为延时函数*/
void Delay(unsigned int t)    //Delay为延时函数，unsigned int t表示输入参数为无符号整数型变量t
 {
  while(--t);                  // while为循环语句，每执行一次while语句，t值就减1，直到t值为0时
                               //才执行while尾大括号之后的语句
 }
```

图 4-23　LED 花样发光的程序

4.4　采用 PWM（脉宽调制）方式调节 LED 亮度的原理及程序详解

4.4.1　采用 PWM 方式调节 LED 亮度的原理

调节 LED 亮度可采取两种方式：一是改变 LED 流过的电流大小来调节亮度，流过 LED 的电流越大，LED 亮度越高；二是改变 LED 通电时间长短来调节亮度，LED 通电时间越长，亮度越高。单片机的 P 端口只能输出 5V 和 0V 两种电压，无法采用改变 LED 电流大小的方法来调节亮度，只能采用改变 LED 通电时间长短来调节亮度。

如果让单片机的 P1.7 引脚（LED7 端）输出如图 4-24（a）所示的脉冲信号，在脉冲信号的第 1 个周期内，LED7=0 使 LED 亮，但持续时间很短，故亮度暗，LED7=1 使 LED 无电流通过，但余辉会使 LED 具有一定的亮度，该时间持续越长，LED 亮度越暗；在脉冲信

号的第 2 个周期内，LED7=0 持续时间略有变长，LED7=1 持续时间略有变短，LED 稍微变亮；当脉冲信号的第 499 个周期到来时，LED7=0 持续时间最长，LED7=1 持续时间最短，LED 最亮。也就是说，如果单片机输出如图 4-24（a）所示的脉冲宽度逐渐变窄的脉冲信号（又称 PWM 脉冲）时，LED 会逐渐变亮。

如果让单片机输出图 4-24（b）所示的脉冲宽度逐渐变宽的脉冲信号（又称 PWM 脉冲）时，脉冲信号第 1 个周期内 LED7=0 持续时间最长，LED7=1 持续时间最短，LED 最亮，在后面周期内，LED7=0 持续时间越来越短，LED7=1 持续时间越来越长，LED 越来越暗，在脉冲信号第 499 个周期到来时，LED7=0 持续时间最短，LED7=1 持续时间最长，LED 最暗。如果脉冲信号的宽度不变，LED 的亮度也就不变。

图 4-24　采用 PWM（脉宽调制）方式调节 LED 亮度的原理说明图

4.4.2　采用 PWM 方式调节 LED 亮度的程序及详解

图 4-25 是采用 PWM（脉宽调制）方式调节 LED 亮度的程序。

（1）现象

单片机 P1.7 引脚外接的 LED 先慢慢变亮，然后慢慢变暗。

（2）程序说明

程序中的第一个 for 语句会执行 499 次，每执行一次，P1.7 引脚输出的 PWM 脉冲会变窄一些，如图 4-24（a）所示，即 LED7=0 持续时间越来越长，LED7=1 持续时间越来越短，LED 越来越亮，在 for 语句执行第 499 次时，LED7=0 持续时间最长，LED7=1 持续时间最短，LED 最亮。程序中的第二个 for 语句也会执行 499 次，每执行一次，P1.7 引脚输出的 PWM

脉冲会变宽一些，如图 4-24（b）所示，即 LED7=0 持续时间越来越短，LED7=1 持续时间越来越长，LED 越来越暗，在 for 语句执行第 499 次时，LED7=0 持续时间最短，LED7=1 持续时间最长，LED 最暗。

```c
/*用PWM（脉冲宽度调制）方式调节LED亮度的程序。*/
#include<reg51.h>              //调用reg51.h文件对单片机各特殊功能寄存器进行地址定义
sbit LED7=P1^7;                //用位定义关键字sbit将LED7代表P1.7端口
void Delay(unsigned int t);    //声明一个Delay（延时）函数
/*以下为主程序部分*/
void main (void)
{
unsigned int T=500,Toff=0;     //定义两个无符号整数型变量T和Toff，T为LED发光周期
                               //时间值，赋初值500，Toff为LED点亮时间值，赋初值0
 while (1)                     //while小括号内的值不是0时，反复执行while首尾大括号内的语句
  {
    for(Toff=1;Toff<T;Toff++)  //第一个for循环语句执行，先让Toff=1，再判断Toff<T是否成立，
                               //成立执行for首尾大括号的语句，执行完后执行Toff++，将Toff加1，
                               //然后又判断Toff<T是否成立，如此反复，直到Toff<T不成立，
                               //才跳出for语句，for语句首尾大括号内的语句会循环执行499次
    {
      LED7=0;                  //点亮LED7
      Delay(Toff);            //执行Delay延时函数延时，同时将Toff值作为Delay的输入参数，
                               //第一次执行时Toff=1，第二次执行时Toff=2，最后一次执行时
                               //Toff=499，即LED7=0持续时间越来越长

      LED7=1;                  //熄灭LED
      Delay(T-Toff);          //执行Delay延时函数延时，同时将T-Toff值作为Delay的输入参数，
                               //第一次执行时T-Toff=500-1=499，第二次执行时T-Toff=498，
                               //最后一次执行时T-Toff=1，即LED7=1持续时间越来越短
    }
    for(Toff=T-1;Toff>0;Toff--)//第二个for循环语句执行，先让Toff=T-1，再判断Toff>0是否成立，
                               //成立则执行for首尾大括号的语句，执行完后执行Toff--，将Toff减1，
                               //然后又判断Toff>0是否成立，如此反复，直到Toff>0不成立，
                               //才跳出for语句。for语句首尾大括号内的语句会循环执行499次
    {
      LED7=0;                  //点亮LED7
      Delay(Toff);            //执行Delay延时函数延时，同时将Toff值作为Delay的输入参数，
                               //第一次执行时Toff=499，第二次执行时Toff=498，最后一次
                               //执行时Toff=1，即LED7=0持续时间越来越短

      LED7=1;                  //熄灭LED
      Delay(T-Toff);          //执行Delay延时函数延时，同时将T-Toff值作为Delay的输入参数，
                               //第一次执行时T-Toff=500-499=1，第二次执行时T-Toff=2，
                               //最后一次执行时，T-Toff=499，即LED7=1持续时间越来越长
    }
  }
}
/*以下为延时函数*/
void Delay(unsigned int t)     //Delay为延时函数，unsigned int t表示输入参数为无符号整数型变量t
 {
 while(--t);                   //while为循环语句，每执行一次while语句，t值就减1，直到t值为0时
                               //才跳出while语句
 }
```

图 4-25 采用 PWM 方式调节 LED 亮度的程序

第 5 章　单片机驱动 LED 数码管的电路及编程

5.1　单片机驱动一位 LED 数码管的电路及程序详解

5.1.1　一位 LED 数码管的外形、结构与检测

LED 数码管是将发光二极管做成段状，通过让不同段发光来组合成各种数字。

一位数码管的检测

(a) 外形　　(b) 段与引脚的排列

图 5-1　一位 LED 数码管

（1）外形、结构与类型

一位 LED 数码管如图 5-1 所示，它将 a、b、c、d、e、f、g、dp 共 8 个发光二极管排成图示的"8." 字形，通过让 a、b、c、d、e、f、g 不同的段发光来显示数字 0~9。

由于 8 个发光二极管共有 16 个引脚，为了减少数码管的引脚数，在数码管内部将 8 个发光二极管正极或负极引脚连接起来，接成一个公共端（COM 端），根据公共端是发光二极管正极还是负极，可分为共阳极接法（正极相连）和共阴极接法（负极相连），如图 5-2 所示。

对于共阳极接法的数码管，需要给发光二极管加低电平才能发光；对于共阴极接法的数码管，需要给发光二极管加高电平才能发光。如果图 5-1 是一个共阳极接法的数码管，如果让它显示一个"5"字，那么需要给 a、c、d、f、g 引脚加低电平，b、e 引脚加高电平，这样 a、c、d、f、g 段的发光二极管有电流通过而发光，b、e 段的发光二极管不发光，数码管就会显示出数字"5"。

(a) 共阳极

(b) 共阴极

图 5-2　一位 LED 数码管内部发光二极管的连接方式

LED 数码管各段电平与显示字符的关系见表 5-1，例如对于共阴极数码管，如果 dp～a 为 00111111（十六进表示为 3FH）时，数码管显示字符"0"，对于共阳极数码管，如果 dp～a 为 11000000（十六进表示为 C0H）时，数码管显示字符"0"。

表 5-1 LED 数码管各段电平与显示字符的关系

显示字符	共阴极数码管各段电平值（共阳极数码管各段电平正好相反）								字符码（十六进制）	
	dp	g	f	e	d	c	b	a	共阴	共阳
0	0	0	1	1	1	1	1	1	3FH	C0H
1	0	0	0	0	0	1	1	0	06H	F9H
2	0	1	0	1	1	0	1	1	5BH	A4H
3	0	1	0	0	1	1	1	1	4FH	B0H
4	0	1	1	0	0	1	1	0	66H	99H
5	0	1	1	0	1	1	0	1	6DH	92H
6	0	1	1	1	1	1	0	1	7DH	82H
7	0	0	0	0	0	1	1	1	07H	F8H
8	0	1	1	1	1	1	1	1	7FH	80H
9	0	1	1	0	1	1	1	1	6FH	90H
A	0	1	1	1	0	1	1	1	77H	88H
B	0	1	1	1	1	1	0	0	7CH	83H
C	0	0	1	1	1	0	0	1	39H	C6H
D	0	1	0	1	1	1	1	0	5EH	A1H
E	0	1	1	1	1	0	0	1	79H	86H
F	0	1	1	1	0	0	0	1	71H	8EH
·	1	0	0	0	0	0	0	0	80H	7FH
全灭	0	0	0	0	0	0	0	0	00H	FFH

（2）类型与引脚检测

检测 LED 数码管使用万用表的 $R×10kΩ$ 挡。从如图 5-2 所示的数码管内部发光二极管的连接方式可以看出：对于共阳极多位数码管，黑表笔接公共极、红表笔依次接其他各极时，会出现 8 次阻值小；对于共阴极多位数码管，红表笔接公共极、黑表笔依次接其他各极时，也会出现 8 次阻值小。

① 类型与公共极的判别 在判别 LED 数码管类型及公共极（com）时，万用表拨至 $R×10kΩ$ 挡，测量任意两引脚之间的正反向电阻，当出现阻值小时，如图 5-3 所示，说明黑表笔接的为发光二极管的正极，红表笔接的为负极；然后黑表笔不动，红表笔依次接其他各引脚，若出现阻值小的次数大于 2 次时，则黑表笔接的引脚为公共极，被测数码管为共阳极类型，若出现阻值小的

图 5-3 一位 LED 数码管的检测

次数仅有 1 次，则该次测量时红表笔接的引脚为公共极，被测数码管为共阴极。

② 各段极的判别　在检测 LED 数码管各引脚对应的段时，万用表选择 $R\times10k\Omega$ 挡。对于共阳极数码管，黑表笔接公共引脚，红表笔接其他某个引脚，这时会发现数码管某段有微弱的亮光，如 a 段有亮光，表明红表笔与 a 段发光二极管负极连接；对于共阴极数码管，红表笔接公共引脚，黑表笔接其他某个引脚，发现数码管某段会有微弱的亮光，则黑表笔与该段发光二极管正极连接。

如果使用数字万用表检测 LED 数码管，应选择二极管测量挡。在测量 LED 两个引脚时，若显示超出量程符号"1"或"OL"时，表明数码管内部发光二极管未导通，红表笔接的为 LED 数码管内部发光二极管的负极，黑表笔接的为正极，若显示 1500～3000（或 1.5～3.0）之间的数字，同时数码管的某段发光，表明数码管内部发光二极管已导通，数字值为发光二极管的导通电压（单位为 mV 或 V），红表笔接的为数码管内部发光二极管的正极，黑表笔接的为负极。

5.1.2　单片机连接一位 LED 数码管的电路

单片机连接一位共阳极 LED 数码管的电路如图 5-4 所示。

图 5-4　单片机连接一位共阳极 LED 数码管的电路

5.1.3 单个数码管静态显示一个字符的程序及详解

图 5-5 是单个数码管静态显示一个字符的程序。

（1）现象

单个数码管显示一个字符"2"。

（2）程序说明

程序运行时，数码管会显示字符"2"，如果将程序中 P1=0xa4 换成其他字符码，例如让 P1=0x83，数码管会显示字符"b"，其他字符的字符码见表 5-1。

```
/*单个数码管静态显示一个字符的程序*/
#include<reg51.h>        //调用reg51.h文件对单片机各特殊功能寄存器进行地址定义

/*以下为主程序部分*/
void main (void)         //main为主函数，main前面的void表示函数无返回值(输出参数)，
                         //后面小括号内的void(也可不写)表示函数无输入参数，一个程序
                         //只允许有一个主函数，其语句要写在main首尾大括号内，不管程序
                         //多复杂，单片机都会从main函数开始执行程序
{                        //main函数首大括号
  P1=0xa4;               //让P1＝A4H＝10100100B，即让P1端口输出"2"的字符码
  while(1)               //while为循环控制语句，当小括号内的条件非0(即为真)时，反复执行
                         // while首尾大括号内的语句
    {                    //while语句首大括号
                         //可在while首尾大括号内写需要反复执行的语句，如果首尾大括号内
                         //无语句，可去掉首尾大括号，将分号放在while(1)之后
    }                    //while语句尾大括号
}                        //main函数尾大括号
```

图 5-5 单个数码管静态显示一个字符的程序

5.1.4 单个数码管动态显示多个字符的程序及详解

图 5-6 是单个数码管动态显示多个字符的程序。

（1）现象

单个数码管依次显示字符 0、1、…、F，并且这些字符循环显示。

```
/*单个数码管动态显示多个字符的程序*/
#include<reg51.h>                    //调用reg51.h文件对单片机各特殊功能寄存器进行地址定义
void Delay(unsigned int t);          //声明一个Delay（延时）函数，其输入参数为无符号 (unsigned)
                                     //整数型 (int) 变量t，t值为16位，取值范围为 0~65535
unsigned char code table[]={0xc0,0xf9,0xa4,0xb0,   //定义一个无符号(unsigned)字符型(char) 表格(table),
                0x99,0x92,0x82,0xf8,  //code表示表格数据存在单片机的代码区(ROM中)，
                0x80,0x90, 0x88,0x83, //表格按顺序存放0~F的字符码，每个字符码8位，
                0xc6,0xa1,0x86,0x8e}; //0的字符码为C0H，即11000000B

/*以下为主程序部分*/
void main (void)
{
  unsigned char i;        //定义一个无符号(unsigned)字符型(char)变量i，i的取值范围为0~255
  while (1)               //while为循环语句，当小括号内的值不是0时，反复执行首尾大括号内的语句
  {
   for(i=0;i<16;i++)      //for是循环语句，for语句首尾大括号内的内容会循环执行16次，每执行一次，
                          // i加1，这样可将table表格中的16个代码按顺序依次赋给P1端口
    {
     P1=table[i];         //将table表格中的第i个代码（8位）赋给P1
     Delay(60000);        //执行Delay延时函数延时，同时将60000赋给Delay的输入参数t
    }
  }
}
/*以下为延时函数*/
void Delay(unsigned int t)   //Delay为延时函数，unsigned int t表示输入参数为无符号整数型变量t
{
while(--t);                  // while为循环语句，每执行一次while语句，t值就减1，直到t值为0时
                            //才执行while尾大括号之后的语句
 }
```

图 5-6 单个数码管动态显示多个字符的程序

（2）程序说明

在程序中，先在单片机程序存储器（ROM）中定义一个无符号字符型表格 table，在该表格中按顺序存放 0~F 字符的字符码，在执行程序时，for 语句执行 16 次，依次将 table 表格中 0~F 的字符码送给 P1 端口，P1 端口驱动外接共阳数码管，使之从 0 依次显示到 F，并且该显示过程循环进行。

5.1.5 单个数码管环形转圈显示的程序及详解

图 5-7 是单个数码管环形转圈显示的程序。

（1）现象

单个数码管的 a~f 段依次逐段显示（环形转圈），且循环进行。

（2）程序说明

程序运行时会使数码管的 a~f 段依次逐段显示，并且循环进行。该程序与 LED 循环左移程序基本相同，先用 P1=0xfe 点亮数码管的 a 段，再用 P1=P1<<1 语句让 P1 数值左移一位，以点亮数码管的下一段，同时用 P1=P1 ｜ 0x01 语句将左移后的 P1 端口的 8 位数值与 00000001 进行位或运算，目的是将左移后右端出现的 0 用 1 取代，以熄灭数码管的上一段，左移 6 次后又用 P1=0xfe 点亮数码管的 a 段，如此反复进行。

```
/*单个数码管环形转圈显示的程序*/
#include<reg51.h>          //调用reg51.h文件对单片机各特殊功能寄存器进行地址定义
void Delay(unsigned int t);   //声明一个Delay（延时）函数，其输入参数为无符号（unsigned）
                             //整数型（int）变量t，t值为16位，取值范围为0~65535
/*以下为主程序部分*/
void main (void)
{
 unsigned char i;          //定义一个无符号(unsigned)字符型(char)变量i，i的取值范围为0~255
 while (1)                 //while为循环语句，当小括号内的值不是0时，反复执行首尾大括号内的语句
  {
   P1=0xfe;                //给P1端口赋初值，让P1=FEH=11111110B，即让数码管的a段亮
   for(i=0;i<6;i++)        //for是循环语句，for语句首尾大括号内的内容会循环执行6次
    {
    Delay(20000);          //执行Delay函数进行延时
    P1<<=1;                //将P1端口数值(8位)左移一位，"<<"表示左移，"1"为移动的位数，
    P1=P1|0x01;            //也可写作P1|=0x01，将P1端口数值(8位)与00000001进行或运算，
    }                      //即给P1端口最低位补1
  }
}
/*以下为延时函数*/
void Delay(unsigned int t)  //Delay为延时函数，unsigned int t表示输入参数为无符号整数型变量t
{
 while(--t);                // while为循环语句，每执行一次while语句，t值就减1，直到t值为0时
}                           //才执行while尾大括号之后的语句
```

图 5-7　单个数码管环形转圈显示的程序

5.1.6 单个数码管显示逻辑电平的程序及详解

图 5-8 是单个数码管显示逻辑电平的程序。

（1）现象

数码管显示单片机 P3.3 端口的电平，高电平显示字符"H"，低电平显示字符"L"。

（2）程序说明

如图 5-8 所示的程序检测 P3.3 端口的电平，并通过 P1 端口外接的数码管将电平直观显示出来，若 P3.3 端口为高电平，数码管显示"H"，若 P3.3 端口为低电平，数码管显示"L"。程序中使用了选择语句"if(表达式){ 语句组一 }else{ 语句组二 }"，在执行该选择语句时，

```
/*单个数码管显示逻辑电平的程序*/
#include<reg51.h>   //调用reg51.h文件对单片机各特殊功能寄存器进行地址定义
sbit TestIn=P3^3;   //用位定义关键字sbit将P3.3端口定义为TestIn,
                    //  TestIn是自己任意定义且容易记忆的符号
/*以下为主程序部分*/
void main (void)
{
 while (1)          //while为循环语句, 当小括号内的值不是0时, 反复执行首尾大括号内的语句
 {
  if(TestIn==1)     //如果 (if) TestIn为高电平, 即P3.3端口输入为高电平
   {
    P1=0x89;        //让P1端口输出"H"的字符码89H (10001001)
   }
  else              //否则 (else)
   {
    P1=0xc7;        //让P1端口输出"L"的字符码C7H (11000111)
   }
 }
}
```

图 5-8　单个数码管显示逻辑电平的程序

如果（if）表达式成立，执行语句组一，否则（else，即表达式不成立）执行语句组二。

5.2　单片机驱动 8 位 LED 数码管的电路及程序详解

5.2.1　多位 LED 数码管外形、结构与检测

（1）外形与类型

图 5-9　4 位 LED 数码管

图 5-9 是 4 位 LED 数码管，它有两排共 12 个引脚，其内部发光二极管有共阳极和共阴极两种连接方式，如图 5-10 所示，12、9、8、6 脚分别为各位数码管的公共极（又称位极），11、7、4、2、1、10、5、3 脚同时连接各位数码管的相应段，称为段极。

(a) 共阳极

多位数码管的
检测

(b) 共阴极

图 5-10　4 位 LED 数码管内部发光二极管的连接方式

（2）多位 LED 数码管显示多位字符的显示原理

多位 LED 数码管采用了扫描显示方式，又称动态驱动方式。为了让大家理解该显示原理，这里以如图 5-9 所示的 4 位 LED 数码管显示"1278"为例来说明，假设其内部发光二极管为如图 5-10（b）所示的共阴极连接方式。

先给数码管的 12 脚加一个低电平（9、8、6 脚为高电平），再给 7、4 脚加高电平（11、2、1、10、5、3 脚均为低电平），结果第一位的 b、c 段发光二极管点亮，第一位显示"1"，由于 9、8、6 脚均为高电平，故第二、三、四位中的所有发光二极管均无法导通而不显示；然后给 9 脚加一个低电平（12、8、6 脚为高电平），给 11、7、2、1、5 脚加高电平（4、10 脚为低电平），第二位的 a、b、d、e、g 段发光二极管点亮，第二位显示"2"，同样原理，操作使第三位和第四位数码管分别显示数字"7""8"。

多位数码管的数字虽然是一位一位地显示出来的，但除了 LED 有余辉效应（断电后 LED 还能亮一定时间）外，人眼还具有视觉暂留特性（所谓视觉暂留特性是指当人眼看见一个物体后，如果物体消失，人眼还会觉得物体仍在原位置，这种感觉约保留 0.04s 的时间），当数码管显示到最后一位数字"8"时，人眼会感觉前面 3 位数字还在显示，故看起来好像是一下子显示"1278"4 位数。

（3）检测

检测多位 LED 数码管使用万用表的 $R \times 10k\Omega$ 挡。由如图 5-10 所示的多位数码管内部发光二极管的连接方式可以看出：对于共阳极多位数码管，黑表笔接某一位极，红表笔依次接其他各极时，会出现 8 次阻值小；对于共阴极多位数码管，红表笔接某一位极，黑表笔依次接其他各极时，也会出现 8 次阻值小。

① 类型与某位的公共极的判别　在检测多位 LED 数码管类型时，万用表拨至 $R \times 10k\Omega$ 挡，测量任意两引脚之间的正反向电阻，当出现阻值小时，说明黑表笔接的为发光二极管的正极，红表笔接的为负极，然后黑表笔不动，红表笔依次接其他各引脚。若出现阻值小的次数等于 8 次，则黑表笔接的引脚为某位的公共极，被测多位数码管为共阳极；若出现阻值小的次数等于数码管的位数（4 位数码管为 4 次）时，则黑表笔接的引脚为段极，被测多位数码管为共阴极，红表笔接的引脚为某位的公共极。

② 各段极的判别　在检测多位 LED 数码管各引脚对应的段时，万用表选择 $R \times 10k\Omega$ 挡。对于共阳极数码管，黑表笔接某位的公共极，红表笔接其他引脚，若发现数码管某段有微弱的亮光，如 a 段有亮光，表明红表笔接的引脚与 a 段发光二极管负极连接；对于共阴极数码管，红表笔接某位的公共极，黑表笔接其他引脚，若发现数码管某段有微弱的亮光，则黑表笔接的引脚与该段发光二极管正极连接。

5.2.2　单片机连接 8 位共阴型数码管的电路

图 5-11 是单片机连接 8 位共阴型数码管的电路，它将两个 4 位共阴型数码管的 8 个段极引脚外部并联而拼成一个 8 位共阴型数码管，该 8 位共阴型数码管有 8 个段极引脚和 8 个位极引脚。

单片机要采用 P0 端口 8 个引脚来驱动 16 个引脚的 8 位数码管显示字符，P0 端口既要输出位码，又要输出段码，这需要采用分时输出功能，电路中采用了两个 8 路锁存器芯片 74HC573，并配合单片机的 P2.2 引脚（段锁存）和 P2.3 引脚（位锁存）来实现分时输出驱动 8 位数码管的功能。

图 5-11 单片机连接 8 位共阴型数码管的电路

表 5-2 为 74HC573 的功能表，从表中可以看出，当 OE（输出使能）端为低电平（L），LE（锁存使能）端为高电平（H）时，Q 端随 D 端变化而变化；当 OE 为低电平，LE 端也为低电平时，Q 端输出不变化（输出状态被锁定）。在图 5-11 中，两个 74HC573 的 OE 端都接地固定为低电平（L），当 LE 端为高电平时，Q 端状态与 D 端保持一致（即 Q=D）；一旦 LE 端为低电平时，Q 端输出状态马上被锁定，D 端变化时 Q 端保持不变。

表 5-2　8 路锁存芯片 74HC573 的功能表

输入			输出
OE（输出使能）	LE（锁存使能）	D	Q
L	H	H	H
L	H	L	L
L	L	X	不变
H	X	X	Z

注：H—高电平；L—低电平；X—无论何值；Z—高阻抗（输出端与内部电路之间相当于断开）。

5.2.3　8 位数码管显示 1 个字符的程序及详解

图 5-12 是 8 位数码管显示 1 个字符的程序。

（1）现象

8 位数码管的最低位显示字符"2"。

（2）程序说明

程序在运行时，先让单片机从 P0.7～P0.0 引脚输出位码 11111110（FEH）送到 U2 的 8D～1D 端，然后从 P2.3 引脚输出高电平到 U2 的 LE 端，U2（锁存器 74HC573）开通，输出端状态随输入端状态变化而变化，接着 P2.3 引脚的高电平变成低电平，U2 的 LE 端也为低电平，U2 被封锁，8Q～1Q 端的值 11111110 被锁定不变（此时 D 端变化，Q 端不变），11111110 送到 8 位共阴型数码管的位极，最低位数码管位极为低电平，等待显示；单片机再从 P0.7～P0.0 引脚输出"2"的段码 01011011（5BH）送到 U1 的 8D～1D 端，然后从 P2.2 引脚输出高电平到 U1（锁存器 74HC573）的 LE 端，U1 开通，输出端状态随输入端状态变化而变化，接着 P2.2 引脚的高电平变成低电平，U1 的 LE 端也为低电平，U1 被封锁，

```
/*8位数码管显示1个字符的程序*/
#include<reg51.h>      //调用reg51.h文件对单片机各特殊功能寄存器进行地址定义
#define WDM P0          //用define（宏定义）命令将WDM代表P0，程序中WDM与P0等同，
                        // define与include一样，都是预处理命令，前面需加一个"#"
sbit DuanSuo=P2^2;      //用关键字sbit将DuanSuo代表P2.2端口
sbit WeiSuo=P2^3;       //用关键字sbit将WeiSuo代表P2.3端口
/*以下为主程序部分*/
main()
{
 while(1)
   {
    WDM=0xfe;     //让P0端口输出位码FEH（11111110B），选择数码管最低位显示
    WeiSuo=1;     //让P2.3端口输出高电平，开通位码锁存器，锁存器输入变化时输出会随之变化
    WeiSuo=0;     //让P2.3端口输出低电平，位码锁存器被封锁，锁存器的输出值被锁定不变

    WDM=0x5b;     //让P0端口输出字符"2"的段码（共阴字符码）5BH（01011011B）
    DuanSuo=1;    //让P2.2端口输出高电平，开通段码锁存器，锁存器输入变化时输出会随之变化
    DuanSuo=0;    //让P2.2端口输出低电平，段码锁存器被封锁，锁存器的输出值被锁定不变
   }
}
```

图 5-12　8 位数码管显示 1 个字符的程序

8Q～1Q端的值01011011被锁定不变，01011011送到8位共阴型数码管的各个数码管的段极，由于只有最低位数码管的位极为低电平，故只有最低位数码管显示字符"2"。

5.2.4 8位数码管逐位显示8个字符的程序及详解

图5-13是8位数码管逐位显示8个字符的程序。

（1）现象

8位数码管从最低位开始到最高位，逐位显示字符"0""1""2""3""4""5""6""7"，并且不断循环显示。

（2）程序说明

程序在运行时，单片机先从WMtable表格中选择第1个位码（i=0时），并从P0.7～P0.0引脚输出位码送到位码锁存器，位码从锁存器输出后送到8位数码管的位引脚，选中第1位（该位引脚为高电平）使之处于待显状态，然后单片机从P2.3引脚输出位码锁存信号送到位锁存器，锁定其输出端位码不变，接着单片机从DMtable表格中选择第1个段码（i=0时），并从P0.7～P0.0引脚输出段码送到段码锁存器，段码从锁存器输出后送到8位数码管的段引脚，已被位码选中的数码管第1位则显示出与段码相对应的字符，然后单片机从P2.2引脚输出段码锁存信号送到段码锁存器，锁定其输出端段码不变，之后用i++语句将i值加1，程序再返回让单片机从WMtable、DMtable表格中选择第2个位码和第2个段码（i=1时），在8位数码管的第2位显示与段码对应的字符。当i增加到8时，8位数码管显示到最后一位，程序用i=0让i由8变为0，程序返回到前面后单片机又重新开始从WMtable、DMtable表格中选择第1个位码和段码，让8位数码管又从最低位开始显示，以后不断重复上述过程，结果可看到8位数码管从最低位到最高位逐位显示0～7，并且不断循环反复。

```
/*8位数码管逐位显示8个字符的程序*/
#include<reg51.h>          //调用reg51.h文件对单片机各特殊功能寄存器进行地址定义
#define WDM P0              //用define（宏定义）命令将WDM代表P0，程序中WDM和P0等同，
                           // define与include一样，都是预处理命令，前面需加一个"#"
sbit DuanSuo=P2^2;         //用关键字sbit将DuanSuo代表P2.2端口
sbit WeiSuo=P2^3;          //用关键字sbit将WeiSuo代表P2.3端口
void Delay(unsigned int t);  //声明一个Delay（延时）函数,输入参数为无符号整型变量t
unsigned char code DMtable[]={0x3f,0x06,0x5b,0x4f,  //在ROM中定义一个无符号字符型表格DMtable
                             0x66,0x6d,0x7d,0x07};  //表格中存放字符0～7的段码
unsigned char code WMtable[]={0xfe,0xfd,0xfb,0xf7,  //在ROM中定义无符号字符型表格WMtable
                             0xef,0xdf,0xbf,0x7f};  //表格中存放与0～7字符段码一一对应的位码
/*以下为主程序部分*/
main()
{
 unsigned char i=0;       //定义一个无符号(unsigned)字符型(char)变量i, i的初值为0
 while(1)
  {
   WDM=WMtable [i];       //从WMtable表格中取出第i+1个位码，并从P0端口输出
   WeiSuo=1;              //让P2.3端口输出高电平，开通位码锁存器，锁存器输入变化时输出会随之变化
   WeiSuo=0;              //让P2.3端口输出低电平，位码锁存器被封锁，锁存器的输出值被锁定不变

   WDM=DMtable [i];       //从DMtable表格中取出第i+1个段码，并从P0端口输出
   DuanSuo=1;             //让P2.2端口输出高电平，开通段码锁存器，锁存器输入变化时输出会随之变化
   DuanSuo=0;             //让P2.2端口输出低电平，段码锁存器被封锁，锁存器的输出值被锁定不变
   Delay(60000);         //执行Delay延时函数延时，同时将60000赋给Delay的输入参数t
   i++;                  //将i值加1
   if(i==8)              //如果i值等于8，则执行首尾大括号内的语句，否则执行尾大括号之后的语句
    {
     i=0;               //将0赋给i,这样显示最后1个字符返回时又能从表格中取出第1个字符的位、段码
    }
  }
}
/*以下为延时函数*/
void Delay(unsigned int t)  //Delay为延时函数, unsigned int表示输入参数为无符号整数型变量t
{
 while(--t);               // while为循环语句，每执行一次while语句，t值就减1，直到t值为0
}
```

图5-13 8位数码管逐位显示8个字符的程序

5.2.5　8位数码管同时显示8个字符的程序及详解

图5-14是8位数码管同时显示8个字符的程序。

（1）现象

8位数码管同时显示字符"01234567"。

（2）程序说明

本程序与图5-13程序基本相同，仅是将Delay延时函数的输入参数t的值由60000改成100，这样显示一个字符后隔很短时间就显示下一个字符，只要显示第一个字符到显示最后一个字符的时间不超过0.04s（人眼视觉暂留时间），人眼就会感觉这几个逐位显示的字符是同时显示出来的。人眼具有视觉暂留特性，当人眼看见一个物体时，如果该物体突然消失，人眼还会觉得该物体仍在，这种物体仍在的感觉可以维持0.04s，超过该时间物体仍在的感觉会消失。8位数码管是利用人眼视觉暂留特性快速逐位显示多个字符，并且在人眼视觉暂留时间内，显示印象还未消失时重新显示，这样人眼就会感觉这些逐位显示的字符是同时显示出来。

```
/*8位数码管同时显示8个字符的程序*/
#include<reg51.h>
#define WDM P0
sbit DuanSuo=P2^2;
sbit WeiSuo=P2^3;
void Delay(unsigned int t);
unsigned char code DMtable[]={0x3f,0x06,0x5b,0x4f,0x66,0x6d,0x7d,0x07};
unsigned char code WMtable[]={0xfe,0xfd,0xfb,0xf7, 0xef,0xdf,0xbf,0x7f};
/*以下为主程序部分 */
main()
{
 unsigned char i=0;
 while(1)
   {
    WDM=WMtable [i];
    WeiSuo=1;
    WeiSuo=0;

    WDM=DMtable [i];
    DuanSuo=1;
    DuanSuo=0;
    Delay(100);   //将Delay函数的输入参数t的值由60000改成100，可使每个字符显示的时间间隔
                  //大大缩短，这样多字符实际是逐位显示的，但看起来多个字符像同时显示出来的
                  //如果t值不是很小，如t值为600，多个字符看起来也像同时显示，但字符会闪烁
    i++;
    if(i==8)
      {
       i=0;
      }
   }
}
/*以下为延时函数*/
void Delay(unsigned int t)
 {
 while(--t);
 }
```

图5-14　8位数码管同时显示8个字符的程序

5.2.6　8位数码管动态显示8个以上字符的程序及详解

图5-15是8位数码管动态显示8个以上字符的程序。

（1）现象

8位数码管动态依次显示"01234567""12345678""23456789"…"89AbCdEF""01234567"…，并且不断循环显示。

（2）程序说明

程序先定义了两个表格，一个表格按顺序存放 0～F 的段码，另一表格按低位到高位的顺序存放 8 位数码管的各位位码。程序运行时，先显示第一屏字符"01234567"，第一次显示完后，i=8、j=8，第一个 if 语句执行让 i=0，第二、三个 if 语句都不会执行（因为 j 不等于 600，无法执行第二个 if 语句，又因为第三个 if 语句嵌在第二个 if 语句内，所以第三个 if 语句也不会执行），程序返回前面重新执行显示"01234567"程序段，第二次显示完后，i=8、j=16，程序再返回前面执行显示"01234567"程序段，这种不断重复显示相同内容字符的过程称为刷新。当 i=8、j=600 时，第一、二个 if 语句都执行，第一个 if 语句让 i=0，第二个 if 语句让 j=0，num 加 1（由 0 变为 1），第三个 if 语句还不会执行（因为 num 不等于 9），程序返回前面，由于 num+i 变成了 1+i，故从段码表格取第 2 个字符"1"，该字符又与位码表格最低位的位码对应，故数码管显示"12345678"程序段，再不断刷新，直到第二次 j=600，第二个 if 语句又执行，让 j=0，num 加 1 变成 2，程序又回到前面显示"23456789"，如此反复工作，当 num 加 1 变成 8 时，8 位数码管显示"89AbCdEF"，当 num 加 1 变成 9 时，第三个 if 语句执行，让 num=0，程序返回到前面又重新开始，使数码管显示"01234567"（因为 num+i=i）。以上过程不断重复。

```
/*8位数码管动态显示8个以上字符的程序*/
#include<reg51.h>          //调用reg51.h文件对单片机各特殊功能寄存器进行地址定义
#define WDM P0             //用define（宏定义）命令将WDM代表P0，程序中WDM与P0等同，
                           // define与include一样，都是预处理命令，前面需加一个"#"
sbit DuanSuo=P2^2;         //用关键字sbit将DuanSuo代表P2.2端口
sbit WeiSuo =P2^3;         //用关键字sbit将WeiSuo代表P2.3端口

unsigned char code DMtable[]={0x3f,0x06,0x5b,0x4f,      //在ROM中定义（使用了关键字code）
                             0x66,0x6d,0x7d,0x07,        //一个无符号字符型表格DMtable，
                             0x7f,0x6f,0x77,0x7c,        //表格中存放着字符0～F的段码
                             0x39,0x5e,0x79,0x71};
unsigned char code WMtable[]={0xfe,0xfd,0xfb,0xf7,      //在ROM中定义一个无符号字符型表格WMtable，
                             0xef,0xdf,0xbf,0x7f};       //表格按低位到高位依次存放8位数码管各位的位码
void Delay(unsigned int t);      //声明一个Delay（延时）函数
/*以下为主程序部分*/
main()
{                                //main函数的首大括号
 unsigned char i=0,num;          //定义两个无符号字符型变量i和num，i赋初值0，num初值默认也为0
 unsigned int j;                 //定义一个无符号整数型（int）变量j，j初值默认也为0，
                                 //无符号整数型变量和无符号字符型变量取值范围分别为0～65535和0～255

 while(1)
  {                              //while语句的首大括号
   WDM= WMtable [i];             //从WMtable表格中取出第i+1个位码，并从P0端口输出
   WeiSuo=1;                     //让P2.3端口输出高电平，开通位码锁存器，锁存器输入变化时输出会随之变化
   WeiSuo=0;                     //让P2.3端口输出低电平，位码锁存器被封锁，锁存器的输出值被锁定不变
   WDM = DMtable [num+i];        //从DMtable表格中取出第num+i+1个段码，并从P0端口输出
   DuanSuo=1;                    //让P2.2端口输出高电平，开通段码锁存器，锁存器输入变化时输出会随之变化
   DuanSuo=0;                    //让P2.2端口输出低电平，段码锁存器被封锁，锁存器的输出值被锁定不变
   Delay(100);                   //执行Delay延时函数延时，同时将100赋给Delay的输入参数t
   i++;j++;                      // 将变量i和j的值都加1
   if(i==8)                      //如果i值等于8，执行第一个if首尾大括号内的语句，否则执行其尾大括号之后的语句
     {                           //第一个if语句的首大括号
      i=0;                       //将0赋给i（让i=0）
     }                           //第一个if语句的尾大括号
   if(j==600)                    //如果j值等于600，执行第二个if首尾大括号内的语句，否则执行其尾大括号之后的语句
     {                           //第二个if语句的首大括号
      j=0;                       //将0赋给j（让j=0）
      num++;                     //将变量num的值加1
      if(num==9)                 //如果num值等于9，执行第三个if首尾大括号内的语句，否则执行其尾大括号之后的语句
        {                        //第三个if语句的首大括号
         num=0;                  //将0赋给num（让num=0）
        }                        //第三个if语句的尾大括号
     }                           //第二个if语句的尾大括号
  }                              //while语句的尾大括号
}                                //main函数的尾大括号
/*以下为延时函数*/
void Delay(unsigned int t)       //Delay为延时函数，unsigned int t表示输入参数为无符号整数型变量t
 {
  while(--t);                    // while为循环语句，每执行一次while语句，t值就减1，直到t值为0时
                                 //才执行while尾大括号之后的语句
 }
```

图 5-15　8 位数码管动态显示 8 个以上字符的程序

第6章 中断功能的使用及编程

6.1 中断的基本概念与处理过程

6.1.1 什么是中断

在生活中经常会遇到这样的情况：正在书房看书时，突然客厅的电话响了，人们往往会停止看书，转而去接电话，接完电话后又回书房接着看书。这种停止当前工作，转而去做其他工作，做完后又返回来做先前工作的现象称为中断。

单片机也有类似的中断现象，当单片机正在执行某程序时，如果突然出现意外情况，它就需要停止当前正在执行的程序，转而去执行处理意外情况的程序（又称中断子程序），执行处理完后又接着执行原来的程序。

6.1.2 中断的基本概念

（1）中断源

要让单片机的 CPU 中断当前正在执行的程序转而去执行中断子程序，需要向 CPU 发出中断请求信号。让 CPU 产生中断的信号源称为中断源（又称中断请求源）。

8051 单片机有 5 个中断源，分别是 2 个外部中断源、2 个定时器 / 计数器中断源和 1 个串行通信口中断源。如果这些中断源向 CPU 发出中断请求信号，CPU 就会产生中断，停止执行当前的程序，转而去执行相应的中断子程序（又称中断服务程序），执行完后又返回来执行原来的程序。

（2）中断的优先级别

单片机的 CPU 在工作时，一个中断源向它发出中断请求信号，它就会产生中断；如果同时有两个或两个以上的中断源同时发出中断请求信号，CPU 会先响应优先级别高的中断源的请求，然后再响应优先级别低的中断源的请求。8051 单片机 5 个中断源的优先级别顺序见表 6-1。

表 6-1　5 个中断源的优先级别顺序及中断入口地址

中断源编号	中断源	自然优先级别	中断入口地址（矢量地址）
0	$\overline{INT0}$（外部中断 0）	高	0003H
1	T0（定时器中断 0）		000BH
2	$\overline{INT1}$（外部中断 1）	↓	0013H
3	T1（定时器中断 1）		001BH
4	RI 或 TI（串行通信口中断）	低	0023H

6.1.3 中断的处理过程

在前面的例子中，当正在看书时，电话铃响了，这里的电话就是中断源，它发出的铃声就是中断请求信号。在处理这个中断时，可采取这样的做法：记住书中刚看完的页码（记住某行可能比较困难），然后再去客厅接电话，接完电话后，返回到书房阅读已看完页码的下一页内容。

单片机处理中断的过程与上述情况类似，具体过程如下：

① 响应中断请求　当CPU正在执行主程序时，如果接收到中断源发出的中断请求信号，就会响应中断请求，停止主程序，准备执行相应的中断子程序。

② 保护断点　为了在执行完中断子程序后能返回主程序，在准备执行中断子程序前，CPU会将主程序中已执行的最后一条指令的下一条指令的地址（又称断点地址）保存到RAM的堆栈中。

③ 寻找中断入口地址　保护好断点后，CPU开始寻找中断入口地址（又称矢量地址），中断入口地址存放着相应的中断子程序，不同的中断源对应着不同的中断入口地址。8051单片机5个中断源对应的中断入口地址见表6-1。

④ 执行中断子程序　CPU寻找到中断入口地址后，就开始执行中断入口地址处的中断子程序。由于几个中断入口地址之间只有8个单元空间（见表6-1，如0003H～000BH相隔8个单元），较小的中断子程序（程序只有一两条指令）可以写在这里，较大的中断子程序无法写入，通常的做法是将中断子程序写在其他位置，而在中断入口地址单元只写一条跳转指令，执行该指令时马上跳转到写在其他位置的中断子程序。

⑤ 中断返回　执行完中断子程序后，就会返回到主程序，返回的方法是从RAM的堆栈中取出之前保存的断点地址，然后执行该地址处的主程序，从而返回到主程序。

6.2 8051单片机的中断系统结构与控制寄存器

6.2.1 中断系统的结构

8051单片机中断系统的结构如图6-1所示。

（1）中断系统的组成

8051单片机中断系统的主要组成部分有：

• 5个中断源。分别为外部中断源 $\overline{INT0}$ 、外部中断源 $\overline{INT1}$ 、定时器/计数器中断源T0、定时器/计数器中断源T1和串行通信口中断源（TX和RX）。

• 中断源寄存器。分定时器/计数器控制寄存器TCON和串行通信口控制寄存器SCON。

• 中断允许寄存器IE。

• 中断优先级控制寄存器IP。

（2）中断系统的工作原理

单片机的中断系统默认是关闭的，如果要使用某个中断，需要通过编程的方法设置有关控制寄存器某些位的值将该中断打开，并为该中断编写相应的中断子程序。

以外部中断 $\overline{INT0}$ 为例，如果需要使用该中断，应进行以下设置：

• 将定时器/计数器控制寄存器TCON的IT0位设为0（IT0=0），中断请求信号输入方

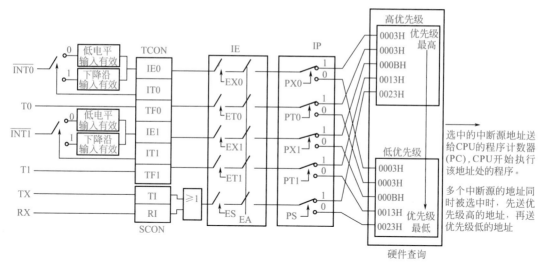

图 6-1　8051 单片机中断系统的结构

式被设为低电平输入有效。

- 将中断允许寄存器 IE 的 EA 位设为 1（EA=1），允许所有的中断（总中断允许）。
- 将中断允许寄存器 IE 的 EX0 位设为 1（EX0=1），允许外部中断 $\overline{INT0}$ 的中断。

工作过程：当单片机的 $\overline{INT0}$ 端（P3.2 引脚）输入一个低电平信号时，由于寄存器 TCON 的 IT0=0，输入开关选择位置 0，低电平信号被认为是 $\overline{INT0}$ 的中断请求信号，该信号将 TCON 的外部中断 0 的标志位 IE0 置 1（IE0=1），IE0 位的"1"先经过 $\overline{INT0}$ 允许开关（IE 的 EX0=1 使 $\overline{INT0}$ 开关闭合），然后经过中断总开关（IE 的 EA=1 使中断总开关闭合），再经过优先级开关（只使用一个中断时无需设置，寄存器 IP 的 PX0 位默认为 0，开关选择位置 0），进入硬件查询，选中外部中断 0 的入口地址（0003H），并将其送给 CPU 的程序计数器 PC，CPU 开始执行该处的中断子程序。

6.2.2　中断源寄存器

中断源寄存器包括定时器 / 计数器控制寄存器 TCON 和串行通信口控制寄存器 SCON。

（1）定时器 / 计数器控制寄存器 TCON

TCON 寄存器的功能主要是接收外部中断源（$\overline{INT0}$、$\overline{INT1}$）和定时器 / 计数器（T0、T1）送来的中断请求信号。TCON 的字节地址是 88H，它有 8 位，每位均可直接访问（即可位寻址）。TCON 的字节地址、各位的位地址和名称如图 6-2 所示。

位地址 →	最高位 8FH	8EH	8DH	8CH	8BH	8AH	89H	最低位 88H
TCON 字节地址 → 88H	TF1	TR1	TF0	TR0	IE1	IT1	IE0	IT0
	T1 溢出 中断 请求 标志 位	T1 启 停 控 制 位	T0 溢出 中断 请求 标志 位	T0 启 停 控 制 位	INT1 中断 请求 标志 位	INT1 触发 方式 设定 位	INT0 中断 请求 标志 位	INT0 触发 方式 设定 位

图 6-2　定时器 / 计数器控制寄存器 TCON 的字节地址、各位的位地址和名称

TCON 寄存器各位的功能说明：

① IE0 位和 IE1 位　分别为外部中断 0（$\overline{INT0}$）和外部中断 1（$\overline{INT1}$）的中断请求标志位。当外部有中断请求信号输入单片机的 $\overline{INT0}$ 引脚（即 P3.2 引脚）或 $\overline{INT1}$ 引脚（即 P3.3 引脚）时，TCON 的 IE0 和 IE1 位会被置"1"。

② IT0 位和 IT1 位　分别为外部中断 0 和外部中断 1 的输入方式控制位。当 IT0=0 时，外部中断 0 端输入低电平有效（即 $\overline{INT0}$ 端输入低电平时才表示输入了中断请求信号），当 IT0=1 时，外部中断 0 端输入下降沿有效。当 IT1=0 时，外部中断 1 端输入低电平有效 1，当 IT1=1 时，外部中断 1 端输入下降沿有效。

③ TF0 位和 TF1 位　分别是定时器 / 计数器 0 和定时器 / 计数器 1 的中断请求标志位。当定时器 / 计数器工作产生溢出时，会将 TF0 或 TF1 置"1"，表示定时器 / 计数器有中断请求。

④ TR0 和 TR1　分别是定时器 / 计数器 0 和定时器 / 计数器 1 的启动 / 停止位。在编写程序时，若将 TR0 或 TR1 设为"1"，那么相应的定时器 / 计数器开始工作；若设置为"0"，定时器 / 计数器则会停止工作。

注意：如果将 IT0 位设为 1，则把 IE0 设为下降沿置"1"，中断子程序执行完后，IE0 位自动变为"0"（硬件置"0"）；如果将 IT0 位设为 0，则把 IE0 设置为低电平置"1"，中断子程序执行完后，IE0 位仍是"1"，所以在退出中断子程序前，要将 INT0 端的低电平信号撤掉，再用指令将 IE0 置"0"（软件置"0"），若退出中断子程序后，IE0 位仍为"1"，将会产生错误的再次中断。IT1、IE1 位的情况与 IT0、IE0 位一样。在单片机复位时，TCON 寄存器的各位均为"0"。

（2）串行通信口控制寄存器 SCON

SCON 寄存器的功能主要是接收串行通信口送到的中断请求信号。SCON 的字节地址是 98H，它有 8 位，每位均可直接访问（即可位寻址），SCON 的字节地址、各位的位地址和名称如图 6-3 所示。

	最高位							最低位
位地址 →	9FH	9EH	9DH	9CH	9BH	9AH	99H	98H
SCON	SM0	SM1	SM2	REN	TB8	RB8	TI	RI
字节地址 → 98H								

图 6-3　SCON 的字节地址、各位的位地址和名称

SCON 寄存器的 TI 位和 RI 位与中断有关，其他位用作串行通信控制，将在后面说明。

① TI 位　串行通信口发送中断标志位。在串行通信时，每发送完一帧数据，串行通信口会将 TI 位置"1"，表明数据已发送完成，向 CPU 发送中断请求信号。

② RI 位　串行通信口接收中断标志位。在串行通信时，每接收完一帧数据，串行通信口会将 RI 位置"1"，表明数据已接收完成，向 CPU 发送中断请求信号。

注意：单片机执行中断子程序后，TI 位和 RI 位不能自动变为"0"，需要在退出中断子程序时，用软件指令将它们清 0。

6.2.3　中断允许寄存器 IE

IE 寄存器用来控制各个中断请求信号能否通过。IE 的字节地址是 A8H，它有 8 位，每位均可直接访问（即可位寻址），IE 的字节地址、各位的位地址和名称如图 6-4 所示。

图 6-4　IE 的字节地址、各位的位地址和名称

IE 寄存器各位（有 2 位不可用）的功能说明如下。

① EA 位　总中断允许位。当 EA=1 时，总中断开关闭合；当 EA=0 时，总中断开关断开，所有的中断请求信号都不能接受。

② ES 位　串行通信口中断允许位。当 ES=1 时，允许串行通信口的中断请求信号通过；当 ES=0 时，禁止串行通信口的中断请求信号通过。

③ ET1 位　定时器 / 计数器 1 中断允许位。当 ET1=1 时，允许定时器 / 计数器 1 的中断请求信号通过；当 ET1=0 时，禁止定时器 / 计数器 1 的中断请求信号通过。

④ EX1 位　外部中断 1 允许位。当 EX1=1 时，允许外部中断 1 的中断请求信号通过；当 EX1=0 时，禁止外部中断 1 的中断请求信号通过。

⑤ ET0 位　定时器 / 计数器 0 中断允许位。当 ET0=1 时，允许定时器 / 计数器 0 的中断请求信号通过；当 ET0=0 时，禁止定时器 / 计数器 0 的中断请求信号通过。

⑥ EX0 位　外部中断 0 允许位。当 EX0=1 时，允许外部中断 0 的中断请求信号通过；当 EX0=0 时，禁止外部中断 0 的中断请求信号通过。

6.2.4　中断优先级控制寄存器 IP

IP 寄存器的功能是设置每个中断的优先级。其字节地址是 B8H，它有 8 位，每位均可进行位寻址，IP 的字节地址、各位的位地址和名称如图 6-5 所示。

图 6-5　IP 的字节地址、各位的位地址和名称

IP 寄存器各位（有 3 位不可用）的功能说明如下。

① PS 位　串行通信口优先级设定位。当 PS=1 时，串行通信口为高优先级；当 PS=0 时，串行通信口为低优先级。

② PT1 位　定时器 / 计数器 1 优先级设定位。当 PT1=1 时，定时器 / 计数器 1 为高优先级；当 PT1=0 时，定时器 / 计数器 1 为低优先级。

③ PX1 位　外部中断 1 优先级设定位。当 PX1=1 时，外部中断 1 为高优先级；当 PX1=0 时，外部中断 1 为低优先级。

④ PT0 位　定时器 / 计数器 0 优先级设定位。当 PT0=1 时，定时器 / 计数器 0 为高优先级；当 PT0=0 时，定时器 / 计数器 0 为低优先级。

⑤ PX0 位　外部中断 0 优先级设定位。当 PX0=1 时，外部中断 0 为高优先级；当 PX0=0 时，外部中断 0 为低优先级。

通过设置 IP 寄存器相应位的值，可以改变 5 个中断源的优先顺序。若优先级一高一低的两个中断源同时发出请求，CPU 会先响应优先级高的中断请求，再响应优先级低的中断请求；若 5 个中断源有多个高优先级或多个低优先级中断源同时发出请求，CPU 会先按自然优先级顺序依次响应高优先级中断源，再按自然优先级顺序依次响应低优先级中断源。

6.3　中断编程举例

6.3.1　中断编程的电路例图

本节以如图 6-6 所示电路来说明单片机中断的使用，当按键 S3 或 S4 按下时，给单片机的 $\overline{\text{INT0}}$（P3.2）端或 $\overline{\text{INT1}}$（P3.3）端输入外部中断请求信号。

图 6-6　中断编程的电路例图

6.3.2 用外部中断 0 以低电平方式触发中断的程序及详解

图 6-7 是用外部中断 0 以低电平方式触发中断的程序。

（1）现象

在未按下 P3.2 引脚外接的 S3 按键时，P1.0、P1.1 和 P1.4、P1.5 引脚外接 LED 会亮，按下 S3 再松开，这些引脚外接 LED 熄灭，P1.2、P1.3、P1.6、P1.7 引脚外接 LED 则变亮，如果 S3 一直按下不放，则 P1.0～P1.7 引脚所有外接 LED 均变亮。

（2）程序说明

在程序中，先初始化 P1 端口，然后将 IP 寄存器、IE 寄存器和 TCON 寄存器有关位的值设为 1，让 $\overline{INT0}$ 为高优先级，打开总中断和 INT0 中断，并将 INT0 中断输入方式设为低电平有效，再用 while(1) 语句进入中断等待。一旦 P3.2 引脚外接的 S3 按键按下，P3.2 引脚（即 $\overline{INT0}$ 端）输入低电平，触发单片机的 $\overline{INT0}$ 中断，马上执行中断函数（也可称中断子程序），中断函数中只有一条语句 P1=~P1，将 P1 端口各位值变反（P1=0xcc），中断函数执行后，又返回 while(1) 语句等待。如果 S3 按键未松开，仍处于按下状态，中断函数又一次执行，P1 端口各位值又变反，由于中断函数两次执行时间间断短，P1 端口值变化快，其外接 LED 亮灭变化快，由于人眼视觉暂留特性，会觉得所有的 LED 都亮。如果按下 S3 按键后马上松开，中断函数只执行一次，就可以看到 P1 端口不同引脚的 LED 亮灭变化，也可以在中断函数内部最后加一条 EA=0 来关闭总中断，这样中断函数只能执行一次，即使再按压 S3 键也不会引起中断。

用"（返回值）函数名（输入参数）interrupt n using m"语法可定义一个中断函数，interrupt 为定义中断函数的关键字，n 为中断源编号（见表 6-1），n=0～4，m 为用作保护中断断点的寄存器组，可使用 4 组寄存器（0～3），每组有 7 个寄存器（R0～R7），m=0～3，若程序中只使用一个中断，可不写"using m"，使用多个中断时，不同中断应使用不同 m。

```
/*外部中断0的低电平触发方式的使用举例*/
#include<reg51.h>      //调用reg51.h文件对单片机各特殊功能寄存器进行地址定义
/*以下为主程序部分*/
main()
{
 P1=0x33;             //让P1端口输出00110011，外接LED四亮四灭
 IP=0x01;             //让IP寄存器的PX0位为1，将INT0设为高优先级中断,仅使用一个中断时,
                      //本条语句可不写
 EA=1;                //让IE寄存器的EA位为1，开启总中断
 EX0=1;               //让IE寄存器的EX0位为1，开启INT0中断
 IT0=0;               //让TCON寄存器IT0位为1，设INT0中断请求为低电平有效
 while(1)             //while为循环控制语句，当小括号内的条件非0(即为真)时，反复
                      //执行while大括号内的语句
 {
                      //在此处可添加其他程序或为空
 }
}
/*以下为中断函数（中断子程序），用"(返回值) 函数名 (输入参数) interrupt n using m"
格式定义一个函数名为INT0_L的中断函数，n为中断源编号，n=0～4，m为用作保护
中断断点的寄存器组，可使用4组寄存器（0～3），每组有7个寄存器（R0～R7），m=0～3，
若只有一个中断，可不写"using  m"，使用多个中断时，不同中断源应使用不同m*/
void INT0_L(void) interrupt 0 using 1   //INT0_L为中断函数(用interrupt定义)，其返回值
                                        //和输入参数均为void(空)，并且为中断源0的中断
                                        //函数(编号n=0)，断点保护使用第1组寄存器(using 1)
{
 P1=~P1;      //将P1端口值各位取反，~表示位取反
              //此处可写语句EA=0关闭中断，让中断仅执行一次
}
```

图 6-7　用外部中断 0 以低电平方式触发中断的程序

6.3.3　用外部中断 1 以下降沿方式触发中断的程序及详解

图 6-8 是用外部中断 1 以下降沿方式触发中断的程序。

（1）现象

在未按下 P3.3 引脚外接的 S4 按键时，P1.0、P1.1 和 P1.4、P1.5 引脚外接 LED 会亮，按下 S4 再松开，这些引脚外接 LED 熄灭，P1.2、P1.3、P1.6、P1.7 引脚外接 LED 则变亮，如果 S4 一直按下不放，P1.0～P1.7 引脚外接 LED 保持四亮四灭不变。

（2）程序说明

在程序中，与使用外部中断 0 一样，先初始化 P1 端口，然后将 IP 寄存器、IE 寄存器和

```
/*外部中断1的下降沿触发方式的使用举例*/
#include<reg51.h>              //调用reg51.h文件对单片机各特殊功能寄存器进行地址定义
void DelayUs(unsigned char tu);    //声明一个DelayUs（微秒级延时）函数，输入参数为unsigned
                              //（无符号）char（字符型）变量tu，tu为8位，取值范围为0～255
void DelayMs(unsigned char tm);    //声明一个DelayMs（毫秒级延时）函数

/*以下为主程序部分*/
main()
{
 P1=0x33;        //让P1端口输出00110011，外接LED两亮两灭
 IP=0x04;        //让IP寄存器的PX1位为1，将INT1设为高优先级中断，只使用一个中断时，
                 //可不设置IP寄存器
 EA=1;           //让IE寄存器的EA位为1，开启总中断
 EX1=1;          //让IE寄存器的EX1位为1，开启INT1中断
 IT1=1;          //让TCON寄存器IT1位为1，设INT1中断请求为下降沿有效
 while(1)        //while为循环控制语句，当小括号内的条件非0（即为真）时，反复
                 //执行while大括号内的语句
 {
                 //在此处可添加其他程序或为空
 }
}
/*以下为中断函数（中断子程序），用"(返回值) 函数名 (输入参数) interrupt n using m"
格式定义一个函数名为INT1_HL的中断函数，n为中断源编号，n=0～4，m为用作保护
中断断点的寄存器组，可使用4组寄存器（0～3），每组有7个寄存器（R0～R7），m=0～3，
若只使用一个中断，可不写"using m"，使用多个中断时，不同中断应使用不同m*/
void INT1_HL(void) interrupt 2 using 1    // INT1_HL为中断函数（用interrupt定义），其返回值
                                   //和输入参数均为void(空)，并且为中断源1的中断
                                   //函数(编号n=2)，断点保护使用第1组寄存器(using 1)
{
 if(!INT1)         // !INT1可写成INT1!=1, if(如果) INT1端口反值为1，表示S4键按下，
                   //则执行if大括号内的语句，若S4键未按下，执行if尾大括号之后的语句
 {
  DelayMs(10);     //执行DelayMs延时函数进行按键防抖，输入参数为10时可延时约10ms
  while(!INT1);    //若未松开S4键，!INT1为1，反复执行while语句，一旦按键释放，往下执行
  P1=~P1;          //将P1端口各位值取反
 }
}

/*以下DelayUs为微秒级延时函数，其输入参数为unsigned char tu（无符号字符型变量tu），
tu值为8位，取值范围 0～255，如果单片机的晶振频率为12MHz，本函数延时时间可用
T=（tu×2+5）μs 近似计算，比如tu=248，T=501 μs≈0.5ms */
void DelayUs (unsigned char tu)   //DelayUs为微秒级延时函数，其输入参数为无符号字符型变量tu
{
 while(--tu);                     //while为循环语句，每执行一次while语句，tu值就减1，
                                  //直到tu值为0时才执行while尾大括号之后的语句
}

/*以下DelayMs为毫秒级延时函数，其输入参数为unsigned char tm（无符号字符型变量tm），
该函数内部使用了两个DelayUs (248)函数，它们共延时1002μs（约1ms），
由于tm值最大为255，故本DelayMs函数最大延时时间为255ms，若将输入参数
定义为unsigned int tm，则最长可获得65535ms的延时时间*/
void DelayMs(unsigned char tm)
{
 while(tm--)
 {
  DelayUs (248);
  DelayUs (248);
 }
}
```

图 6-8　用外部中断 1 以下降沿方式触发中断的程序

TCON 寄存器有关位的值设为 1，让 $\overline{INT1}$ 为高优先级，打开总中断和 $\overline{INT1}$ 中断，并将 $\overline{INT1}$ 中断输入方式设为下降沿有效，再用 while(1) 语句进入中断等待。一旦 P3.3 引脚外接的 S4 按键按下，P3.3 引脚（即 $\overline{INT1}$ 端）输入下降沿，触发单片机的 $\overline{INT1}$ 中断，马上执行中断函数（也可称中断子程序）。由于按键按下时的抖动可能会出现多个下降沿，可能会使中断函数多次执行，故在中断函数中采用了按键防抖程序，当 S4 按键按下产生第一个下降沿后，马上触发中断执行中断函数，在中断函数中检测到 $\overline{INT1}$ 端为低电平后，执行延时函数延时 10ms，避开按键抖动时间，再检测 $\overline{INT1}$ 端状态，一旦 $\overline{INT1}$ 端变为高电平（S4 键松开），马上执行 P1 端口值取反语句（P1=~P1）。

由于本例采用按键输入模拟中断请求输入，而按键操作时易产生抖动信号，使输入的中断请求信号比较复杂，故在程序中加入了按键防抖语句，有关按键抖动与防抖内容在后面有专门的章节介绍。

第 7 章 定时器 / 计数器的使用及编程

7.1 定时器 / 计数器的定时与计数功能

8051 单片机内部有 T0 和 T1 两个定时器 / 计数器。它们既可用作定时器，也可用作计数器，可以通过编程来设置其使用方法。

7.1.1 定时功能

（1）定时功能的用法

当定时器 / 计数器用作定时器时，可以用来计算时间。如果要求单片机在一定的时间后产生某种控制，可将定时器 / 计数器设为定时器。单片机定时器 / 计数器的定时功能用法如图 7-1 所示。

图 7-1　单片机定时器 / 计数器的定时功能用法

要将定时器 / 计数器 T0 设为定时器，实际上就是将定时器 / 计数器与外部输入断开，而与内部信号接通，对内部信号计数来定时。单片机的时钟振荡器可产生 12MHz 的时钟脉冲信号，经 12 分频后得到 1MHz 的脉冲信号，1MHz 信号每个脉冲的持续时间为 1μs，如果定时器 T0 对 1MHz 的信号进行计数，若从 0 计到 65536，将需要 65536μs，也即 65.536ms。65.536ms 后定时器计数达到最大值，会溢出而输出一个中断请求信号到中断系统，中断系统接受中断请求后，执行中断子程序，子程序的运行结果将 P1.0 端口置 "0"，该端口外接的发光二极管点亮。

（2）任意定时的方法

在图 7-1 中，定时器只有在 65.536ms 后计数达到最大值时才会溢出，如果需要不到 65.536ms 定时器就产生溢出，例如 1ms 后产生溢出，可以对定时器预先进行置数。将定时器初始值设为 64536，这样定时器就会从 64536 开始计数，当计到 65536 时，定时器定时时间就为 1ms，并产生一个溢出信号。

7.1.2 计数功能

（1）计数功能的用法

当定时器 / 计数器用作计数器时，可以用来计数。如果要求单片机计数达到一定值时产生某种控制，可将定时器 / 计数器设为计数器。单片机定时器 / 计数器的计数功能用法如图 7-2 所示。

图 7-2　单片机定时器 / 计数器的计数功能用法

用编程的方法将定时器 / 计数器 T0 设为一个 16 位计数器，它的最大计数值为 2^{16}=65536。T0 端（即 P3.4 引脚）用来输入脉冲信号。当脉冲信号输入时，计数器对脉冲进行计数，当计到最大值 65536 时，计数器溢出，会输出一个中断请求信号到中断系统，中断系统接受中断请求后，执行中断子程序，子程序的运行结果将 P1.0 端口置 "0"，该端口外接的发光二极管点亮。

（2）任意计数的方法

在图 7-2 中，只有在 T0 端输入 65536 个脉冲，计数器计数达到最大值才会溢出，如果希望输入 100 个脉冲时计数器就能溢出，可以在计数前对计数器预先进行置数，将计数器初始值设为 65436，这样计数器就会从 65436 开始计数，当输入 100 个脉冲时，计数器的计数值就达到 65536 而产生一个溢出信号。

7.2　定时器 / 计数器的结构原理

7.2.1　定时器 / 计数器的结构

8051 单片机内部定时器 / 计数器的结构如图 7-3 所示。单片机内部与定时器 / 计数器有关的部件主要有以下几种：

① 两个定时器 / 计数器（T0 和 T1）　每个定时器 / 计数器都是由两个 8 位计数器构成的 16 位计数器。

② TCON 寄存器　TCON 为控制寄存器，用来控制两个定时器 / 计数器的启动 / 停止。

③ TMOD 寄存器　TMOD 为工作方式控制寄存器，用来设置定时器 / 计数器的工作方式。两个定时器 / 计数器在内部还通过总线与 CPU 连接，CPU 可以通过总线对它们进行控制。

7.2.2　定时器 / 计数器的工作原理

由于定时器 / 计数器是在寄存器 TCON 和 TMOD 的控制下工作的，要让定时器 / 计数器工作，必须先设置寄存器 TCON 和 TMOD（可编写程序来设置）。单片机内部有 2 个定时器 / 计

图 7-3　8051 单片机内部定时器 / 计数器的结构

数器，它们的工作原理是一样的，这里以定时器 / 计数器 T0 为例进行说明。

（1）定时器 / 计数器 T0 用作计数器

要将定时器 / 计数器 T0 当作计数器使用，须设置寄存器 TCON 和 TMOD，让它们对定时器 / 计数器 T0 进行相应的控制，然后定时器 / 计数器 T0 才开始以计数器的形式工作。

① 寄存器 TCON 和 TMOD 的设置　将 T0 用作计数器时 TCON、TMOD 寄存器的设置内容主要有：

• 将寄存器 TMOD 的 C/$\overline{T}$ 位置 "1"，如图 7-3 所示，该位发出控制信号让开关 S0 置 "1"，定时器 / 计数器 T0 与外部输入端 T0（P3.4）接通。

• 设置寄存器 TMOD 的 M0、M1 位，让它控制定时器 / 计数器 T0 的工作方式，例如让 M0=1、M1=0，可以将定时器 / 计数器 T0 设为 16 位计数器。

• 将寄存器 TCON 的 TR0 位置 "1"，启动定时器 / 计数器 T0 开始工作。

② 定时器 / 计数器 T0 的工作过程　定时器 / 计数器 T0 用作计数器的工作过程有以下几步：

• 计数。定时器 / 计数器 T0 启动后，开始对外部 T0 端（P3.4）输入的脉冲进行计数。

• 计数溢出，发出中断请求信号。当定时器 / 计数器 T0 计数达到最大值 65536 时，会溢出产生一个信号，该信号将寄存器 TCON 的 TF0 位置 "1"，寄存器 TCON 立刻向 CPU 发出中断请求信号，CPU 便执行中断子程序。

（2）定时器 / 计数器 T0 用作定时器

要将定时器 / 计数器 T0 当作定时器使用，同样也要设置寄存器 TCON 和 TMOD，然后定时器 / 计数器 T0 才开始以定时器形式工作。

① 寄存器 TCON 和 TMOD 的设置　将 T0 用作定时器时 TCON、TMOD 寄存器的设置内容主要有：

• 将寄存器 TMOD 的 C/$\overline{T}$ 位置 "0"，如图 7-3 所示，该位发出控制信号让开关 S0 置 "2"，定时器 / 计数器 T0 与内部振荡器接通。

・设置寄存器 TMOD 的 M0、M1 位，让它控制定时器 / 计数器 T0 的工作方式，如让 M0=0、M1=0，可以将定时器 / 计数器 T0 设为 13 位计数器。

・将寄存器 TCON 的 TR0 位置 "1"，启动定时器 / 计数器 T0 开始工作。

② 定时器/计数器 T0 的工作过程　定时器 / 计数器 T0 用作定时器的工作过程有以下几步：

・计数。定时器 / 计数器 T0 启动后，开始对内部振荡器产生的信号（要经 12 分频）即输入的脉冲进行计数。

・计数溢出，发出中断请求信号。定时器 / 计数器 T0 对内部脉冲进行计数，由 0 计到最大值 8192（2^{13}）时需要 8.192ms 的时间，8.192ms 后定时器 / 计数器 T0 会溢出而产生一个信号，该信号将 TCON 寄存器的 TF0 位置 "1"，TCON 寄存器马上向 CPU 发出中断请求信号，CPU 便执行中断子程序。

7.3　定时器 / 计数器的控制寄存器与四种工作方式

定时器 / 计数器是在 TCON 寄存器和 TMOD 寄存器的控制下工作的，设置这两个寄存器相应位的值，可以对定时器 / 计数器进行各种控制。

7.3.1　定时器 / 计数器控制寄存器 TCON

TCON 寄存器的功能主要是接收外部中断源（$\overline{INT0}$、$\overline{INT1}$）和定时器 / 计数器（T0、T1）送来的中断请求信号，并对定时器 / 计数器进行启动 / 停止控制。TCON 寄存器的字节地址是 88H，它有 8 位，每位均可直接访问（即可位寻址）。TCON 寄存器的字节地址、各位的位地址和名称功能如图 7-4 所示。

图 7-4　TCON 寄存器的字节地址、各位的位地址和名称功能

TCON 寄存器的各位功能在前面已介绍过，这里仅对与定时器 / 计数器有关的位进行说明。

① TF0 位和 TF1 位　分别为定时器 / 计数器 0 和定时器 / 计数器 1 的中断请求标志位。当定时器 / 计数器工作产生溢出时，会将 TF0 或 TF1 位置 "1"，表示定时器 / 计数器 T0 或 T1 有中断请求。

② TR0 和 TR1　分别为定时器 / 计数器 0 和定时器 / 计数器 1 的启动 / 停止位。在编写程序时，若将 TR0 或 TR1 设为 "1"，那么 T0 或 T1 定时器 / 计数器开始工作；若设置为 "0"，T0 或 T1 定时器 / 计数器则会停止工作。

7.3.2　工作方式控制寄存器 TMOD

TMOD 寄存器的功能是控制定时器 / 计数器 T0、T1 的功能和工作方式。TMOD 寄存器的字节地址是 89H，不能进行位操作。在上电（给单片机通电）复位时，TMOD 寄存器的

初始值为00H。TMOD 寄存器的字节地址和各位名称功能如图 7-5 所示。

TMOD	GATE	C/$\overline{T}$	M1	M0	GATE	C/$\overline{T}$	M1	M0

字节地址 → 89H

- T1 启动模式设置位
- T1 定时与计数功能设置位
- T1工作方式设置位
- T0 启动模式设置位
- T0 定时与计数功能设置位
- T0工作方式设置位

图 7-5　TMOD 寄存器的字节地址和各位名称功能

在 TMOD 寄存器中，高 4 位用来控制定时器 / 计数器 T1，低 4 位用来控制定时器 / 计数器 T0，两者对定时器 / 计数器的控制功能一样，下面以 TMOD 寄存器高 4 位为例进行说明。

① GATE 位　门控位，用来控制定时器 / 计数器的启动模式。

当GATE=0 时，只要 TCON 寄存器的 TR1 位置"1"，就可启动 T1 开始工作；当GATE=1 时，除了需要将 TCON 寄存器的 TR1 位置"1"外，还要使 $\overline{INT1}$ 引脚为高电平，才能启动 T1 工作。

② C/$\overline{T}$ 位　定时、计数功能设置位。

当 C/$\overline{T}$=0 时，将定时器 / 计数器设置为定时器工作模式；当 C/$\overline{T}$=1 时，将定时器 / 计数器设置为计数器工作方式。

③ M1、M0 位　定时器 / 计数器工作方式设置位。

M1、M0 位取不同值，可以将定时器 / 计数器设置为不同的工作方式。TMOD 寄存器高 4 位中的 M1、M0 用来控制 T1 的工作方式，低 4 位中的 M1、M0 用来控制 T0 的工作方式。M1、M0 位不同取值与定时器 / 计数器工作方式的关系见表 7-1。

表 7-1　TMOD 寄存器的 M1、M0 位值与定时器 / 计数器工作方式

M1	M0	工作方式	功　能
0	0	方式 0	设成 13 位计数器。T0 用 TH0（8 位）和 TL0 的低 5 位，T1 用 TH1（8 位）和 TL1 的低 5 位。最大计数值为 2^{13}=8192
0	1	方式 1	设成 16 位计数器。T0 由 TH0 和 TL0 构成，T1 由 TH1 和 TL1 构成。最大计数值为 2^{16}=65536
1	0	方式 2	设成带自动重装载功能的 8 位计数器。TL0 和 TL1 为 8 位计数器，TH0 和 TH1 存储自动重装载的初值
1	1	方式 3	只用于 T0。把 T0 分为两个独立的 8 位定时器 TH0 和 TL0，TL0 占用 T0 的全部控制位，TH0 占用 T1 的部分控制位，此时 T1 用作波特率发生器

7.3.3　定时器 / 计数器的工作方式

在 TMOD 寄存器 M1、M0 位的控制下，定时器 / 计数器可以工作在四种不同的方式下，不同的工作方式适用于不同的场合。

（1）方式 0

当M1=0、M0=0 时，定时器 / 计数器工作在方式 0，它被设成 13 位计数器。在方式 0 时，定时器 / 计数器由 TH、TL 两个 8 位计数器组成，使用 TH 的 8 位和 TL 的低 5 位。

① 定时器 / 计数器工作在方式 0 时的电路结构与工作原理　定时器 / 计数器 T0、T1 工

作在方式 0 时的电路结构与工作原理相同。以 T0 为例，将 TMOD 寄存器低 4 位中的 M1、M0 位均设为"0"，T0 工作在方式 0。定时器 / 计数器 T0 工作在方式 0 时的电路结构如图 7-6 所示。

图 7-6　定时器 / 计数器 T0 工作在方式 0 时的电路结构

当 T0 工作在方式 0 时，T0 是一个 13 位计数器（TH0 的 8 位 +TL0 的低 5 位）。C/$\overline{\text{T}}$ 位通过控制开关 S1 来选择计数器的计数脉冲来源。当 C/$\overline{\text{T}}$=0 时，计数脉冲来自单片机内部振荡器（经 12 分频）；当 C/$\overline{\text{T}}$=1 时，计数脉冲来自单片机 T0 引脚（P3.4 引脚）。

GATE 位控制 T0 的启动方式。GATE 位与 $\overline{\text{INT0}}$ 引脚、TR0 位一起经逻辑电路后形成 CON 电平，再由 CON 电平来控制开关 S2 的通断。当 CON=1 时，S2 闭合，T0 工作；当 CON=0 时，S2 断开，T0 停止工作（S2 断开后无信号送给 T0）。GATE、$\overline{\text{INT0}}$ 和 TR0 形成 CON 电平的表达式是：

$$\text{CON=TR0}\cdot(\overline{\text{GATE}+\overline{\text{INT0}}})$$

从上式可知：

若 GATE=0，则（$\overline{\text{GATE}+\overline{\text{INT0}}}$）=1，CON=TR0，即当 GATE=0 时，CON 的值与 TR0 的值一致，TR0 可直接控制 T0 的启动 / 停止。

若 GATE=1，则 CON=TR0·（$\overline{\text{INT0}}$），即 CON 的值由 TR0、$\overline{\text{INT0}}$ 两个值决定，其中 TR0 的值由编程来控制（软件控制），而 $\overline{\text{INT0}}$ 的值由外部 $\overline{\text{INT0}}$ 引脚的电平控制，只有当它们的值都为"1"时，CON 的值才为"1"，定时器 / 计数器 T0 才能启动。

② 定时器 / 计数器初值的计算　若定时器 / 计数器工作在方式 0，当其与外部输入端（T0 引脚）连接时，可以用作 13 位计数器；当与内部振荡器连接时，可以用作定时器。

• 计数初值的计算。当定时器 / 计数器用作 13 位计数器时，它的最大计数值为 8192（2^{13}），当 T0 引脚输入 8192 个脉冲时，计数器就会产生溢出而发出中断请求信号。如果希望不需要输入 8192 个脉冲，计数器就能产生溢出，则可以给计数器预先设置数值，这个预先设置的数值称为计数初值。在方式 0 时，定时器 / 计数器的计数初值可用下式计算：

$$\text{计数初值} =2^{13}- \text{计数值}$$

例如希望输入 1000 个脉冲计数器就能产生溢出，计数器的计数初值应设置为 7192（8192−1000）。

• 定时初值的计算。当定时器 / 计数器用作定时器时，它对内部振荡器产生的脉冲（经 12 分频）进行计数，该脉冲的频率为 $f_{\text{osc}}/12$，脉冲周期为 $12/f_{\text{osc}}$，定时器的最大定时时间为 $2^{13}\cdot 12/f_{\text{osc}}$，若振荡器的频率 f_{osc} 为 12MHz，定时器的最大定时时间为 8192μs。如果不希望定时这么长，定时器就能产生溢出，可以给定时器预先设置数值，这个预先设置的数值称为定时初值。在方式 0 时，定时器 / 计数器的定时初值可用下式计算：

$$定时初值 =2^{13}- 定时值 =2^{13}-t \cdot f_{osc}/12$$

例如单片机时钟振荡器的频率为 12MHz（即 12×10^6Hz），现要求定时 1000μs（即 1000×10^{-6}s）就能产生溢出，定时器的定时初值应为

$$定时初值 =2^{13}-t \cdot f_{osc}/12=8192-1000 \times 10^{-6} \times 12 \times 10^6/12=7192$$

（2）方式 1

当 M1=0、M0=1 时，定时器 / 计数器工作在方式 1，它为 16 位计数器。除了计数位数不同外，定时器 / 计数器在方式 1 的电路结构和工作原理与方式 0 完全相同。定时器 / 计数器工作在方式 1 时的电路结构（以定时器 / 计数器 T0 为例）如图 7-7 所示。

图 7-7　定时器 / 计数器 T0 工作在方式 1 时的电路结构

定时器 / 计数器工作在方式 1 时的计数初值和定时初值的计算公式分别如下：

$$计数初值 =2^{16}- 计数值$$
$$定时初值 =2^{16}- 定时值 =2^{16}-t \cdot f_{osc}/12$$

（3）方式 2

定时器 / 计数器工作在方式 0 和方式 1 时适合进行一次计数或定时，若要进行多次计数或定时，可让定时器 / 计数器工作在方式 2。当 M1=1、M0=0 时，定时器 / 计数器工作在方式 2，它为 8 位自动重装计数器。定时器 / 计数器工作在方式 2 时的电路结构（以定时器 / 计数器 T0 为例）如图 7-8 所示。

图 7-8　定时器 / 计数器 T0 工作在方式 2 时的电路结构

工作在方式 2 时，16 位定时器 / 计数器 T0 分成 TH0、TL0 两个 8 位计数器，其中 TL0 用来对脉冲计数，TH0 用来存放计数器初值。在计数时，当 TL0 计数溢出时会将 TCON 寄存器的 TF0 位置 "1"，同时也控制 TH0 重装开始，将 TH0 中的初值重新装入 TL0 中，然

后 TL0 又开始在初值的基础上对输入脉冲进行计数。

定时器 / 计数器工作在方式 2 时的计数初值和定时初值的计算分别如下：

$$计数初值 = 2^8 - 计数值$$

$$定时初值 = 2^8 - 定时值 = 2^8 - t \cdot f_{osc}/12$$

（4）方式 3

定时器 / 计数器 T0 有方式 3，而 T1 没有（T1 只有方式 0～2）。当 TMOD 寄存器低 4 位中的 M1=1、M0=1 时，T0 工作在方式 3。在方式 3 时，T0 用作计数器或定时器。

① T0 工作在方式 3 时的电路结构与工作原理　在方式 3 时，定时器 / 计数器 T0 用作计数器或定时器，在该方式下 T0 的电路结构如图 7-9 所示。

图 7-9　定时器 / 计数器 T0 工作在方式 3 时的电路结构

在方式 3 时，T0 被分成 TL0、TH0 两个独立的 8 位计数器，其中 TL0 受 T0 的全部控制位控制（即原本控制整个 T0 的各个控制位，在该方式下全部用来控制 T0 的 TL0 计数器），而 TH0 受 T1 的部分控制位（TCON 的 TR1 位和 TF1 位）控制。

在方式 3 时，TL0 既可用作 8 位计数器（对外部信号计数），也可用作 8 位定时器（对内部信号计数）；TH0 只能用作 8 位定时器，它的启动受 TR1 的控制（TCON 的 TR1 位原本用来控制定时器 / 计数器 T1）。当 TR1=1 时，TH0 开始工作，当 TR1=0 时，TH0 停止工作，当 TH0 计数产生溢出时会将 TF1 置位。

② T0 工作在方式 3 时 T1 的电路结构与工作原理　当 T0 工作在方式 3 时，它占用了 T1 的一些控制位，此时 T1 还可以工作在方式 0～2（可通过设置 TMOD 寄存器高 4 位中的 M1、M0 的值来设置），T1 在这种情况下一般用作波特率发生器。当 T0 工作在方式 3 时，T1 工作在方式 1 和方式 2 的电路结构分别如图 7-10（a）、图 7-10（b）所示。

图 7-10（a）是 T0 工作在方式 3 时，T1 工作在方式 1（或方式 0）时的电路结构。在该方式下，T1 是一个 16 位计数器，由于 TR1 控制位已被借用来控制 T0 的高 8 位计数器 TH0，所以 T1 在该方式下无法停止，一直处于工作状态，另外由于 TF1 位也借给了 TH0，所以 T1 溢出后也不能对 TF1 进行置位产生中断请求信号，T1 溢出的信号只能输出到串行通信口，此方式下的 T1 为波特率发生器。

图 7-10（b）是 T0 工作在方式 3 时，T1 工作在方式 2 时的电路结构。在该方式下，T1 是一个 8 位自动重装计数器，除了具有自动重装载功能外，其他与方式 1 相同。

(a) T1工作在方式1(或方式0)时的电路结构(当T0工作在方式3时)

(b) T1工作在方式2时的电路结构(当T0工作在方式3时)

图 7-10　T0 工作在方式 3 时 T1 工作在方式 1 和方式 2 的电路结构

7.4　定时器 / 计数器的应用及编程

7.4.1　产生 1kHz 方波信号的程序及详解

（1）确定初值

1kHz 方波信号的周期 $T=1/f=1/1000=1\text{ms}$，高、低电平各为 0.5ms（500μs），要产生 1kHz 方波信号，只需让定时器 / 计数器每隔 0.5ms 产生一次计数溢出中断，中断后改变输出端口的值，并重复进行该过程即可。定时器 / 计数器 T0 工作在方式 1 时为 16 位计数器，最大计数值为 65536，T0 从 0 计到 65536 需要耗时 65.536ms（单片机时钟频率为 12MHz 时），要 T0 每隔 0.5ms 产生一次计数溢出，必须给 T0 设置定时初值。定时器 / 计数器工作在方式 1 时的定时初值的计算公式如下：

$$定时初值 =2^{16}- 定时值 =2^{16}-t \cdot f_{\text{osc}}/12=65536-500\times10^{-6}\times12\times10^{6}\div12=65036$$

定时初值放在 TH0 和 TL0 两个 8 位寄存器中，TH0 存放初值的高 8 位，TL0 存放初值的低 8 位，65036 是一个十进制数，存放时需要转换成十六进制数，65036 转换成十六进制数为 0xFE0C，TH0 存放 FE，TL0 存放 0C。由于 65036 数据较大，转换成十六进制数运算较麻烦，可采用 65036/256 得到 TH0 值，"/"为相除取商，结果 TH0=254，软件编译时自动将十进制数 254 转换成十六进制数 FE，TL0 值可采用（65536-500）%256 计算得到，"%"为相除取余数，结果 TL0=12，十进制数 12 转换成十六进制数为 0C。

（2）程序说明

图 7-11 是一种让定时器 / 计数器 T0 工作在方式 1 时产生 1kHz 方波信号的程序。在程序中，先声明一个定时器及相关中断设置函数 T0Int_S，在该函数中，设置 T0 的工作方式（方式 1），设置 T0 的计数初值（65036，TH0、TL0 分别存放高、低 8 位），将信号输出端口 P1.0 赋初值 1，再打开总中断和 T0 中断，然后让 TCON 的 TR0 位置 1 启动 T0 开始计数。在图 7-11 程序中还编写了一个定时器中断函数（子程序）T0Int_Z，在该函数中先给 T0 赋

定时初值，再让输出端口 P1.0 值取反。

　　main 函数是程序的入口，main 函数之外的函数只能被 main 函数调用。图 7-11 程序运行时进入 main 函数，在 main 函数中先执行中断设置函数 T0Int_S，设置定时器工作方式和定时初值，将输出端口赋值 1，并打开总中断和 T0 中断，启动 T0 开始计数，然后执行while(1) 语句原地踏步等待，0.5ms（此期间输出端口 P1.0 为高电平）后 T0 计数达到 65536溢出，产生一个 T0 中断请求信号触发定时器中断函数 T0Int_Z 执行，T0Int_Z 函数重新给T0 定时器赋定时初值，再将输出端口 P1.0 值取反（T0Int_Z 函数第一次执行后，P1.0 变为低电平），中断函数 T0Int_Z 执行完后又返回到 main 函数的 while(1) 语句原地踏步等待，T0则从中断函数设置的定时初值基础上重新计数，直到计数到 65536 产生中断请求再次执行中断函数，如此反复进行，P1.0 端口的高、低电平不断变化，一个周期内高、低电平持续时间都为 0.5ms，即 P1.0 端口有 1kHz 的方波信号输出。

```
/*让定时器/计数器T0工作在方式1时产生1kHz方波信号的程序*/
#include<reg51.h>          //调用reg51.h文件对单片机各特殊功能寄存器进行地址定义
sbit Xout=P1^0;            //用位定义关键字sbit将Xout代表P1.0端口

/*以下为定时器及相关中断设置函数*/
void T0Int_S (void)        //函数名为T0Int_S，输入和输出参数均为void（空），
{
  TMOD=0x01;               //让TMOD寄存器控制T0的M1M0=01，设T0工作在方式1（16位计数器）
  TH0=(65536-500)/256;     //将定时初值的高8位放入TH0，"/"为除法运算符号
  TL0=(65536-500)%256;     //将定时初值的低8位放入TL0，"%"为相除取余数符号
  Xout=1;                  //赋P1.0端口初值为1
  EA=1;                    //让IE寄存器的EA=1，打开总中断
  ET0=1;                   //让IE寄存器的ET0=1，允许T0的中断请求
  TR0=1;                   //让TCON寄存器的TR0=1，启动T0在TH0、TL0初值基础上开始计数
}

/*以下为主程序部分*/
main()                     //main为主函数，一个程序只允许有一个主函数，其语句要写在main
                           //首尾大括号内，不管程序多复杂，单片机都会从main函数开始执行程序
{
  T0Int_S ();              //执行T0Int_S函数（定时器及相关中断设置函数）
  while(1);                //当while小括号内的条件非0(即为真)时，反复执行while语句，即程序在此处
                           //原地踏步，直到T0计到65536时产生中断请求才去执行T0Int_Z中断函数
}

/*以下T0Int_Z为定时器中断函数，用"(返回值) 函数名 (输入参数) interrupt n using m"格式
定义一个函数名T0Int_Z的中断函数，n为中断源编号，n=0~4，m为用作保护中断断点的
寄存器组，可使用4组寄存器（0~3），每组有7个寄存器（R0~R7），m=0~3，若只有
一个中断，不写"using m"，使用多个中断时，不同中断应使用不同m*/
void T0Int_Z (void)  interrupt 1 using 1  // T0Int_Z为中断函数（用interrupt定义），其返回值
                                          //和输入参数均为void(空)，并且为T0的中断函数
                                          //（中断源编号n=1），断点保护使用第1组寄存器(using 1)
{
  TH0=(65536-500)/256;     //将定时初值的高8位放入TH0，"/"为除法运算符号
  TL0=(65536-500)%256;     //将定时初值的低8位放入TL0，"%"为相除取余数符号
  Xout =~Xout;             //将P1.0端口值取反
}
```

图 7-11　定时器/计数器 T0 工作在方式 1 时产生 1kHz 方波信号的程序

　　用频率计（也可以用带频率测量功能的数字万用表）可以在 P1.0 端口测得输出方波信号的频率，用示波器则还能直观查看到输出信号的波形。由于单片机的时钟频率可能会漂移，另外程序语句执行需要一定时间，所以输出端口的实际输出信号频率与理论频率可能不完全一致，适当修改定时初值大小可使输出信号频率尽量接近需要输出的频率，输出信号频率偏低时可适当调大定时初值，这样计数时间更短就能产生溢出，从而使输出频率升高。

7.4.2　产生 50kHz 方波信号的程序及详解

　　定时器/计数器工作在方式 1 时，执行程序中的重装定时初值语句需要一定的时间，若让定时器/计数器工作在方式 1 时产生频率高的信号，则得到的高频信号频率与理论频率差

距很大。定时器/计数器工作在方式2时，一旦计数溢出，定时初值会自动重装，无需在程序中重新编写初值语句，故可以产生频率高且频率较准确的信号。

图7-12是一种让定时器/计数器T1工作在方式2时产生50kHz方波信号的程序。在程序的中断设置函数T1Int_S中，在TL1和TH1寄存器中分别设置了计数初值和重装初值，由于单片机会自动重装计数初值，故在定时器中断函数T1Int_Z中无需再编写重装初值的语句。定时器/计数器从246计到256需要10μs，然后执行定时器中断函数T1Int_Z使输出端口电平取反，即输出方波信号周期为20μs，频率为50kHz。

```
/*让定时器/计数器T1工作在方式2时产生50kHz方波信号的程序*/
#include<reg51.h>              //调用reg51.h文件对单片机各特殊功能寄存器进行地址定义
sbit Xout=P1^0;                //用位定义关键字sbit将Xout代表P1.0端口

/*以下为定时器及相关中断设置函数*/
void T1Int_S (void)            //函数名为T1Int_S，输入和输出参数均为void（空）
{
 TMOD=0x02;                    //让TMOD寄存器控制T1的M1M0=10，设T1工作在方式2（8位重装计数器）
 TH1=246;                      //在TH1寄存器中设置计数重装值
 TL1=246;                      //在TL1寄存器中装入计数初值
 Xout=1;                       //赋P1.0端口初值为1
 EA=1;                         //让IE寄存器的EA=1，打开总中断
 ET1=1;                        //让IE寄存器的ET1=1，允许T1的中断请求
 TR1=1;                        //让TCON寄存器的TR1=1，启动T1开始计数
/*以下为主程序部分*/
main()                         //main为主函数，一个程序只允许有一个主函数，其语句要写在main
                               //首尾大括号内，不管程序多复杂，单片机都会从main函数开始执行程序

{
 T1Int_S ();                   //执行T1Int_S函数（定时器及相关中断设置函数）
 while(1);                     //当while小括号内的条件非0(即为真)时，反复执行while语句，即程序在此处
                               //原地踏步，直到T1计到256时产生中断请求才去执行T1Int_Z中断函数
}

/*以下T1Int_Z为定时器中断函数，用"(返回值) 函数名 (输入参数) interrupt n using m"格式
定义一个函数名T1Int_Z的中断函数，n为中断源编号，n=0～4，m为用作保护中断断点的
寄存器组，可使用4组寄存器（0～3），每组有7个寄存器（R0～R7），m=0～3，若只有
一个中断，可不写"using m"，使用多个中断时，不同中断应使用不同m*/
void T1Int_Z (void)  interrupt 3 using 1    // T1Int_Z为中断函数(用interrupt定义)，其返回值
                               //和输入参数均为void(空)，并且为T1的中断函数
                               //(中断源编号n=3)，断点保护使用第1组寄存器(using 1)

{
 Xout =~Xout;                  //将P1.0端口值取反
}
```

图 7-12 定时器/计数器 T1 工作在方式 2 时产生 50kHz 方波信号的程序

7.4.3 产生周期为1s方波信号的程序与长延时的方法

定时器/计数器的最大计数值为65536，当单片机时钟频率为12MHz时，定时器/计数器从0计到65536产生溢出中断需要65.536ms，若采用每次计数溢出就转换一次信号电平的方法，只能产生周期最长约为131ms的方波信号，如果要产生周期更长的信号，可以让定时器/计数器溢出多次后再转换信号电平，这样就可以产生周期为（2×65.536×n）ms的方波信号，n为计数溢出的次数。

图7-13是一种让定时器/计数器T0工作在方式1时产生周期为1s方波信号的程序。该程序与图7-11程序的区别主要在于定时器中断函数的内容不同，本程序将定时器的定时初值设为（66536-50000），这样计到65536溢出需要50ms，即每隔50ms会执行一次定时器中断函数T0Int_Z，用i值计算T0Int_Z的执行次数，当第11次执行时i值变为11，if大括号内的语句执行，将i值清0，同时将输出端口值取反。也就是说，定时器/计数器执行10次（每次需要50ms）时输出端口电平不变，第11次执行时输出端口电平取反，i值变为0，又开始保持电平不变进行10次计数，结果输出端口得到1s(1000ms)的方波信号。

```
/*让定时器/计数器T0工作在方式1时产生周期为1s的方波信号的程序*/
#include<reg51.h>              //调用reg51.h文件对单片机各特殊功能寄存器进行地址定义
sbit Xout=P1^0;               //用位定义关键字sbit将Xout代表P1.0端口

/*以下为定时器及相关中断设置函数*/
void T0Int_S (void)           //函数名为T0Int_S，输入和输出参数均为void（空）
{
 TMOD=0x01;                   //让TMOD寄存器的M1M0＝01，设T0工作在方式1（16位计数器）
 TH0=(65536-50000)/256;       //将定时初值的高8位放入TH0，"/"为除法运算符号
 TL0=(65536-50000)%256;       //将定时初值的低8位放入TL0，"%"为相除取余数符号
 Xout=0;                      //赋P1.0端口初值为1
 EA=1;                        //让IE寄存器的EA=1，打开总中断
 ET0=1;                       //让IE寄存器的ET0=1，允许T0的中断请求
 TR0=1;                       //让TCON寄存器的TR0=1，启动T0在TH0、TL0初值基础上开始计数
}
/*以下为主程序部分*/
main()                        //main为主函数，一个程序只允许有一个主函数，其语句要写在main
                              //首尾大括号内，不管程序多复杂，单片机都会从main函数开始执行程序

{
 T0Int_S ();                  //执行T0Int_S函数（定时器及相关中断设置函数）
 while(1);                    //当while小括号内的条件非0（即为真）时，反复执行while语句，即程序在此处
                              //原地踏步，直到T0计到65536时产生中断请求才去执行T0Int_Z中断函数
}

/*以下T0Int_Z为定时器中断函数，用"（返回值）函数名（输入参数）interrupt n using m"格式
定义一个函数名T0Int_Z的中断函数，n为中断源编号，n=0～4，m为用作保护中断断点的
寄存器组，可使用4组寄存器（0～3），每组有7个寄存器（R0～R7），m=0～3，若只有
一个中断，可不写"using m"，使用多个中断时，不同中断应使用不同m*/
void T0Int_Z (void)  interrupt 1 using 1    // T0Int_Z为中断函数(用interrupt定义)，其返回值
                                            //和输入参数均为void(空)，并且为T0的中断函数
                                            //(中断源编号n=1)，断点保护使用第1组寄存器(using 1)
{
 unsigned int i;              //声明一个无符号(unsigned)整数型(int)变量i,i=0～65535
 TH0=(65536-50000)/256;       //将定时初值的高8位放入TH0，"/"为除法运算符号
 TL0=(65536-50000)%256;       //将定时初值的低8位放入TL0，"%"为相除取余数符号
 i++;                         //将i值增加1，T0Int_Z函数需执行11次才会使i=11
 if(i==11)                    //如果i=11，执行if大括号的语句，否则跳到大括号之后，
                              //T0Int_Z函数需执行11次才会执行if大括号内的语句
 {
  i=0;                        //将i值置0
  Xout =~Xout;                //将P1.0端口值取反
 }
}
```

图 7-13 定时器/计数器 T0 工作在方式 1 时产生周期为 1s 方波信号的程序

如果在 T0Int_Z 函数的 "Xout=~Xout;" 语句之后增加一条 "TR0=0" 语句，T0Int_Z 函数仅会执行一次，并且会让定时器/计数器 T0 停止计数，即单片机上电后，P1.0 端口输出低电平，500ms 后，P1.0 端口输出变为高电平，此后该高电平一直保持。若需要获得较长的延时，可以增大程序中的 i 值（最大取值为 65535），例如 i=60000，可以得到 50ms×60000=3000s 的定时，如果要获得更长的延时，可以将 "unsigned int i" 改成 "unsigned long int i"，这样 i 由 16 位整数型变量变成 32 位整数型变量，取值范围由 0～65535 变成 0～4294967295。

第8章　按键电路及编程

8.1　独立按键输入电路与程序详解

8.1.1　开关输入产生的抖动及软、硬件解决方法

（1）开关输入电路与开关的抖动

图 8-1（a）是一种简单的开关输入电路。在理想状态下，当按下开关 S 时，给单片机输入一个 "0"（低电平）；当 S 断开时，则给单片机输入一个 "1"（高电平）。但实际上，当按下开关 S 时，由于手的抖动，S 会断开、闭合几次，然后稳定闭合，所以按下开关时，给单片机输入的低电平不稳定，而是高、低电平变化几次（持续 10～20ms），再保持为低电平，同样在 S 弹起时也有这种情况。开关通断时产生的开关输入信号如图 8-1（b）所示。开关抖动给单片机输入不正常的信号后，可能会使单片机产生误动作，应设法消除开关的抖动。

(a) 开关输入电路　　　　　　　　(b) 开关输入信号

图 8-1　开关输入电路与开关输入信号

（2）开关输入抖动的解决方法

开关输入抖动的解决方法有硬件防抖法和软件防抖法。

① 硬件防抖　硬件防抖的方法很多，图 8-2 是两种常见的硬件防抖电路。

在图 8-2（a）中，当开关 S 断开时，+5V 电压经电阻 R 对电容 C 充电，在 C 上充得 +5V 电压，当按下开关，S 闭合时，由于开关电阻小，电容 C 通过开关迅速将两端电荷放掉，两端电压迅速降低（接近 0V），单片机输入为低电平，在按下开关时，由于手的抖动会导致开关短时断开，+5V 电压经 R 对 C 充电，但由于 R 阻值大，短时间电容 C 充电很少，电容 C 两端电压基本不变，故单片机输入仍为低电平，从而保证在开关抖动时仍可给单片机输入稳定的电平信号。图 8-2（b）所示防抖电路的工作原理可自己分析。

如果采用图 8-2 所示的防抖电路，选择 RC 的值比较关键，RC 元件的值可以用下式计算：

$$t < 0.357RC$$

图 8-2　两种常见的开关输入硬件防抖电路

因为抖动时间一般为 10～20ms，如果 R=10kΩ，那么 C 可在 2.8～5.6μF 之间选择，通常选择 3.3μF。

② 软件防抖　用硬件可以消除开关输入的抖动，但会使输入电路变复杂且成本提高，为使硬件输入电路简单和降低成本，也可以通过软件编程的方法来消除开关输入的抖动。

软件防抖的基本思路是在单片机第一次检测到开关按下或断开时，马上执行延时程序（需 10～20ms），在延时期间不接受开关产生的输入信号（此期间可能是抖动信号），经延时时间后，开关通断已稳定，单片机再检测开关的状态，这样就可以避开开关产生的抖动信号，而检测到稳定正确的开关输入信号。

8.1.2　单片机连接 8 个独立按键和 8 个 LED 的电路

图 8-3 所示的单片机连接了 8 个独立按键和 8 个发光二极管（LED），可以选择某个按键来控制 LED 的亮灭，具体由编写的程序来决定。

8.1.3　一个按键点动控制一个 LED 亮灭的程序及详解

图 8-4 是一个按键点动控制一个 LED 亮灭的程序。

（1）现象

按下单片机 P3.0 引脚的 S1 键时，P1.0 引脚的 VD1 亮，松开 S1 键时 VD1 熄灭。

（2）程序说明

按键点动控制 LED 亮灭是指当按键按下时 LED 亮，按键松开时 LED 灭。图 8-4 程序使用了选择语句"if(表达式){ 语句一 }else{ 语句二 }"，在执行该语句时，如果（if）表达式成立，则执行语句一，否则（else，即表达式不成立）执行语句二。该程序中未使用延时防抖程序，这是因为 LED 的状态直接与按键的状态对应，而 LED 亮灭变化需较长时间完成，而按键抖动产生的变化很短，对 LED 亮灭影响可忽略不计。

8.1.4　一个按键锁定控制一个 LED 亮灭的程序及详解

图 8-5 是一个按键锁定控制一个 LED 亮灭的程序。

（1）现象

按下单片机 P3.0 引脚的 S1 键时，P1.0 引脚连接的 VD1 亮，松开 S1 键后 VD1 仍亮，再按下 S1 键时 VD1 熄灭，松开 S1 键后 VD1 仍不亮，即松开按键后 LED 的状态锁定，需要再次按压按键才能切换 LED 的状态。

图 8-3　单片机连接 8 个独立按键和 8 个 LED 的电路

```
/*一个按键点动控制一个LED亮灭的程序*/
#include<reg51.h>     //调用reg51.h文件对单片机各特殊功能寄存器进行地址定义
sbit LED=P1^0;         //用位定义关键字sbit将LED代表P1.0端口，LED是自己任意
                       //定义且容易记忆的符号
sbit S1=P3^0;          //用位定义关键字sbit将S1代表P3.0端口
/*以下为主程序部分*/
void main (void)       //main为主函数，main前面的void表示函数无返回值(输出参数)，
                       //后面小括号内的void(也可不写)表示函数无输入参数，一个程序
                       //只允许有一个主函数，其语句要写在main首尾大括号内，不管
                       //程序多复杂，单片机都会从main函数开始执行程序
{                      //main函数首大括号
  LED=1;               //将P1.0端口赋值1，让P1.0引脚输出高电平
  while (1)            //while为循环控制语句，当小括号内的条件非0(即为真)时，反复
                       //执行while首尾大括号内的语句
  {                    //while语句首大括号
   if(S1!=1)           //if（意为如果）S1的反值为1，则执行LED=0，!表示取非
    {
     LED=0;            //将P1.0端口赋值0，让P1.0引脚输出低电平，点亮LED
    }
   else                //else（意为否则）执行LED=1
    {
     LED=1;            //将P1.0端口赋值1，让P1.0引脚输出高电平，熄灭LED
    }
  }                    //while语句尾大括号
}                      //main函数尾大括号
```

图 8-4　一个按键点动控制一个 LED 亮灭的程序

（2）程序说明

在图 8-5 程序中，使用了 DelalyUs（tu）和 DelalyMs（tm）两个延时函数，DelalyUs（tu）为微秒级延时函数，如果单片机的时钟晶振频率为 12MHz，其延时时间可近似用 $T=$（$tu\times2+5$）μs 计算，DelalyUs（248）延时时间约为 0.5ms，DelalyMs（tm）为毫秒级延时函数，其内部使用了两次 DelalyUs（248），其总延时时间为（$tu\times2+5$）$\times2\times tm$，当 $tu=248$、$tm=10$ 时，DelalyMs（tm）函数延时时间约为 10ms。程序中使用了"while（S1!=1）;"语句，可以使"LED=!LED"语句只有在按键释放断开时才执行，若去掉"while（S1!=1）;"语句，在按键按下期间，"LED=!LED"语句可能会执行多次，从而引起 P1.0 值不确定，按键操作结果不确定。

```
/*一个按键锁定控制一个LED亮灭的程序*/
#include<reg51.h>          //调用reg51.h文件对单片机各特殊功能寄存器进行地址定义
sbit LED=P1^0;             //用位定义关键字sbit将LED代表P1.0端口，LED是自己任意
                           //定义且容易记忆的符号
sbit S1=P3^0;             //用位定义关键字sbit将S1代表P3.0端口
void DelalyUs(unsigned char tu);  //声明一个DelalyUs（微秒级延时）函数，输入参数为unsigned
                           //（无符号）char(字符型)变量tu，tu为8位，取值范围为0~255
void DelalyMs(unsigned char tm);  //声明一个DelalyMs（毫秒级延时）函数

/*以下为主程序部分*/
void main (void)
{
 S1=1;                     //将按键输入端口P3.0赋值1
 while (1)                 //while为循环控制语句，当小括号内的条件非0(即为真)时，反复
                           //执行while大括号内的语句
 {                         //第一个while语句首大括号
  if(S1!=1)                //if（如果）S1的反值为1，表示按键按下，则执行本if大括号内的语句，
                           //如果S1的反值不为1（按键未按下），则执行本if尾大括号之后的语句
  {                        //第一个if语句首大括号
   DelalyMs(10);           //若按下按键，则执行DelalyMs函数，DelalyMs的输入参数tm被赋值10，
                           //延时10ms，在此期间内按键产生的抖动信号不影响程序
   if(S1!=1)               //再次检测按键是否按下，按下则执行本if大括号内的语句，未按下
                           //则执行本if尾大括号之后的语句
   {                       //第二个if语句首大括号
    while(S1!=1);          //检测按键的状态，按键处于闭合(S1!=1成立)则反复执行while语句，
                           //按键一旦释放断开马上执行while之后的语句
    LED=!LED;              //将P1.0端口的值取反
   }                       //第二个if语句尾大括号
  }                        //第一个if语句尾大括号
 }                         //第一while语句尾大括号
}

/*以下DelalyUs为微秒级延时函数，其输入参数为unsigned char tu（无符号字符型变量tu），
tu值为8位，取值范围 0~255，如果单片机的晶振频率为12MHz，本函数延时时间可用
T=（tu×2+5）us 近似计算，例如tu=248，T=501 μs≈0.5ms */
void DelalyUs (unsigned char tu)  //DelalyUs为微秒级延时函数，其输入参数为无符号字符型变量tu
{
 while(--tu);              //while为循环语句，每执行一次while语句，tu值就减1，
                           //直到tu值为0时才执行while尾大括号之后的语句
}

/*以下DelalyMs为毫秒级延时函数，其输入参数为unsigned char tm（无符号字符型变量tm），
该函数内部使用了两个DelalyUs（248）函数，它们共延时1002μs（约1ms），
由于tm值最大为255，故本DelalyMs函数最大延时时间为255ms，若将输入参数
定义为unsigned int tm，则最长可获得65535ms的延时时间*/
void DelalyMs(unsigned char tm)
{
 while(tm--)
 {
  DelalyUs (248);
  DelalyUs (248);
 }
}
```

图 8-5　一个按键锁定控制一个 LED 亮灭的程序

8.1.5　四路抢答器的程序及详解

图 8-6 是四路抢答器的程序。

（1）现象

按下 P3.0～P3.3 引脚的 S1～S4 中的某个按键时，P1.0～P1.3 引脚的对应 LED 会点亮，如果 S1～S4 按键均按下，最先按下的按键操作有效，按下 S5 键可以熄灭所有的 LED，重新开始下一轮抢答。

（2）程序说明

程序说明见图 8-6 的注释部分。

```
/*四路抢答器的程序*/
#include<reg51.h>        //调用reg51.h文件对单片机各特殊功能寄存器进行地址定义
sbit S1=P3^0;            //用关键字sbit将S1代表P3.0端口
sbit S2=P3^1;
sbit S3=P3^2;
sbit S4=P3^3;
sbit S5Rst=P3^4;
/*以下为主程序部分*/
main()
{
 bit Flag;             //用关键字bit将Flag定义为位变量，Flag默认初值为0
 while(!Flag)          //如果Flag的反值为1，则反复执行while大括号内的语句
  {
   if(!S1)             //如果按下S1键，让P1.0端口输出低电平，并将Flag置1
    {
     P1=0xFE;
     Flag=1;
    }
   else if(!S2)        //否则如果按下S2键，让P1.1端口输出低电平，并将Flag置1
    {
     P1=0xFD;
     Flag=1;
    }
   else if(!S3)        //否则如果按下S3键，让P1.2端口输出低电平，并将Flag置1
    {
     P1=0xFB;
     Flag=1;
    }
   else if(!S4)        //否则如果按下S4键，让P1.3端口输出低电平，并将Flag置1
    {
     P1=0xF7;
     Flag=1;
    }
  }
 while(Flag)           //检测Flag值，为1时反复执行while 大括号内的语句
  {
   Flag=S5Rst;         //将S5Rst值（P3.4端口值）赋给Flag，按下S5键时Flag=0
  }
 P1=0xFF;              //将P1端口置高电平，熄灭P1端口所有的外接灯
}
```

图 8-6 四路抢答器的程序

8.1.6 独立按键控制 LED 和 LED 数码管的单片机电路

图 8-7 为独立按键控制 LED 和 LED 数码管的单片机电路，S1～S8 按键分别接在 P3.0～P3.7 引脚与地之间，按键按下时，单片机相应的引脚输入低电平，松开按键时，相应引脚输入高电平，另外单片机的 P0 引脚和 P2.2、P2.3 引脚还通过段、位锁存器 74HC573 与 8 位共阴极数码管连接。

8.1.7 两个按键控制一位数字增、减并用 8 位数码管显示的程序及详解

图 8-8 是两个按键控制一位数字增、减并用 8 位数码管显示的程序。

（1）现象

接通电源后，8 位数码管在最低位显示一个数字"0"，每按一下增键（S1 键），数字就增 1，增到 9 后不再增大，每按一下减键（S2 键），数字就减 1，减到 0 后不再减小。

图 8-7 独立按键控制 LED 和 LED 数码管的单片电路

```
/*用两个按键分别控制8位数码管最低位数字增、减的程序*/
#include<reg51.h>              //调用reg51.h文件对单片机各特殊功能寄存器进行地址定义
sbit KeyAdd=P3^0;             //用位定义关键字sbit将KeyAdd(增键)代表P3.0端口
sbit KeyDec=P3^1;             //用位定义关键字sbit将KeyDec(减键)代表P3.1端口
#define WDM P0                //用define (宏定义) 命令将WDM代表P0, 程序中WDM和P0等同,
                             //  define与include一样, 都是预处理命令, 前面需加一个"#"
sbit DuanSuo=P2^2;           //用关键字sbit将DuanSuo代表P2.2端口
sbit WeiSuo =P2^3;           //用关键字sbit将WeiSuo代表P2.3端口
unsigned char code DMtable[]={0x3f,0x06,0x5b,       //在ROM中定义 (使用了关键字code)
                             0x4f, 0x66,0x6d,       //一个无符号字符型表格DMtable,
                             0x7d,0x07, 0x7f,0x6f}; //表格中存放着字符0~9的段码
unsigned char code WMtable[]={0xfe,0xfd,0xfb,0xf7,  //定义一个无符号字符型表格WMtable,
                             0xef,0xdf,0xbf,0x7f};  //表格依次存放8位数码管低位到高位的位码
unsigned char TData[8];       //定义一个可存放8个元素的无符号字符型一维数组(表格)TData
void DelayUs(unsigned char tu);     //声明一个DelayUs (微秒级延时)函数,输入参数为unsigned
                                   // (无符号)char(字符型)变量tu,tu为8位,取值范围 0~255
void DelayMs(unsigned char tm);     //声明一个DelayMs (毫秒级延时)函数
void Display(unsigned char ShiWei,unsigned char WeiShu);  //声明一个Display(显示)函数, 它有
                                                         //ShiWei和WeiShu两个输入参数, 均为
                                                         //无符号字符型变量

/*以下为主程序部分*/
void main (void)
{
  unsigned char num=0;      //声明一个无符号字符型变量num, num初值赋0
  KeyAdd=1;                 //将增键的输入端口置高电平
  KeyDec=1;                 //将减键的输入端口置高电平
  while (1)                 //主循环
  {
   if(!KeyAdd)              //!KeyAdd可写成KeyAdd!=1, if(如果)KeyAdd的反值为1,表示增键按下,
                           //则执行if大括号内的语句, 否则(增键未按下)执行本if尾大括号之后的语句
   {                       //第一个if语句首大括号
    DelayMs(10);           //执行DelayMs延时函数进行按键防抖, 输入参数为10时可延时约10ms
    if(!KeyAdd)            //再次检测增键是否按下, 未按下则执行本if尾大括号之后的语句
    {                     //第二个if语句首大括号
     while(!KeyAdd);      //检测增键的状态, 增键处于闭合 (!KeyAdd为1) 反复执行while语句,
                         //增键一旦释放断马上执行while之后的语句
     if(num<9)            //如果num值小于9, 则执行if大括号内的语句, 否则跳出本if语句
     {                   //第三个if语句首大括号
       num++;            //将num值加1, 每按一次增键, num值增1, num增到9时不再增大
     }                   //第三个if语句尾大括号
    }                    //第二个if语句尾大括号
   }                     //第一个if语句尾大括号

   if(!KeyDec)           //检测减键是否按下, 如果KeyDec反值为1(减键按下), 执行本if大括号内语句
   {
    DelayMs(10);         //执行DelayMs延时函数进行按键防抖, 输入参数为10时可延时约10ms
    if(!KeyDec)          //再次检测减键是否按下, 按下则执行本if大括号内语句, 否则跳出本if语句
    {
     while(!KeyDec);     //检测减键的状态, 减键处于闭合(!KeyDec为1)时反复执行while语句,
                         //减键一旦释放断马上执行while之后的语句
     if(num>0)           //如果num值大于0, 则执行本if大括号内的语句, 否则跳出本if语句
     {
       num--;            //将num值减1, 每按一次减键, num值减1, num减到0时不再减小
     }
    }
   }
   TData [0]= DMtable [num%10];   //将DMtable表格第num+1个段码传送到TData数组的第一个位置
                                 // num%10意为num除10取余数, 当num=0~9时, num%10=num
   Display(0,1);        //执行Display函数, 同时将0、1分别赋给输入参数ShiWei和WeiShu
  }
}

/*以下DelayUs为微秒级延时函数, 其输入参数为unsigned char tu (无符号字符型变量tu),
tu值为8位, 取值范围 0~255, 如果单片机的晶振频率为12MHz, 本函数延时时间可用
T= (tu×2+5) μs 近似计算, 比如tu=248, T=501 μs≈0.5ms */
void DelayUs (unsigned char tu)   //DelayUs为微秒级延时函数, 其输入参数为无符号字符型变量tu
{
  while(--tu);                    //while为循环语句, 每执行一次while语句, tu值就减1,
                                 //直到tu值为0时才执行while尾大括号之后的语句
}

/*以下DelayMs为毫秒级延时函数, 其输入参数为unsigned char tm (无符号字符型变量tm),
该函数内部使用了两个DelayUs (248)函数, 它们共延时1002μs (约1ms),
由于tm值最大为255, 故本DelayMs函数最大延时时间为255ms, 若将输入参数
定义为unsigned int tm, 则最长可获得65535ms的延时时间*/
void DelayMs(unsigned char tm)
{
  while(tm--)
  {
   DelayUs (248);
   DelayUs (248);
  }
}

/*以下为Display显示函数, 用于驱动8位数码管动态扫描显示字符, 输入参数 ShiWei 表示显示的开始位,
如ShiWei 为0表示从第一个数码管开始显示, WeiShu表示显示的位数, 如显示99两位数应让WeiShu为2 */
void Display(unsigned char ShiWei,unsigned char WeiShu)  //Display(显示)函数有两个输入参数,
                                                        //分别为无符号字符型变量
                                                        //ShiWei(开始位)和WeiShu(位数)
{
  unsigned char i;       //声明一个无符号字符型变量i
  for(i=0;i<WeiShu;i++)  //for为循环语句, 先让i=0, 再判断i<WeiShu是否成立, 成立执行for首尾
                        //大括号的语句, 执行完后执行i++将i加1, 然后又判断i<WeiShu是否成立,
                        //如此反复, 直到i<WeiShu不成立, 才跳出for语句, 若WeiShu被赋值1,
                        //for语句大括号内的语句只执行1次
  {
   WDM=WMtable[i+ShiWei];  //将WMtable表格中的第i+ShiWei +1个位码送给P0端口输出
   WeiSuo=1;              //让P2.3端口输出高电平, 开通位码锁存器, 锁存器输入变化时, 输出会随之变化
   WeiSuo=0;             //让P2.3端口输出低电平, 位码锁存器被封锁, 锁存器的输出值被锁定不变

   WDM= TData [i];       //将TData表格中的第i+1个段码送给P0端口输出
   DuanSuo=1;            //让P2.2端口输出高电平, 开通段码锁存器, 锁存器输入变化时, 输出会随之变化
   DuanSuo=0;           //让P2.2端口输出低电平, 段码锁存器被封锁, 锁存器的输出值被锁定不变

   DelayMs(2);          //执行DelayMs延时函数延时约2ms, 时间太长会闪烁, 太短造成重影
  }
}
```

图 8-8　两个按键控制一位数字增、减并用 8 位数码管显示的程序

（2）程序说明

在图8-8的程序中，有一段程序检测增键是否按下，有一段程序检测减键是否按下，每按一下增键，num 就增 1，增到 num=9 后不再增大，每按一下减键，num 值就减 1，减到 num=0后不再减小，num 值就是要显示的数字。增、减键检测程序执行后，用"TData [0]=DMtable [num%10]；"语句将 DMtable 表格第 num+1 个数字的段码传送到 TData 数组的第一个位置（num%10 意为 num 除 10 取余数，当 num=0～9 时，num%10=num），再执行"Display(0,1)；"语句，将 num 值的数字在 8 位数码管的最低位显示出来。在执行"Display(0,1)；"时，先让 P0 端口输出 0，清除上次段码显示输出；然后将 WMtable 表格中的第 1 个位码送给 P0 端口输出（i、ShiWei 均为 0，故 i+ShiWei+1=1），即让 8 位数码管的最低位显示；再将 TData数组中的第 1 个段码送给 P0 端口输出（i 为 0，故 i+1=1），即将 TData 数组的第一个元素值（来自 DMtable 表格的第 num+1 个元素的段码，也就是 num 值数字的段码）从 P0 端口输出，从而在 8 位数码管最低位将 num 值的数字显示出来。

8.1.8 两个按键控制多位数字增、减并用 8 位数码管显示的程序及详解

图 8-9 是两个按键控制多位数字增、减并用 8 位数码管显示的程序。

```
/*用两个按键分别控制8位数码管的多位数字增、减的程序*/
#include<reg51.h>
sbit KeyAdd=P3^0;
sbit KeyDec=P3^1;
#define WDM P0
sbit DuanSuo=P2^2;
sbit WeiSuo =P2^3;
unsigned char code DMtable[]={0x3f,0x06,0x5b, 0x4f, 0x66,0x6d, 0x7d,0x07, 0x7f,0x6f};
unsigned char code WMtable[]={0xfe,0xfd,0xfb,0xf7, 0xef,0xdf,0xbf,0x7f};
unsigned char TData[8];
void DelayUs(unsigned char tu);
void DelayMs(unsigned char tm);
void Display(unsigned char ShiWei,unsigned char WeiShu);
/*以下为主程序部分*/
void main (void)
{
 unsigned char num=0;
 KeyAdd=1;
 KeyDec=1;
 while (1)
 {
  if(!KeyAdd)          //检测增键是否按下
  {
   Display(0,8);        //若增键按下后执行Display函数驱动8位数码管动态显示8位（刷新），执行该函数
                        //耗时约16ms，既可以延时防抖，还能在按下增键时数码管多位仍显示，不至于因
                        //显示间断而闪烁，显示1位时此处用DelayMs(10)延时防抖
   if(!KeyAdd)          //再次检测增键是否按下
   {
    while(!KeyAdd)      //增键按下后反复执行大括号内的Display(0,8)
     {
      Display(0,8);     //执行Display(0,8)来防抖并刷新显示8位，显示1位时此处用DelayMs(10)
     }
    if(num<99)          //两位数增、减时用num<99，一位时用num<9
     {
      num++;
     }
   }
  }

  if(!KeyDec)          //检测减键是否按下
  {
   Display(0,8);        //若减键按下后执行Display函数驱动8位数码管动态显示8位（刷新），执行该函数
                        //耗时约16ms，既可以延时防抖，还能在按下减键时数码管多位仍显示，不至于因
                        //显示间断而闪烁，显示1位时此处用DelayMs(10)延时防抖
   if(!KeyDec)          //再次检测减键是否按下，按下则执行本if大括号内语句，否则跳出本if语句
   {
    while(!KeyDec)      //减键按下后反复执行大括号内的Display(0,8)
     {
      Display(0,8);     //执行Display(0,8)来防抖并刷新显示8位，显示1位时此处用DelayMs(10)
     }
    if(num>0)
     {
      num--;
     }
   }
  }
 TData[0]= DMtable [num/10];   //分解显示的多位数字，显示2位数字，如89，则89/10=8  89%10=9
 TData[1]=DMtable [num%10];    //将2位数字的高、低位数字的段码分别送到TData表格的第一、第二个位置
 Display(0,8);                 //执行Display(0,8)显示操作增键或减键之后的8位数字
```

```
}
}
/*以下DelayUs为微秒级延时函数 */
void DelayUs (unsigned char tu)
{
  while(--tu);
}
/*以下DelayMs为毫秒级延时函数 */
void DelayMs(unsigned char tm)
{
  while(tm--)
  {
    DelayUs (248);
    DelayUs (248);
  }
}
/*以下为Display显示函数 */
void Display(unsigned char ShiWei,unsigned char WeiShu)
{
unsigned char i;
for(i=0;i<WeiShu;i++)
  {
  WDM=WMtable[i+ShiWei];
  WeiSuo=1;
  WeiSuo=0;

  WDM= TData [i];
  DuanSuo=1;
  DuanSuo=0;
  DelayMs(2);
  }
}
```

图 8-9　两个按键控制多位数字增、减并用 8 位数码管显示的程序

（1）现象

接通电源后，8 位数码管最低 2 位显示数字"00"，每按一下增键（S1 键），数字就增 1，增到 99 后不再增大，每按一下减键（S2 键），数字就减 1，减到 00 后不再减小。

（2）程序说明

该程序与控制一位数字增、减的程序大部分相同，图中标有下横线的语句为不同部分。当数码管采用静态方式显示一位数字，在操作增键或减键时，即使很长时间执行不到显示函数 Display，位码、段码锁存器仍会输出先前的位码和段码，故显示的数字并不会消失，但数码管显示多位数字时采用动态扫描方式，在操作增键或减键时，如果较长时间执行不到显示函数 Display，动态显示的数字就不能及时刷新而消失。为了在操作增键或减键时数码管显示的数字不会消失，图 8-9 程序在检测到按键有操作时就会执行 Display 显示函数，该函数执行时会消耗一定的时间，这样一方面可以在按键操作时延时防抖，还会刷新数码管的显示，使操作按键时数码管显示的数字不会消失。

在显示一位数字 num 时，只要采用 num%10（除 10 取余数）语句即可，若要显示多位数字，需要对多位数进行分解，以显示两位数 89 为例，应用 89/10=8 取得十位数 8，用 89%10=9 取得个位数 9，再把这两个数字的段码存到表格不同位置，在执行显示函数时，会从表格中读取这两个数字的段码并显示在数码管不同位置上。在操作增键或减键时，num 值发生变化，数码管显示的数字随之发生变化。

8.1.9　按键长按与短按产生不同控制效果的程序及详解

单片机的端口有限且为了简化按键电路，可以对按键的长按与短按赋予不同的控制。图 8-10 是按键长按与短按产生不同控制效果的程序。

（1）现象

接通电源后，8 位数码管最低 2 位显示数字"00"，每短按一次增键（P3.0 引脚的 S1 键），数码管显示的两位数字增 1，增到 99 不再增大，每短按一次减键（P3.1 引脚的 S2 键），数

```c
/*用两个按键以长按和短按方式来控制数字快增减和慢增减的程序*/
#include<reg51.h>      //调用reg51.h文件对单片机各特殊功能寄存器进行地址定义
sbit KeyAdd=P3^0;      //用位定义关键字sbit将KeyAdd(增键)代表P3.0端口
sbit KeyDec=P3^1;
#define WDM P0          //用define(宏定义)命令将WDM代表P0,程序中WDM与P0等同,
sbit DuanSuo =P2^2;
sbit WeiSuo =P2^3;

unsigned char code DMtable[10]={0x3f,0x06,0x5b,0x4f,0x66,0x6d,0x7d,0x07,0x7f,0x6f};  //定义一个DMtable表格,
                                                                                   //存放数字0~9的段码
unsigned char code WMtable[]={0xfe,0xfd,0xfb,0xf7,0xef,0xdf,0xbf,0x7f};  //定义一个WMtable表格,
                                                                        //存放8位数码管低位到高位的位码
unsigned char TData[8];   //定义一个可存放8个元素的一维数组(表格)TData

void DelayUs(unsigned char tu);   //声明一个DelayUs(微秒级延时)函数,输入参数tu取值范围 0~255
void DelayMs(unsigned char tm);   //声明一个DelayMs(毫秒级延时)函数,输入参数tm取值范围 0~255
void Display(unsigned char ShiWei,unsigned char WeiShu);  //声明一个Display(显示)函数,两个输入参数
                                                          //ShiWei和WeiShu分别为显示的起始位和显示的位数
void T0Int_S(void);       //声明一个T0Int_S函数,用来设置定时器及相关中断

/*以下为主程序部分*/
void main (void)
{
 unsigned char num=0,keytime;   //定义两个变量num(显示的数字)和keytime(按键按压计时)
 KeyAdd=1;                       //将增键的输入端口置高电平
 KeyDec=1;                       //将减键的输入端口置高电平
 T0Int_S();                      //执行T0Int_S函数,对定时器T0及相关中断进行设置,启动T0开始计时
 while (1)                       //while小括号内数字为1(真)时,反复执行while首尾大括号内的语句
  {
  /*以下为增键长按和短按检测部分*/
  if(KeyAdd==0)   //检测增键是否按下,KeyAdd==0表示按下,执行本if大括号内的语句,否则执行本if尾大括号之后的语句
   {
   DelayMs(10);     //延时10ms以避过按键抖动
   if(KeyAdd==0)    //再次检测增键是否按下,按下则往下执行,否则执行本if尾大括号之后的语句
    {
     while(KeyAdd==0)    //当增键仍处于按下(KeyAdd==0成立)时反复执行本while大括号内的语句,每执行一次约需10ms
      {
      keytime++;         //将变量keytime值增1
      DelayMs(10);       //延时10ms
      if(keytime==200)   //如果keytime=200(keytime++执行了200次,用时2s),执行本if大括号的语句(长按执行的语句)
       {
        keytime=0;        //将keytime清0
        while(KeyAdd==0)  //若增键还处于按下(KeyAdd==0成立)状态,反复执行本while大括号内的语句
         {
          if(num<99)      //如果num<99,执行本if大括号内的语句
           {
            num++;         //将num值增1
            TData[0]=DMtable [num/10];   //分解显示的多位数字,/表示相除,%表示相除取余,比如num=89,则num/10=8,
            TData[1]=DMtable [num%10];   //num%10=9,将num高、低位数字的段码分别送到TData表格的第一、第二个位置
            DelayMs(50);                 //长按时num值变化的间隔时间为50ms,长按5s后 可让num值从00变到99
           }
         }
       }
      }
     keytime=0;     //若未达到长按时间(keytime未到200)则认为是短按,将keytime值清0,防止多次短按累加计时
     if(num<99)     //如果num<99,执行本if大括号内的语句
      {
       num++;        //将num值增1
      }
    }
   }
  /*以下为减键长按和短按检测部分*/
  if(KeyDec==0)   //检测减键是否按下,KeyDec==0表示按下,执行本if大括号内的语句,否则执行本if尾大括号之后的语句
   {
   DelayMs(10);     //延时10ms以避过按键抖动
   if(KeyDec==0)    //再次检测减键是否按下,按下则往下执行,否则执行本if尾大括号之后的语句
    {
     while(KeyDec==0)    //当减键仍处于按下时反复执行本while大括号内的语句,每执行一次约需10ms
      {
      keytime++;         //将变量keytime值增1
      DelayMs(10);       //延时10ms
      if(keytime==200)   //如果keytime=200(keytime++执行了200次,用时2s),执行本if大括号的语句(长按执行的语句)
       {
        keytime=0;        //将keytime清0
        while(KeyDec==0)  //若减键仍处于按下(KeyDec==0成立)状态,反复执行本while大括号内的语句
         {
          if(num>0)       //如果num>0,执行本if大括号内的语句
           {
            num--;         //将num值减1
            TData[0]=DMtable [num/10];   //分解显示的多位数字,/表示相除,%表示相除取余,比如num=89,则num/10=8,
            TData[1]=DMtable [num%10];   //num%10=9,将num高、低位数字的段码分别送到TData表格的第一、第二个位置
            DelayMs(50);                 //长按时num值变化的间隔时间为50ms,长按5s后 可让num值从99变到00
           }
         }
       }
      }
     keytime=0;     //若未达到长按时间则认为是短按,将keytime值清0,防止多次短按累加计时
     if(num>0)      //如果num>0,执行本if大括号内的语句
      {
       num--;        //将num值减1
      }
    }
   }
  /*以下语句将数字num分解,并从DMtable将分解的数字对应段码送给TData,Display函数从TData读取段码将数字显示出来*/
  TData[0]=DMtable [num/10];   //分解显示的多位数字,/表示相除,%表示相除取余,比如num=89,num/10=8, num%10=9
  TData[1]=DMtable [num%10];   //将num高、低位数字的段码分别送到TData表格(数组)的第一、第二个位置
                               //在此处可添加主循环中其他需要一直工作的程序
  }
}

/*以下DelayUs为微秒级延时函数,其输入参数为unsigned char tu(无符号字符型变量tu),tu值为8位,取值范围 0~255,
如果单片机的晶振频率为12MHz,本函数延时时间可用T=(tu×2+5) μs 近似计算,比如tu=248,T=501 μs≈0.5ms */
void DelayUs (unsigned char tu)   //DelayUs为微秒级延时函数,其输入参数为无符号字符型变量tu
{
 while(--tu);    //while为循环语句,每执行一次while语句,tu值就减1,直到tu值为0时才执行while尾大括号之后的语句
}
```

```
/*以下DelayMs为毫秒级延时函数，该函数内部使用了两个DelayUs(248)函数，它们共延时1002μs（约1ms），由于tm值最大为255，
故本DelayMs函数最大延时时间为255ms，若将输入参数定义为unsigned int tm，则最长可获得65535ms的延时时间*/
void DelayMs(unsigned char tm)
{
  while(tm--)
  {
   DelayUs(248);
   DelayUs(248);
  }
}

/*以下为Display显示函数，用于驱动8位数码管动态扫描显示字符，输入参数 ShiWei 表示显示的开始位，如ShiWei为0表示
从第一个数码管开始显示，WeiShu表示显示的位数，如显示99两位数应让WeiShu为2 */
void Display(unsigned char ShiWei,unsigned char WeiShu)      //Display(显示)函数有两个输入参数，
                                                            //分别为ShiWei(开始位)和WeiShu(位数)
{
  static unsigned char i;      //声明一个静态(static)无符号字符型变量i(表示显示位，0表示第1位)，静态变量占用的
                               //存储单元在程序退出前不会释放给变量使用
  WDM=WMtable[i+ShiWei];       //将WMtable表格中的第i+ShiWei+1位码送给P0端口输出
  WeiSuo=1;                    //让P2.3端口输出高电平，开通位码锁存器，锁存器输入变化时输出会随之变化
  WeiSuo=0;                    //让P2.3端口输出低电平，位码锁存器被封锁，锁存器的输出值被锁定不变

  WDM=TData[i];                //将TData表格中的第i+1个段码送给P0端口输出
  DuanSuo=1;                   //让P2.2端口输出高电平，开通段码锁存器，锁存器输入变化时输出会随之变化
  DuanSuo=0;                   //让P2.2端口输出低电平，段码锁存器被封锁，锁存器的输出值被锁定不变

  i++;                         //将i值加1，准备显示下一位数字
  if(i==WeiShu)                //如果i==WeiShu表示显示到最后一位，执行i=0
  {
    i=0;                       //将i值清0，以便从数码管的第1位开始再次显示
  }
}

/*以下为定时器及相关中断设置函数*/
void T0Int_S (void)           //函数名为T0Int_S，输入和输出参数均为void（空）
{
  TMOD=0x01;                  //让TMOD寄存器的M1M0=01，设T0工作在方式1（16位计数器）
  TH0=(65536-2000)/256;       //将定时初值的高8位放入TH0，"/"为除法运算符号
  TL0=(65536-2000)%256;       //将定时初值的低8位放入TL0，"%"为相除取余数符号
  EA=1;                       //让IE寄存器的EA=1，打开总中断
  ET0=1;                      //让IE寄存器的ET0=1，允许T0的中断请求
  TR0=1;                      //让TCON寄存器的TR0=1，启动T0在TH0、TL0初值基础上开始计数
}

/*以下T0Int_Z为定时器中断函数，用（返回值）函数名（输入参数）interrupt n using m格式定义一个函数名T0Int_Z的
中断函数，n为中断源编号，n=0～4，m为用作保护中断断点的寄存器组，可使用4组寄存器（0～3），每组有7个寄存器（R0～R7），
m=0～3，若只有一个中断，可不写"using m"，使用多个中断时，不同中断应使用不同m*/
void T0Int_Z (void)  interrupt 1      // T0Int_Z为中断函数(用interrupt定义)，并且为T0的中断函数(中断源编号n=1)
{
  TH0=(65536-2000)/256;       //将定时初值的高8位放入TH0，"/"为除法运算符号
  TL0=(65536-2000)%256;       //将定时初值的低8位放入TL0，"%"为相除取余数符号
  Display(0,8);               //执行Display显示函数，从第1位(0)开始显示，共显示8位(8)
}
```

图 8-10　按键长按与短按产生不同控制效果的程序

码管显示的两位数字减 1，减到 00 不再减小，如果长按增键（超过 2s），数码管显示的两位数快速增大，从 00 增大到 99 约需 5s（每增一次 1 需时间 0.05s），长按减键，可使数码管显示的两位数快速减小。

（2）程序说明

程序在运行时首先进入 main 函数 → 在 main 函数中执行并进入 T0Int_S() 函数 → 在 T0Int_S() 函数中对定时器 T0 及有关中断进行设置，并启动 T0 开始 2ms 计时 → 从 T0Int_S() 函数返回到 main 函数，先检测增键，若增键长按则将 num 值（要显示的数字）快速连续增 1，若增键短按则每按一次将 num 值增 1，如果增键未按下则检测减键，减键长按将 num 值快速连续减 1，减键短按则每按一次将 num 值减 1，num 值的段码送入 TData 表格。

T0 定时器每计时 2ms 就会溢出一次，触发 T0Int_Z 定时中断函数执行 → T0Int_Z 每次执行时会执行一次 Display 显示函数 → Display 函数每执行一次会从 TData 表格中读取 num 数字的一位段码，并让数码管显示出来 → Display 函数执行 8 次，就完成一次数码管由低位到高位的 8 位数字显示（本例只显示 2 位）。

总之，main 主函数进行增、减键长按和短按的检测及改变 num 值（要显示的数字），并将 num 值按位分解，将分解各位数的段码存入 TData 表格，与此同时，T0Int_Z 定时中断函数则每隔 2ms 就会执行一次，每次执行时就会执行一次 Display 函数，Display 函数会按顺序读取 TData 表格段码，将 num 值从低位到高位在 8 位数码管上显示。

8.1.10　8个独立按键控制 LED 亮灭和 LED 数码管显示的程序及详解

图 8-11 是 8 个独立按键控制 LED 亮灭和 LED 数码管显示的程序。

（1）现象

按下 P3.0 引脚的按键 S1 时，8 位数码管的第 1 位显示数字 1，以此类推，按下 P3.5 引脚的按键 S6 时，数码管的第 6 位显示 6，按下 P3.6 引脚的按键 S7 时，P1.0 引脚的 LED1 点亮，2s 后，P1.1 引脚的 LED2 点亮，按下 P3.7 引脚的按键 S8 时，数码管显示的数字全部熄灭（清屏），LED1、LED2 也熄灭。

```
/*8个按键独立输入控制数码管显示和LED亮灭的程序*/
#include<reg51.h>          //调用reg51.h文件对单片机各特殊功能寄存器进行地址定义
sbit DuanSuo=P2^2;         //用位定义关键字sbit将DuanSuo代表P2.2端口
sbit WeiSuo=P2^3;
sbit LED1=P1^0;
sbit LED2=P1^1;
#define WDM P0             //用define（宏定义）命令将WDM代表P0，程序中WDM与P0等同
#define KeyP3 P3

unsigned char code DMtable[9]={0x06,0x5b,0x4f,0x66,0x6d,0x7d,0x07,0x7f,0x6f};  //定义一个DMtable表格，
                                                                 //存放数字1~9的段码
unsigned char code WMtable[]={0xfe,0xfd,0xfb,0xf7,0xef,0xdf,0xbf,0x7f};  //定义一个WMtable表格，
                                                                 //存放8位数码管低位到高位的位码
unsigned char TData[8];    //定义一个可存放8个元素的一维数组(表格)TData

void DelayUs(unsigned char tu);     //声明一个DelayUs（微秒级延时）函数，输入参数tu取值范围 0~255
void DelayMs(unsigned char tm);     //声明一个DelayMs（毫秒级延时）函数，输入参数tm取值范围 0~65535
void Display(unsigned char ShiWei,unsigned char WeiShu);  //声明一个Display(显示)函数，两个输入参数
                                                 //ShiWei和WeiShu分别为显示的起始位和显示的位数
void T0Int_S(void);                 //声明一个T0Int_S函数，用来设置定时器及相关中断
unsigned char KeyS (void);          //声明一个KeyS（键盘检测）函数，用来检测8个按键的状态，并返回相应的键值
                                    //或执行相应语句

/*以下为主程序部分-*/
void main (void)
{
 unsigned char num,j;       //声明两个变量：num(显示的数字)和j(表格存储单元的序号)
 T0Int_S ();                //执行T0Int_S函数，对定时器T0和中断进行设置，启动T0计时
 while (1)                  //while小括号内数字为1（真）时，反复执行while首尾大括号内的语句
  {
   num=KeyS();              //将KeyS()函数的输出参数（返回值）赋给num
   if(num)                  //如果num值不是0（为真），执行本if大括号内的语句
    {
     if(num<7)             //如果n<7成立，执行本if大括号内的语句
      {
       TData[num-1]=DMtable[num-1];  //将DMtable表格第num个数据(num数字的段码)存到TData表格的第num个位置，
                                     //DMtable按顺序存放1~9的段码，DMtable[0]表示该表格的第1个位置
      }
     if(num==8)            //如果num=8成立，执行本if大括号内的语句，熄灭LED和数码管清屏
      {
       LED1=1;              //将P1.0端口置高电平，熄灭LED1
       LED2=1;              //将P1.1端口置高电平，熄灭LED2
       for(j=0;j<8;j++)     //for为循环语句，大括号内的语句执行8次，依次将TData表格第1~8个位置的数据清0，
                            //Display显示函数无从读取数字段码，数码管显示数字全部消失
        {
         TData[j]=0;        //将TData表格的第j+1个位置的数据清0
        }
      }
    }
                           //在此处可添加主循环中其他需要一直工作的程序
  }
}
/*以下DelayUs为微秒级延时函数，其输入参数为unsigned char tu（无符号字符型变量tu），tu值为8位，取值范围0~255，
如果单片机的晶振频率为12MHz，本函数延时时间可用T=（tu×2+5）μs 近似计算，比如tu=248，T=501 μs≈0.5ms */
void DelayUs (unsigned char tu)    //DelayUs为微秒级延时函数，其输入参数为无符号字符型变量tu
{
 while(--tu);   //while为循环语句，每执行一次while语句，tu值就减1，直到tu值为0时才执行while尾大括号之后的语句
}
/*以下DelayMs为毫秒级延时函数，该函数内部使用了两个DelayUs（248)函数，它们共延时1002μs（约1ms），由于tm值最大
为255，故本DelayMs函数最大延时时间为255ms，若将输入参数定义为unsigned int tm，则最长可获得65535ms的延时时间*/
void DelayMs(unsigned char tm)
{
 while(tm--)
  {
   DelayUs (248);
   DelayUs (248);
  }
}
/*以下为Display显示函数，用于驱动8位数码管动态扫描显示字符，输入参数 ShiWei 表示显示的开始位，
如ShiWei为0表示从第一个数码管开始显示，WeiShu表示显示的位数，如显示99两位数应让WeiShu为2 */
void Display(unsigned char ShiWei,unsigned char WeiShu)  // Display(显示)函数有两个输入参数，
                                                 //分别为ShiWei(开始位)和WeiShu(位数)
{
 static unsigned char i;    //声明一个静态(static)无符号字符型变量i(表示显示位，0表示第1位)，
                            //静态变量占用的存储单元在程序退出后不会释放给其他程序使用
 WDM=WMtable[i+ShiWei];     //将WMtable表格中的第i+ShiWei +1个位码送给P0端口输出
 WeiSuo=1;                  //让P2.3端口输出高电平，开通位码锁存器，锁存器输入变化时输出会随之变化
```

```
            WeiSuo=0;              //让P2.3端口输出低电平，位码锁存器被封锁，锁存器的输出值被锁定不变

          WDM=TData [i];           //将TData表格中的第i+1个段码送给P0端口输出
          DuanSuo=1;               //让P2.2端口输出高电平，开通段码锁存器，锁存器输入变化时输出会随之变化
          DuanSuo=0;               //让P2.2端口输出低电平，段码锁存器被封锁，锁存器的输出值被锁定不变

          i++;                     //将i值加1，准备显示下一位数字
          if(i==WeiShu)            //如果i=WeiShu表示显示到最后一位，执行i=0
            {
            i=0;                   //将i值清0，以便从数码管的第1位开始再次显示
            }
          }
      }

/*以下为定时器及相关中断设置函数*/
void T0Int_S (void)               //函数名为T0Int_S，输入和输出参数均为void（空）
{
      TMOD=0x01;                  //让TMOD寄存器的M1M0＝01，设T0工作在方式1（16位计数器）
      TH0=0;                      //将TH0寄存器清0
      TL0=0;                      //将TL0寄存器清0
      EA=1;                       //让IE寄存器的EA＝1，打开总中断
      ET0=1;                      //让IE寄存器的ET0＝1，允许T0的中断请求
      TR0=1;                      //让TCON寄存器的TR0＝1，启动T0在TH0、TL0初值基础上开始计数
}

/*以下T0Int_Z为定时器中断函数，用"(返回值) 函数名 (输入参数) interrupt n using m"格式定义一个函数名T0Int_Z的
中断函数，n为中断源编号，n=0~4，m用作保护中断断点的寄存器组，可使用4组寄存器（0～3），每组有7个寄存器
（R0~R7），m=0～3，若只有一个中断，可不写"using m"，使用多个中断时，不同中断应使用不同m*/
void T0Int_Z (void)  interrupt 1   //T0Int_Z为中断函数(用interrupt定义)，并且为T0的中断函数(中断源编号n=1)
{
      TH0=(65536-2000)/256;       //将定时器初值的高8位放入TH0，"/"为除法运算符号
      TL0=(65536-2000)%256;       //将定时器初值的低8位放入TL0，"%"为相除取余数符号
      Display(0.8);               //执行Display显示函数，从第1位(0)开始显示，共显示8位(8)
}

/*以下KeyS函数用作8个按键的键盘检测*/
unsigned char KeyS(void)          //KeyS函数的输入参数类型为空（void），输出参数类型为无符号字符型
{
      unsigned char keyZ;         //声明一个无符号字符型变量keyZ（表示按键值）
      if(KeyP3!=0xff)             //如果P3≠FFH成立，表示有键按下，执行本if大括号内的语句
        {
        DelayMs(10);              //执行DelayMs函数，延时10s去抖
        if(KeyP3!=0xff)           //又一次检测P3端口是否有按键按下，有则P3≠FFH成立，执行本if大括号内的语句
          {
          keyZ=KeyP3;             //将P3端口值赋给变量keyZ
          while(KeyP3!=0xff);     //再次检测P3端口的按键是否处于按下状态，处于按下(表达式成立)状态则反复执行本条语句，
                                  //一旦按键释放松开，马上往下执行
          switch(keyZ)            //switch为多分支选择语句，后面小括号内keyZ为表达式
            {
            case 0xfe:return 1;break;   //如果keyZ值与常量0xfe相等("1"键按下)，将1送给KeyS函数的输出参数，
                                        //然后跳出switch语句
            case 0xfd:return 2;break;   //如果keyZ值与常量0xfd相等("2"键按下)，将2送给KeyS函数的输出参数，
                                        //然后跳出switch语句，否则往下执行
            case 0xfb:return 3;break;
            case 0xf7:return 4;break;
            case 0xef:return 5;break;
            case 0xdf:return 6;break;
            case 0xbf:LED1=0;
                      DelayMs(2000) ;
                      LED2=0;
                      break;            //如果keyZ值与常量0xbf相等("7"键按下)，将P1.0端口置低电平，2s后将P1.1端口
                                        //置低电平，然后跳出switch语句，否则往下执行
            case 0x7f:return 8;break;
            default:return 0;break;     //如果keyZ值与所有case后面的常量均不相等，执行default之后的语句组，将0送给
                                        //KeyS函数的输出参数，然后跳出switch语句
            }
          }
        }
      return 0;        // 将0送给KeyS函数的输出参数
}
```

图 8-11　8 个独立按键控制 LED 亮灭和 LED 数码管显示的程序

（2）程序说明

　　程序运行时首先进入 main 函数→在 main 函数中执行并进入 T0Int_S() 函数→在 T0Int_S() 函数中对定时器 T0 及有关中断进行设置，并启动 T0 开始 2ms 计时→从 T0Int_S() 函数返回到 main 函数，再执行 KeyS 键盘函数→在 KeyS 函数中，用 switch 多分支选择语句检测按下哪个键，例如按下 S1 键，P3=KeyP3=keyZ=0xfe，则会将 1 送给 KeyS 函数输出参数；如果按下 S7 键，则先将 P1.0 端口置低电平，点亮 LED1，2s 后将 P1.1 端口置低电平，点亮 LED2→返回 main 函数，将 KeyS 函数输出参数赋给 num→按下 S1 键时，num=1<7，将 DMtable 表格中的第 1 个位置（即 DMtable[0]）的 1 的段码送到 TData 表格的第 1 个位置，如果按下 S8 键，会先熄灭 LED1、LED2，再按顺序依次将 TData 表格中的第 1～8 个位置的 1～6、8 的段码清 0，这样 Display 显示函数无法从 TData 表格中读到数字的段码，8 位数

码管显示的数字消失。

T0 定时器每计时 2ms 就会溢出一次，触发 T0Int_Z 定时中断函数每隔 2ms 执行一次→T0Int_Z 每次执行时会执行一次 Display 显示函数→Display 函数每执行一次会从 TData 表格中读取 num 数字的段码（来自 DMtable），并让数码管显示在对应位置上，例如按下 S2 键，num 值为 2，DMtable 表格的第 2 个位置的 2 的段码送到 TData 表格的第 2 个位置，Display 函数第 1 次执行时，i 值为 0，TData [0]（TData 的第 1 个位置）无 1 的段码，故数码管第 1 位不显示，Display 函数第 2 次执行时，i 值为 1，TData [1] 有 2 的段码，此时位码表格 WMtable 的 [i+ShiWei]=[2+0]=[2]，其送出选中数码管第 2 位的位码，故数码管第 2 位显示 2。

8.2 矩阵键盘输入电路与程序详解

8.2.1 单片机连接 16 键矩阵键盘和 8 位数码管的电路

采用独立按键输入方式时，每个按键要占用一个端口，若按键数量很多时，会占用大量端口，即独立按键输入方式不适合用在按键数量很多的场合，如果确实需要用到大量的按键输入，可用扫描检测方式的矩阵键盘输入电路。图 8-12 是单片机连接 16 键矩阵键盘和 8 位数码管的电路，能在占用了 8 个端口的情况下实现 16 键输入。

矩阵键盘扫描输入原理：单片机首先让 P1.7～P1.4 为高电平，P1.3～P1.0 为低电平，即 P1=11110000（0xf0），一旦有键按下，就会出现 P1≠11110000，单片机开始逐行检测按键，先检测第一行，让 P1.0 端口为低电平，P1 其他端口为高电平，即让 P1=11111110（0xfe），再读取 P1 的值，如果 S1 键按下，P1.7 端口的高电平被 P1.0 端口的低电平拉低，读取的 P1 值为 01111110（0x7e），单片机查询该值对应着数字 "0"（即该值为 "0" 的键码），将数字 "0" 的段码送给数码管显示出 "0"，S1 键的键值为 0（S1 键代表 0），如果第一行无任何键按下，读取的 P1=11111110（0xfe），再用同样的方法检测第二行（让 P1=11111101）、第三行（让 P1=11111011）和第四行（让 P1=11110111）。

8.2.2 矩阵键盘行列扫描方式输入及显示的程序及详解

图 8-13 是 16 键矩阵键盘行列扫描方式输入及显示的程序。

（1）现象

按下某键（如按键 S1）时，8 位数码管的第 1 位显示该键的键值（0），再按其他按键（例如按键 S11）时，数码管的第 2 位显示该键的键值（A），以此类推，当按下第 8 个按键时数码管 8 位全部显示，按第 9 个任意键时，数码管显示的 8 位字符全部消失，按第 10 个按键时数码管又从第 1 位开始显示该键键值。

（2）程序说明

程序运行时首先进入 main 函数→在 main 函数中执行并进入 T0Int_S() 函数→在 T0Int_S() 函数中对定时器 T0 及有关中断进行设置，并启动 T0 开始 2ms 计时→从 T0Int_S() 函数返回到 main 函数，执行 while 循环语句（while 首尾大括号内的语句会反复循环执行）。

在 while 主循环语句中，先执行并进入 KeyZ 函数→在 KeyZ 函数（键码转键值函数）中，switch 语句需要读取 KeyS 函数的输出参数（键码），故需执行并进入 KeyS 函数→在 KeyS

图 8-12　单片机连接 16 键矩阵键盘和 8 位数码管的电路

```
/*16键矩阵键盘行列扫描方式 输入及显示程序*/
#include<reg51.h>       //调用reg51.h文件对单片机各特殊功能寄存器进行地址定义
sbit DuanSuo=P2^2;      //用位定义关键字sbit将DuanSuo代表P2.2端口
sbit WeiSuo =P2^3;
#define WDM P0           //用define（宏定义）命令将WDM代表P0，程序中WDM与P0等同
#define KeyP1 P1

unsigned char code DMtable[]={0x3f,0x06,0x5b,0x4f,0x66,0x6d,0x7d,0x07,   //定义一个DMtable表格，依次
                             0x7f,0x6f,0x77,0x7c,0x39,0x5e,0x79,0x71};  //存放字符0～F的段码
unsigned char code WMtable[]={0xfe,0xfd,0xfb,0xf7,0xef,0xdf,0xbf,0x7f}; //定义一个WMtable表格，依次存放
                                                                       //8位数码管低位到高位的位码
unsigned char TData[8]; //定义一个可存放8个元素的一维数组(表格)TData

void DelayUs(unsigned char tu);  //声明一个DelayUs（微秒级延时）函数，输入参数tu取值范围 0～255
void DelayMs(unsigned char tm);  //声明一个DelayMs（毫秒级延时）函数，输入参数tm取值范围 0～255
void Display(unsigned char ShiWei,unsigned char WeiShu); //声明一个Display(显示)函数，两个输入参数
                                                         //ShiWei和WeiShu分别为显示的起始位和显示的位数
void T0Int_S(void);     //声明一个T0Int_S函数，用来设置定时器及相关中断
unsigned char KeyS (void); //声明一个KeyS（键盘扫描）函数，用来检测矩阵按键各按键的状态，并返回相应的键码
unsigned char KeyZ(void);  //声明一个KeyZ（键码转键值）函数，用来将键码转换成相应的键值，并返回相应的键值

/*以下为主程序部分*/
void main (void)
{
 unsigned char num,i,j;  //声明3个变量num(显示的字符)、i、j，三个变量的初值均为0
 //unsigned char Temp[8]; //定义一个可存放8个元素的一维数组(表格) Temp
 T0Int_S();              //执行T0Int_S函数，对定时器T0及相关中断进行设置，启动T0计时
 while (1)               //主循环
   {
   num=KeyZ();           //将KeyZ()函数的输出参数（返回值）赋给num
   if(num!=0xff)         //如果num≠0xff成立（即有键按下），执行本if大括号内的语句
     {
     if(i<8)             //如果i<8成立，执行本if大括号内的语句，将按键字符的段码在TData表格中依次存放
       {
       TData[i]=DMtable[num]; //将DMtable表格第num+1个数据(num字符的段码)存到TData表格的第i+1个位置
       //for(j=0;j<=i;j++)    //for为循环语句，先让j=0，判断j≤i是否成立，成立则执行大括号内语句，然后
                             //将j加1，再判断j≤i是否成立，成立又执行大括号内语句，直到j≤i不成立就跳出for语句
       //{
       //TData[i]=Temp[j];   //将Temp表格的第j+1个数据存到TData表格的第i+1个位置
       //}
       }
     i++;j++;              //将i增1
     if(i==9)              //如果i=9成立，执行本if大括号内的语句，清除8位数码管所有位的显示
       {
       i=0;               //将i置0
       for(j=0;j<8;j++)   //for为循环语句，大括号内的语句执行8次，依次将TData表格第1～8个位置的数据清0，
                          //Display显示函数无从读取字符的段码，数码管显示字符全部消失
         {
         TData[j]=0;      //将TData表格的第j+1个位置的数据清0
         }
       }
     }
     //在此处可添加主循环中其他需要一直工作的程序
   }
}

/*以下DelayUs为微秒级延时函数，其输入参数为unsigned char tu(无符号字符型变量tu)，tu值为8位，取值范围 0～255，
如果单片机的晶振频率为12MHz，本函数延时时间可用T=（tu×2+5）μs 近似计算，比如tu=248，T=501 μs≈0.5ms */
void DelayUs (unsigned char tu)  //DelayUs为微秒级延时函数，其输入参数为无符号字符型变量tu
{
 while(--tu);                   //while为循环语句，每执行一次while语句，tu值就减1，
                                //直到tu值为0时才执行while尾大括号之后的语句
}

/*以下DelayMs为毫秒级延时函数，其输入参数为unsigned char tm（无符号字符型变量tm），该函数内部使用了两个
DelayUs（248）函数，它们共延时1002μs（约1ms），由于tm值最大为255，故本DelayMs函数最大延时时间为255ms，
若将输入参数定义为unsigned int tm，则最长可获得65535ms的延时时间*/
void DelayMs(unsigned char tm)
{
 while(tm--)
   {
   DelayUs (248);
   DelayUs (248);
   }
}

/*以下为Display显示函数，用于驱动8位数码管动态扫描显示字符，输入参数 ShiWei 表示显示的开始位，如ShiWei
为0表示从第一个数码管开始显示，WeiShu表示显示的位数，如显示99两位数应让WeiShu为2 */
void Display(unsigned char ShiWei,unsigned char WeiShu)  //Display(显示)函数有两个输入参数，
                                                         //分别为ShiWei(开始位)和WeiShu(位数)
{
 static  unsigned char i;       //声明一个静态(static)无符号字符型变量i(表示显示位，0表示第1位)，
                                //静态变量占用的存储单元在程序退出前不会释放给变量使用
 WDM=WMtable[i+ShiWei]; //将WMtable表格中的第i+ShiWei +1位码送给P0端口输出
 WeiSuo=1;              //让P2.3端口输出高电平，开通位码锁存器，锁存器输入变化时输出会随之变化
 WeiSuo=0;              //让P2.3端口输出低电平，位码锁存器被封锁，锁存器的输出值被锁定不变

 WDM=TData[i];          //将TData表格中的第i+1个段码送给P0端口输出
 DuanSuo=1;             //让P2.2端口输出高电平，开通段码锁存器，锁存器输入变化时输出会随之变化
 DuanSuo=0;             //让P2.2端口输出低电平，段码锁存器被封锁，锁存器的输出值被锁定不变

 i++;                   //将i值加1，准备显示下一位数字
 if(i== WeiShu)         //如果i= WeiShu表示显示到最后一位，执行i=0
   {
   i=0;                 //将i值清0，以便从数码管的第1位开始再次显示
   }
}

/*以下为定时器及相关中断设置函数*/
void T0Int_S (void)     //函数名为T0Int_S，输入和输出参数均为void（空）
```

```
{
 TMOD=0x01;                      //让TMOD寄存器的M1M0＝01，设T0工作在方式1（16位计数器）
 TH0=0;                          //将TH0寄存器清0
 TL0=0;                          //将TL0寄存器清0
 EA=1;                           //让IE寄存器的EA=1，打开总中断
 ET0=1;                          //让IE寄存器的ET0=1，允许T0的中断请求
 TR0=1;                          //让TCON寄存器的TR0=1，启动T0在TH0、TL0初值基础上开始计数
}

/*以下T0Int_Z为定时器中断函数，用"(返回值)函数名（输入参数）interrupt n using m"格式定义一个函数名为
T0Int_Z的中断函数，n为中断源编号，n=0～4，m为用作保护中断断点的寄存器组，可使用4组寄存器（0～3），每组
有7个寄存器（R0～R7），m=0～3，若只有一个中断，可不写"using m"，使用多个中断时，不同中断应使用不同m*/
void T0Int_Z (void)  interrupt 1    // T0Int_Z为中断函数(用interrupt定义)，并且为T0的中断函数
                                    //(中断源编号n=1)
{
 TH0=(65536-2000)/256;           //将定时初值的高8位放入TH0，"/"为除法运算符号
 TL0=(65536-2000)%256;           //将定时初值的低8位放入TL0，"%"为相除取余数符号
 Display(0,8);                   //执行Display显示函数，从第1位(0)开始显示，共显示8位(8)
}

/*以下KeyS函数用来检测矩阵键盘的16个按键，其输出参数得到按下的按键的编码值*/
unsigned char KeyS(void)  //KeyS函数的输入参数为空，输出参数为无符号字符型变量
{
 unsigned char KeyM;        //声明一个变量KeyM，用于存放按键的编码值
 KeyP1=0xf0;                //让P1端口的高4位置高电平，低4位拉低电平
 if(KeyP1!=0xf0)            //如果P1≠0xf0成立，表示有按键按下，执行本if大括号内的语句
   {
   DelayMs(10);            //延时10ms去抖
   if(KeyP1!=0xf0)         //再次检测按键是否按下，按下则执行本if大括号内的语句
     {
     KeyP1=0xfe;           //让P1=0xfe，即让P1.0端口为低电平（P1其他端口为高电平），检测第一行按键
     if(KeyP1!=0xfe)       //如果P1≠0xfe成立（比如P1.7与P1.0之间的按键S1按下时，P1.7被P1.0拉低，KeyP1=0x7e)
                           //表示第一行有按键按下，执行本if大括号内的语句
       {
       KeyM=KeyP1;         //将P1端口值赋给变量KeyM
       DelayMs(10);        //延时10ms去抖
       while(KeyP1!=0xfe); //若P1≠0xfe成立则反复执行本条语句，一旦按键释放，P1≠0xfe(P1≠0xfe不成立)
                           //则往下执行
       return KeyM;        //将变量KeyM的值送给KeyS函数的输出参数，如按下P1.6与P1.0的按键时，
                           //KeyM=KeyP1=0xbe
       }
     KeyP1=0xfd;           //让P1=0xfd，即让P1.1端口为低电平（P1其他端口为高电平），检测第二行按键
     if(KeyP1!=0xfd)
       {
       KeyM=KeyP1;
       DelayMs(10);
       while(KeyP1!=0xfd);
       return KeyM;
       }
     KeyP1=0xfb;           //让P1=0xfb，即让P1.2端口为低电平（P1其他端口为高电平），检测第三行按键
     if(KeyP1!=0xfb)
       {
       KeyM=KeyP1;
       DelayMs(10);
       while(KeyP1!=0xfb);
       return KeyM;
       }
     KeyP1=0xf7;           //让P1=0xf7，即让P1.3端口为低电平（P1其他端口为高电平），检测第四行按键
     if(KeyP1!=0xf7)
       {
       KeyM=KeyP1; ;
       DelayMs(10);
       while(KeyP1!=0xf7);
       return KeyM;
       }
     }
   }
 return 0xff;              //如果无任何键按下，将0xff送给KeyS函数的输出参数
}

/* 以下KeyZ函数用于将键码转换成相应的键值，其输出参数得到按下的按键键值*/
unsigned char KeyZ(void)   //KeyZ函数的输入参数为空，输出参数为无符号字符型变量
{
 switch(KeyS())  // switch为多分支选择语句，以KeyS()函数的输出参数（按下的按键的编码值）作为选择依据
   {
   case 0x7e:return 0;break;   //如果KeyS()函数的输出参数与常量0x7e(0的键码)相等，将0送给KeyZ函数的输出参数，
                               //然后跳出switch语句，否则往下执行
   case 0x7d:return 1;break;   //如果KeyS()函数的输出参数与常量0x7d(1的键码)相等，将1送给KeyZ函数的输出参数，
                               //然后跳出switch语句，否则往下执行
   case 0x7b:return 2;break;
   case 0x77:return 3;break;
   case 0xbe:return 4;break;
   case 0xbd:return 5;break;
   case 0xbb:return 6;break;
   case 0xb7:return 7;break;
   case 0xde:return 8;break;
   case 0xdd:return 9;break;
   case 0xdb:return 10;break;
   case 0xd7:return 11;break;
   case 0xee:return 12;break;
   case 0xed:return 13;break;
   case 0xeb:return 14;break;
   case 0xe7:return 15;break;
   default:return 0xff;break;  //如果KeyS()函数的输出参数与所有case后面的常量均不相等，执行default
                               //之后的语句组，将0xff送给KeyS函数的输出参数，然后跳出switch语句
   }
}
```

图8-13 16键矩阵键盘行列扫描方式输入及显示程序

函数中，检测矩阵键盘按下的按键，得到该键的键码→返回到 KeyZ 函数→在 KeyZ 函数中，switch 语句以从 KeyS 函数的输出参数读取的键码作为依据，找到其对应的键值赋给 KeyZ 函数的输出参数→程序返回到主程序的 while 语句→将 KeyZ 函数的输出参数（按键的键值）赋给变量 num→如果未按下任何键，num 值将为 0xff，第一个 if 语句不会执行，其内嵌的两个 if 语句和 for 语句也不会执行→若按下某键，例如按下 S7 键（键值为 6），num 值为 6，num≠0xff 成立→第一个 if 语句执行，由于 i 的初始值为 0，i<8 成立，第二个 if 语句也执行，先将 DMtable 表格第 7 个位置的段码（DMtable[6]，该位置存放着"6"的段码）存到 TData 表格的第 1 个位置（TData [0]）→执行 i++，i 由 0 变成 1→如果按下第 2 个按键 S11（键值为 A），num 值为 A，num≠0xff 和 i<8 成立，第一个 if 语句及内嵌的第二个 if 语句先后执行→在第二个 if 语句中，先将 DMtable 表格第 11 个位置的段码（DMtable[10]，该位置存放着"A"的段码）存到 TData 表格的第 2 个位置（TData [1]）→执行 i++，i 由 1 变成 2，以后过程相同→当按下第 8 个按键，该键的字符段码存放到第 8 个位置（TData [7]），再执行 i++，i 由 7 变成 8→如果按下第 9 个按键，i<8 不成立，第二个 if 语句不会执行，i++ 又执行一次，i 由 8 变成 9→i=9 成立，第三个 if 语句和内嵌的 for 语句先后执行→for 语句会执行 8 次，从低到高将 TData 表格的第 1~8 位置的数据（按键字符的段码）清 0，数码管显示的 8 个字符会消失（数码管清屏）→再执行 i=0，将 i 值清 0，这样按第 10 个按键时，又从数码管的第 1 位开始显示。

在主程序中执行 T0Int_S() 函数对定时器 T0 及有关中断进行设置，并启动 T0 开始 2ms 计时后，T0 定时器每计时 2ms 就会溢出一次，触发 T0Int_Z 定时中断函数每隔 2ms 执行一次→T0Int_Z 每次执行时会执行一次 Display 显示函数→Display 函数第一次执行时，其静态变量 i=0（与主程序中变量 i 不是同一个变量），Display 函数从 WMtable 表格读取第 1 位位码（WMtable[i+ShiWei]=WMtable[0]），从 TData 表格读取第 1 个位置的段码（TData[i]=TData[0]），并通过 P0 端口先后发送到位码和段码锁存器，驱动 8 位数码管第 1 位显示字符→Display 函数第二次执行时，其静态变量 i=1，Display 函数从 WMtable 表格读取第 2 位位码，从 TData 表格读取第 2 个位置的段码，再通过 P0 端口先后发送到位码和段码锁存器，驱动 8 位数码管第 2 位显示字符，后面 6 位显示过程与此相同。

T0Int_S() 中断设置函数、T0Int_Z 中断函数和 Display 显示函数用于将按键字符显示出来，Display 函数是由定时器中断触发运行的，每隔一定的时间（2ms）执行一次（执行一次显示 1 位），由低到高逐个读取 TData 表格中的字符段码并驱动数码管显示出来。主程序、KeyS 键盘检测函数和 KeyZ 键码转键值函数负责检测按键、获得键值，再将按键键值（按键代表的字符）的段码送入 TData 表格，Display 函数每隔 2ms 从 TData 表格读取字符段码并显示出来。主程序与 Display 函数是并列关系，两者都独立运行，TData 表格是两者的关联点，前者根据按键改变 TData 表格中的数据，Display 函数则每隔一定时间从 TData 表格读取数据并显示出来。

8.2.3 中断触发键盘行列扫描的矩阵键盘输入及显示电路与程序详解

对于如图 8-13 所示的普通矩阵键盘行列扫描输入方式，在主程序的 while 主循环中，每循环一次都需要进入并执行 KeyS 键盘检测函数和 KeyZ 键码转键值函数，这样会浪费 CPU 的时间，降低其工作效率。采用中断方式的矩阵键盘行列扫描输入，可以在未按下按键时让 CPU 不执行 KeyS 和 KeyZ 函数，全力去执行主程序其他语句，一旦按下按键触发中断，CPU 才去执行 KeyS 和 KeyZ 函数检测按键。

（1）电路

图 8-14 为中断方式的矩阵键盘行列扫描的输入及显示电路（显示电路部分与图 8-12 电路相同，本图略），它在图 8-12 的基础上增加了 4 个二极管，并与单片机的 INT0（外部中断 0）端连接。在工作时，单片机让 P1.7～P1.4 为高电平，P1.3～P1.0 为低电平，即 P1=11110000（0xf0），当按下 S1～S16 中任何一个按键时，VD1～VD4 中有一个二极管会导通，使 INT0 端由高电平变为低电平（下降沿），从而触发 INT0 中断函数，该中断函数则让主程序进入并执行键盘检测函数（未按按键时主程序不会执行键盘检测函数）。

图 8-14 中断方式的矩阵键盘行列扫描的输入及显示电路（显示电路部分略）

（2）程序及详解

图 8-15 为中断触发键盘行列扫描的矩阵键盘输入及显示程序。

① 现象 按下某键（如按键 S1）时，8 位数码管的第一位显示该键的键值（0），再按其他按键（例如按键 S11）时，数码管的第二位显示该键的键值（A），以此类推，当按下第八个按键时数码管 8 位全部显示，按第九个任意键时，数码管显示的 8 位字符全部消失，按第十个按键时数码管又从第一位开始显示该键键值。

```
/*中断触发键盘行列扫描的矩阵键盘输入及显示程序*/
#include<reg51.h>          //调用reg51.h文件对单片机各特殊功能寄存器进行地址定义
sbit DuanSuo=P2^2;         //用位定义关键字sbit将DuanSuo代表P2.2端口
sbit WeiSuo =P2^3;
bit KeyFlag;               //用关键字bit将KeyFlag定义为位变量，KeyFlag默认初值为0
#define WDM P0             //用define（宏定义）命令将WDM代表P0，程序中WDM与P0等同
#define KeyP1 P1

unsigned char code DMtable[]={0x3f,0x06,0x5b,0x4f,0x66,0x6d,0x7d,0x07,   //定义一个DMtable表格，依次
                             0x7f,0x6f,0x77,0x7c,0x39,0x5e,0x79,0x71};  //存放字符0~F的段码
unsigned char code WMtable[]={0xfe,0xfd,0xfb,0xf7,0xef,0xdf,0xbf,0x7f}; //定义一个WMtable表格，依次存放
                                                                        //8位数码管低位到高位的位码
unsigned char TData[8]; //定义一个可存放8个元素的一维数组(表格)TData

void DelayUs(unsigned char tu); //声明一个DelayUs（微秒级延时）函数，输入参数tu取值范围 0~255
void DelayMs(unsigned char tm); //声明一个DelayMs（毫秒级延时）函数，输入参数tm取值范围 0~255
void Display(unsigned char ShiWei,unsigned char WeiShu); //声明一个Display（显示）函数，两个输入参数
                                        //ShiWei和WeiShu分别为显示的起始位和显示的位数
void T0Int_S(void);             //声明一个T0Int_S函数，用来设置定时器及相关中断
unsigned char KeyS (void);      //声明一个KeyS（键盘扫描）函数，用来检测矩阵按键各按键的状态，并返回相应的键码
unsigned char KeyZ(void);       //声明一个KeyZ（键码转键值）函数，用来将键码转换成相应的键值，并返回相应的键值
void INT0_S(void);              //声明一个INT0_S函数，用来设置外部中断0（INT0），

/*以下为主程序部分*/
void main (void)
{
 unsigned char num,i,j;    //声明3个变量num(显示的字符)、i、j
 T0Int_S();               //执行T0Int_S函数，对定时器T0及相关中断进行设置，启动T0计时
 INT0_S();                //执行INT0_S函数，设置外部中断0的请求方式并打开该中断
 while (1)                //主循环
   {
    KeyP1=0xf0;            //将P1端口的高4位置高电平，低4位拉低电平
    if(KeyFlag==1)        //如果KeyFlag=1成立(KeyFlag由INT0_Z中断函数置1)，执行本if大括号内的语句
      {
       KeyFlag=0;         //将KeyFlag（按键按下标志）置0
       num=KeyZ();        //将KeyZ函数的输出参数值赋给num
       if(num!=0xff)      //如果num≠0xff成立（即有键按下），执行本if大括号内的语句
         {
          if(i<8)         //如果i<8成立，执行本if大括号内的语句
            {
             TData[i]=DMtable[num]; //将DMtable表格第num+1个数据(num字符的段码)存到TData表格的第i+1个位置
            }
          i++;            //将i增1
          if(i==9)        //如果i=9成立，执行本if大括号内的语句，清除8位数码管所有位的显示
            {
             i=0;         //将i置0
             for(j=0;j<8;j++) //for为循环语句，大括号内的语句执行8次，依次将TData表格第1~8个位置的数据清0，
               {          //Display显示函数无从读取字符的段码，数码管显示字符全部消失
                TData[j]=0; //将TData表格的第j+1个位置的数据清0
               }
            }
         }
      }
                 //在此处可添加主循环中其他需要一直工作的程序
   }
}

/*以下DelayUs为微秒级延时函数，其输入参数为unsigned char tu(无符号字符型变量tu)，tu值为8位，取值范围 0~255，
如果单片机的晶振频率为12MHz，本函数延时时间可用T=（tux2+5）μs 近似计算，比如tu=248，T=501 μs≈0.5ms */
void DelayUs (unsigned char tu)  //DelayUs为微秒级延时函数，其输入参数为无符号字符型变量tu
 {
  while(--tu);                   //while为循环语句，每执行一次while语句，tu值就减1，
                                 //直到tu值为0时才执行while尾大括号之后的语句
 }

/*以下DelayMs为毫秒级延时函数，其输入参数为unsigned char tm（无符号字符型变量tm），该函数内部使用了两个
DelayUs (248)函数，它们共延时1002μs（约1ms），由于tm值最大为255，故本DelayMs函数最大延时时间为255ms，
若将输入参数定义为unsigned int tm，则最长可获得65535ms的延时时间*/
void DelayMs(unsigned char tm)
 {
  while(tm--)
    {
     DelayUs (248);
     DelayUs (248);
    }
 }

/*以下为Display显示函数，用于驱动8位数码管动态扫描显示字符，输入参数 ShiWei 表示显示的开始位，如ShiWei
为0表示从第一个数码管开始显示，WeiShu表示显示的位数，如显示99两位数应让WeiShu为2 */
void Display(unsigned char ShiWei,unsigned char WeiShu)  //Display(显示)函数有两个输入参数，
                                                         //分别为ShiWei(开始位)和WeiShu(位数)
  {
   static  unsigned char i;     //声明一个静态(static)无符号字符型变量i(表示显示位，0表示第1位)，
                                //静态变量占用的存储单元在程序退出前不会释放给其他变量使用
   WDM=WMtable[i+ShiWei];       //将WMtable表格中的第i+ShiWei +1个位码送给P0端口输出
   WeiSuo=1;                    //让P2.3端口输出高电平，开通位码锁存器，锁存器输入变化时输出会随之变化
   WeiSuo=0;                    //让P2.3端口输出低电平，位码锁存器被封锁，锁存器的输出值被锁定不变

   WDM=TData [i];               //将TData表格中的第i+1个段码送给P0端口输出
   DuanSuo=1;                   //让P2.2端口输出高电平，开通段码锁存器，锁存器输入变化时输出会随之变化
   DuanSuo=0;                   //让P2.2端口输出低电平，段码锁存器被封锁，锁存器的输出值被锁定不变

   i++;                         //将i值加1，准备显示下一位数字
   if(i==WeiShu)                //如果i= WeiShu表示显示到最后一位，执行i=0
     {
      i=0;                      //将i值清0，以便从数码管的第1位开始再次显示
     }
  }
```

```
/*以下T0Int_S为定时器及相关中断设置函数*/
void T0Int_S (void)           //函数名为T0Int_S，输入和输出参数均为void（空）
{
 TMOD=0x01;                   //让TMOD寄存器的M1M0＝01，设T0工作在方式1（16位计数器）
 TH0=0;                       //将TH0寄存器清0
 TL0=0;                       //将TL0寄存器清0
 EA=1;                        //让IE寄存器的EA＝1，打开总中断
 ET0=1;                       //让IE寄存器的ET0＝1，允许T0的中断请求
 TR0=1;                       //让TCON寄存器的TR0＝1，启动T0在TH0、TL0初值基础上开始计数
}

/*以下T0Int_Z为定时器中断函数，用"(返回值) 函数名 (输入参数) interrupt n using m"格式定义一个函数名为
T0Int_Z的中断函数，n为中断源编号，n=0～4，m为用作保护中断点的寄存器组，可使用4组寄存器（0～3），每组
有7个寄存器（R0～R7），m=0～3，若只有一个中断，可不写"using m"，使用多个中断时，不同中断应使用不同m*/
void T0Int_Z (void) interrupt 1   //T0Int_Z为中断函数(用interrupt定义)，并且为T0的中断函数
{                                 //(中断源编号n=1)
 TH0=(65536-2000)/256;        //将定时初值的高8位放入TH0，"/"为除法运算符号
 TL0=(65536-2000)%256;        //将定时初值的低8位放入TL0，"%"为相除取余数符号
 Display(0,8);                //执行Display显示函数，从第1位(0)开始显示，共显示8位(8)
}

/*以下KeyS函数用来检测矩阵键盘的16个按键，其输出参数得到按下的按键的编码值*/
unsigned char KeyS(void)      //KeyS函数的输入参数为空，输出参数为无符号字符型变量
{
 unsigned char KeyM;          //声明一个变量KeyM，用于存放按键的编码值
 KeyP1=0xf0;                  //将P1端口的高4位置高电平，低4位拉低电平
 if(KeyP1!=0xf0)              //如果P1≠0xf0成立，表示有按键按下，执行本if大括号内的语句
 {
  DelayMs(10);                //延时10ms去抖
  if(KeyP1!=0xf0)             //再次检测按键是否按下，按下则执行本if大括号内的语句
  {
   KeyP1=0xfe;                //让P1=0xfe，即让P1.0端口为低电平（P1其他端口为高电平），检测第一行按键
   if(KeyP1!=0xfe)            //如果P1≠0xfe成立（比如P1.7与P1.0之间的按键S1按下时，P1.7被P1.0拉低，KeyP1=0x7e）
                             //表示第一行有按键按下，执行本if大括号内的语句
   {
    KeyM=KeyP1;               //将P1端口值赋给变量KeyM
    DelayMs(10);              //延时10ms去抖
    while(KeyP1!=0xfe);       //若P1≠0xfe成立则反复执行本条语句，一旦按键释放，P1=0xfe(P1≠0xfe不成立)
                             //则往下执行
    return KeyM;              //将变量KeyM的值送给KeyS函数的输出参数，如按下P1.6与P1.0之间的按键时，
                             //KeyM=KeyP1=0xbe
   }
   KeyP1=0xfd;                //让P1=0xfd，即让P1.1端口为低电平（P1其他端口为高电平），检测第二行按键
   if(KeyP1!=0xfd)
   {
    KeyM=KeyP1;
    DelayMs(10);
    while(KeyP1!=0xfd);
    return KeyM;
   }
   KeyP1=0xfb;                //让P1=0xfb，即让P1.2端口为低电平（P1其他端口为高电平），检测第三行按键
   if(KeyP1!=0xfb)
   {
    KeyM=KeyP1;
    DelayMs(10);
    while(KeyP1!=0xfb);
    return KeyM;
   }
   KeyP1=0xf7;                //让P1=0xf7，即让P1.3端口为低电平（P1其他端口为高电平），检测第四行按键
   if(KeyP1!=0xf7)
   {
    KeyM=KeyP1; ;
    DelayMs(10);
    while(KeyP1!=0xf7);
    return KeyM;
   }
  }
 }
 return 0xff;    //如果无任何键按下，将0xff送给KeyS函数的输出参数
}

/* 以下KeyZ函数用于将键码转换成相应的键值，其输出参数得到按下的按键键值*/
unsigned char KeyZ(void)      //KeyZ函数的输入参数为空，输出参数为无符号字符型变量
{
 switch(KeyS())    //switch为多分支选择语句，以KeyS()函数的输出参数(按下的按键的编码值)作为选择依据
 {
  case 0x7e:return 0;break;    //如果KeyS()函数的输出参数与常量0x7e(0的键码)相等，将0送给KeyZ函数的输出参数，
                              //然后跳出switch语句，否则往下执行
  case 0x7d:return 1;break;    //如果KeyS()函数的输出参数与常量0x7d(1的键码)相等，将1送给KeyZ函数的输出参数，
                              //然后跳出switch语句，否则往下执行
  case 0x7b:return 2;break;
  case 0x77:return 3;break;
  case 0xbe:return 4;break;
  case 0xbd:return 5;break;
  case 0xbb:return 6;break;
  case 0xb7:return 7;break;
  case 0xde:return 8;break;
  case 0xdd:return 9;break;
  case 0xdb:return 10;break;
  case 0xd7:return 11;break;
  case 0xee:return 12;break;
  case 0xed:return 13;break;
  case 0xeb:return 14;break;
  case 0xe7:return 15;break;
  default:return 0xff;break;   //如果KeyS()函数的输出参数与所有case后面的常量均不相等，执行default
                              //之后的语句组，将0xff送给KeyZ函数的输出参数，然后跳出switch语句
 }
}
```

图 8-15

```
/* 以下INT0_S为中断设置函数，用来对外部中断0（INT0）进行设置*/
void INT0_S(void)
{
  EA=1;              //让IE寄存器的EA位为1，开启总中断
  EX0=1;             //让IE寄存器的EX0位为1，开启INT0中断
  IT0=1;             //让TCON寄存器IT0位为1，设INT0中断请求为下降沿触发有效
}

/* 以下INT0_Z为中断函数(中断子程序)，当INT0端(P3.2脚)有下降沿输入时，触发INT0_Z中断函数执行，
将有键按下标志位KeyFlag变量置1 */
void INT0_Z(void) interrupt 0      //用关键字interrupt将INT0_Z设为中断函数，并且为外部中断0的函数
{                                  //(中断源编号n=0)
  KeyFlag=1;    //将有键按下标志位KeyFlag变量置1
}
```

图 8-15　中断触发键盘行列扫描的矩阵键盘输入及显示程序

② 程序说明　程序运行时首先进入 main 函数→在 main 函数中执行并进入 T0Int_S() 函数→在 T0Int_S() 函数中对定时器 T0 及有关中断进行设置，并启动 T0 开始 2ms 计时→从 T0Int_S() 函数返回到 main 函数→执行并进入 INT0_S 函数→在 INT0_S 函数中设置外部中断 0（INT0）的请求方式并打开 INT0 中断→从 INT0_S 函数返回到 main 函数→执行 while 循环语句（while 首尾大括号内的语句会反复循环执行）→在 while 主循环语句中，先让 P1=11110000（0xf0）→再执行第一个 if 语句，检查位变量 KeyFlag 是否为 1，如果未按下任何键，KeyFlag=1 不成立，跳出第一个 if 语句（其首尾大括号内部的 3 个 if 语句和 1 个 for 语句都不会执行），去执行该 if 语句尾大括号之后的内容（本程序未写）→返回前面执行 while 语句的首条语句（KeyP1=0xf0），如此反复循环。

如果按下某个按键，例如按下 S3 键，单片机 INT0 端（P3.2 引脚）由高电平变成低电平，即 INT0 端输入一个下降沿，触发 INT0 中断→ INT0_Z 中断函数 (中断子程序) 执行，将 KeyFlag 置 1 →主程序中的第一个 if 语句的条件 KeyFlag=1 成立，该 if 语句首尾大括号内的内容执行→先将 KeyFlag 复位清 0 →再执行并进入 KeyZ 函数→在 KeyZ 函数（键码转键值函数）中，switch 语句需要读取 KeyS 函数的输出参数（键码），故需执行并进入 KeyS 函数→在 KeyS 函数中，检测矩阵键盘按下的按键，得到该键的键码→返回到 KeyZ 函数→在 KeyZ 函数中，switch 语句以从 KeyS 函数的输出参数读取的键码作为依据，找到与其对应的键码赋给 KeyZ 函数的输出参数→程序返回到主程序的 while 语句→将 KeyZ 函数的输出参数（按键的键值）赋给变量 num →如果未按下任何键，num 值将为 0xff，第二个 if 语句不会执行，其内嵌的两个 if 语句和 for 语句也不会执行→若按下某键，例如按下 S3 键（键值为 2），num 值为 2，num ≠ 0xff 成立→第二个 if 语句执行，由于 i 的初始值为 0，i<8 成立，第三个 if 语句也执行，将 DMtable 表格第三个位置的段码（DMtable[2]，该位置存放着"2"的段码）存到 TData 表格的第一个位置（TData [0]）→执行 i++，i 由 0 变成 1。

如果按下第二个按键，会再次触发 INT0 中断，INT0_Z 中断函数 (中断子程序) 又执行，将 KeyFlag 置 1 →主程序中的第一个 if 语句执行→ KeyZ 函数和 KeyS 函数先后执行，例如第二个按下的是 S11（键值为 A），num 值为 A，num ≠ 0xff 和 i<8 成立，第二个 if 语句及第三个 if 语句先后执行→在第三个 if 语句中，将 DMtable 表格第十一个位置的段码（DMtable[10]，该位置存放着"A"的段码）存到 TData 表格的第二个位置（TData [1]）→执行 i++，i 由 1 变成 2，以后过程相同→当按下第八个按键，该键的字符段码存放到第八个位置（TData [7]），再执行 i++，i 由 7 变成 8 →如果按下第九个按键，i<8 不成立，第三个 if 语句不会执行，i++ 又执行一次，i 由 8 变成 9 → i=9 成立，第四个 if 语句和内嵌的 for 语句先后执行→ for 语句会执行 8 次，从低到高将 TData 表格的第 1～8 位置的数据（按键字

符的段码）清 0，数码管显示的 8 个字符会消失（数码管清屏）→再执行 i=0，将 i 值清 0，这样按第十个按键时，又从数码管的第一位开始显示。

在主程序中执行 T0Int_S() 函数对定时器 T0 及有关中断进行设置，并启动 T0 开始 2ms 计时后，T0 定时器每计时 2ms 就会溢出一次，触发 T0Int_Z 定时中断函数（中断子程序）每隔 2ms 执行一次→ Display 显示函数每隔 2ms 执行一次，第一次执行时读取 TData 表格第一个位置数据（字符的段码），再从 P1 端口先后发出数码管第一位的位码和第一位要显示字符的段码，让数码管第一位显示出字符→ 2ms 后 Display 显示函数再次执行，用同样方法让数码管第二位显示 TData 表格第二个位置的段码代表的字符，后续位工作原理与此相同。

8.2.4　矩阵键盘密码锁的程序及详解

图 8-16 是矩阵键盘密码锁的程序。

（1）现象

用矩阵键盘输入 8 位密码，8 位数码管会由低到高显示 8 位密码字符，按下第九个任意键时，数码管显示的密码字符消失，如果输入的 8 位密码正确（本程序的密码为 12345678，可在程序的 Password 表格中更改密码），数码管显示"OPEN"，若输入的密码错误，数码管显示"Err"。密码可重复输入，无次数限制。

（2）程序说明

程序运行时首先进入 main 函数→在 main 函数中执行并进入 T0Int_S() 函数→在 T0Int_S() 函数中对定时器 T0 及有关中断进行设置，并启动 T0 开始 2ms 计时→从 T0Int_S() 函数返回到 main 函数，执行 while 循环语句（while 首尾大括号内的语句会反复循环执行）。

在 while 主循环语句中，将 KeyZ 函数的输出参数（按键的键值字符）赋给变量 num →如果未按下任何键，num 值将为 0xff，第一个 if 语句不会执行，其首尾大括号内的语句也不会执行→若按下 S2 键（键值为 1）输入第一位密码值"1"，num 值为 1，num ≠ 0xff 成立→第一个 if 语句执行，由于 i 的初始值为 0，i=0 成立，第二个 if 语句也执行，其内部的 for 语句执行 8 次，将 TData 表格的第 1～8 位的数据清 0 →又因为 i<8 成立，第三个 if 语句也执行，将 DMtable 表格第 2 个位置的段码（DMtable[1]，该位置存放着"1"的段码）存到 TData 表格的第一个位置（TData [0]）→执行 i++，i 由 0 变成 1 →若按下 S3 键（键值为 2）输入第二位密码"2"，num 值为 2，num ≠ 0xff 和 i<8 成立，第一、第三个 if 语句先后执行→在第三个 if 语句中，将 DMtable 表格第三个位置的段码（DMtable[2]，该位置存放着"2"的段码）存到 TData 表格的第二个位置（TData [1]）→执行 i++，i 由 1 变成 2，以后过程相同→当按下第 8 个按键，该键的字符段码存放到 TData 表格第八个位置（TData [7]），再执行 i++，i 由 7 变成 8 →如果按下第九个按键，i<8 不成立，第三个 if 语句不会执行，但 i++ 会执行一次，i 由 8 变成 9 → i=9 成立，第四个 if 语句执行，将 i 清 0，将位变量 Flag 置 1 →第二个 for 语句执行，且执行 8 次，将 DMtable 表格中 Password 表格第 1～8 个字符 (密码) 对应的段码与 TData 表格第 1～8 个字符的段码逐个进行比较，全部相同结果为 1，再将结果与 Flag 值进行与运算，运算结果存入 Flag，如果 DMtable 表格与 TData 表格的第 1～8 个字符段码都相同，Flag=1，否则 Flag=0 →第三个 for 语句执行，且执行 8 次，将 TData 表格第 1～8 个字符的段码逐个清 0，使数码管显示的 8 个字符消失→执行 if…else 语句，如果 Flag=1，将"O"、"P"、"E"、"N"字符的段码分别送到 TData 表格的第 1～4 个位置，让数码管显示"OPEN"；否则（即 Flag=0），将"E"、"r"、"r"字符的段码分别送到 TData

```
/*矩阵键盘密码锁程序*/
#include<reg51.h>      //调用reg51.h文件对单片机各特殊功能寄存器进行地址定义
sbit DuanSuo=P2^2;     //用位定义关键字sbit将DuanSuo代表P2.2端口
sbit WeiSuo =P2^3;
#define WDM P0          //用define（宏定义）命令将WDM代表P0，程序中WDM与P0等同
#define KeyP1 P1

unsigned char code DMtable[]={0x3f,0x06,0x5b,0x4f,0x66,0x6d,0x7d,0x07,   //定义一个DMtable表格，依次
                              0x7f,0x6f,0x77,0x7c,0x39,0x5e,0x79,0x71};  //存放字符0～F的段码
unsigned char code WMtable[]={0xfe,0xfd,0xfb,0xf7,0xef,0xdf,0xbf,0x7f}; //定义一个WMtable表格，依次存放
                                                                        //8位数码管低位到高位的位码
unsigned char TData[8];          //定义一个可存放8个元素的一维数组（表格）TData
unsigned char code Password[8]={1,2,3,4,5,6,7,8}; //定义一个存放8个密码字符的表格Password，在此可更改密码

void DelayUs(unsigned char tu);  //声明一个DelayUs（微秒级延时）函数，输入参数tu取值范围 0～255
void DelayMs(unsigned char tm);  //声明一个DelayMs（毫秒级延时）函数，输入参数tm取值范围 0～255
void Display(unsigned char ShiWei,unsigned char WeiShu);  //声明一个Display（显示）函数，两个输入参数
                                 //ShiWei和WeiShu分别为显示的起始位和显示的位数
void T0Int_S(void);              //声明一个T0Int_S函数，用来设置定时器及相关中断
unsigned char KeyS (void);       //声明一个KeyS（键盘扫描）函数，用来检测矩阵按键各按键的状态，并返回相应的键码
unsigned char KeyZ(void);        //声明一个KeyZ（键码转键值）函数，用来将键码转换成相应的键值，并返回相应的键值

/*以下为主程序部分*/
void main (void)
{
 unsigned char num,i,j;         //声明3个变量num(显示的字符)、i、j
 bit Flag;                      //用关键字bit将Flag定义为位变量，Flag默认初值为0
 T0Int_S();                     //执行T0Int_S函数，对定时器T0及相关中断进行设置，启动T0计时
 while (1)                      //主循环
  {
  num=KeyZ();                   //将KeyZ函数的输出参数值赋给num,执行该语句时会进入并执行KeyZ和KeyS函数
  if(num!=0xff)                 //如果num≠0xff成立（即有键按下），执行本if大括号内的语句
   {
    if(i==0)                    //如果i=0成立，执行本if大括号内的语句，对8位数码管清屏
     {
      for(j=0;j<8;j++)          //for为循环语句，大括号内的语句执行8次，依次将TData表格第1～8个位置的数据清0,
       {
        TData[j]=0;             //将TData表格第j+1个位置的数据清0
       }
      }
    if(i<8)                     //如果i<8成立，执行本if大括号内的语句
     {
      TData[i]=DMtable[num];    //将DMtable表格第num+1个数据(num字符的段码)存到TData表格的第i+1个位置
      }
    i++;                        //将i增1
    if(i==9)                    //如果i=9成立，执行本if大括号内的语句，清除8位数码管所有位的显示
     {
      i=0;                      //将i置0
      Flag=1;                   //先把比较位置1
      for(j=0;j<8;j++)          //for为循环语句，大括号内的语句执行8次，逐位比较TData表格中的输入值与
                               //Password表格中的各个密码是否相同，8个全部相同Flag才为1
       {
        Flag=Flag&&(TData[j]==DMtable[Password[j]]); //将DMtable表格中Password表格第1～8个字符(密码)
                               //对应的段码与TData表格第1～8个字符的段码逐个进
                               //行比较，全部相同结果为1，再将结果与Flag值进行
                               //相与运算，运算结果存入Flag
        }
      for(j=0;j<8;j++)         //for为循环语句，大括号内的语句执行8次，依次将TData表格第1～8个位置的数据清0,
                               //Display显示函数无从读取字符的段码，数码管显示字符全部消失
       {
        TData[j]=0;            //将TData表格的第j+1个位置的数据清0
        }
      if(Flag)                 //如果Flag为1（输入值与密码一致），执行大括号内的语句，让数码管显示"OPEN"
       {
        TData[0]=0x3f;         //将"O"的段码送到TData表格的第1个位置
        TData[1]=0x73;         //将"P"的段码送到TData表格的第2个位置
        TData[2]=0x79;         //将"E"的段码送到TData表格的第3个位置
        TData[3]=0x37;         //将"N"的段码送到TData表格的第4个位置
        }
      else                     //否则（即输入值与密码不一致，Flag为0），执行大括号内的语句，让数码管显示"Err"
       {
        TData[0]=0x79;         //将"E"的段码送到TData表格的第1个位置
        TData[1]=0x50;         //将"r"的段码送到TData表格的第2个位置
        TData[2]=0x50;         //将"r"的段码送到TData表格的第3个位置
        }
      }
    }
           //此处可编写一直需要执行的程序
  }
}

/*以下DelayUs为微秒级延时函数，其输入参数为unsigned char tu(无符号字符型变量tu)，tu值为8位，取值范围为
0～255，若单片机的晶振频率为12MHz，本函数延时时间可用T=（tu×2+5）μs 近似计算，比如tu=248，T=501 μs≈0.5ms */
void DelayUs (unsigned char tu)   //DelayUs为微秒级延时函数，其输入参数为无符号字符型变量tu
{
 while(--tu);                     //while为循环语句，每执行一次while语句，tu值就减1,
                                  //直到tu值为0时才执行while尾大括号之后的语句
}

/*以下DelayMs为毫秒级延时函数，其输入参数为unsigned char tm (无符号字符型变量tm)，该函数内部使用了两个
DelayUs (248)函数，它们共延时1002μs（约1ms），由于tm值最大为255，故本DelayMs函数最大延时时间为255ms,
若将输入参数定义为unsigned int tm，则最长可获得65535ms的延时时间*/
void DelayMs(unsigned char tm)
{
 while(tm--)
```

```
  {
   DelayUs (248);
   DelayUs (248);
  }
}
```

/*以下为Display显示函数, 用于驱动8位数码管动态扫描显示字符, 输入参数 ShiWei 表示显示的开始位, 如ShiWei
为0表示从第一个数码管开始显示, WeiShu表示显示的位数, 如显示99两位数应让WeiShu为2 */
```
void Display(unsigned char ShiWei,unsigned char WeiShu)   //Display(显示)函数有两个输入参数,
                                                          //分别为ShiWei(开始位)和WeiShu(位数)
 {
  static  unsigned char i;           //声明一个静态(static)无符号字符型变量i(表示显示位, 0表示第1位),
                                     //静态变量占用的存储单元在程序退出前不会释放给变量使用
  WDM=WMtable[i+ShiWei];           //将WMtable表格中的第i+ShiWei +1个位码送给P0端口输出
  WeiSuo=1;                        //让P2.3端口输出高电平, 开通位码锁存器, 锁存器输入变化时输出会随之变化
  WeiSuo=0;                        //让P2.3端口输出低电平, 位码锁存器被封锁, 锁存器的输出值被锁定不变

  WDM=TData [i];                   //将TData表格中的第i+1个段码送给P0端口输出
  DuanSuo=1;                       //让P2.2端口输出高电平, 开通段码锁存器, 锁存器输入变化时输出会随之变化
  DuanSuo=0;                       //让P2.2端口输出低电平, 段码锁存器被封锁, 锁存器的输出值被锁定不变

  i++;                //将i值加1, 准备显示下一位数字
  if(i==WeiShu)       //如果i= WeiShu表示显示到最后一位, 执行i=0
   {
    i=0;              //将i值清0, 以便从数码管的第1位开始再次显示
   }
 }
```

/*以下T0Int_S为定时器及相关中断设置函数*/
```
void T0Int_S (void)        //函数名为T0Int_S, 输入和输出参数均为void(空)
 {
  TMOD=0x01;               //让TMOD寄存器的M1M0=01, 设T0工作在方式1(16位计数器)
  TH0=0;                   //将TH0寄存器清0
  TL0=0;                   //将TL0寄存器清0
  EA=1;                    //让IE寄存器的EA=1, 打开总中断
  ET0=1;                   //让IE寄存器的ET0=1, 允许T0中断请求
  TR0=1;                   //让TCON寄存器的TR0=1, 启动T0在TH0、TL0初值基础上开始计数
 }
```

/*以下T0Int_Z为定时器中断函数, 用"(返回值) 函数名 (输入参数) interrupt n using m"格式定义一个函数名为
T0Int_Z的中断函数, n为中断源编号, n=0～4, m为用作保护中断断点的寄存器组, 可使用4组寄存器(0～3), 每组
有7个寄存器(R0～R7), m=0～3, 若只有一个中断, 可不写"using m", 使用多个中断时, 不同中断应使用不同m*/
```
void T0Int_Z (void)  interrupt 1    // T0Int_Z为中断函数(用interrupt定义), 并且为T0的中断函数
                                    //(中断源编号n=1)
 {
  TH0=(65536-2000)/256;             //将定时初值的高8位放入TH0, "/"为除法运算符号
  TL0=(65536-2000)%256;             //将定时初值的低8位放入TL0, "%"为相除取余数符号
  Display(0,8);                     //执行Display显示函数, 从第1位(0)开始显示, 共显示8位(8)
 }
```

/*以下KeyS函数用来检测矩阵键盘的16个按键, 其输出参数得到按下的按键的编码值*/
```
unsigned char KeyS(void)   //KeyS函数的输入参数为空, 输出参数为无符号字符型变量
 {
  unsigned char KeyM;       //声明一个变量KeyM, 用于存放按键的编码值
  KeyP1=0xf0;               //将P1端口的高4位置高电平, 低4位拉低电平
  if(KeyP1!=0xf0)           //如果P1≠0xf0成立, 表示有按键按下, 执行本if大括号内的语句
   {
    DelayMs(10);           //延时10ms去抖
    if(KeyP1!=0xf0)        //再次检测按键是否按下, 按下则执行本if大括号内的语句
     {
      KeyP1=0xfe;          //让P1=0xfe, 即让P1.0端口为低电平(P1其他端口为高电平), 检测第一行按键
      if(KeyP1!=0xfe)      //如果P1≠0xfe成立(比如P1.7与P1.0之间的按键S1按下时, P1.7被P1.0拉低, KeyP1=0x7e)
                          //表示第一行有按键按下, 执行本if大括号内的语句
       {
        KeyM=KeyP1;        //将P1端口值赋给变量KeyM
        DelayMs(10);       //延时10ms去抖
        while(KeyP1!=0xfe);  //若P1≠0xfe成立则反复执行本条语句, 一旦按键释放, P1=0xfe(P1≠0xfe不成立
                            //则往下执行)
        return KeyM;       //将变量KeyM的值送给KeyS函数的输出参数, 如按下P1.6与P1.0之间的按键时,
                          //KeyM=KeyP1=0xbe
       }
      KeyP1=0xfd;          //让P1=0xfd, 即让P1.1端口为低电平(P1其他端口为高电平), 检测第二行按键
      if(KeyP1!=0xfd)
       {
        KeyM=KeyP1;
        DelayMs(10);
        while(KeyP1!=0xfd);
        return KeyM;
       }
      KeyP1=0xfb;          //让P1=0xfb, 即让P1.2端口为低电平(P1其他端口为高电平), 检测第三行按键
      if(KeyP1!=0xfb)
       {
        KeyM=KeyP1;
        DelayMs(10);
        while(KeyP1!=0xfb);
        return KeyM;
       }
      KeyP1=0xf7;          //让P1=0xf7, 即让P1.3端口为低电平(P1其他端口为高电平), 检测第四行按键
      if(KeyP1!=0xf7)
       {
        KeyM=KeyP1;
        DelayMs(10);
        while(KeyP1!=0xf7);
        return KeyM;
       }
     }
   }
```

图 8-16

```
 return 0xff;      //如果无任何键按下，将0xff送给KeyS函数的输出参数
}

/* 以下KeyZ函数用于将键码转换成相应的键值，其输出参数得到按下的按键键值*/
unsigned char KeyZ(void)   //KeyS函数的输入参数为空，输出参数为无符号字符型变量
{
 switch(KeyS())    //switch为多分支选择语句，以KeyS()函数的输出参数(按下的按键的编码值)作为选择依据
   {
    case 0x7e:return 0;break;    //如果KeyS()函数的输出参数与常量0x7e(0的键码)相等，将0送给KeyZ函数的输出参数，
                                 //然后跳出switch语句，否则往下执行
    case 0x7d:return 1;break;    //如果KeyS()函数的输出参数与常量0x7d(1的键码)相等，将1送给KeyZ函数的输出参数，
                                 //然后跳出switch语句，否则往下执行
    case 0x7b:return 2;break;
    case 0x77:return 3;break;
    case 0xbe:return 4;break;
    case 0xbd:return 5;break;
    case 0xbb:return 6;break;
    case 0xb7:return 7;break;
    case 0xde:return 8;break;
    case 0xdd:return 9;break;
    case 0xdb:return 10;break;
    case 0xd7:return 11;break;
    case 0xee:return 12;break;
    case 0xed:return 13;break;
    case 0xeb:return 14;break;
    case 0xe7:return 15;break;
    default:return 0xff;break;   //如果KeyS()函数的输出参数与所有case后面的常量均不相等，执行default
                                 //之后的语句组，将0xff送给KeyS函数的输出参数，然后跳出switch语句
   }
}
```

图 8-16　矩阵键盘密码锁程序

表格的第 1～3 个位置，让数码管显示"Err"。

在主程序执行的同时，T0 定时器每计时 2ms 就会溢出一次，触发 T0Int_Z 定时中断函数（中断子程序）每隔 2ms 执行一次→ Display 显示函数每隔 2ms 执行一次→ Display 函数每执行一次，就会从 TData 表格读取 1 个字符的段码，再从 P1 端口送出位码和字符的段码，在数码管显示出该字符→ Display 函数不断重复执行，不断由低到高位从 TData 表格读出字符段码（读完最高位后又从最低位开始读），驱动数码管将这些字符显示出来。

第9章　双色LED点阵的使用及编程

9.1　双色LED点阵的结构原理与检测

LED点阵是一种将大量LED（发光二极管）按行列规律排列在一起的显示部件，每个LED代表一个点，通过控制不同的LED发光就能显示出各种各样的文字、图案和动画等内容。LED点阵外形如图9-1所示。

LED点阵可分为单色点阵、双色点阵和全彩点阵，单色点阵的LED只能发出一种颜色的光，双色点阵的单个LED实际由两个不同颜色的LED组成，可以发出两种本色光和一种混色光，全彩点阵的单个LED由三个不同颜色（红、绿、蓝）的LED组成，可以发出三种本色光和很多种类的混色光。

图9-1　LED点阵外形

9.1.1　共阳型和共阴型点阵的电路结构

双色点阵有共阳极和共阴极两种类型。图9-2是8×8双色点阵的电路结构，图9-2（a）为共阳型点阵，有8行16列，每行的16个LED（两个LED组成一个发光点）的正极接在一根行公共线上，共有8根行公共线，每列的8个LED的负极接在一根列公共线上，共有16根列公共线，共阳型点阵也称为行共阳列共阴型点阵；图9-2（b）为共阴型点阵，有8行16列，每行的16个LED的负极接在一根行公共线上，有8根行公共线，每列的8个LED的正极接在一根列公共线上，共有16根列公共线，共阴型点阵也称为行共阴列共阳型点阵。

9.1.2　点阵的混色规律

双色点阵可以发出三种颜色的光，以红绿点阵为例，红色LED点亮时发出红光、绿色LED点亮时发出绿光，红色和绿色LED都点亮时发出红、绿光的混合光——黄光，如果是全彩点阵（红绿蓝三色点阵），则可以发出七种颜色的光。红、绿、蓝是三种最基本的颜色，故称为三基色（或称三原色），其混色规律如图9-3所示，圆重叠的部分表示颜色混合。双色点阵和全彩点阵就是利用混色规律显示多种颜色的。

(a) 共阳型（行共阳列共阴型）　　　　(b) 共阴型（行共阴列共阳型）

图9-2　8×8双色点阵的电路结构

红+绿=黄
红+蓝=紫
绿+蓝=青
红+绿+蓝=白

图9-3　三基色混色规律

9.1.3　点阵的静态字符或图形显示原理

LED点阵与多位LED数码管一样，都是由很多LED组成的，且均采用扫描显示方式。以8×8 LED点阵和8位数码管为例，8位数码管由8位字符组成，每位字符由8个构成段码的LED组成，共有8×8个LED，在显示时，让第1~8位字符逐个显示，由于人眼具有视觉暂留特性，如果第一位显示到最后一位显示的时间不超过0.04s，在显示最后一位时人眼会觉得第1~7位还在显示，故会产生8位字符同时显示出来的感觉；8×8 LED点阵由8行8列共64个LED组成，如果将每行点阵看作是一个字符，那么该行的8个LED则可当成是8个段LED，如果将每列点阵看作是一个字符，那么该列的8个LED则为8个段LED。

LED点阵显示有逐行扫描显示（行扫描列驱动显示）和逐列扫描显示（列扫描行驱动显示）两种方式，下面以图9-4所示的共阳型红绿双色点阵显示字符"1"为例来说明这两种显示方式的工作原理。

（1）逐行扫描显示（行扫描列驱动显示）原理

若双色点阵采用逐行扫描显示（行扫描列驱动显示）方式显示红色字符"1"，先让第一行（24脚）为高电平，其他行为低电平，即让第1~8行为10000000，同时给红第1~8列送数据11111111，第一行的8个LED都不显示，然后让第二行（23脚）为高电平，其他行

(a) 外形　　　　　　　　　　　(b) 结构

图9-4　8×8共阳型红绿双色点阵

为低电平，即让第1~8行为01000000，同时给红第1~8列送数据11110111，第二行第五个红 LED 显示，其他行、列数据及显示说明见表9-1。

表9-1　采用逐行扫描方式显示红色字符"1"的行、列数据及显示说明

行引脚数据 （㉔㉓㉒㉑④③②①）	红列引脚数据 （⑳⑲⑱⑰⑯⑮⑭⑬）	显示说明
10000000	11111111	第 1 行无 LED 显示
01000000	11110111	第 2 行第 5 个红 LED 显示
00100000	11100111	第 3 行第 4、5 个红 LED 显示
00010000	11110111	第 4 行第 5 个红 LED 显示
00001000	11110111	第 5 行第 5 个红 LED 显示
00000100	11110111	第 6 行第 5 个红 LED 显示
00000010	11100011	第 7 行第 4、5、6 个红 LED 显示
00000001	11111111	第 8 行无 LED 显示

点阵第八行显示后就完成了一屏内容的显示，点阵上显示出字符"1"，为了保证点阵显示的字符看起来是完整的，要求从第一行显示开始到最后一行显示结束的时间不能超过0.04s，若希望相同的字符一直显示，显示完一屏后需要后续反复显示相同的内容（称作刷新），并且每屏显示的间隔时间不能超过 0.04s（即相邻屏的同行显示时间间隔不超过0.04s），否则显示的字符会闪烁。

如果要让红绿双色点阵显示绿色字符"1"，只需将送给红列引脚的数据送给绿列引脚，送给行引脚的数据与显示红色字符"1"一样即可，具体见表9-2。

如果要让红绿双色点阵显示黄色字符"1"，则应将送给红列引脚的数据同时也送给绿列引脚，送给行引脚的数据与显示红色字符"1"一样，具体见表9-3。

表 9-2　采用逐行扫描方式显示绿色字符"1"的行、列数据及显示说明

行引脚数据 (㉔㉓㉒㉑④③②①)	绿列引脚数据 (⑤⑥⑦⑧⑨⑩⑪⑫)	显示说明
10000000	11111111	第1行无 LED 显示
01000000	11110111	第2行第5个绿 LED 显示
00100000	11100111	第3行第4、5个绿 LED 显示
00010000	11110111	第4行第5个绿 LED 显示
00001000	11110111	第5行第5个绿 LED 显示
00000100	11110111	第6行第5个绿 LED 显示
00000010	11100011	第7行第4、5、6个绿 LED 显示
00000001	11111111	第8行无 LED 显示

表 9-3　采用逐行扫描方式显示黄色字符"1"的行、列数据及显示说明

行引脚数据 (㉔㉓㉒㉑④③②①)	红列引脚数据 (⑳⑲⑱⑰⑯⑮⑭⑬)	绿列引脚数据 (⑤⑥⑦⑧⑨⑩⑪⑫)	显示说明
10000000	11111111	11111111	第1行无 LED 显示
01000000	11110111	11110111	第2行第5个红绿双 LED 显示
00100000	11100111	11100111	第3行第4、5个红绿双 LED 显示
00010000	11110111	11110111	第4行第5个红绿双 LED 显示
00001000	11110111	11110111	第5行第5个红绿双 LED 显示
00000100	11110111	11110111	第6行第5个红绿双 LED 显示
00000010	11100011	11100011	第7行第4、5、6个红绿双 LED 显示
00000001	11111111	11111111	第8行无 LED 显示

（2）逐列扫描显示（列扫描行驱动显示）原理

如果双色点阵要采用逐列扫描显示（列扫描行驱动显示）方式显示红色字符"1"，先让红第一列（20脚）为低电平，其他红列为高电平，即让红第1~8列为01111111，同时给第1~8行送数据0000000，第一列的8个 LED 都不显示，第二、三列与第一列一样，LED 都不显示，显示第4列时，让红第4列（17脚）为低电平，其他红列为高电平，即让红第1~8列为11101111，同时给第1~8行送数据0010010，红第4列的第3、7个 LED 显示，其他列、行数据及显示说明见表 9-4。

表 9-4　采用逐列扫描方式显示红色字符"1"的行、列数据及显示说明

红列引脚数据 (⑳⑲⑱⑰⑯⑮⑭⑬)	行引脚数据 (㉔㉓㉒㉑④③②①)	显示说明
01111111	00000000	第1列无 LED 显示
10111111	00000000	第2列无 LED 显示
11011111	00000000	第3列无 LED 显示
11101111	00100010	第4列第3、7个 LED 显示
11110111	01111110	第5列第2、3、4、5、6、7个 LED 显示
11111011	00000000	第6列第7个 LED 显示
11111101	00000000	第7列无 LED 显示
11111110	00000000	第8列无 LED 显示

9.1.4 点阵的动态字符或图形显示原理

（1）字符的闪烁

要让点阵显示的字符闪烁，先显示字符，0.04s 之后该字符消失，再在相同位置显示该字符，这个过程反复进行，显示的字符就会闪烁，相邻显示的间隔时间越短，闪烁越快，间隔时间小于 0.04s 时，就难于察觉字符的闪烁，会觉得字符一直在亮。

如果希望字符变换颜色式地闪烁，应先让双色点阵显示一种颜色的字符，0.04s 之后该颜色的字符消失，再在相同位置显示另一种颜色的该字符，相邻显示的间隔时间越短，颜色变换闪烁越快，间隔时间小于 0.04s 时，就感觉不到字符颜色变换闪烁，而会看到静止发出双色的混合色光的字符。

（2）字符的移动

若点阵以逐行扫描方式显示，要让字符往右移动，先让点阵显示一屏字符，在显示第二屏时，将所有的列数据都右移一位再送到点阵的列引脚，点阵第二屏显示的字符就会右移一列（一个点的距离），表 9-5 为点阵显示的红色字符"1"（采用逐行扫描方式）右移一列的行、列数据及显示说明，字符右移效果如图 9-5 所示。

表 9-5　点阵显示的红色字符"1"（采用逐行扫描方式）右移一列的行、列数据及显示说明

行引脚数据 （㉔㉓㉒㉑④③②①）	列引脚数据 （⑤⑥⑦⑧⑨⑩⑪⑫）		显示说明
	右移前	右移一列	
10000000	11111111	11111111	第 1 行无 LED 显示
01000000	11110111	11111011	第 2 行第 5 个点右移一列
00100000	11100111	11110011	第 3 行第 4、5 个点右移一列
00010000	11110111	11111011	第 4 行第 5 个点右移一列
00001000	11110111	11111011	第 5 行第 5 个点右移一列
00000100	11110111	11111011	第 6 行第 5 个点右移一列
00000010	11100011	11110001	第 7 行第 4、5、6 个点右移一列
00000001	11111111	11111111	第 8 行无 LED 显示

图 9-5　红色字符"1"右移一列

点阵显示的字符在右移时，如果列数据最右端的位移出，最左端空位用1（或0）填补，点阵显示的字符会往右移出消失，如果列数据最右端的位移出后又移到该列的最左端（循环右移），点阵显示的字符会往右移，往右移出的部分又会从点阵的左端移入。

9.1.5 双色点阵的识别与检测

（1）引脚号的识别

8×8双色点阵有24个引脚，8个行引脚，8个红列引却，8个绿列引脚，24个引脚一般分成两排，引脚号识别与集成电路相似。若从侧面识别引脚号，应正对着点阵有字符且有引脚的一侧，左边第一个引脚为1脚，然后按逆时针依次是2、3、…、24脚，如图9-6（a）所示；若从反面识别引脚号，应正对着点阵底面的字符，右下角第一个引脚为1脚，然后按顺时针依次是2、3、…、24脚，如图9-6（b）所示，有些点阵还会在第一个和最后一个引脚旁标注引脚号。

(a) 从侧面识别引脚号　　　　　　　(b) 从反面识别引脚号

图 9-6　点阵引脚号的识别

（2）行、列引脚的识别与检测

在购买点阵时，可以向商家了解点阵的类型和行列引脚号，最好让商家提供像图9-2一样的点阵电路结构引脚图，如果无法了解点阵的类型及行列引脚号，可以使用万用表检测判别，既可使用指针万用表，也可使用数字万用表。

点阵由很多LED组成，这些LED的导通电压一般在1.5～2.5V之间。若使用数字万用表测量点阵，应选择二极管测量挡，数字万用表的红表笔接表内电源正极，黑表笔接表内电源负极，当红、黑表笔分别接LED的正、负极，LED会导通发光，万用表会显示LED的导通电压，一般显示1500～2500（mV），反之LED不会导通发光，万用表显示溢出符号"1"（或"OL"）。如果使用指针万用表测量点阵，应选择$R×10kΩ$挡（其他电阻挡提供电压只有1.5V，无法使LED导通），指针万用表的红表笔接表内电源负极，黑表笔接表内电源正极，这一点与数字万用表正好相反，当黑、红表笔分别接LED的正、负极，LED会导通发光，万用表指示的阻值很小，反之LED不会导通发光，万用表指示的阻值无穷大（或接近无穷大）。

以数字万用表检测红绿双色点阵为例，数字万用表选择二极管测量挡，红表笔接点阵的1脚不动，黑表笔依次测量其余23个引脚，会出现以下情况：

• 23次测量万用表均显示溢出符号"1"（或"OL"），应将红、黑表笔调换，即黑表笔接点阵的1脚不动，红表笔依次测量其余23个引脚。

• 万用表16次显示"1500～2500"范围的数字且点阵LED出现16次发光，即有16个LED导通发光，如图9-7（a）所示，表明点阵为共阳型，红表笔接的1脚为行引脚，1脚就是16个发光的LED所在的行的行引脚，测量时LED发光的16个引脚为16个列引脚，根据发光LED所在的列和发光颜色，区分出各个引脚是哪列的何种颜色的列引脚。测量时万用表显示溢出符号"1"（或"OL"）的其他7个引脚均为行引脚，再将接1脚的红表笔接到其中一个引脚，黑表笔接已识别出来的8个红列引脚或8个绿列引脚，同时查看发光的8个LED为哪行，则红表笔所接引脚为该行的行引脚，其余6个行引脚识别与之相同。

• 万用表8次显示"1500～2500"范围的数字且点阵LED出现8次发光（有8个LED导通发光），如图9-7（b）所示，表明点阵为共阴型，红表笔接的1脚为列引脚，测量时黑表笔所接的LED会发光的8个引脚均为行引脚，发光LED处于哪行相应引脚则为该行的行引脚。在识别16个列引脚时，黑表笔接某个行引脚，红表笔依次测量16个列引脚，根据发光LED所在的列和发光颜色，区分出各个引脚是哪列的何种颜色的列引脚。

（a）双色点阵一　　　　　　　　　　　　　　　　（b）双色点阵二

图9-7　双色点阵行、列引脚检测说明图

9.2 单片机驱动双色点阵的电路及编程

9.2.1 74HC595芯片

74HC595芯片是一种串入并出（串行输入转并行输出）的芯片，内部由8位移位寄存器、8位数据锁存器和8位三态门组成，其内部结构及引脚功能如图9-8所示。

8位串行数据从74HC595芯片的14脚由低位到高位输入，同时从11脚输入移位脉冲，该脚每输入一个移位脉冲（脉冲上升沿有效），14脚的串行数据就移入1位，第1个移位脉冲输入时，8位串行数据（10101011）的第1位（最低位）数据"1"被移到内部8位移位寄存器的Y0端，第2个移位脉冲输入时，移位寄存器Y0端的"1"移到Y1端，8位串行数据的第2位数据"1"被移到移位寄存器的Y0端……第8个移位脉冲输入时，8位串行数据全部移入移位寄存器，Y7～Y0端的数据为10101011，这些数据（8位并行数据）送到8位数据锁存器的输入端，如果芯片的锁存控制端（12脚）输入一个锁存脉冲（一个脉冲上升沿），锁存器马上将这些数据保存在输出端，如果芯片的输出控制端（13脚）为低电平，8位并行数据马上从Q7～Q0端输出，从而实现了串行输入并行输出转换。

8位串行数据全部移入移位寄存器后，如果移位脉冲输入端（11脚）再输入8个脉冲，移位寄存器的8位数据将会全部从串行数据输出端（9脚）移出。给74HC595的主复位端（10脚）加低电平，移位寄存器输出端（Y7～Y0端）的8位数据全部变成0。

图9-8　74HC595（8位串并转换芯片）内部结构及引脚功能

9.2.2　单片机配合74HC595芯片驱动双色LED点阵的电路

单片机配合74HC595芯片驱动双色LED点阵的电路如图9-9所示，该电路采用了3个74HC595芯片，U1用作行驱动，U2用作绿列驱动，U3用作红列驱动，该电路的工作原理在后面的程序中进行说明。

9.2.3　双色点阵显示一种颜色字符的程序及详解

图9-10是一种让双色点阵显示一种颜色字符的程序。

（1）现象

红绿双色点阵显示红色字符"1"。

（2）程序说明

本程序采用行扫描列驱动方式让双色点阵显示红色字符"1"，与图9-10程序对应的电路如图9-9所示。

程序在运行时首先进入主程序的main函数→在main函数中，先执行while语句，再执行while语句中的for语句→在for语句中，先执行并进入SendHM函数，同时将行码表格HMtable的第1个行码（0x01，即00000001）赋给SendHM函数的dat变量→在SendHM函数中执行for语句中的内容，将dat变量的8位数（即HMtable表格第1个行码0x01）由高到低逐位从单片机P2.0端口输出送入74HC595（U1），再执行for语句尾括号之后的内容，让P2.2端口输出一个上升沿（即让P2.2端口先低电平再变为高电平）给74HC595锁存控制端（12脚），使74HC595将第1行行码（0x01）从Q7～Q0端输出去双色点阵的8个行引脚，点阵的第1行行引脚为高电平，该行处于待显示状态→返回主程序，执行并进入Send2Byte函数→在Send2Byte函数中，执行两个SendByte函数，执行第1个时，将LMtable表格的第

图 9-9　单片机配合 74HC595 芯片驱动双色 LED 点阵的电路

```
/*让红绿双色点阵显示一种颜色(红色)字符"1"的程序*/
#include<reg51.h>          //调用reg51.h文件对单片机各特殊功能寄存器进行地址定义
#include<intrins.h>        //调用intrins.h文件对本程序用到的"_nop_()"函数进行声明

unsigned char HMtable[8]={0x01,0x02,0x04,0x08,0x10,0x20,0x40,0x80};  //定义一个HMtable表格，依次
                                                                     //存放扫描点阵的8行行码
unsigned char code LMtable[]={0xff,0xf7,0xe7,0xf7,0xf7,0xf7,0xe3,0xff};  //定义一个LMtable表格，依次
                                                                         //存放着字符"1"的8列列码
sbit LieSuo=P1^0;       //用位定义关键字sbit将LieSuo（列锁码）代表P1.0端口
sbit LieYi=P1^1;        //用位定义关键字sbit将LieYi（列移位）代表P1.1端口
sbit LieMa=P1^2;        //用位定义关键字sbit将LieMa（列码）代表P1.2端口
sbit HangSuo=P2^2;
sbit HangYi=P2^1;
sbit HangMa=P2^0;

/*以下DelayUs为微秒级延时函数，其输入参数为unsigned char tu(无符号字符型变量tu)，tu值为8位，取值范围为
0~255，若单片机的晶振频率为12MHz,本函数延时时间可用T=(tux2+5)μs 近似计算，比如tu=248，T=501 μs≈0.5ms */
void DelayUs (unsigned char tu)     //DelayUs为微秒级延时函数，其输入参数为无符号字符型变量tu
{
  while(--tu);                      //while为循环语句，每执行一次while语句，tu值就减1,
                                    //直到tu值为0时才执行while尾大括号之后的语句
}

/*以下DelayMs为毫秒级延时函数，其输入参数为unsigned char tm（无符号字符型变量tm），该函数内部使用了两个
DelayUs (248)函数，它们共延时1002μs（约1ms），由于tm值最大为255，故本DelayMs函数最大延时时间为255ms,
若将输入参数定义为unsigned int tm，则最长可获得65535ms的延时时间*/
void DelayMs(unsigned char tm)
{
  while(tm--)
    {
     DelayUs (248);
     DelayUs (248);
    }
}

/*以下SendByte为发送单字节（8位）函数，其输入参数为无符号字符型变量dat，输出参数为空（void），
其功能是将变量dat的8位数据由高到低逐位从P1.2端口移出*/
void SendByte(unsigned char dat)
{
  unsigned char i;     //声明一个无符号字符型变量i
  for(i=0;i<8;i++)     //for为循环语句，大括号内的语句执行8次，将变量dat的8位数据由高到低逐位从P1.2端口移出
    {
     LieYi=0;          //让P1.1端口输出低电平
     LieMa=dat&0x80;   //将变量dat的8位数据和0x80(10000000)逐位相与(即保留dat数据的最高位，其他位全部清0),
                       //再将dat数据的最高位送到P1.2端口
     LieYi=1;          //让P1.1端口输出高电平，P1.1端口由低电平变为高电平，即输出一个上升沿
                       //去74HC595的移位端，P1.2端口的值被移入74HC595
     dat<<=1;          //将变量dat的8位数左移一位
    }
}

/*以下Send2Byte为发送双字节（16位）函数，有两个输入参数dat1和dat2，均为无符号字符型变量*/
void Send2Byte(unsigned char dat1,unsigned char dat2)
{
  SendByte(dat1);     //执行SendByte函数，将变量dat1的8位数据从P1.2端口移出
  SendByte(dat2);     //执行SendByte函数，将变量dat2的8位数据从P1.2端口移出
}

/*以下Out595为输出锁存函数，其输入、输出参数均为空，该函数的功能是让单片机P1.0端口发出一个
锁存脉冲（上升沿）去74HC595芯片的锁存端，使之将已经移入的列码保存下来并输出给点阵的列引脚*/
void Out595(void)
{
  LieSuo=0;           //让P1.0端口输出低电平
  _nop_();            //_nop_()为空操作函数，不进行任何操作，用作短时间延时，单片机时钟频率为12MHz时延时1μs
  LieSuo=1;           //让P1.0端口输出高电平，P1.0端口由低电平变为高电平，即输出一个上升沿去74HC595的锁存端,
                      //使74HC595将已经移入的列码(8位)保存下来并输出给点阵
}

/*以下SendHM为发送行码函数，其输入参数为无符号字符型变量dat，其功能是将变量dat的8位数由高到低逐位
从P2.0端口移出，再让74HC595将移入的8位数（行码）保存下来并输出给点阵的行引脚*/
void SendHM(unsigned char dat)
{
  unsigned char i;     //声明一个无符号字符型变量i
  for(i=0;i<8;i++)     //for为循环语句，大括号内的语句执行8次，将变量dat的8位数由高到低逐位从P2.0端口移出
    {
     HangYi=0;          //让P2.1端口输出低电平
     HangMa=dat&0x80;   //将变量dat的8位数据和0x80(10000000)逐位相与(即保留dat数据的最高位，其他位全部清0),
                        //再将dat数据的最高位送到P2.0端口
     HangYi=1;          //让P2.1端口输出高电平，P2.1端口由低电平变为高电平，即输出一个上升沿
                        //去74HC595的移位端，P2.0端口的值被移入74HC595
     dat<<=1;           //将变量dat的8位数左移一位
    }
  HangSuo=0;           //让P2.2端口输出低电平
  _nop_();             //_nop_()为空操作函数，不进行任何操作，用作短时间延时，单片机晶振频率为12MHz时延时1μs
  HangSuo=1;           //让P2.2端口输出高电平，P2.2端口由低电平变为高电平，即输出一个上升沿
                       //去74HC595的锁存端，使74HC595将已经移入的行码保存下来并送给点阵的行引脚
}

/*以下为主程序部分*/
void main()
{
  unsigned char i;     //声明一个无符号字符型变量i，i的初值为0
  while(1)             //主循环，while小括号内为1（真）时，大括号内的语句反复执行
   {
    for(i=0;i<8;i++)   //for为循环语句，大括号内的语句执行8次，依次将HMtable表格的第1~8个行码
                       //和LMtable表格的第1~8个列码发送给点阵
     {
      SendHM(HMtable[i]);   //执行SendHM（发送行码）函数，将HMtable表格的第i+1个行码
                            //赋给SendHM函数的输入参数（dat），使之将该行码发送出去
      Send2Byte(LMtable[i],0xff);  //执行Send2Byte（发送双字节）函数，将LMtable表格的第i+1个列码和
                                   //数据0xff分别赋给SendLM函数的两个输入参数（dat1、dat2），使
                                   //该列码和数据发送出去，发送数据0xff可以让双色点阵中的一种颜色不显示
      Out595();             //执行Out595(输出锁存)函数，将已经分别移入两个74HC595的列码和数据0xff
                            //保存下来，同时发送给点阵的双色列引脚
      DelayMs(1);           //执行DelayMs（毫秒级延时）函数，延时1ms，让点阵每行显示持续1ms
      Send2Byte(0xff,0xff); //执行Send2Byte函数，将数据0xff分别赋给SendLM函数的两个输入参数(dat1、dat2),
                            //使之将0xff当作两种颜色的列码发送出去
      Out595();             //执行Out595(输出锁存)函数，将移入两个74HC595的数据0xff保存下来并发送给
                            //点阵的双色列引脚，以清除点阵当前行的显示，否则在发送下一行行码（下一行
                            //列码要在行码之后发送）时，未清除的上一行列码会使下一行短时显示与上一行
                            //相同的内容，从而产生重影
     }
   }
}
```

图 9-10　红绿双色点阵显示红色字符"1"的程序

1 个列码从单片机的 P1.2 端口输出送入 74HC595（U2），执行第二个 SendByte 函数时，将
0xff 从单片机的 P1.2 端口输出送入 74HC595（U2），先前送入 U2 的列码（8 位）从 9 脚输
出进入 74HC595（U3）→返回主程序，执行并进入 Out595 函数→在 Out595 函数中，执行语
句让单片机从 P1.0 端口输出一个上升沿，同时送给 U2、U3 的锁存控制端（STCP）→ U2 从
Q7～Q0 端输出 11111111（0xff）去双色点阵的绿列引脚，绿列 LED 不发光，U3 从 Q7～Q0
端输出列码去双色点阵的红列引脚，由于 U1 已将第 1 行行码（0x01，即 00000001）送到点
阵的 8 个行引脚，第 1 行行引脚为高电平，该行处于待显示状态，U3 从 Q7～Q0 端输出的
列码决定该行哪些红 LED 发光，即让点阵显示第一行内容→返回主程序，延时 1ms 让点阵
第一行内容显示持续 1ms，然后再次执行 Send2Byte 函数，让单片机往 U2、U3 都送入 0xff
（11111111）→执行 Out595 函数，U2、U3 的 Q7～Q0 端都输出 11111111，点阵的第 1 行
LED 全部熄灭，这样做的目的是在发送第 2 行行码（第 2 行列码要在第 2 行行码之后发送）
时，清除第 1 行列码，否则会使第 2 行短时显示与第 1 行相同的内容，从而产生重影。

　　主程序 for 语句第 1 次执行结束后，i 值由 0 变成 1 → for 语句的内容从头开始第 2 次执
行，发送第 2 行行码和第 2 行列码，驱动点阵显示第 2 行内容→ for 语句第 3 次执行，发送
第 3 行行码和第 3 行列码，驱动点阵显示第 3 行内容……for 语句第 8 次执行，驱动点阵显
示第 8 行内容，点阵在显示第 8 行时，第 1～7 行的 LED 虽然熄灭了，但人眼仍保留着这些
行先前的显示印象（第 1 行到最后一行显示的时间不能超过 0.04s），故会感觉点阵上的字符
是整体显示出来的。

9.2.4　双色点阵正反交替显示两种颜色字符的程序及详解

　　图 9-11 是一种让双色点阵正反交替显示两种颜色字符的程序。

（1）现象

红绿双色点阵正反交替显示红、绿字符"1"。

（2）程序说明

　　程序运行时，红绿双色点阵先正向显示红色字符"1"约 0.5s，然后反向显示绿色字符
"1"约 0.5s，之后正反显示交替进行。该程序与图 9-10 程序大部分相同，区别主要在主程
序的后半部分。

　　程序运行时首先进入主程序的 main 函数，在 main 函数中，有 4 个 for 语句，第 1 个
for 语句内嵌第 2 个 for 语句，第 3 个 for 语句内嵌第 4 个 for 语句。第 2 个 for 语句内的语
句是让单片机驱动双色点阵以逐行扫描的方式正向显示红色字符"1"，显示完一屏内容约
需 8ms，第 2 个 for 语句嵌在第 1 个 for 语句内，第 1 个 for 语句使第 2 个 for 语句执行 60
次，让红色字符"1"刷新 60 次，红色字符"1"显示时间约为 0.5s。在第 2 个 for 语句
中，使用"SendHM(HMtable[i])"语句取 HMtable 表格的第 1 个行码，选中点阵的第 1 行引
脚，点阵的第一行先显示，而在第 4 个 for 语句中，使用"SendHM(HMtable[7-i])"语句取
HMtable 表格的第 8 个行码，选中点阵的第 8 行引脚，点阵的第 8 行先显示，在第 8 行显示
时送给点阵列引脚的是 LMtable 表格的第 1 个列码，故字符反向显示。第 2 个 for 语句内的
"Send2Byte(LMtable[i],0xff)"语句是将列码送到红列引脚，绿列引脚送 11111111，显示红色
字符"1"，第 4 个 for 语句内的"Send2Byte(0xff, LMtable[i])"语句则是将列码送到绿列引脚，
红列引脚送 11111111，显示绿色字符"1"。

```
/*红绿双色点阵正反交替显示红、绿字符"1"的程序*/
#include<reg51.h>        //调用reg51.h文件对单片机各特殊功能寄存器进行地址定义
#include <intrins.h>     //调用intrins.h文件对本程序用到的"_nop_()"函数进行声明

unsigned char HMtable[8]={0x01,0x02,0x04,0x08,0x10,0x20,0x40,0x80};  //定义一个HMtable表格，依次
                                                                     //存放扫描点阵的8行行码
unsigned char code LMtable[]={0xff,0xf7,0xe7,0xf7,0xf7,0xf7,0xe3,0xff};  //定义一个LMtable表格，依次
                                                                         //存放着字符"1"的8列列码
sbit LieSuo=P1^0;  //用位定义关键字sbit将LieSuo（列锁存）代表P1.0端口
sbit LieYi=P1^1;   //用位定义关键字sbit将LieYi（列移位）代表P1.1端口
sbit LieMa=P1^2;   //用位定义关键字sbit将LieMa（列码）代表P1.2端口
sbit HangSuo=P2^2;
sbit HangYi=P2^1;
sbit HangMa=P2^0;

/*以下为DelayUs为微秒级延时函数，其输入参数为unsigned char tu(无符号字符型变量tu)，tu值为8位，取值范围为
0～255，若单片机的晶振频率为12MHz，本函数延时时间可用T=(tu×2+5) μs 近似计算，比如tu=248，T=501 μs≈0.5ms */
void DelayUs (unsigned char tu)  //DelayUs为微秒级延时函数，其输入参数为无符号字符型变量tu
    {
    while(--tu);                 //while为循环语句，每执行一次while语句，tu值就减1，
                                 //直到tu值为0时才执行while尾大括号之后的语句
    }

/*以下DelayMs为毫秒级延时函数，其输入参数为unsigned char tm（无符号字符型变量tm），该函数内部使用了两个
DelayUs (248)函数，它们共延时1002μs（约1ms），由于tm值最大为255，故本DelayMs函数最大延时时间为255ms，
若将输入参数定义为unsigned int tm，则最长可获得65535ms的延时时间*/
void DelayMs(unsigned char tm)
    {
    while(tm--)
        {
        DelayUs (248);
        DelayUs (248);
        }
    }

/*以下SendByte为发送单字节（8位）函数，其输入参数为无符号字符型变量dat，输出参数为空（void），
其功能是将变量dat的8位数据由高到低逐位从P1.2端口移出*/
void SendByte(unsigned char dat)
    {
    unsigned char i;      //声明一个无符号字符型变量i
    for(i=0;i<8;i++)      //for为循环语句，大括号内的语句执行8次，将变量dat的8位数据由高到低逐位从P1.2端口移出
        {
        LieYi=0;          //让P1.1端口输出低电平
        LieMa=dat&0x80;   //将变量dat的8位数据和0x80(10000000)逐位相与（即保留dat数据的最高位，其他位全部清0），
                          //再将dat数据的最高位送到P1.2端口
        LieYi=1;          //让P1.1端口输出高电平，P1.1端口由低电平变为高电平，即输出一个上升沿
                          //去74HC595的移位端，P1.2端口的值被移入74HC595
        dat<<=1;          //将变量dat的8位数左移一位
        }
    }

/*以下Send2Byte为发送双字节（16位）函数，有两个输入参数dat1和dat2，均为无符号字符型变量*/
void Send2Byte(unsigned char dat1,unsigned char dat2)
    {
    SendByte(dat1);    //执行SendByte函数，将变量dat1的8位数据从P1.2端口移出
    SendByte(dat2);    //执行SendByte函数，将变量dat2的8位数据从P1.2端口移出
    }

/*以下Out595为输出锁存函数，其输入、输出参数均为空，该函数的功能是让单片机P1.0端口发出一个
锁存脉冲（上升沿）去74HC595芯片的锁存端，使之将已经移入的列码保存下来并输出给点阵的列引脚*/
void Out595(void)
    {
    LieSuo=0;   //让P1.0端口输出低电平
    _nop_();    //_nop_()为空操作函数，不进行任何操作，用作短时间延时，单片机时钟频率为12MHz时延时1μs
    LieSuo=1;   //让P1.0端口输出高电平，P1.0端口由低电平变为高电平，即输出一个上升沿去74HC595的锁存端，
                //使74HC595将已经移入的列码保存下来并输出给点阵
    }

/*以下SendHM为发送行码函数，其输入参数为无符号字符型变量dat，其功能是将变量dat的8位数由高到低逐位
从P2.0端口移出，再让74HC595将移入的8位数（行码）保存下来并输出给点阵的行引脚*/
void SendHM(unsigned char dat)
    {
    unsigned char i;      //声明一个无符号字符型变量i
    for(i=0;i<8;i++)      //for为循环语句，大括号内的语句执行8次，将变量dat的8位数由高到低逐位从P2.0端口移出
        {
        HangYi=0;         //让P2.1端口输出低电平
        HangMa=dat&0x80;  //将变量dat的8位数据和0x80(10000000)逐位相与（即保留dat数据的最高位，其他位全部清0），
                          //再将dat数据的最高位送到P2.0端口
        HangYi=1;         //让P2.1端口输出高电平，P2.1端口由低电平变为高电平，即输出一个上升沿
                          //去74HC595的移位端，P2.0端口的值被移入74HC595
        dat<<=1;          //将变量dat的8位数左移一位
        }
    HangSuo=0;    //让P2.2端口输出低电平
    _nop_();      //_nop_()为空操作函数，不进行任何操作，用作短时间延时，单片机晶振频率为12MHz时延时1μs
    HangSuo=1;    //让P2.2端口输出高电平，P2.2端口由低电平变为高电平，即输出一个上升沿
                  //去74HC595的锁存端，使74HC595将已经移入的行码保存下来并送给点阵的行引脚
    }

/*以下为主程序部分*/
void main()
    {
    unsigned char i,j;  //声明两个无符号字符型变量i和j，i、j的初值均为0
    while(1)            //主循环，while大括号内的语句反复执行，让两种颜色字符不断交替显示
        {
```

```
for(j=0;j<60;j++)      //for为循环语句，大括号内的语句执行60次，让一种颜色的整屏字符显示（刷新）60次，
                       //该颜色的字符显示时间约为0.5s（显示一次整屏字符约需8ms）
{
  for(i=0;i<8;i++)     //for为循环语句，大括号内的语句执行8次，依次将HMtable表格的第1～8个行码和
                       //LMtable表格的第1～8个列码发送给点阵，使之显示出一整屏字符（约需8ms）
  {
    SendHM(HMtable[i]);      //执行SendHM（发送行码）函数，同时将HMtable表格的第i+1个行码
                            //赋给SendHM函数的输入参数（dat），使之将该行码发送出去
    Send2Byte(LMtable[i],0xff);  //执行Send2Byte（发送双字节）函数，同时将LMtable表格的第i+1个列码和
                            //数据0xff分别赋给SendLM函数的两个输入参数（dat1、dat2），使之将
                            //该列码和数据发送出去，发送数据0xff可以让双色点阵中的一种颜色不显示
    Out595();              //执行Out595(输出锁存)函数，将已经分别移入两个74HC595的列码和数据0xff
                            //保存下来，同时发送给点阵的双色列引脚
    DelayMs(1);            //执行DelayMs（毫秒级延时）函数，让点阵每行显示持续1ms
    Send2Byte(0xff,0xff);  //执行Send2Byte函数，将数据0xff分别赋给SendLM函数的两个输入参数（dat1,dat2)，
                            //使之将0xff当作两种颜色的列码发送出去
    Out595();              //执行Out595(输出锁存)函数，将移入两个74HC595的数据0xff保存下来并发送给
                            //点阵的双色列引脚，以清除列码停止当前行的显示，否则在发送下一行行码（下一行
                            //列码要在行码之后发送）时，未清除的上一行列码会使下一行短时显示与上一行
                            //相同的内容，从而产生重影
  }
}
for(j=0;j<60;j++)      //for为循环语句，大括号内的语句执行60次，让另一种颜色的整屏字符显示（刷新）60次，
                       //该颜色的字符显示时间约为0.5s（显示一次整屏字符约需8ms）
{
  for(i=0;i<8;i++)     //for为循环语句，大括号内的语句执行8次，依次将HMtable表格的第1～8个行码和
                       //LMtable表格的第1～8个列码发送给点阵，使之显示出一整屏字符（约需8ms）
  {
    SendHM(HMtable[7-i]);      //执行SendHM(发送行码)函数，同时将HMtable表格的第(7-i+1)个行码(即先送
                              //第8行行码)赋给SendHM函数的输入参数(dat)，使之将该行码发送出去
    Send2Byte(0xff,LMtable[i]);  //执行Send2Byte(发送双字节)函数，同时将LMtable表格的第i+1个
                              //列码分别赋给SendLM函数的两个输入参数（dat1、dat2），使之将该列码
                              //和数据发送出去，发送数据0xff可以让双色点阵中的一种颜色不显示
    Out595();              //执行Out595(输出锁存)函数，将已经分别移入两个74HC595的列码和数据0xff
                            //保存下来，同时发送给点阵的双色列引脚
    DelayMs(1);            //执行DelayMs（毫秒级延时）函数，延时1ms，让点阵每行显示持续1ms
    Send2Byte(0xff,0xff);  //执行Send2Byte函数，将数据0xff分别赋给SendLM函数的两个输入参数（dat1,dat2)，
                            //使之将0xff当作两种颜色的列码发送出去
    Out595();              //执行Out595(输出锁存)函数，将移入两个74HC595的数据0xff保存下来并发送给
                            //点阵的双色列引脚，以清除列码停止当前行的显示，否则在发送下一行行码（下一行
                            //列码要在行码之后发送）时，未清除的上一行列码会使下一行短时显示与上一行
                            //相同的内容，从而产生重影
  }
}
}
```

图9-11　红绿双色点阵正反交替显示红、绿字符"1"的程序

9.2.5　字符移入和移出点阵的程序及详解

图9-12为字符0～9移入和移出双色点阵的程序。

（1）现象

红色字符0～9由右往左逐个移入点阵，后一个字符移入点阵时，前一个字符从点阵中移出，如图9-13（a）所示，最后一个字符9移出后，点阵清屏（空字符），接着翻转180°的绿色字符0～9由左往右逐个移入点阵（掉转方向可以看到正向的绿色字符由右往左移入移出点阵），如图9-13（b）所示，字符9移出后，点阵清屏，然后重复上述过程。

（2）程序说明

程序运行时首先进入主程序的main函数，在main函数中，有6个for语句，第1～3个for语句的内容用于使红色字符0～9由右往左逐个移入移出点阵，第4～6个for语句的内容用于使倒转的绿色字符0～9由左往右逐个移入移出点阵。

程序在首次执行时，依次执行第1～3个for语句，当执行到第3个for语句（内嵌在第2个for语句中）时，将LMtable表格第1个（首次执行时i、k均为0，故i+k+1=1）单元的值（0x00）取反后（变为0xff）赋给变量app，然后执行并进入SendHM（发送行码）函数，将HMtable表格的第1行行码0x01发送给点阵的行引脚，再执行Send2Byte（带方向发送

```
/*字符0~9按顺序从点阵移入移出的程序*/
#include<reg51.h>      //调用reg51.h文件对单片机各特殊功能寄存器进行地址定义
#include <intrins.h>   //调用intrins.h文件对本程序用到的"_nop_()"函数进行声明

unsigned char HMtable[8]={0x01,0x02,0x04,0x08,0x10,0x20,0x40,0x80};   //定义一个HMtable表格，依次
                                                                     //存放扫描点阵的8行行码
unsigned char code LMtable[96]={0x00,0x00,0x3e,0x41,0x41,0x41,0x3e,0x00,   //字符0的8行列码
                                0x00,0x00,0x00,0x00,0x21,0x7f,0x01,0x00,   //字符1的8行列码
                                0x00,0x00,0x27,0x45,0x45,0x45,0x39,0x00,   //字符2的8行列码
                                0x00,0x00,0x22,0x49,0x49,0x49,0x36,0x00,   //字符3的8行列码
                                0x00,0x00,0x0c,0x14,0x24,0x7f,0x04,0x00,   //字符4的8行列码
                                0x00,0x00,0x72,0x51,0x51,0x51,0x4e,0x00,   //字符5的8行列码
                                0x00,0x00,0x3e,0x49,0x49,0x49,0x26,0x00,   //字符6的8行列码
                                0x00,0x00,0x40,0x40,0x40,0x4f,0x70,0x00,   //字符7的8行列码
                                0x00,0x00,0x36,0x49,0x49,0x49,0x36,0x00,   //字符8的8行列码
                                0x00,0x00,0x32,0x49,0x49,0x49,0x3e,0x00,   //字符9的8行列码
                                0x00,0x00,0x00,0x00,0x00,0x00,0x00,0x00}; //空格列码(让8行都不显示的列码)
                         //定义一个LMtable表格，存放共阴列共阳点阵的字符0~9及空格的列码
                         //若用作驱动共阴列共阴型点阵，须将各列码值取反
sbit LieSuo=P1^0;   //用位定义关键字sbit将LieSuo（列锁存）代表P1.0端口
sbit LieYi=P1^1;    //用位定义关键字sbit将LieYi（列移位）代表P1.1端口
sbit LieMa=P1^2;    //用位定义关键字sbit将LieMa（列码）代表P1.2端口
sbit HangSuo=P2^2;
sbit HangYi=P2^1;
sbit HangMa=P2^0;

/*以下DelayUs为微秒级延时函数，其输入参数为unsigned char tu（无符号字符型变量tu），tu值为8位，取值范围为
0~255，若单片机的晶振频率为12MHz，本函数延时时间可用T=(tu×2+5) μs 近似计算，比如tu=248，T=501 μs≈0.5ms */
void DelayUs (unsigned char tu)   //DelayUs为微秒级延时函数，其输入参数为无符号字符型变量tu
  {
    while(--tu);                  //while为循环语句，每执行一次while语句，tu值就减1，
                                  //直到tu值为0时才执行while尾大括号之后的语句
  }

/*以下DelayMs为毫秒级延时函数，其输入参数为unsigned char tm（无符号字符型变量tm），该函数内部使用了两个
DelayUs (248)函数，它们共延时1002μs（约1ms），由于tm最大为255，故本DelayMs函数最大延时时间为255ms，
若将输入参数定义为unsigned int tm，则最长可获得65535ms的延时时间*/
void DelayMs(unsigned char tm)
  {
   while(tm--)
    {
     DelayUs (248);
     DelayUs (248);
    }
  }

/*以下SendByte为带方向发送单字节（8位）函数，有两个输入参数，一个为无符号字符型变量dat，另一个
为位变量yixiang(移向)，其功能是根据yixiang值将dat的8位数据由高到低(yixiang=0)或由低到高(yixiang=1)
逐位从P1.2端口移出*/
void SendByte(unsigned char dat,bit yixiang)
  {
    unsigned char i,temp;   //声明两个无符号字符型变量i和temp，i、temp的初值都为0
    if(yixiang==0)          //如果yixiang=0，执行if大括号内的内容"temp=0x80"
      {
       temp=0x80;           //将0x80（即10000000）赋给变量temp
      }
    else                    //否则（即yixiang=1），执行else大括号内的内容"temp=0x01"
      {
       temp=0x01;           //将0x01（即00000001）赋给变量temp
      }

    for(i=0;i<8;i++)        //for为循环语句，大括号内的语句执行8次，将变量dat的8位数据逐位从P1.2端口移出
      {
       LieYi=0;             //让P1.1端口输出低电平
       LieMa=dat&temp;      //将变量dat的8位数据和变量temp的8位数据逐位相与，再将结果数据的最高位(temp=0x80时)
                            //或最低位(temp=0x01时)送到P1.2端口移出
       LieYi=1;             //让P1.1端口输出高电平，P1.1端口由低电平变为高电平，即输出一个上升沿
                            //去74HC595的移位端，P1.2端口的值被移入74HC595
       if(yixiang==0)       //如果yixiang=0，执行if大括号内的内容"dat<<=1"
         {
          dat<<=1;          //将变量dat的8位数左移一位
         }
       else                 //否则（即yixiang=1），执行else大括号内的内容"dat>>=1"
         {
          dat>>=1;          //将变量dat的8位数右移一位
         }
      }
  }

/*以下Send2Byte为带方向发送双字节（16位）函数，有两个无符号字符型变量输入参数dat1、dat2和一个
位变量输入参数yixiang */
void Send2Byte(unsigned char dat1,unsigned char dat2,bit yixiang)
  {
   SendByte(dat1,yixiang);   //执行SendByte函数，根据yixiang的值将变量dat1的8位数据由高到低或由低到高逐位
                             //从P1.2端口移出
   SendByte(dat2,yixiang);   //执行SendByte函数，根据yixiang的值将变量dat2的8位数据由高到低或由低到高逐位
                             //从P1.2端口移出
  }

/*以下Out595为输出锁存函数，其输入、输出参数均为空，该函数的功能是让单片机P1.0端口发出一个
锁存脉冲（上升沿）去74HC595芯片的锁存端，使之将已经移入的列码保存下来并输出给点阵的列引脚*/
void Out595(void)
  {
   LieSuo=0;   //让P1.0端口输出低电平
   _nop_();    //_nop_()为空操作函数，不进行任何操作，用作短时间延时，单片机时钟频率为12MHz时延时1μs
   LieSuo=1;   //让P1.0端口输出高电平，P1.0端口由低电平变为高电平，即输出一个上升沿去74HC595的锁存端，
               //使74HC595将已经移入的列码保存下来并输出给点阵
  }
```

```
/*以下SendHM为发送行码函数，其输入参数为无符号字符型变量dat，其功能是将变量dat的8位数据（行码）
由高到低逐位从P2.0端口移出，再让74HC595将移入的8位数据保存下来并输出送到点阵的行引脚*/
void SendHM(unsigned char dat)
{
 unsigned char i;      //声明一个无符号字符型变量i
 for(i=0;i<8;i++)      //for为循环语句，大括号内的语句执行8次，将变量dat的8位数由高到低逐位从P2.0端口移出
 {
   HangYi=0;           //让P2.1端口输出低电平
   HangMa=dat&0x80;    //将变量dat的8位数据和0x80(10000000)逐位相与（即保留dat数据的最高位，其他位全部清0），
                       //再将dat数据的最高位送到P2.0端口
   HangYi=1;           //让P2.1端口输出高电平，P2.1端口由低电平变为高电平，即输出一个上升沿
                       //去74HC595的移位端，P2.0端口的值被移入74HC595
   dat<<=1;            //将变量dat的8位数左移一位
 }
 HangSuo=0;            //让P2.2端口输出低电平
 _nop_();              //_nop_()为空操作函数，不进行任何操作，用作短时间延时，单片机晶振频率为12MHz时延时1μs
 HangSuo=1;            //让P2.2端口输出高电平，P1.2端口由低电平变为高电平，即输出一个上升沿
                       //去74HC595的锁存端，使74HC595将已经移入的行码保存下来并送给点阵的行引脚
}

/*以下为主程序部分*/
void main()
{
 unsigned char i,k,l,app;  //声明四个无符号字符型变量i、k、l、app（初值均为0）
 while(1)                   //主循环，while大括号内的语句反复执行
 {
  for(k=0;k<=87;k++)        //for为循环语句，大括号内的语句执行88次，以将LMtable表格88个列码依次发送给点阵
  {
   for(l=20;l>0;l--)        //for为循环语句，大括号内的语句执行20次，让点阵显示的每屏内容都刷新20次，刷新次数
                            //越多，字符静止时间越长，字符移动速度越慢
   {
    for(i=0;i<=7;i++)       //for为循环语句，大括号内的语句执行8次，让点阵以逐行的方式显示出整屏内容
    {
     app=~(*(LMtable+i+k));       //将LMtable表格第i+k+1个单元的值取反后赋给变量app，*为指针运算符，~表示取反
     SendHM(HMtable[i]);         //执行SendHM（发送行码）函数，同时将HMtable表格的第i+1个行码
                                 //赋给SendHM函数的输入参数（dat），使之将该行码发送出去
     Send2Byte(app,0xff,0);      //执行Send2Byte（带方向发送双字节）函数，同时将app的值（列码）和
                                 //数据0xff分别赋给Send2Byte函数的两个输入参数（dat1、dat2），使之将该列码和
                                 //数据0xff发送出去，发送数据0xff可以让双色点阵中的一种颜色（绿色）不显示，
                                 //将0赋给yixiang使列码按高位到低位发送
     Out595();                   //执行Out595（输出锁存）函数，将已经分别移入两个74HC595的列码和数据0xff保存下来，
                                 //同时发送给点阵的双色列引脚
     DelayMs(1);                 //执行DelayMs（毫秒级延时）函数，延时1ms，让点阵每行显示持续1ms
     Send2Byte(0xff,0xff,0);     //执行Send2Byte函数，将数据0xff赋给该函数的dat1和dat2，将0赋给yixiang，
                                 //使之将0xff当作两种颜色的列码发送出去，在发送0xff时按高位到低位进行
     Out595();                   //执行Out595（输出锁存）函数，将移入两个74HC595的数据0xff保存下来并发送给
                                 //点阵的双色列引脚，以清除列码停止当前行的显示，否则在发送下一行行码（下一行
                                 //列码要在行码之后发送）时，未清除的上一行列码会使下一行短时显示与上一行
                                 //相同的内容，从而产生重影
    }
   }
  }
  for(k=0;k<=87;k++)        //for为循环语句，大括号内的语句执行87次，以将LMtable表格88个码依次发送给点阵
  {
   for(l=20;l>0;l--)        //for为循环语句，大括号内的语句执行20次，让点阵显示的每屏内容都刷新20次，刷新次数
                            //越多，字符静止时间越长，字符移动速度越慢
   {
    for(i=0;i<=7;i++)       //for为循环语句，大括号内的语句执行8次，让点阵以逐行的方式显示出整屏内容
    {
     SendHM(HMtable[7-i]);        //执行SendHM(发送行码)函数，同时将HMtable表格的第(7-i+1)个行码（即先送
                                 //第8行行码)赋给SendHM函数的输入参数（dat），使之将该行码发送出去
     Send2Byte(0xff,~(*(LMtable+i+k)),1);  //执行Send2Byte（带方向发送双字节）函数，同时将0xff和LMtable
                                 //表格第i+k+1个单元的列码反值分别赋给SendByte函数的dat1和
                                 //dat2，使之将两者发送出去，先发送数据0xff可以让双色点阵的
                                 //红色不显示，将1赋给yixiang让列码按低位到高位发送
     Out595();
     DelayMs(1);
     Send2Byte(0xff,0xff,0);
     Out595();
    }
   }
  }
 }
}
```

图 9-12　字符 0~9 移入和移出双色点阵的程序

(a) 红色字符由右往左移入移出点阵　　　(b) 翻转180°的绿色字符由左往右移入移出点阵

图 9-13　图 9-12 程序运行时字符移动情况

双字节）函数，使之将变量 app 的值作为列码（字符 0 的第一行列码）从高到低位移入给 74HC595，接着执行 Out595(输出锁存) 函数，将已经移入两个 74HC595 的列码和数据 0xff 分别发送到点阵的红列引脚和绿列引脚，点阵的第一行内容显示，执行 "DelayMs(1)" 让该行内容显示时间持续 1ms，执行 "Send2Byte(0xff,0xff,0)" 和 "Out595()" 清除该行显示，以免在发送下一行行码（下一行列码要在行码之后发送）时，未清除的上一行列码会使下一行短时显示与上一行相同的内容，从而产生重影，虽然第一行显示内容被清除，但由于人眼视觉暂留特性，会觉得第一行内容仍在显示。第 3 个 for 语句第 1 次执行后其 i 值由 0 变为 1，第 2 次执行时将 HMtable 表格的第 2 行行码（0x02）和 LMtable 表格的第 2 个单元的值（0x00）取反作为第 2 行列码发送给双色点阵，使之显示出第 2 行内容。当第 3 个 for 语句第 8 次执行时，点阵第 8 行显示，第 1～7 行内容虽然不显示，但先前显示内容在人眼的印象还未消失，故觉得点阵显示出一个完整的字符 0。第 3 个 for 语句执行 8 次使点阵显示一屏内容约需 8ms，第 3 个 for 语句嵌在第 2 个 for 语句内，第 2 个 for 语句执行 20 次，让点阵一屏相同的内容刷新 20 次，耗时约 160ms，即让点阵每屏相同的内容显示时间持续 160ms。

第 2 个 for 语句嵌在第 1 个 for 语句内，第 2 个 for 语句执行 20 次（第 3 个 for 语句执行 160 次）后，第 1 个 for 语句 k 值由 0 变为 1，当第 3 个 for 语句再次开始执行时，将 LMtable 表格第 2 个（i+k+1=2）单元的值取反后作为第 1 行列码发送给点阵，第 8 次执行时将 LMtable 表格第 9 个单元的值（字符 1 的第 1 行列码）取反后作为第 8 行列码发送给点阵，结果点阵显示的字符 0 少了一列，字符 1 的一列内容进入点阵显示，这样就产生了字符 0 移出、字符 1 移入的感觉。

主程序中的第 4～6 个 for 语句的功能是使倒转的绿色字符 0～9 由左往右逐个移入移出点阵。其工作原理与第 1～3 个 for 语句基本相同，这里不再说明。

第 10 章　液晶显示屏的使用及编程

10.1　1602 字符型液晶显示屏的硬、软件

10.1.1　外形与引脚功能

（1）外形

1602 字符型液晶显示屏可以显示 2 行（每行 16 个）字符，为了使用方便，1602 字符型液晶显示屏已将显示屏和驱动电路制作在一块电路板上，其外形如图 10-1 所示，液晶显示屏安装在电路板上，电路板背面有驱动电路，驱动芯片直接制作在电路板上并用黑胶封装起来。

图 10-1　1602 字符型液晶显示屏的外形

（2）引脚说明

1602 字符型液晶显示屏有 14 个引脚（不带背光电源的有 12 个引脚），各脚功能说明如图 10-2 所示。

V0端：又称LCD偏压调整端，该端直接接电源时对比度最低，接地时对比度最高，一般在该端与地之间接一个10kΩ电位器，用来调LCD的对比度

RS端：1—选中数据寄存器；0—选中指令寄存器

R/W端：1—从LCD读信息；0—往LCD写信息

E端：1—允许读信息；下降沿↓—允许写信息

图 10-2　1602 字符型液晶显示屏的各脚功能说明

10.1.2　内部字库及代码

1602 字符型液晶显示屏内部使用 CGROM（自定义字行 ROM）和 CGRAM（自定义字符 RAM）来存放字符的数据（简称字模），其中 CGROM 以固化的形式存放着 192 个常用字符的字模，CGRAM 可以由用户以自定义的方式最多可写入 8 个新字符的字模。

1602 字符型液晶显示屏 CGROM、CGRAM 的字符代码与字符对应关系见表 10-1，比如字符"0"的代码为 00110000（即 30H），它与计算机采用 ASCII 码是一致的（即计算机中字符"0"的代码也是 30H）。除了在 CGROM 中固化了一些字符数据外，用户可以在 CGRAM 中自定义 8 个字符的字模，这 8 个字符的代码为 00H~07H 或 08H~0FH（00H 和 08H 指的为同一个字符）。

字符代码可以看作是字符在 CGROM 中的存储地址，当单片机往 LCD 驱动电路传送字符代码时，驱动电路就会从 CGROM 中找到该代码对应的字符数据，送到 DDRAM（显示数据寄存器）并在 LCD 屏显示出来。

表 10-1　CGROM、CGRAM 的字符代码与字符对应关系

低4位＼高4位	0000	0001	0010	0011	0100	0101	0110	0111	1000	1001	1010	1011	1100	1101	1110	1111
0000	CG RAM (1)			0	@	P	\	p				―	タ	゛	α	p
0001	(2)		!	1	A	Q	a	q				ロ	ア	チ	ム	ä	q
0010	(3)		"	2	B	R	b	r				「	イ	川	メ	β	θ
0011	(4)		#	3	C	S	c	s				」	ウ	ラ	モ	ε	∞
0100	(5)		$	4	D	T	d	t				\	エ	ト	セ	μ	Ω
0101	(6)		%	5	E	U	e	u				ロ	オ	ナ	ユ	Β	u
0110	(7)		&	6	F	V	f	v				テ	カ	ニ	ヨ	P	Σ
0111	(8)		>	7	G	W	g	w				ア	キ	ヌ	ラ	g	π
1000	CG RAM (1)		(	8	H	X	h	x				イ	ク	ネ	リ	§	$\overline{X}$
1001	(2)		)	9	I	Y	i	y				ウ	ケ	ノ	レ	╡	Y
1010	(3)		*	:	J	Z	j	z				エ	コ	リ	レ	j	千
1011	(4)		+	;	K	[	k	{				オ	サ	ヒ	ロ	x	万
1100	(5)		,	<	L	¥	l	|				セ	シ	フ	ワ	¢	円
1101	(6)		-	=	M	]	m	}				ユ	ス	ヘ	ソ	£	÷
1110	(7)		.	>	N	^	n	→				ヨ	セ	ホ	ハ	̄n	
1111	(8)		/	?	O	＿	o	←				ツ	ソ	マ	ロ	ロ	

10.1.3　LCD 屏各显示位与 DDRAM 的地址关系

1602 字符型液晶显示屏有 2 行（每行 16 个）显示位，其各位与 DDRAM（显示数据寄存器）地址对应关系如图 10-3 所示，当选中 DDRAM 某个地址并往该地址送字符数据时，

该地址对应的 LCD 显示位就可显示出该字符。1602 的每个显示位有 5×8 个点组成，当DDRAM 的数据为 1 时，与之对应的点显示，为 0 时不显示。

以在 1602 的第一位显示字符"A"为例，首先单片机往 1602 传送"A"的代码 41H（与计算机"A"的 ASCII 代码相同），选中 1602 内部 CGROM 中"A"的字符数据（字模），再选中 DDRAM 的 00H 地址，CGROM 中"A"的字符数据传送到 DDRAM 的 00H 地址，1602 显示屏与之对应的第一显示位马上显示出字符"A"的字形。

图 10-3　1602 显示屏各显示位与 DDRAM 地址的对应关系

10.1.4　1602 显示屏的指令集

1602 由 LCD 显示屏和驱动模块（常用的驱动芯片有 HD44780，该芯片内置了 CGROM、CGRAM、DDRAM 和有关控制电路）组成，1602 驱动模块有 11 条操作指令，只有了解这些指令才能对 1602 进行各种操作。

1602 有 11 条指令，可分为写指令、写数据、读状态和地址、读数据 4 种类型，这 4 种指令的操作类型由 1602 的 RS 端、R/W 端和 E 端决定，具体见表 10-2。

表 10-2　1602 的 RS 端、R/W 端和 E 端电平与指令操作类型

RS 端	R/W 端	E 端	指令类型
0	0	下降沿	写指令（往 1602 指令寄存器写入指令，DB7～DB0 为指令码）
1	0	下降沿	写数据（往 1602 数据寄存器写入数据，DB7～DB0 为数据）
0	1	高电平	读状态和地址（从 1602 读取工作状态和地址信息，DB7～DB0 为状态和地址信息）
1	1	高电平	读数据（从 1602 读取数据，DB7～DB0 为数据）

（1）清屏指令

清屏指令的指令码如下：

RS	R/W	DB7	DB6	DB5	DB4	DB3	DB2	DB1	DB0
0	0	0	0	0	0	0	0	0	1

清屏指令的功能如下：

• 清除显示屏所有的显示内容（即将 DDRAM 所有地址的内容全部清除）。

• 光标回到原点（即光标回到显示屏的左上角第一个显示位）

· DDRAM 地址计数器 AC 的值设为 0。

（2）光标归位指令

光标归位指令的指令码如下：

RS	R/W	DB7	DB6	DB5	DB4	DB3	DB2	DB1	DB0
0	0	0	0	0	0	0	0	1	X

注：指令码中的 X 表示任意值（0 或 1）

光标归位指令的功能如下：

· 光标回到显示屏的左上角第一个显示位。

· DDRAM 地址计数器 AC 的值设为 0。

· 不清除 DDRAM 中内容（即不清除显示屏的显示内容）。

（3）输入模式设置指令

输入模式设置指令的指令码如下：

RS	R/W	DB7	DB6	DB5	DB4	DB3	DB2	DB1	DB0
0	0	0	0	0	0	0	1	I/D	S

输入模式设置指令的功能是设置输入字符时光标和字符的移动方向，具体如下：

· I/D=0 时，输入字符时光标左移，AC 值自动减 1；I/D=1 时，输入字符时光标右移，AC 值自动加 1。

· S=0 时，输入字符时显示屏全部显示不移动；S=1 时，输入字符时显示屏全部显示移动一位（左移、右移由 I/D 位决定）。

（4）显示开关控制指令

显示开关控制指令的指令码如下：

RS	R/W	DB7	DB6	DB5	DB4	DB3	DB2	DB1	DB0
0	0	0	0	0	0	1	D	C	B

显示开关控制指令的功能是控制显示屏是否显示、光标是否显示和光标是否闪烁，具体如下：

· D=0 时，显示屏关显示，DDRAM 内容不变化；D=1 时，显示屏开显示。

· C=0 时，不显示光标；C=1 时，显示光标。

· B=0 时，光标不闪烁；B=1 时，光标闪烁。

（5）光标和显示移动指令

光标和显示移动指令的指令码如下：

RS	R/W	DB7	DB6	DB5	DB4	DB3	DB2	DB1	DB0
0	0	0	0	0	1	S/C	R/L	X	X

光标和显示移动指令的功能是在不读写 DDRAM 数据时设置光标和显示内容左移或右移，具体如下：

S/C	R/L	设定情况	S/C	R/L	设定情况
0	0	光标左移 1 格，且 AC 值减 1	1	0	显示器上字符全部左移一格，但光标不动
0	1	光标右移 1 格，且 AC 值加 1	1	1	显示器上字符全部右移一格，但光标不动

（6）功能设置指令

功能设置指令的指令码如下：

RS	R/W	DB7	DB6	DB5	DB4	DB3	DB2	DB1	DB0
0	0	0	0	1	DL	N	F	X	X

功能设置指令的功能是设置1602的数据接口位数、LCD屏的行数和点阵规格，具体如下：

·DL=0时，4位数据总线（DB7~DB4），DB3~DB0不用；D=1时，8位数据总线（DB7~DB0）。

·N=0时，1行显示模式；N=1时，2行显示模式。

·F=0时，5×7点阵/每字符；F=1时，5×10点阵/每字符。

（7）设置CGRAM地址指令

设置CGRAM地址指令的指令码如下：

RS	R/W	DB7	DB6	DB5	DB4	DB3	DB2	DB1	DB0
0	0	0	1			CGRAM的地址（6位）			

设置CGRAM地址指令的功能是设置要写入自定义字符数据的CGRAM地址。指令码中的DB5~DB3为自定义字符的地址（000~111），可自定义8个字符，它实际是自定义字符代码的低3位，DB2~DB0为字符的8行数据的地址（000~111）。

以给字符代码01H自定义字符"I"为例，如图10-4所示，首先让DB5~DB0为001000，选中CGRAM的000000001000单元（CGRAM的地址为12位，字符代码取自地址的高8位），再往该单元写入字符"I"的第1行数据XXX01110（X表示1或0即可），然后让DB5~DB0为001001，选中CGRAM的000000001001单元，往该单元写入字符"I"的第2行数据XXX00100，往8个单元写完8行数据后，一个字符数据就写完了，即自定义

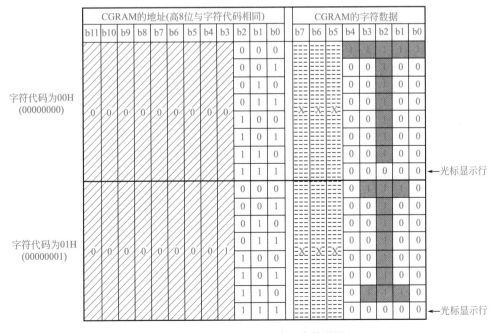

图 10-4　在 CGRAM 自定义字符说明

了一个字符，在显示时，只要往 CGRAM 传送该字符的字符代码（实际上是该字符存储地址的高 8 位），该字符的 8 行数据即会传送到 DDRAM，并通过 LCD 屏显示出来。

（8）设置 DDRAM 地址指令

设置 DDRAM 地址指令的指令码如下：

RS	R/W	DB7	DB6	DB5	DB4	DB3	DB2	DB1	DB0
0	0	1	DDRAM 的地址（7 位）						

设置 DDRAM 地址指令的功能是设置要存入字符数据的 DDRAM 的地址，在 LCD 屏与该地址对应的显示位会将该字符显示出来。在一行显示模式时，DDRAM 的地址范围为 00H～4FH；在两行显示模式时，第一行 DDRAM 的地址范围为 00H～27H（1602 只用到了 00H～0FH），第二行 DDRAM 的地址范围为 40H～67H（1602 只用到了 40H～4FH），具体如下：

	显示位置	1	2	3	4	5	6	7	……	40
DDRAM 地址	第一行	00H	01H	02H	03H	04H	05H	06H	……	27H
	第二行	40H	41H	42H	43H	44H	45H	46H	……	67H

（9）读取忙标志和 AC 地址指令

读取忙标志和 AC 地址指令的指令码如下：

RS	R/W	DB7	DB6	DB5	DB4	DB3	DB2	DB1	DB0
0	1	BF	AC 地址（7 位）						

当 RS=0、R/W=1 和 E=1 时，从 1602 的 DB7 端读取忙标志（BF），从 DB6～DB0 端读取 AC 地址。如果 BF=1，表示 1602 内部忙，不接收任何外部指令或数据，BF=0 表示 1602 内部空闲，可接收外部数据或指令。地址计数器 AC 中的地址为 CGROM、CGRAM 和 DDRAM 公用，因此当前 AC 地址所指区域由前一条指令操作区域决定，只有 BF=0 时，从 DB7～DB0 端读取的地址才有效。

（10）写数据到 CGRAM 或 DDRAM 指令

写数据到 CGRAM 或 DDRAM 指令的指令码如下：

RS	R/W	DB7	DB6	DB5	DB4	DB3	DB2	DB1	DB0
1	0	要写入的数据 D7～D0							

写数据到 CGRAM 或 DDRAM 指令的功能是将自定义字符数据写入已设置好地址的 CGRAM，或将要显示的字符的字符代码写入 DDRAM，以让 LCD 屏将该字符显示出来。在写 CGRAM 时，DB7～DB5 可为任意值，DB4～DB0 为字符的一行字符数据（反映一行 5 个点的数据）。

（11）从 CGRAM 或 DDRAM 读取数据指令

从 CGRAM 或 DDRAM 读取数据指令的指令码如下：

RS	R/W	DB7	DB6	DB5	DB4	DB3	DB2	DB1	DB0
1	1	要读出的数据 D7～D0							

从 CGRAM 或 DDRAM 读取数据指令的功能是从地址计数器 AC 指定的 CGRAM 或 DDRAM 地址中读取数据，在读取数据前，先要给地址计数器 AC 指定要读取数据的地址。

10.2 单片机驱动 1602 液晶显示屏的电路及编程

10.2.1 单片机驱动 1602 液晶显示屏的电路

单片机驱动 1602 液晶显示屏的电路如图 10-5 所示，当单片机对 1602 进行操作时，根据不同的操作类型，会从 P2.4、P2.5、P2.6 端送控制信号到 1602 的 RS、R/W 和 E 端，例如单片机要对 1602 写入指令时，会让 P2.4=0、P2.5=0，P2.6 端先输出高电平再变为低电平（下降沿），同时从 P0.7～P0.0 端输出指令代码去 1602 的 DB7～DB0 端，1602 根据指令代码进行相应的操作。

图 10-5 单片机驱动 1602 液晶显示屏的电路

10.2.2 1602 液晶显示屏静态显示字符的程序及详解

图 10-6 为 1602 液晶显示屏静态显示字符的程序。

（1）现象

在 1602 液晶屏的第 1 行显示字符"ok"，在第 2 行显示字符"Hello World!"，两行字符

```
/*1602液晶显示屏静态显示字符"ok www.etv100.com"的程序*/
#include<reg51.h>        //调用reg51.h文件对单片机各特殊功能寄存器进行地址定义
#include<intrins.h>      //调用intrins.h文件对本程序用到的"nop_()"函数进行声明
sbit RS = P2^4;          //用位定义关键字sbit将RS代表P2.4端口
sbit RW = P2^5;
sbit EN = P2^6;
#define DataP0 P0         //用define(宏定义)命令将DataP0代表P0端口，程序中DataP0与P0等同

/*以下DelayUs为微秒级延时函数，其输入参数为unsigned char tu(无符号字符型变量tu)，tu值为8位，取值范围为
0～255，若单片机的晶振频率为12M，本函数延时时间可用T=(tu×2+5)us 近似计算，比如tu=248，T=501 us≈0.5ms */
void DelayUs (unsigned char tu)   //DelayUs为微秒级延时函数，其输入参数为无符号字符型变量tu
  {
    while(--tu);                  //while为循环语句，每执行一次while语句，tu值就减1，
  }                               //直到tu值为0时才执行while尾大括号之后的语句

/*以下DelayMs为毫秒级延时函数，其输入参数为unsigned char tm(无符号字符型变量tm)，该函数内部使用了两个
DelayUs (248)函数，它们共延时1002us(约1ms)，由于tm值最大为255，故本DelayMs函数最大延时时间为255ms，
若将输入参数定义为unsigned int tm，则最长可获得65535ms的延时时间*/
void DelayMs(unsigned char tm)
{
  while(tm--)
  {
    DelayUs (248);
    DelayUs (248);
  }
}

/*以下LCD_Check_Busy为判忙函数，用于对1602进行判忙，当1602忙时该函数的输出参数bit=1 */
bit LCD_Check_Busy(void)   //本函数的输入参数为空(void)，输出参数为位变量(bit)
{
DataP0=0xFF;       //将P0端口全部置高电平
RS=0;              //让P2.4端口输出低电平，选择1602的指令寄存器
RW=1;              //让P2.5端口输出高电平，对1602进行读操作
EN=0;              //让P2.6端口输出低电平
_nop_();           //执行_nop_函数(空操作函数)，不进行任何操作，用作短延时，单片机晶振频率为12MHz时延时1μs
EN=1;              //让P2.6端口输出高电平，1602的状态信息开始通过DB7～DB0传送给单片机的P0端口
return (DataP0 & 0x80);
                   //先将P0端口从1602读取的值和0x80(10000000)逐位相与，保留P0端口的
                   //最高位(P0.7)F 潋蟑蝗  壳?，再将P0端口的最高位值返回给LCD_Check_Busy函数的
                   //输出参数bit(位变量)?602忙时，DB7为1，P0.7也为1，bit=1
}

/*以下LCD_Write_Com为写指令函数，用于给1602写指令*/
void LCD_Write_Com(unsigned char command)   //本函数的输入参数为无符号字符型变量command，输出参数为空
{
while(LCD_Check_Busy());  //执行LCD_Check_Busy判忙函数，判断1602是否忙，忙(该函数的输出参数bit为1)则
                          //反复执行本条while语句，否则执行下条语句
RS=0;              //让P2.4端口输出低电平，选择1602的指令寄存器
RW=0;              //让P2.5端口输出低电平，对1602进行写操作
EN=1;              //让P2.6端口输出高电平
DataP0=command;    //将变量command的值(指令代码)赋给P0端口
_nop_();           //执行_nop_函数(空操作函数)，进行短时间延时
EN=0;              //让P2.6端口由高电平变为低电平(下降沿)，P0端口的指令代码通过DB7～DB0写入1602
}

/* 以下LCD_Write_Data为写数据函数，用于给1602写数据*/
void LCD_Write_Data(unsigned char Data)   //本函数的输入参数为无符号字符型变量Data，输出参数为空
{
while(LCD_Check_Busy());  //执行LCD_Check_Busy判忙函数，判断1602是否忙，忙(该函数的输出参数bit为1)
                          //则反复执行本条while语句，否则执行下条语句
RS=1;              //让P2.4端口输出高电平，选择1602的数据寄存器
RW=0;              //让P2.5端口输出低电平，对1602进行写操作
EN=1;              //让P2.6端口输出高电平
DataP0= Data;      //将变量Data的值(数据)赋给P0端口
_nop_();           //执行_nop_函数(空操作函数)，进行短时间延时
EN=0;              //让P2.6端口由高电平变为低电平(下降沿)，P0端口的数据通过DB7～DB0写入1602
}

/*以下LCD_Clear为清屏函数，用于清除1602显示屏所有的显示内容*/
void LCD_Clear(void)   //本函数的输入、输出参数均为空(void)
{
LCD_Write_Com(0x01);  //执行LCD_Write_Com函数，同时将清屏指令代码0x01(00000001)赋给其输入参数，
                      //该函数执行后将清屏指令写入1602进行清屏
DelayMs(5);           // 执行DelayMs函数延时5ms，使清屏操作有足够的时间完成
}

/*以下LCD_Write_String为写字符串函数，用于将字符串写入1602 */
void LCD_Write_String(unsigned char n,unsigned char m,unsigned char *s) //本函数有3个输入参数，n为字符
       //显示的列数(n=0表示第1列)，m为字符显示的行数(m=0表示第1行)，s为指针变量(用于存储地址值)
{
if (m == 0)  //如果m=0，则执行LCD_Write_Com(0x80 + n)
  {
    LCD_Write_Com(0x80 +n);  //执行LCD_Write_Com函数，将列地址0x0n(取自DB6～DB0值)写入DDRAM，
                             //选择在0nH显示位显示字符(00H～0FH为第一行显示位)
  }
else          //否则(即m≠0)，则执行LCD_Write_Com(0xC0 + n)
  {
    LCD_Write_Com(0xC0 + n); //执行LCD_Write_Com函数，将列地址0x4n(取自DB6～DB0值)写入DDRAM，
                             //选择在4nH显示位显示字符(40H～4FH为第二行显示位)
  }
while (*s)    //当指针变量s的地址值不为0时，反复循环执行while大括号内的语句，
              //当s的地址值为0时跳出while语句
  {
    LCD_Write_Data( *s);  //执行LCD_Write_Data函数，将指针变量s中的地址所指的数据写入1602
    s++;                  //将指针变量s中的地址值加1
```

```
    }
  }

/*以下LCD_Write_Char为写字符函数,用于将字符写入1602 */
void LCD_Write_Char(unsigned char j,unsigned char k,unsigned char Data)  //本函数有3个输入参数,j为字符
                                                                         //显示的列数,k为字符显示的行数,Data为字符代码
{
  if (k== 0)   //如果k=0,则执行LCD_Write_Com(0x80 + j)
    {
      LCD_Write_Com(0x80 + j);  //执行LCD_Write_Com函数,将列地址0x0j(取自DB6～DB0值)写入DDRAM,
                                //选择在0jH显示位显示字符(00H～0FH为第一行显示位)
    }
  else          //否则(即k≠0),则执行LCD_Write_Com(0xC0 + j)
    {
      LCD_Write_Com(0xC0 + j);  //执行LCD_Write_Com函数,将列地址0x4j(取自DB6～DB0值)写入DDRAM,
                                //选择在4jH显示位显示字符(40H～4FH为第二行显示位)
    }
  LCD_Write_Data(Data);      //执行LCD_Write_ Data函数,往前面选中的DDRAM地址中写入字符代码,
                             //该字符即可在LCD相应显示位显示出来
}

/*以下LCD_Init为初始化函数,用于对1602进行初始设置*/
void LCD_Init(void)   //本函数输入、输出参数均为空(void)
{
  LCD_Write_Com(0x38);  //执行LCD_Write_Com函数,将指令代码0x38(即00111000)通过DB7～DB0写入1602,
                        //将1602功能模式设为8位总线(DB4=1)、两行显示(DB3=1)、5×7点阵/每字符(DB2=0)
  DelayMs(5);     //执行DelayMs函数延时5ms,使功能模式设置有足够的时间完成
  LCD_Write_Com(0x08);  //执行LCD_Write_Com函数,将指令代码0x08(即00001000)通过DB7～DB0写入1602,
                        //将1602设为显示屏关显示(DB2=0)、不显示光标(DB1=0) 、光标闪烁(DB0=0)
  LCD_Write_Com(0x01);  //执行LCD_Write_Com函数,将指令代码0x01(即00000001)通过DB7～DB0写入1602,
                        //对1602进行清屏
  LCD_Write_Com(0x06);  //执行LCD_Write_Com函数,将指令代码0x06(即00000110)通过DB7～DB0写入1602,
                        //将1602设为输入字符时光标右移(DB1=1)、输入字符时显示屏的全部显示不移动(DB0=0)
  DelayMs(5);    //执行DelayMs函数延时5ms,使输入模式设置操作有足够的时间完成
  LCD_Write_Com(0x0C);  //执行LCD_Write_Com函数,将指令代码0x0C(即00001100)通过DB7～DB0写入1602,
                        //将1602设为显示屏开显示(DB2=1)、不显示光标(DB1=0)、光标闪烁(DB0=0)
}

/*以下为主程序部分*/
void main(void)
{
  LCD_Init();     //执行LCD_Init函数,对1602进行初始化设置
  LCD_Clear();    //执行LCD_Clear函数,对1602进行清屏操作
  while (1)       //主循环,while大括号内的内容反复执行
    {
      LCD_Write_Char(7,0,'o');    //执行LCD_Write_Char函数,选择DDRAM的07H地址,将字符"o"的字符代码
                                  //(编译时"o"会转换成ASCII码,它与1602的"o"的字符代码相同)写入1602,
                                  //该字符则显示在LCD屏的第1行第8个位置
      LCD_Write_Char(8,0, 0x6B);  //执行LCD_Write_Char函数,选择DDRAM的08H地址,将0x6B("k"的字符代码)
                                  //写入1602,该字符则显示在LCD屏的第1行第9个位置
      LCD_Write_String(1,1,"hello world!");  //执行LCD_Write_String函数,选择DDRAM的01H地址,将字符串
                                  //"hello world!"中的各个字符的字符代码按顺序依次写入以41H
                                  //为首地址的各单元,结果从LCD屏的第2行第2个显示位开始显示
                                  //"hello world! "
      while(1);    //由于条件(1)为真,while语句一直执行,即程序停在此处
    }
}
```

图 10-6　1602 液晶显示屏静态显示字符的程序

都静止不动。

（2）程序说明

程序运行时首先进入主程序的 main 函数，先执行 LCD_Init 函数，对 1602 进行初始化设置，再执行 LCD_Clear 函数，对 1602 进行清屏操作，然后执行两个写字符函数和一个写字符串函数。在执行 LCD_Write_Char(7,0,'o') 时，选择 DDRAM 的 07H 地址，将字符 "o" 的字符代码 (编译时 "o" 会转换成 ASCII 码，它与 1602 的 "o" 的字符代码相同) 写入 1602，该字符显示在 LCD 屏的第一行第八个位置；在执行 LCD_Write_Char(8,0, 0x6B) 时，选择 DDRAM 的 08H 地址，将 0x6B ("k" 的字符代码）写入 1602，该字符显示在 LCD 屏的第一行第九个位置；在执行 LCD_Write_String（1,1, "Hello World!"）时，选择 DDRAM 的 41H 地址，将字符串 "Hello World!" 中的各个字符的字符代码按顺序依次写入以 41H 为首地址的各单元，结果从 LCD 屏的第二行第二个显示位开始显示 "Hello World!"，最后反复执行最后一条 while 语句，程序停止在此处。

10.2.3 1602 液晶显示屏逐个显示字符的程序及详解

图 10-7 为 1602 液晶显示屏逐个显示字符的主程序，其他程序部分与图 10-6 相同。

（1）现象

在 1602 液晶屏的第一行显示字符"Welcome to"，显示期间这些字符静态不变，显示第二行时从第二个显示位开始，逐个依次显示"Hello World!"的各个字符，每个字符显示的间隔时间为 250ms，最后一个字符（m）显示完后第二行显示的字符全部消失，然后又重新开始逐个依次显示第二行各个字符。

（2）程序说明

程序运行时首先进入主程序的 main 函数，先定义两个变量 i 和 p，接着执行并进入 LCD_Init 函数，对 1602 进行初始化设置，再反复循环执行第一个 while 语句首尾大括号内的内容。在第一个 while 语句中，先给变量 i 和 p 赋值，再执行 LCD_Clear 函数，对 1602 进行清屏操作，然后执行 LCD_Write_String（2,0, "Welcome to"），选择 DDRAM 的 02H 地址，将字符串 "Welcome to" 中的各个字符的字符代码按顺序依次写入以 02H 为首地址的各单元，结果从 LCD 屏的第一行第三个显示位开始显示 "Welcome to"，接着执行第二个 while 语句。在第二个 while 语句中，先执行 LCD_Write_Char（i,1,*p），选择 DDRAM 的 0iH 地址，将字符指针变量 p 的地址所指字符串的字符代码写入 1602，该字符则显示在 LCD 屏的第二行第 i+1 个位置，然后变量 i、p 值均自增 1，即 DDRAM 的地址加 1，p 也指向字符串的下一个字符，延时 250ms 后，返回又一次执行 LCD_Write_Char（i,1,*p），开始在下一个位置显示下一个字符。字符串所有的字符显示完后，p 中的地址值为 0，跳出第二个 while 语句，延时 250ms 后，返回到前面重新对变量 i 和 p 赋值，开始进行第二屏相同内容的显示。

```
/*以下为主程序部分*/
void main(void)
{
 unsigned char i;      //定义一个无符号字符型变量i
 unsigned char *p;     //定义一个无符号字符型指针变量p,p存储的为地址值
 LCD_Init();           //执行LCD_Init函数,对1602进行初始化设置
 while (1)             //主循环,while大括号内的内容反复执行
   {
   i=1;                //给变量i赋初值1
   p = "hello world! ";  //将字符串首个字符的地址存入指针变量p
   LCD_Clear();        //执行LCD_Clear函数,对1602进行清屏操作
   LCD_Write_String(2,0,"Welcome to");  //执行LCD_Write_String函数,选择DDRAM的02H地址,将字符串
                       //"Welcome to"中的各个字符的字符代码按顺序依次写入以02H
                       //为首地址的各单元,结果从LCD屏的第1行第3个显示位开始显示
                       //" Welcome to "
   DelayMs(250);       //执行DelayMs函数延时250ms,然后往下执行,开始显示第2行字符
   while (*p)          //当指针变量p的地址值不为0时,反复循环执行while大括号内的语句,逐个显示p地址所指
                       //字符串中的字符,每执行一次,p地址会增1,当p指到字符串最后一个字符再增1时,
                       //p的地址值为0,跳出本while语句
     {
     LCD_Write_Char(i,1,*p);  //执行LCD_Write_Char函数,选择DDRAM的0iH地址,将字符指针变量p的地址
                       //所指字符串的字符的代码写入1602,该字符则显示在LCD屏的第2行第i+1个位置
     i++;              //i值自增1
     p++;              //p值(地址值)增1
     DelayMs(250);     //执行DelayMs函数延时250ms,再返回前面执行LCD_Write_Char(i,1,*p),以显示下一个字符
     }
   DelayMs(250);       //执行DelayMs函数延时250ms,返回到前面的"i=1"语句,以显示第二屏相同内容(刷新)
   }
}
```

图 10-7 1602 液晶显示屏逐个显示字符的主程序（其他程序部分与图 10-6 相同）

10.2.4 1602 液晶显示屏字符滚动显示的程序及详解

图 10-8 为 1602 液晶显示屏字符滚动显示的主程序部分，其他程序部分与图 10-6 相同。

（1）现象

在 1602 液晶屏的第一行显示字符"ok"，在第二行显示字符"Hello World!"，然后所有的字符往左滚动，全部字符从显示屏左端完全移出后并不会马上从右端移入，而是需要等一段时间才从右端移入，其原因如图 10-9 所示，当字符不移动时，显示屏第一行从左到右显示 DDRAM 的 00H～0FH 地址的内容，当字符左移一位时，显示屏第一行从左到右显示 DDRAM 的 01H～10H 地址的内容，而 DDRAM 第一行的地址为 00H～27H，在左移时，10H～27H 地址的内容也要移到显示屏显示，但由于这些地址无内容，故显示屏无显示，当 27H 地址内容移入显示屏最右显示位并左移一位时，00H 地址内容才从显示屏最右端进入，全部字符才开始从显示屏右端移入。

```
/*以下为主程序部分*/
void main(void)
{
LCD_Init();        //执行LCD_Init函数, 对1602进行初始化设置
LCD_Clear();       //执行LCD_Clear函数, 对1602进行清屏操作
LCD_Write_Char(7,0,'o');    //执行LCD_Write_Char函数, 选择DDRAM的07H地址, 将字符"o"的字符代码(编译时
                            //"o"会转换成ASCII码, 它与1602的"o"的字符代码相同)写入1602, 该字符则显示
                            //在LCD屏的第1行第8个位置
LCD_Write_Char(8,0,0x6B);   //执行LCD_Write_Char函数, 选择DDRAM的08H地址, 将0x6B ("k"的字符代码)写入
                            //1602, 该字符则显示在LCD屏的第1行第9个位置
LCD_Write_String(1,1,"hello world!");   //执行LCD_Write_String函数, 选择DDRAM的01H地址, 将字符串
                            //"hello world!"中的各个字符的字符代码按顺序依次写入41H
                            //为首地址的各单元, 结果从LCD屏的第2行第2个显示位开始显示
                            //"hello world!"
while (1)        //主循环, while大括号内的内容反复循环执行, 250ms执行一次, 每执行一次, 显示屏所有的字符均
                 //左移一位
  {
  DelayMs(250);   //执行DelayMs函数延时250ms
  LCD_Write_Com(0x18);   //执行LCD_Write_Com函数, 将指令代码0x18(即00011000通过DB7～DB0写入1602,
                         //让1602显示屏所有的字符左移一位。全部字符右移的指令代码为0x1C
  }
}
```

图 10-8　1602 液晶显示屏字符滚动显示的主程序（其他程序部分与图 10-6 相同）

DDRAM内的字符不移动时, 显示屏第1行从左到右显示DDRAM的00H～0FH地址的内容

00H	01H	02H	…	0DH	0EH	0FH
40H	41H	42H	…	4DH	4EH	4FH

DDRAM的字符全部左移1位时, 显示屏第1行从左到右显示DDRAM的01H～10H地址的内容, 原00H地址的内容移到27H

01H	02H	03H	…	0EH	0FH	10H
41H	42H	43H	…	4EH	4FH	50H

DDRAM的字符全部右移1位时, 显示屏第1行从左到右显示DDRAM的27H、00H～0EH地址的内容, 原0FH地址的内容移到10H

27H	00H	01H	…	0CH	0DH	0EH
67H	40H	41H	…	4CH	4DH	4EH

图 10-9　DDRAM 的字符左、右移动 1 位时显示屏的显示内容

（2）程序说明

图 10-8 程序运行时，首先进入主程序的 main 函数，先执行 LCD_Init 函数，对 1602 进行初始化设置，再执行 LCD_Clear 函数，对 1602 进行清屏操作，然后执行 LCD_Write_Char（7,0, 'o'），选择 DDRAM 的 07H 地址，将字符 "o" 的字符代码（编译时 "o" 会转换成 ASCII 码，它与 1602 的 "o" 的字符代码相同）写入 1602，该字符则显示在 LCD 屏的第一行第八个位置，接着执行 LCD_Write_Char（8,0, 0x6B），选择 DDRAM 的 08H 地址，将 0x6B（"k" 的字符代码）写入 1602，该字符则显示在 LCD 屏的第一行第九个位置，再往后执行 LCD_ Write_String（1,1, "Hello World!"），选择 DDRAM 的 01H 地址，将字符串 "Hello World!"

中的各个字符的字符代码按顺序依次写入以 41H 为首地址的各单元，结果从 LCD 屏的第二行第二个显示位开始显示 "Hello World!"。以上这些与 1602 静态显示字符相同，本程序在后面增加一个 while 语句，在 while 语句中有一个 LCD_Write_Com（0x18）函数，在执行该函数时，将指令代码 0x18（即 00011000）通过 DB7～DB0 写入 1602，让 1602 显示屏所有的字符左移一位，由于该函数会反复执行（每隔 250ms），故全部字符每隔 250ms 左移一位，若要全部字符右移可使用指令代码 0x1C。

10.2.5 矩阵键盘输入与 1602 液晶显示屏显示的电路及程序详解

（1）矩阵键盘输入与 1602 液晶显示屏显示的电路

图 10-10 为矩阵键盘输入与 1602 液晶显示屏显示的电路，按键 S1～S10 的键值依次为 0～9，按键 S10～S16 的键值依次为 A～F。

图 10-10　矩阵键盘输入与 1602 液晶显示屏显示的电路

（2）矩阵键盘输入与 1602 液晶显示屏显示的程序及详解

图 10-11 为矩阵键盘输入与 1602 液晶显示屏显示的程序，其省略的程序部分与图 10-6 相同。

① 现象　在 1602 液晶屏的第一行显示字符 "Press the key !"，按下矩阵键盘的某个按键时，字符 "Press the key !" 消失，在显示屏第一行第一个显示位显示该按键的键值字符，字符后有方块状光标闪烁，每按一次按键，显示屏就输入一个字符，第一行输入 16 个字符后，会自动从第二行第一个显示位开始显示，第二行显示到最后一位，再输入一个字符时，显示屏会先清屏，然后将该字符显示在第一行第一个显示位。

```
/*1602液晶屏的矩阵键盘输入及显示字符的程序*/
#include<reg51.h>        //调用reg51.h文件对单片机各特殊功能寄存器进行地址定义
#include<intrins.h>      //调用intrins.h文件对本程序用到的"nop_()"函数进行声明
sbit RS = P2^4;          //用位定义关键字sbit将RS代表P2.4端口
sbit RW = P2^5;
sbit EN = P2^6;
#define DataP0 P0        //用define(宏定义)命令将DataP0代表P0端口，程序中DataP0与P0等同
#define KeyP1 P1
unsigned char code KeyTable[]={'0','1','2','3',0x34,'5','6','7','8','9','A', 0x42,'C','D','E','F'};
                         //定义一个KeyTable表格，依次存放字符0～F的字符代码(编译时字符会转换成字符代码)
              //本处省略以下函数：
              // DelayUs微秒级延时函数
              // DelayMs毫秒级延时函数
              // LCD_Check_Busy判忙函数
              // LCD_Write_Com写指令函数
              // LCD_Write_Data写数据函数
              // LCD_Clear清屏函数
              // LCD_Write_String写字符串函数
              // LCD_Write_Char写字符函数
              // LCD_Init初始化函数
/*以下KeyS函数用来检测矩阵键盘的16个按键，其输出参数得到按下的按键的编码值*/
unsigned char KeyS(void)   //KeyZ函数的输入参数为空，输出参数为无符号字符型变量
{
  unsigned char KeyM;      //声明一个变量KeyM，用于存放按键的编码值
  KeyP1=0xf0;              //将P1端口的高4位置高电平，低4位拉低电平
  if(KeyP1!=0xf0)          //如果P1≠0xf0成立，表示有按键按下，执行本if大括号内的语句
  {
    DelayMs(10);          //延时10ms去抖
    if(KeyP1!=0xf0)       //再次检测按键是否按下，按下则执行本if大括号内的语句
    {
      KeyP1=0xfe;          //让P1=0xfe，即让P1.0端口为低电平（P1其他端口为高电平），检测第一行按键
      if(KeyP1!=0xfe)      //如果P1≠0xfe成立（比如P1.7与P1.0之间的按键S1按下时，P1.7被P1.0拉低，KeyP1=0x7e）
                           //表示第一行有按键按下，执行本if大括号内的语句
      {
        KeyM=KeyP1;        //将P1端口值赋给变量KeyM
        DelayMs(10);       //延时10ms去抖
        while(KeyP1!=0xfe); //若P1≠0xfe成立则反复执行本条语句，一旦按键释放，P1=0xfe(P1≠0xfe不成立)
                           //则往下执行
        return KeyM;       //将变量KeyM的值送给KeyS函数的输出参数，如按下P1.6与P1.0之间的按键时，
                           //KeyM=KeyP1=0xbe
      }
      KeyP1=0xfd;          //让P1=0xfd，即让P1.1端口为低电平（P1其他端口为高电平），检测第二行按键
      if(KeyP1!=0xfd)
      {
        KeyM=KeyP1;
        DelayMs(10);
        while(KeyP1!=0xfd);
        return KeyM;
      }
      KeyP1=0xfb;          //让P1=0xfb，即让P1.2端口为低电平（P1其他端口为高电平），检测第三行按键
      if(KeyP1!=0xfb)
      {
        KeyM=KeyP1;
        DelayMs(10);
        while(KeyP1!=0xfb);
        return KeyM;
      }
      KeyP1=0xf7;          //让P1=0xf7，即让P1.3端口为低电平（P1其他端口为高电平），检测第四行按键
      if(KeyP1!=0xf7)
      {
        KeyM=KeyP1; ;
        DelayMs(10);
        while(KeyP1!=0xf7);
        return KeyM;
      }
    }
  }
  return 0xff;    //如果无任何键按下，将0xff送给KeyS函数的输出参数
}
/* 以下KeyZ函数用于将键码转换成相应的键值，其输出参数得到按下的按键键值*/
unsigned char KeyZ(void)   //KeyZ函数的输入参数为空，输出参数为无符号字符型变量
{
  switch(KeyS())  // switch为多分支选择语句，以KeyS()函数的输出参数(按下的按键的编码值)作为选择依据
  {
    case 0x7e:return 0;break;   //如果KeyS()函数的输出参数与常量0x7e(0的键码)相等，将0送给KeyZ函数的
                               //输出参数，然后跳出switch语句，否则往下执行
    case 0x7d:return 1;break;   //如果KeyS()函数的输出参数与常量0x7d(1的键码)相等，将1送给KeyZ函数的
                               //输出参数，然后跳出switch语句，否则往下执行
    case 0x7b:return 2;break;
    case 0x77:return 3;break;
    case 0xbe:return 4;break;
    case 0xbd:return 5;break;
    case 0xbb:return 6;break;
    case 0xb7:return 7;break;
    case 0xde:return 8;break;
    case 0xdd:return 9;break;
    case 0xdb:return 10;break;
    case 0xd7:return 11;break;
    case 0xee:return 12;break;
    case 0xed:return 13;break;
    case 0xeb:return 14;break;
```

图 10-11

```
     case 0xe7:return 15;break;
     default:return 0xff;break;    //如果KeyS()函数的输出参数与所有case后面的常量均不相等,执行default
                                   //之后的语句组,将0xff送给KeyS函数的输出参数,然后跳出switch语句
  }
}

/*以下为主程序部分*/
void main(void)          //main为主函数,其输入输出参数均为空(void),一个程序只允许有一个主函数,其语句要
                         //写在main首尾大括号内,不管程序多复杂,单片机都会从main函数开始执行程序
{
 unsigned char i,j,num;  //定义3个无符号字符型变量i(显示位)、j(行数)、num(键值)
 LCD_Init();             //执行LCD_Init函数,对1602进行初始化设置
 LCD_Write_Com(0x0F);    //执行LCD_Write_Com函数,将指令代码0x0F(即00001111)通过DB7~DB0写入1602,
                         //将1602设为显示屏开显示、显示光标、光标闪烁
 LCD_Write_String(0,0,"Press the key !");  //执行LCD_Write_String函数,选择DDRAM的00H地址,将字符串
                                   //" Press the key !"的各个字符的字符代码按顺序依次写入以00H
                                   //为首地址的各单元,结果从LCD屏的第1行第1个显示位开始显示
                                   //" Press the key !"
 while (1)      //主循环,while大括号内的内容反复循环执行
  {
  num=KeyZ();   //将KeyZ()函数的输出参数(按键的键值)赋给变量num
  if(num!=0xff) //如果(num≠0xff成立,表示有按键按下,执行本if大括号内的语句
     {
     if((i==0)&&(j==0)) //如果i=0和j=0同时成立(准备显示第1行第1个字符时),执行本if大括号内的语句进行清屏
       {
       LCD_Clear();    //执行LCD_Clear函数,对1602进行清屏操作
       }
     LCD_Write_Char(0+i,0+j,KeyTable[num]); //执行LCD_Write_Char函数,选择DDRAM的0iH地址,将KeyTable表格的
                                   //第num+1个字符代码写入1602,该字符则显示在LCD屏的第j+1行第i+1个位置
     i++;      //将i值增1,移到下一个显示位
     if(i==16) //如果i=16(一行显示已满),执行本if大括号内的语句
       {
       j++;    //将j值增1,移到下一行显示
       i=0;    //将i值清0,移到第1个显示位显示
       if(j==2) //如果j=2(第2行显示已满),执行本if大括号内的语句,将j值清0,将显示又移到第1行
         {
         j=0;   //将j值清0,显示移到第1行
         }
       }
     }
  }
}
```

图 10-11　矩阵键盘输入与 1602 液晶显示屏显示的程序

② 程序说明　程序运行时,首先进入主程序的 main 函数,先定义 3 个无符号字符型变量 i(显示位)、j(行数)、num(键值),再执行 LCD_Init 函数,对 1602 进行初始化设置,然后执行 LCD_Write_Com(0x0F)函数,将指令代码 0x0F(即 00001111)通过 DB7~DB0 写入 1602,将 1602 设为显示屏开显示、显示光标、光标闪烁,接着执行 LCD_Write_String(0,0, "Press the key!"),选择 DDRAM 的 00H 地址,将字符串"Press the key!"的各个字符的字符代码按顺序依次写入以 00H 为首地址的各单元,结果从 LCD 屏的第一行第一个显示位开始显示"Press the key!",之后的 while 主循环为按键输入及显示屏显示输入字符的程序部分。

在 while 主循环语句中,先执行并进入 KeyZ 函数→在 KeyZ 函数(键码转键值函数)中,switch 语句需要读取 KeyS 函数的输出参数(键码),故需执行并进入 KeyS 函数→在 KeyS 函数中,检测矩阵键盘按下的按键,得到该键的键码→返回到 KeyZ 函数→在 KeyZ 函数中,switch 语句以从 KeyS 函数的输出参数读取的键码作为依据,找到其对应的键值赋给 KeyZ 函数的输出参数→程序返回到主程序的 while 语句→将 KeyZ 函数的输出参数(按键的键值)赋给变量 num→如果未按下任何键,num 值将为 0xff,第一个 if 语句不会执行,其内嵌的 3 个 if 语句都不会执行→若按下某键,例如按下 S7 键(键值为 6),num 值为 6,num≠0xff 成立→第一个 if 语句执行,由于 i、j 的初始值都为 0,第二个 if 语句也执行,其内部 LCD_Clear 函数执行,对 1602 进行清屏("Press the key!"显示会被清除)→执行"LCD_Write_Char(0+i,0+j,KeyTable[num])",将 KeyTable 表格的第 num+1 个(第 7 个)字符代码(字符 6 的代码)写入 1602,该字符则显示在 LCD 屏的第 j+1 行(第一行)第 i+1 个(第一个)显示位置→执行"i++",将 i 值增 1(变成 2),移到下一个显示位→由于 i≠16,故第三、四

个 if 语句都不会执行→返回执行"num=KeyZ()"来读取有无按键按下，当 16 次按下按键给 1602 输入 16 个字符后，执行"i++"，i=16→第三个 if 语句执行，先执行 j++，将 j 值增 1 变成 1，移到下一行显示，再执行 i=0，将 i 值清 0，移到第 1 个显示位显示，由于 j≠2，故第四个 if 语句不会执行→又返回执行"num=KeyZ()"，当第二行输入 16 个字符后，执行"i++"，i=16→第三个 if 语句又执行，先执行 j++，将 j 值增 1 变成 2，执行 i=0，由于 j=2，故第四个 if 语句执行，执行内部的 j=0，将 j 值清 0，又移到第一行第一个显示位，开始第二屏字符的输入。

在 while 主循环语句中，第二个 if 语句在输入第一行第一个字符时会执行一次，第四个 if 语句在输入第二行最后一个字符后会执行一次，每按下一次按键，第一个 if 语句就会执行一次，第三个 if 语句在输入第一、二行最后一个字符时各执行一次。每按下一次按键，第一个 if 语句中的 LCD_Write_Char 函数和"i++"语句都会执行一次。

第11章　步进电机的使用及编程

11.1　步进电机与驱动芯片

11.1.1　步进电机的结构与工作原理

步进电机是一种用电脉冲控制运转的电动机,每输入一个电脉冲,电机就会旋转一定的角度,因此步进电机又称为脉冲电机。步进电机的转速与脉冲频率成正比,脉冲频率越高,单位时间内输入电机的脉冲个数越多,旋转角度越大,即转速越快。步进电机广泛用在雕刻机、激光制版机、贴标机、激光切割机、喷绘机、数控机床、机器手等各种中大型自动化设备和仪器中。

（1）外形

步进电机的外形如图11-1所示。

图11-1　步进电机的外形

（2）结构与工作原理

① 与步进电机有关的实验　在说明步进电机工作原理前,先来分析如图11-2所示的实验现象。

(a) 示意图一　　　　(b) 示意图二　　　　(c) 示意图三　　　　(d) 示意图四

图11-2　与步进电机有关的实验现象

在图 11-2 所示实验中，一根铁棒斜放在支架上，如图 11-2（a）所示，若将一对磁铁靠近铁棒，N 极磁铁产生的磁感线会通过气隙、铁棒和气隙到达 S 极磁铁，如图 11-2（b）所示。由于磁感线总是力图通过磁阻最小的途径，它对铁棒产生作用力，使铁棒旋转到水平位置，如图 11-2（c）所示，此时磁感线所经磁路的磁阻最小（磁阻主要由 N 极与铁棒的气隙和 S 极与铁棒间的气隙大小决定，气隙越大，磁阻越大，铁棒处于图 11-2（c）位置时的气隙最小，因此磁阻也最小）。这时若顺时针旋转磁铁，为了保持磁路的磁阻最小，磁感线对铁棒产生作用力使之也顺时针旋转，如图 11-2（d）所示。

② 工作原理　步进电机种类很多，根据运转方式可分为旋转式、直线式和平面式，其中旋转式应用最为广泛。旋转式步进电机又分为永磁式和反应式，永磁式步进电机的转子采用永久磁铁制成，反应式步进电机的转子采用软磁性材料制成。由于反应式步进电机具有反应快、惯性小和速度高等优点，因此应用广泛。下面以如图 11-3 所示的三相六极式步进电机为例进行说明，其工作方式有单三拍、双三拍和单双六拍。

a. 单三拍工作方式。图 11-3 是一种三相六极式步进电机，它主要由凸极式定子、定子绕组和带有 4 个齿的转子组成。

(a) 示意图一　　　　　　　　(b) 示意图二　　　　　　　　(c) 示意图三

图 11-3　三相六极式步进电机的单三拍工作方式说明

三相六极式步进电机的单三拍工作方式说明如下：

• 当 A 相定子绕组通电时，如图 11-3（a）所示，A 相绕组产生磁场，由于磁场磁感线力图通过磁阻最小的路径，在磁场的作用下，转子旋转使齿 1、3 分别正对 A、A′ 极。

• 当 B 相定子绕组通电时，如图 11-3（b）所示，B 相绕组产生磁场，在绕组磁场的作用下，转子旋转使齿 2、4 分别正对 B、B′ 极。

• 当 C 相定子绕组通电时，如图 11-3（c）所示，C 相绕组产生磁场，在绕组磁场的作用下，转子旋转使 3、1 齿分别正对 C、C′ 极。

从图中可以看出，当 A、B、C 相按 A → B → C 顺序依次通电时，转子逆时针旋转，并且转子齿 1 由正对 A 极运动到正对 C′；若按 A → C → B 顺序通电，转子则会顺时针旋转。给某定子绕组通电时，步进电机会旋转一个角度；若按 A → B → C → A → B → C →…顺序依次不断给定子绕组通电，转子就会连续不断地旋转。

图 11-3 为三相单三拍反应式步进电机，其中“三相”是指定子绕组为三组，“单”是指每次只有一相绕组通电，“三拍”是指在一个通电循环周期内绕组有 3 次供电切换。

步进电机的定子绕组每切换一相电源，转子就会旋转一定的角度，该角度称为步进角。在图 11-3 中，步进电机定子圆周上平均分布着 6 个凸极，任意两个凸极之间的角度为 60°，转子每个齿由一个凸极移到相邻的凸极需要前进两步，因此该转子的步进角为30°。步进电机的步进角可用下面的公式计算：

$$\theta=\frac{360°}{ZN}$$

式中，Z 为转子的齿数；N 为一个通电循环周期的拍数。

图 11-3 中的步进电机的转子齿数 $Z=4$，一个通电循环周期的拍数 $N=3$，则步进角 $\theta=30°$。

b. 单双六拍工作方式。三相六极式步进电机以单三拍方式工作时，步进角较大，力矩小且稳定性较差；如果以单双六拍方式工作，步进角较小，力矩较大，稳定性更好。三相六极式步进电机的单双六拍工作方式说明如图 11-4 所示。

图 11-4 三相六极式步进电机的单双六拍工作方式说明

三相六极式步进电机的单双六拍工作方式说明如下：

• 当 A 相定子绕组通电时，如图 11-4（a）所示，A 相绕组产生磁场，由于磁场磁感线力图通过磁阻最小的路径，在磁场的作用下，转子旋转使齿 1、3 分别正对 A、A′ 极。

• 当 A、B 相定子绕组同时通电时，A、B 相绕组产生如图 11-4（b）所示的磁场，在绕组磁场的作用下，转子旋转使齿 2、4 分别向 B、B′ 极靠近。

• 当 B 相定子绕组通电时，如图 11-4（c）所示，B 相绕组产生磁场，在绕组磁场的作用下，转子旋转使 2、4 齿分别正对 B、B′ 极。

• 当 B、C 相定子绕组同时通电时，如图 11-4（d）所示，B、C 相绕组产生磁场，在绕组磁场的作用下，转子旋转使齿 3、1 分别向 C、C′ 极靠近。

• 当 C 相定子绕组通电时，如图 11-4（e）所示，C 相绕组产生磁场，在绕组磁场的作用下，转子旋转使 3、1 齿分别正对 C、C′ 极。

从图中可以看出，当 A、B、C 相按 A → AB → B → BC → C → CA → A…顺序依次通

电时，转子逆时针旋转，每一个通电循环分 6 拍，其中 3 个单拍通电，3 个双拍通电，因此这种工作方式称为三相单双六拍。三相单双六拍步进电机的步进角为 15°。

三相六极式步进电机还有一种双三拍工作方式，每次同时有两个绕组通电，按 AB → BC → CA → AB…顺序依次通电切换，一个通电循环分 3 拍。

图 11-5 三相步进电机的结构示意图

（3）结构

三相六极式步进电机的步进角比较大，若用它们作为传动设备动力源时往往不能满足精度要求。为了减小步进角，通常在步进电机的定子凸极和转子上开很多小齿，这样可以大大减小步进电机的步进角。三相步进电机的结构示意如图 11-5 所示。步进电机的结构如图 11-6 所示。

(a) 电机结构　　　　　　　　　　　(b) 定子结构

图 11-6 步进电机的结构

11.1.2 驱动芯片 ULN2003

单片机的输出电流很小，不能直接驱动电机和继电器等功率较大的元件，需要用驱动芯片进行功率放大。常用的驱动集成电路有 ULN2003、MC1413P、KA2667、KA2657、KID65004、MC1416、ULN2803、TD62003 和 M5466P 等，它们都是 16 引脚的反相驱动集成电路，可以互换使用。下面以最常用的 ULN2003 为例进行说明。

（1）外形、结构和主要参数

ULN2003 的外形与内部结构如图 11-7（a）和图 11-7（b）所示。ULN2003 内部有 7 个驱动单元，1～7 脚分别为各驱动单元的输入端，16～10 脚为各驱动单元的输出端，8 脚为各驱动单元的接地端，9 脚为各驱动单元保护二极管负极的公共端，可接电源正极或悬空不用。ULN2003 内部 7 个驱动单元是相同的，单个驱动单元的电路结构如图 11-7（c）所示，三极管 VT1、VT2 构成达林顿三极管（又称复合三极管），3 个二极管主要起保护作用。

ULN2003 驱动单元主要参数如下：①直流放大倍数可达 1000；②VT1、VT2 耐压最大为 50V；③ VT2 的最大输出电流（I_{C2}）为 500mA；④输入端的高电平的电压值不能低于 2.8V；⑤输出端负载的电源推荐在 24V 以内。

(a) 外形 　　　　　　　　　 (b) 内部结构

(c) 单个驱动单元的电路结构

图 11-7　ULN2003 的外形和内部结构

（2）检测

ULN2003 内部有 7 个电路结构相同的驱动单元，其电路结构如图 11-7（c）所示，在检测时，三极管集电结和发射结均可当成二极管。ULN2003 驱动单元检测包括检测输入端与接地端（8 脚）之间的正反向电阻、输出端与接地端之间的正反向电阻、输入端与输出端之间的正反向电阻、输出端与公共端（9 脚）之间的正反向电阻。

① 检测输入端与接地端（8 脚）之间的正反向电阻　万用表选择 $R \times 100\Omega$ 挡，红表笔接 1 脚、黑表笔接 8 脚，测得二极管 VD1 的正向电阻与 $R1 \sim R3$ 总阻值的并联值，该阻值较小；若红表笔接 8 脚、黑表笔接 1 脚，测得 $R1$ 和 VT1、VT2 两个 PN 结的串联阻值，该阻值较大。

② 检测输出端与接地端之间的正反向电阻　红表笔接 16 脚、黑表笔接 8 脚，测得 VD2 的正向电阻值，该值很小；当黑表笔接 16 脚、红表笔接 8 脚，VD2 反向截止，测得阻值无穷大。

③ 检测输入端与输出端之间的正反向电阻　黑表笔接 1 脚、红表笔接 16 脚，测得为 $R1$ 与 VT 集电结正向电阻值，该值较小；当红表笔接 1 脚、黑表笔接 16 脚，VT1 集电结截止，测得阻值无穷大。

④ 检测输出端与公共端（9 脚）之间的正反向电阻　黑表笔接 16 脚、红表笔接 9 脚，VD3 正向导通，测得阻值很小；当红表笔接 16 脚、黑表笔接 9 脚，VD3 反向截止，测得阻值无穷大。

在测量 ULN2003 某个驱动单元时，如果测量结果与上述不符，则为该驱动单元损坏。由于 ULN2003 的 7 个驱动单元电路结构相同，正常各单元的相应阻值都是相同的，因此检测时可对比测量，当发现某个驱动单元某阻值与其他多个单元阻值有较大区别时，可确定该单元损坏，因为多个单元同时损坏可能性很小。

当 ULN2003 某个驱动单元损坏时，如果暂时找不到新 ULN2003 替换，可以使用 ULN2003 空闲驱动单元来代替损坏的驱动单元。在代替时，将损坏单元的输入、输出端分别与输入、输出电路断开，再分别将输入、输出电路与空闲驱动单元的输入、输出端连接。

11.1.3 五线四相步进电机

（1）外形、内部结构与接线图

图 11-8 是一种较常见的小功率 5V 五线四相步进电机，A、B、C、D 四相绕组对外接出 5 根线（4 根相线和 1 根接 5V 的电源线）。五线四相步进电机的外形与内部接线如图 11-8 所示，在电机上通常会标示电源电压。

(a) 外形与内部结构　　　　　　　　　　(b) 接线图

图 11-8　五线四相步进电机

（2）工作方式

四相步进电机有 3 种工作方式，分别是单四拍方式、双四拍方式和单双八拍方式，其通电规律如图 11-9 所示，"1"表示通电，"0"表示断电。

步	A	B	C	D
1	1	0	0	0
2	0	1	0	0
3	0	0	1	0
4	0	0	0	1
5	1	0	0	0
6	0	1	0	0
7	0	0	1	0
8	0	0	0	1

步	A	B	C	D
1	1	1	0	0
2	0	1	1	0
3	0	0	1	1
4	1	0	0	1
5	1	1	0	0
6	0	1	1	0
7	0	0	1	1
8	1	0	0	1

步	A	B	C	D
1	1	0	0	0
2	1	1	0	0
3	0	1	0	0
4	0	1	1	0
5	0	0	1	0
6	0	0	1	1
7	0	0	0	1
8	1	0	0	1

(a) 单四拍(一相励磁)　　　(b) 双四拍(二相励磁)　　　(c) 单双八拍(一一二相励磁)

图 11-9　四相步进电机的 3 种工作方式

（3）接线端的区分

五线四相步进电机对外有 5 个接线端，分别是电源端、A 相端、B 相端、C 相端和 D 相端。五线四相步进电机可通过查看导线颜色来区分各接线，其颜色规律如图 11-10 所示。

（4）检测

五线四相步进电机有四组相同的绕组，故每相绕组的阻值基本相等，电源端与每相绕组的一端均连接，故电源端与每相绕组接线端之间的阻值基本相等，除电源端外，其他 4

图 11-10　五线四相步进电机接线端的一般颜色规律

个接线端中的任意两接线端之间的电阻均相同，为每相绕组阻值的两倍，从几十欧到几百欧。了解这些特点后，只要用万用表测量电源端与其他各接线端之间的电阻，正常四次测得的阻值基本相等，若某次测量阻值无穷大，则为该接线端对应的内部绕组开路。

11.2 单片机驱动步进电机的电路及编程

11.2.1 由按键、单片机、驱动芯片和数码管构成的步进电机驱动电路

由按键、单片机、驱动芯片和数码管构成的步进电机驱动电路如图 11-11 所示。

图 11-11 按键、单片机、驱动芯片和数码管构成的步进电机驱动电路

11.2.2　用单 4 拍方式驱动步进电机正转的程序及详解

图 11-12 是用单 4 拍方式驱动步进电机正转的程序，其电路如图 11-11 所示。

（1）现象

步进电机一直往一个方向转动。

（2）程序说明

程序运行时进入 main 函数，在 main 函数中先将变量 Speed 赋值 6，设置通电时间。然后执行 while 语句，在 while 语句中，先执行 A_ON（即执行"A1=1、B1=0、C1=0、D1=0"），给 A 相通电，然后延时 6ms；再执行 B_ON（即执行"A1=0、B1=1、C1=0、D1=0"），给 B 相通电；用同样的方法给 C、D 相通电。由于 while 首尾大括号内的语句会反复循环执行，故电机持续不断朝一个方向运转。如果将变量 Speed 的值设大一些，电机转速会变慢，转动的力矩则会变大。

```
/*用单四拍方式驱动四相步进电机正转的程序*/
#include <reg51.h>        //调用reg51.h文件对单片机各特殊功能寄存器进行地址定义
sbit A1=P1^0;             //用位定义关键字sbit将A1代表P1.0端口
sbit B1=P1^1;
sbit C1=P1^2;
sbit D1=P1^3;
unsigned char Speed;      //声明一个无符号字符型变量Speed
#define A_ON {A1=1;B1=0;C1=0;D1=0;} //用define(宏定义)命令将A_ON代表"A1=1;B1=0;C1=0;D1=0;",可简化编程
#define B_ON {A1=0;B1=1;C1=0;D1=0;} //B_ON与"A1=0;B1=1;C1=0;D1=0;"等同
#define C_ON {A1=0;B1=0;C1=1;D1=0;}
#define D_ON {A1=0;B1=0;C1=0;D1=1;}
#define ABCD_OFF {A1=0;B1=0;C1=0;D1=0;}

/*以下DelayUs为微秒级延时函数,其输入参数为unsigned char tu(无符号字符型变量tu),tu值为8位,取值范围 0～255,
如果单片机的晶振频率为12MHz,本函数延时时间可用T=(tu×2+5)μs 近似计算,比如tu=248,T=501μs≈0.5ms */
void DelayUs (unsigned char tu)   //DelayUs为微秒级延时函数,其输入参数为无符号字符型变量tu
  {
   while(--tu);                    //while为循环语句,每执行一次while语句,tu值就减1,
                                   //直到tu值为0时才执行while尾大括号之后的语句
  }

/*以下DelayMs为毫秒级延时函数,其输入参数为unsigned char tm（无符号字符型变量tm）,该函数内部使用了两个
DelayUs (248)函数,它们共延时1002μs（约1ms）,由于tm值最大为255,故本DelayMs函数最大延时时间为255ms,
若将输入参数定义为unsigned int tm,则最长可获得65535ms的延时时间*/
void DelayMs(unsigned char tm)
{
 while(tm--)
   {
    DelayUs (248);
    DelayUs (248);
   }
}

/*以下为主程序部分*/
void main()
{
 Speed=6;      //给变量Speed赋值6,设置每相通电时间
 while(1)      //主循环,while首尾大括号内的语句会反复执行
   {
    A_ON              //让A1=1、B1=0、C1=0、D1=0,即给A相通电,B、C、D相均断电
    DelayMs(Speed);   //延时6ms,让A相通电时间持续6ms,该值越大,转速越慢,但转矩(转动力矩)越大
    B_ON              //让A1=0、B1=1、C1=0、D1=0,即给B相通电,A、C、D相均断电
    DelayMs(Speed);   //延时6ms,让B相通电时间持续6ms
    C_ON
    DelayMs(Speed);
    D_ON
    DelayMs(Speed);
   }
}
```

图 11-12　用单 4 拍方式驱动步进电机正转的程序

11.2.3　用双 4 拍方式驱动步进电机自动正反转的程序及详解

图 11-13 是用双 4 拍方式驱动步进电机自动正反转的程序，其电路如图 11-11 所示。

（1）现象

步进电机正向旋转 4 周，再反向旋转 4 周，周而复始。

```
/*用双4拍方式驱动步进电机自动正反转的程序*/
#include <reg51.h>            //调用reg51.h文件对单片机各特殊功能寄存器进行地址定义
sbit A1=P1^0;                 //用位定义关键字sbit将A1代表P1.0端口
sbit B1=P1^1;
sbit C1=P1^2;
sbit D1=P1^3;
unsigned char Speed;   //声明一个无符号字符型变量Speed

#define A_ON {A1=1;B1=0;C1=0;D1=0;}   //用define(宏定义)命令将A_ON代表"A1=1;B1=0;C1=0;D1=0; ",可简化编程
#define B_ON {A1=0;B1=1;C1=0;D1=0;}   //B_ON与"A1=0;B1=1;C1=0;D1=0;"等同
#define C_ON {A1=0;B1=0;C1=1;D1=0;}
#define D_ON {A1=0;B1=0;C1=0;D1=1;}
#define AB_ON {A1=1;B1=1;C1=0;D1=0;}
#define BC_ON {A1=0;B1=1;C1=1;D1=0;}
#define CD_ON {A1=0;B1=0;C1=1;D1=1;}
#define DA_ON {A1=1;B1=0;C1=0;D1=1;}
#define ABCD_OFF {A1=0;B1=0;C1=0;D1=0;}

/*以下DelayUs为微秒级延时函数,其输入参数为unsigned char tu(无符号字符型变量tu),tu值为8位,取值范围 0~255,
如果单片机的晶振频率为12MHz,本函数延时时间可用T=（tu×2+5）μs 近似计算,比如tu=248,T=501 μs≈0.5ms */
void DelayUs (unsigned char tu)   //DelayUs为微秒级延时函数,其输入参数为无符号字符型变量tu
{
  while(--tu);                     //while为循环语句,每执行一次while语句,tu值就减1,
                                   //直到tu值为0时才执行while尾大括号之后的语句
}

/*以下DelayMs为毫秒级延时函数,其输入参数为unsigned char tm（无符号字符型变量tm）,该函数内部使用了两个
DelayUs (248)函数,它们共延时1002μs（约1ms）,由于tm值最大为255,故本DelayMs函数最大延时时间为255ms,
若将输入参数定义为unsigned int tm,则最长可获得65535ms的延时时间*/
void DelayMs(unsigned char tm)
{
  while(tm--)
    {
     DelayUs (248);
     DelayUs (248);
    }
}

/*以下为主程序部分*/
void main()
{
 unsigned int i;   //声明一个无符号整数型变量i
 Speed=8;          //给变量Speed赋值8,设置单相或双相通电时间
 while(1)          //主循环,while首尾大括号内的语句会反复执行
  {
   ABCD_OFF          //让A1=0, B1=0, C1=0, D1=0, 即让A、B、C、D相均断电
   i=512;            //将i赋值512
   while(i--)        //while首尾大括号内的语句每执行一次,i值减1,i值由512减到0时,给步进电机提供了
                     //512个正向通电周期(电机正转4周),跳出本while语句
    {
     AB_ON            //让A1=1, B1=1, C1=0, D1=0, 即给A、B相通电, C、D相断电
     DelayMs(Speed);  //延时8ms, 让A相通电时间持续8ms,该值越大,转速越慢, 但力矩越大
     BC_ON
     DelayMs(Speed);
     CD_ON
     DelayMs(Speed);
     DA_ON
     DelayMs(Speed);
    }
   ABCD_OFF          //让A1=0, B1=0, C1=0, D1=0, 即让A、B、C、D相均断电, 电机停转
   i=512;            //将i赋初值512
   while(i--)        //while首尾大括号内的语句每执行一次,i值减1,i值由512减到0时,给步进电机提供了
                     //512个反向通电周期(电机反转4周),跳出本while语句
    {
     DA_ON            //让A1=1, B1=0, C1=0, D1=1, 即给A、D相通电, B、C相断电
     DelayMs(Speed);  //延时8ms, 让D相通电时间持续8ms,该值越大,转速越慢, 但力矩越大
     CD_ON
     DelayMs(Speed);
     BC_ON
     DelayMs(Speed);
     AB_ON
     DelayMs(Speed);
    }
  }
}
```

图 11-13　用双 4 拍方式驱动步进电机自动正反转的程序

（2）程序说明

程序运行时进入 main 函数，在 main 函数中先声明一个变量 i，接着给变量 Speed 赋值 8；然后执行第 1 个 while 语句（主循环），先执行 ABCD_OFF（即执行"A1=0、B1=0、C1=0、D1=0"），让 A、B、C、D 相断电；再给 i 赋值 512，再执行第 2 个 while 语句，在第 2 个 while 语句中，先执行 AB_ON（即执行"A1=1、B1=1、C1=0、D1=0"），给 A、B 相通电，延时 8ms 后，执行 BC_ON（即执行"A1=0、B1=1、C1=10、D1=0"），给 B、C 相通电，用同样的方法给 C、D 相和 D、A 相通电，即按 AB → BC → CD → DA 顺序给步进电机通电；

第1次执行后，i值由512减1变成511，然后又返回AB_ON开始执行第2次，执行512次后，i值变为0，步进电机正向旋转了4周；跳出第2个while语句，执行之后的ABCD_OFF和i=512，让A、B、C、D相断电，给i赋值512；再执行第3个while语句，在第3个while语句中，执行有关语句按DA → CD → BC → AB顺序给步进电机通电，执行512次后，i值变为0，步进电机反向旋转了4周，跳出第3个while语句。由于第2、3个while语句处于主循环第1个while语句内部，故会反复执行，故而步进电机正转4周、反转4周且反复进行。

11.2.4　外部中断控制步进电机正反转的程序及详解

图11-14是用按键输入外部中断信号控制步进电机以单双8拍方式正反转的程序，其电路如图11-11所示。

```
/*用按键输入外部中断信号触发步进电机以单双8拍方式正、反转的程序*/
#include <reg51.h>        //调用reg51.h文件对单片机各特殊功能寄存器进行地址定义
sbit A1=P1^0;             //用位定义关键字sbit将A1代表P1.0端口
sbit B1=P1^1;
sbit C1=P1^2;
sbit D1=P1^3;
unsigned char Speed;   //声明一个无符号字符型变量Speed
bit Flag;              //用关键字bit将Flag定义为位变量

#define A_ON  {A1=1;B1=0;C1=0;D1=0;}    //用define(宏定义)命令将A_ON代表"A1=1;B1=0;C1=0;D1=0; ",可简化编程
#define B_ON  {A1=0;B1=1;C1=0;D1=0;}    //B_ON与"A1=0;B1=1;C1=0;D1=0;"等同
#define C_ON  {A1=0;B1=0;C1=1;D1=0;}
#define D_ON  {A1=0;B1=0;C1=0;D1=1;}
#define AB_ON {A1=1;B1=1;C1=0;D1=0;}
#define BC_ON {A1=0;B1=1;C1=1;D1=0;}
#define CD_ON {A1=0;B1=0;C1=1;D1=1;}
#define DA_ON {A1=1;B1=0;C1=0;D1=1;}
#define ABCD_OFF {A1=0;B1=0;C1=0;D1=0;}

/*以下DelayUs为微秒级延时函数,其输入参数为unsigned char tu(无符号字符型变量tu),tu值为8位,取值范围 0~255,
如果单片机的晶振频率为12MHz,本函数延时时间可用T=（tu×2+5）μs 近似计算,比如tu=248, T=501 μs≈0.5ms */
void DelayUs (unsigned char tu)   //DelayUs为微秒级延时函数，其输入参数为无符号字符型变量tu
{
  while(--tu);                    //while为循环语句，每执行一次while语句，tu值就减1，
                                  //直到tu值为0时才执行while尾大括号之后的语句
 }

/*以下DelayMs为毫秒级延时函数，其输入参数为unsigned char tm（无符号字符型变量tm），该函数内部使用了两个
DelayUs(248)函数，它们共延时1002μs（约1ms），由于tm值最大为255,故本DelayMs函数最大延时时间为255ms,
若将输入参数定义为unsigned int tm，则最长可获得65535ms的延时时间*/
void DelayMs(unsigned char tm)
{
 while(tm--)
  {
   DelayUs (248);
   DelayUs (248);
  }
}

/*以下为外部0中断函数（中断子程序），用"(返回值) 函数名 (输入参数) interrupt n using m"
格式定义一个函数名为INT0_Z的中断函数,n为中断源编号, n=0~4, m为用作保护
中断断点的寄存器组，可使用4组寄存器（0~3），每组有8个寄存器（R0~R7），m=0~3,
若只有一个中断，可不写"using m"，使用多个中断时，不同中断应使用不同m*/
void INT0_Z(void) interrupt 0 using 0   //INT0_Z为中断函数(用interrupt定义),其返回值和输入参数均为空
                                        //并且为中断源的中断函数(编号n=0),断点保护使用第1组寄存器(using 0)
{
 DelayMs(10);    //延时10ms，防止INT0端外接按键产生的抖动引起第二次中断
 Flag=!Flag;     //将位变量Flag值取反
}

/*以下为主程序部分*/
void main()
{
 unsigned int i;   //声明一个无符号整数型变量i
 EA=1;               //让IE寄存器的EA位为1，开启总中断
 EX0=1;              //让IE寄存器的EX0位为1，开启INT0中断
 IT0=1;              //让TCON寄存器IT0位为1，设INT0中断请求为下降沿触发有效
 Speed=10;           //给变量Speed赋值10，设置单相或双相通电时间
 while(1)            //主循环,while首尾大括号内的语句会反复执行
  {
   ABCD_OFF         //让A1=0、B1=0、C1=0、D1=0，即让A、B、C、D相均断电
   i=512;            //给变量i赋值512
   while((i--)&&Flag)  //当位变量Flag=0时，i值与Flag值相与结果为0，while首尾大括号内的语句不会执行
                       //若Flag=1,while首尾大括号内的语句循环执行512次，每执行一次i值减1，i值减到0时
                       //i值与Flag值相与结果也为0，跳出while语句
    {
     A_ON            //让A1=1、B1=0、C1=0、D1=0，即A相通电，B、C、D相断电
     DelayMs(Speed); //延时10ms，让A相通电时间持续10ms，该值越大，转速越慢，但力矩越大
     AB_ON           //让A1=1、B1=1、C1=0、D1=0，即给A、B相通电，C、D相断电
```

图 11-14

```
        DelayMs(Speed);
        B_ON
        DelayMs(Speed);
        BC_ON
        DelayMs(Speed);
        C_ON
        DelayMs(Speed);
        CD_ON
        DelayMs(Speed);
        D_ON
        DelayMs(Speed);
        DA_ON
        DelayMs(Speed);
    }
    ABCD_OFF              //让A1=0、B1=0、C1=0、D1=0,即让A、B、C、D相均断电
    i=512;                //给变量i赋值512
    while((i--)&&(!Flag)) //当Flag=0时,Flag反值为1,i值(512)与Flag反值相与结果不为0
                          //while首尾大括号内的语句循环执行512次,直到i值减到0时,才跳出while语句
                          //当Flag=1时,Flag反值为0,i值与Flag反值相与结果为0,直接跳出while语句

    {
        A_ON              //让A1=1、B1=0、C1=0、D1=0,即给A相通电,B、C、D相断电
        DelayMs(Speed);   //延时10ms,让A相通电时间持续10ms,该值越大,转速越慢,但力矩越大
        DA_ON
        DelayMs(Speed);
        D_ON
        DelayMs(Speed);
        CD_ON
        DelayMs(Speed);
        C_ON
        DelayMs(Speed);
        BC_ON
        DelayMs(Speed);
        B_ON
        DelayMs(Speed);
        AB_ON
        DelayMs(Speed);
    }
  }
}
```

图 11-14 用按键输入外部中断信号控制步进电机以单双 8 拍方式正反转的程序

（1）现象

步进电机一直正转，按下 $\overline{\text{INT0}}$ 端（P3.2 脚）外接的 S3 键，电机转为反转并一直持续，再次按压 S3 键时，电机又转为正转。

（2）程序说明

程序运行时进入 main 函数，在 main 函数中先声明一个无符号整数型变量 i，再执行"EA=1"开启总中断，执行"EX0=1"开启 $\overline{\text{INT0}}$ 中断，执行"IT0=1"置 $\overline{\text{INT0}}$ 中断请求为下降沿触发有效，执行"Speed=10"将单相或双相通电时间设为 10，然后进入第 1 个 while 语句（主循环）。

在第 1 个 while 语句（主循环）中，先执行 ABCD_OFF（即执行"A1=0、B1=0、C1=0、D1=0"），让 A、B、C、D 相断电，再给 i 赋值 512，再执行第 2 个 while 语句。在第 2 个 while 语句中，由于位变量 Flag 初始值为 0，i 值与 Flag 值相与结果为 0，while 首尾大括号内的语句不会执行，跳出第 2 个 while 语句，执行之后的"ABCD_OFF"和"i=512"，再执行第 3 个 while 语句。在第 3 个 while 语句中，i 值与 Flag 反值相与结果为 1，while 首尾大括号内的语句循环执行 512 次，每执行一次 i 减 1，i 值减到 0 时，i 值与 Flag 反值相与结果为 0，跳出第 3 个 while 语句，返回执行第 2 个 while 语句前面的"ABCD_OFF"和"i=512"，由于 Flag 值仍为 0，故第 2 个 while 语句仍不会执行，第 3 个 while 语句的内容又一次执行，因此步进电机一直正转。

如果按下单片机 $\overline{\text{INT0}}$ 端（P3.2 脚）外接的 S3 键，$\overline{\text{INT0}}$ 端输入一个下降沿，外部中断 0 被触发，马上执行该中断对应的 INT0_Z 函数，在该函数中，延时 10ms 进行按键防抖后，将 Flag 值取反，Flag 值由 0 变为 1，这样主程序中的第 2 个 while 语句的内容被执行，第 3 个 while 语句的内容不会执行，步进电机变为反转。如果再次按下 S3 键，Flag 值由 1 变为 0，

电机又会正转。

在第 2 个 while 语句中，程序是按"A → AB → B → BC → C → CD → D → DA → A"顺序给步进电机通电的，而在第 3 个 while 语句中，程序是按"A → DA → D → CD → C → BC → B → AB → A"顺序给步进电机通电的，两者通电顺序相反，故电机旋转方向相反。

11.2.5 用按键控制步进电机启动、加速、减速、停止的程序及详解

图 11-15 是用 4 个按键控制步进电机启动、加速、减速、停止并显示速度等级的程序。

（1）现象

步进电机开始处于停止状态，8 位 LED 数码管显示两位速度等级值"01"。按下启动键（S4），电机开始运转；每按一下加速键（S1），数码管显示的速度等级值增 1（速度等级范围 01～18），电机转速提升一个等级；每按一下减速键（S2），数码管显示的速度等级值减 1，电机转速降低一个等级；按下停止键（S3），电机停转。

（2）程序说明

程序运行时进入 main 函数，在 main 函数中声明一个变量 num 后，接着执行 T0Int_S 函数，对定时器 T0 及相关中断进行设置，启动 T0 计时，再执行 ABCD_OFF（即执行"A1=0、B1=0、C1=0、D1=0"），让 A、B、C、D 相断电，然后进入第 1 个 while 语句（主循环）。

在第 1 个 while 语句（主循环）中，先执行 KeyS 函数，并将其输出参数（返回值）赋给 num，如果未按下任何键，KeyS 函数的输出参数为 0，num=0，"num=KeyS()"之后的 4 个选择语句（if…else if）均不会执行，而执行选择语句之后的语句，将 Speed 值（Speed 初始值为 1）分解成 0、1，并将这两个数字的段码分别传送到 TData 数组的第 1、2 个位置。在主程序中执行 T0Int_S 函数启动 T0 定时器计时后，T0 每计时 2ms 会中断一次，T0Int_Z 中断函数每隔 2ms 执行一次，T0Int_Z 函数中的 Display 函数也随之每隔 2ms 执行一次，每执行一次就从 TData 数组读取（按顺序读取）一个段码，驱动 8 位数码管将该段码对应的数字在相应位显示出来。由于位变量 StopFlag 的初值为 1，故 T0Int_Z 函数中两个 if 语句均不会执行。

如果按下启动键（S4），主程序在执行到"num=KeyS()"时，会执行 KeyS 函数而检测到该键按下，将返回值 4 赋给变量 num，由于 num=4，故主程序最后一个 else if 会执行，将位变量 StopFlag 置 0。这样 T0Int_Z 函数执行（每隔 2ms 执行一次）时，其内部的第 1 个 if 语句会执行，因为变量 Speed 初值为 1，而静态变量 times 的初值为 0，times=(20−Speed) 不成立，第 2 个 if 语句不会执行，而直接执行 times++，将 times 值加 1，执行 19 次 T0Int_Z 函数（约 38ms）后，times 值为 19，times=(20−Speed) 成立，第 2 个 if 语句执行，先将 times 清 0，再执行 switch 语句，由于静态变量 i 初值为 0，故 switch 语句的第 1 个 case 执行，给电机的 A 相通电并将 i 值加 1，i 值变为 1，再跳出 switch 语句，执行之后的 times++，times 值由 0 变为 1，然后退出 T0Int_Z 函数，2ms 后再次执行 T0Int_Z 函数时，times=(20−Speed) 又不成立，执行 19 次 times++ 后，times=(20−Speed) 成立，第 2 个 if 语句执行，此时的静态变量 i 值为 1，switch 语句的第 2 个 case 执行，给电机的 B 相通电并将 i 值加 1，i 值变为 2。如此工作，A、B、C、D 每相通电时间约为 38ms，通电周期长，需要较长时间才转动一个很小的角度，故在 Speed=1 时，步进电机转速很慢。

如果按下加速键（S1），num=1，主程序中的第 1 个 if 语句会执行，将 Speed 值加 1，Speed 值变为 2，这样执行 18 次 T0Int_Z 函数（约 36ms）后，times=(20−Speed) 成立，即 A、

```
/*用4个按键控制步进电机启动、加速、减速、停转并显示速度等级的程序*/
#include <reg51.h>          //调用reg51.h文件对单片机各特殊功能寄存器进行地址定义
sbit A1=P1^0;               //用位定义关键字sbit将A1代表P1.0端口
sbit B1=P1^1;
sbit C1=P1^2;
sbit D1=P1^3;

#define WDM P0              //用define（宏定义）命令将WDM代表P0，程序中WDM与P0等同
#define KeyP3 P3
sbit DuanSuo=P2^2;          //用位定义关键字sbit将DuanSuo代表P2.2端口
sbit WeiSuo =P2^3;          //用位定义关键字sbit将WeiSuo代表P2.3端口
unsigned char Speed=1;      //声明一个无符号字符型变量Speed，并将其初值设为1
bit StopFlag=1;             //用关键字bit将StopFlag定义为位变量，并将其置1

unsigned char code DMtable[]={0x3f,0x06,0x5b,0x4f,0x66,0x6d,0x7d,0x07,  //定义一个DMtable表格，依次
                              0x7f,0x6f,0x77,0x7c,0x39,0x5e,0x79,0x71}; //存放字符0～F的段码
unsigned char code WMtable[]={0xfe,0xfd,0xfb,0xf7,0xef,0xdf,0xbf,0x7f}; //定义一个WMtable表格，依次存放
                                                                        //8位数码管低位到高位的位码
unsigned char TData[8];    //定义一个可存放8个元素的一维数组（表格）TData

#define A_ON  {A1=1;B1=0;C1=0;D1=0;}   //用define(宏定义)命令将A_ON代表"A1=1;B1=0;C1=0;D1=0;"，可简化程序编写
#define B_ON  {A1=0;B1=1;C1=0;D1=0;}   //B_ON与"A1=0;B1=1;C1=0;D1=0;"等同
#define C_ON  {A1=0;B1=0;C1=1;D1=0;}
#define D_ON  {A1=0;B1=0;C1=0;D1=1;}
#define AB_ON {A1=1;B1=1;C1=0;D1=0;}
#define BC_ON {A1=0;B1=1;C1=1;D1=0;}
#define CD_ON {A1=0;B1=0;C1=1;D1=1;}
#define DA_ON {A1=1;B1=0;C1=0;D1=1;}
#define ABCD_OFF {A1=0;B1=0;C1=0;D1=0;}

/*以下为微秒级延时函数,其输入参数为unsigned char tu(无符号字符型变量tu),tu值为8位,取值范围 0～255,
如果单片机的晶振频率为12MHz,本函数延时时间可用T=（tu×2+5）us 近似计算，比如tu=248，T=501 us≈0.5ms */
void DelayUs (unsigned char tu)        //DelayUs为微秒级延时函数，其输入参数为无符号字符型变量tu
  {
    while(--tu);                       //while为循环语句，每执行一次while语句，tu值就减1,
                                       //直到tu值为0时才执行while尾大括号之后的语句
  }

/*以下DelayMs为毫秒级延时函数，其输入参数为unsigned char tm（无符号字符型变量tm），该函数内部使用了两个
DelayUs（248）函数，它们共延时1002us（约1ms），由于tm值最大为255，故本DelayMs函数最大延时时间为255ms,
若将输入参数定义为unsigned int tm，则最长可获得65535ms的延时时间*/
void DelayMs(unsigned char tm)
  {
   while(tm--)
   {
    DelayUs (248);
    DelayUs (248);
   }
  }

/*以下为Display显示函数,用于驱动8位数码管动态扫描显示字符,输入参数 ShiWei 表示显示的开始位,如ShiWei
为0表示从第一个数码管开始显示,WeiShu表示显示的位数,如显示99两位应让WeiShu为2 */
void Display(unsigned char ShiWei,unsigned char WeiShu)  // Display(显示)函数有两个输入参数，
                                                          //分别为ShiWei(开始位)和WeiShu(位数)
  {
    static  unsigned char i;            //声明一个静态(static)无符号字符型变量i(表示显示位，0表示第1位)，
                                        //静态变量占用的存储单元在程序退出前不会释放给变量使用
    WDM=WMtable[i+ShiWei];             //将WMtable表格中的第i+ShiWei +1个位码送给P0端口输出
    WeiSuo=1;                          //让P2.3端口输出高电平，开通位码锁存器，锁存器输入变化时输出会随之变化
    WeiSuo=0;                          //让P2.3端口输出低电平，位码锁存器被封锁，锁存器的输出值被锁定不变

    WDM=TData[i];                      //将TData表格中的第i+1个段码送给P0端口输出
    DuanSuo=1;                         //让P2.2端口输出高电平，开通段码锁存器，锁存器输入变化时输出会随之变化
    DuanSuo=0;                         //让P2.2端口输出低电平，段码锁存器被封锁，锁存器的输出值被锁定不变

    i++;                    //将i值加1，准备显示下一位数字
    if(i==WeiShu)           //如果i=WeiShu表示显示到最后一位，执行i=0
      {
       i=0;                 //将i值清0，以便从数码管的第1位开始再次显示
      }
  }

/*以下为定时器及相关中断设置函数*/
void T0Int_S (void)        //函数名为T0Int_S，输入和输出参数均为void（空）
{
  TMOD=0x01;               //让TMOD寄存器的M1M0=01，设T0工作在方式1（16位计数器）
  TH0=0;                   //将TH0寄存器清0
  TL0=0;                   //将TL0寄存器清0
  EA=1;                    //让IE寄存器的EA=1，打开总中断
  ET0=1;                   //让IE寄存器的ET0=1，允许T0的中断请求
  TR0=1;                   //让TCON寄存器的TR0=1，启动T0在TH0、TL0初值基础上开始计数
}

/*以下T0Int_Z为定时器T0的中断函数,用"(返回值) 函数名 (输入参数) interrupt n using m"格式定义一个函数名为
T0Int_Z的中断函数，n为中断编号，n=0～4，m为用作保护中断断点的寄存器组，可使用4组寄存器（0～3），每组
有7个寄存器（R0～R7），m=0～3，若只有一个中断，可不写"using m"，使用多个中断时，不同中断应使用不同m*/
void T0Int_Z (void)  interrupt 1   //T0Int_Z为中断函数(用interrupt定义)，并且为T0的中断函数(中断源编号n=1)
{
  static unsigned char times,i;    //声明两个静态(static)无符号字符型变量times和i，两者初值均为0，
                                   //退出T0Int_Z函数后，这两个变量的值保存(不会自动清0)
  TH0=(65536-2000)/256;           //将定时初值的高8位放入TH0，"/"为除法运算符号
  TL0=(65536-2000)%256;           //将定时初值的低8位放入TL0，"%"为除法取余数符号
  Display(0,8);                   //执行Display显示函数，从第1位(0)开始显示，共显示8位(8),T0Int_Z函数
                                  //每隔2ms执行一次，Display函数也每隔2ms执行一次，执行一次显示一位
  if(StopFlag==0)                 //如果StopFlag=0成立(即按下启动键时)，执行本if首尾大括号内的语句，
  {
```

```
    if(times==(20-Speed))    //如果times=(20-Speed),执行if首尾大括号内的语句,否则执行if尾大括号之后的
                             //times++,若Speed=1,则需要执行20次times++才能让times=(20-Speed),各相通电
                             //切换需要很长的时间,电机转速最慢,反之者Speed=18,电机转速最快
      {
       times=0;    //将times值置0
       switch(i)   //switch为多分支选择语句,后面小括号内i为表达式
         {
          case 0:A_ON;i++;break;    //如果i值与常量0相等,让A1=1;B1=0;C1=0;D1=0,即给A相通电,并将i值加1,
                                    //然后跳出switch语句,否则往下执行
          case 1:B_ON;i++;break;    //如果i值与常量1相等,让A1=0;B1=1;C1=0;D1=0,即给B相通电,并将i值加1,
                                    //然后跳出switch语句,否则往下执行
          case 2:C_ON;i++;break;
          case 3:D_ON;i++;break;
          case 4:i=0;break;         //如果i值与常量4相等,将i值置0,然后跳出switch语句,否则往下执行
          default:break;            //如果i值与所有case后面的常量均不相等,执行default之后的语句,然后跳出switch语句
         }
      }
    times++;  //将times值加1
  }
}

/*以下KeyS函数用作8个按键的键盘检测*/
unsigned char KeyS(void)     //KeyS函数的输入参数类型为空(void),输出参数类型为无符号字符型
{
 unsigned char keyZ;        //声明一个无符号字符型变量keyZ(表示按键值)
 if(KeyP3!=0xff)            //如果P3≠FFH成立,表示有键按下,执行本if大括号内的语句
  {
   DelayMs(10);             //执行DelayMs函数,延时10s去抖
   if(KeyP3!=0xff)          //又一次检测P3端口是否有按键按下,有则P3≠FFH成立,执行本if大括号内的语句
    {
     keyZ=KeyP3;            //将P3端口值赋给变量keyZ
     while(KeyP3!=0xff);    //再次检测P3端口的按键是否处于按下,处于按下(表达式成立)则反复执行本条语句,
                            //一旦按键释放松开,马上往下执行
     switch(keyZ)           //switch为多分支选择语句,后面小括号内keyZ为表达式
      {
       case 0xfe:return 1;break;    //如果keyZ值与常量0xfe相等("1"键按下),将1送给KeyS函数的输出参数,
                                    //然后跳出switch语句,否则往下执行
       case 0xfd:return 2;break;    //如果keyZ值与常量0xfd相等("2"键按下),将2送给KeyS函数的输出参数,
                                    //然后跳出switch语句,否则往下执行
       case 0xfb:return 3;break;
       case 0xf7:return 4;break;
       case 0xef:return 5;break;
       case 0xdf:return 6;break;
       case 0xbf:return 7;break;
       case 0x7f:return 8;break;
       default:return 0;break;      //如果keyZ值与所有case后面的常量均不相等,执行default之后的语句组,
                                    //将0送给KeyS函数的输出参数,然后跳出switch语句
      }
    }
  }
 return 0;          // 将0送给KeyS函数的输出参数
}

/*以下为主程序部分*/
void main()
{
 unsigned char num;    //声明一个无符号字符型变量num
 T0Int_S();            //执行T0Int_S函数,对定时器T0及相关中断进行设置,启动T0计时
 ABCD_OFF             //让A1=0、B1=0、C1=0、D1=0相均断电
 while(1)             //主循环,while首尾大括号内的语句会反复执行
  {
   num=KeyS();         //执行KeyS函数,并将其输出参数(返回值)赋给num
   if(num==1)          //如果num=1成立(按下加速键S1),执行本if首尾大括号内的语句,让电机加速
    {
     if(Speed<18)      //如果Speed值小于18,执行Speed++,将Speed值加1,否则往后执行
     Speed++;
    }
   else if(num==2)     //如果num=2成立(按下减速键S2),执行本else if首尾大括号内的语句,让电机减速
    {
     if(Speed>1)       //如果Speed值大于1,执行Speed--,将Speed值减1,否则往后执行
     Speed--;
    }
   else if(num==3)     //如果num=3成立(按下停止键S3),执行本else if首尾大括号内的语句,让电机停转
    {
     ABCD_OFF          //让A1=0、B1=0、C1=0、D1=0,即让A、B、C、D相均断电
     StopFlag=1;       //将位变量StopFlag置1
    }
   else if(num==4)     //如果num=4成立(按下启动键S4),执行本else if首尾大括号内的语句,启动电机运转
    {
     StopFlag=0;       //将位变量StopFlag置0
    }
   TData[0]=DMtable[Speed/10];   //以Speed=15为例,Speed/10意为Speed除10取整,Speed/10=1,即将DMtable表格的
                                 //第2个段码(1的段码)传送到TData数组的第1个位置
   TData[1]=DMtable[Speed%10];   //Speed%10意为Speed除10取余数,Speed%10=5,即将DMtable表格的
                                 //第6个段码(5的段码)传送到TData数组的第2个位置
  }
}
```

图 11-15 用 4 个按键控制步进电机启动、加速、减速、停止并显示速度等级的程序

B、C、D 每相通电时间约为 36ms，通电周期稍微变短，步进电机转速稍微变快。不断按压加速键（S1），Speed 值不断增大，当 Speed=18 时，A、B、C、D 每相通电时间约为 4ms，通电周期最短，步进电机转速最快。如果按下减速键（S2），num=2，主程序中的第 1 个 else if 语句会执行，将 Speed 值减 1，Speed 值变小，执行 T0Int_Z 函数的次数需要增加才能使 times=(20−Speed) 成立，A、B、C、D 每相通电时间增加，通电周期变长，步进电机转速变慢。

如果按下停止键（S3），num=3，主程序中的第 2 个 else if 语句会执行，先执行"ABCD_OFF"将 A、B、C、D 相断电，再执行"StopFlag=1"，将 StopFlag 置 1，T0Int_Z 函数中的两个 if 语句不会执行，即不会给各相通电，步进电机停转。

第12章 单片机的串行通信及编程

通信的概念比较广泛,在单片机技术中,单片机与单片机或单片机与其他设备之间的数据传输称为通信。

12.1 并行通信和串行通信

根据数据传输方式的不同,可将通信分为并行通信和串行通信两种。

同时传输多位数据的方式称为并行通信。如图 12-1(a)所示,在并行通信方式下,单片机中的 8 位数据 10011101 通过 8 条数据线同时送到外部设备中。并行通信的特点是数据传输速度快,但由于需要的传输线多,故成本高,只适合近距离的数据通信。

逐位传输数据的方式称为串行通信。如图 12-1(b)所示,在串行通信方式下,单片机中的 8 位数据 10011101 通过一条数据线逐位传送到外部设备中。串行通信的特点是数据传输速度慢,但由于只需要一条传输线,故成本低,适合远距离的数据通信。

图 12-1 通信方式

12.1.1 串行通信的两种方式

串行通信又可分为异步通信和同步通信两种。51 系列单片机采用异步通信方式。

(1)异步通信

在异步通信中,数据是一帧一帧传送的。异步通信如图 12-2 所示,这种通信是以帧为单位进行数据传输的,一帧数据传送完成后,可以接着传送下一帧数据,也可以等待,等待期间为空闲位(高电平)。

① **帧数据格式** 在串行异步通信时,数据是以帧为单位传送的。异步通信的帧数据格式如图 12-3 所示。从图中可以看出,一帧数据由起始位、数据位、奇偶校验位和停止位组成。

图 12-2　异步通信

图 12-3　异步通信的帧数据格式

• 起始位。表示一帧数据的开始，起始位一定为低电平。当单片机要发送数据时，先送一个低电平（起始位）到外部设备，外部设备接收到起始信号后，马上开始接收数据。

• 数据位。它是要传送的数据，紧跟在起始位后面。数据位的数据可以是 5～8 位，数据传送时是从低位到高位逐位进行的。

• 奇偶校验位。该位用于检验传送的数据有无错误。奇偶校验是检查数据传送过程中是否发生错误的一种校验方式，分为奇校验和偶校验。奇校验是指数据位和校验位中"1"的总个数为奇数，偶校验是指数据位和校验位中"1"的总个数为偶数。

以奇校验为例，若单片机传送的数据位中有偶数个"1"，为保证数据和校验位中"1"的总个数为奇数，奇偶校验位应为"1"，如果在传送过程中数据位中有数据产生错误，其中一个"1"变为"0"，那么传送到外部设备的数据位和校验位中"1"的总个数为偶数，外部设备就知道传送过来的数据发生错误，会要求重新传送数据。数据传送采用奇校验或偶校验均可，但要求发送端和接收端的校验方式一致。在帧数据中，奇偶校验位也可以不用。

• 停止位。它表示一帧数据的结束。停止位可以是 1 位、1.5 位或 2 位，但一定为高电平。一帧数据传送结束后，可以接着传送第二帧数据，也可以等待，等待期间数据线为高电平（空闲位）。如果要传送下一帧，只要让数据线由高电平变为低电平（下一帧起始位开始），接收器就开始接收下一帧数据。

② 51 系列单片机的几种帧数据方式　51 系列单片机在串行通信时，根据设置的不同，其传送的帧数据有以下四种方式：

• 方式 0。称为同步移位寄存器输入 / 输出方式，它是单片机通信中较特殊的一种方式，通常用于并行 I/O 接口的扩展，这种方式中的一帧数据只有 8 位（无起始位、停止位）。

• 方式 1。在这种方式中，一帧数据中有 1 位起始位、8 位数据位和 1 位停止位，共 10 位。

• 方式 2。在这种方式中，一帧数据中有 1 位起始位、8 位数据位、1 位可编程位和 1 位停止位，共 11 位。

• 方式3。这种方式与方式2相同，一帧数据中有1位起始位、8位数据位、1位可编程位和1位停止位，它与方式2的区别仅在于波特率（数据传送速率）设置不同。

（2）同步通信

在异步通信中，每一帧数据发送前要用起始位，结束时要用停止位，这样会占用一定的时间，导致数据传输速度较慢。为了提高数据传输速度，在计算机与一些高速设备进行数据通信时，常采用同步通信。同步通信的帧数据格式如图12-4所示。

图12-4 同步通信的帧数据格式

从图12-4中可以看出，同步通信的数据后面取消了停止位，前面的起始位用同步信号代替，在同步信号后面可以跟很多数据，所以同步通信传输速度快。但由于在通信时要求发送端和接收端严格保持同步，这需要用复杂的电路来保证，所以单片机很少采用这种通信方式。

12.1.2 串行通信的数据传送方向

串行通信根据数据的传送方向可分为三种方式：单工方式、半双工方式和全双工方式。这三种传送方式如图12-5所示。

图12-5 数据传送方式

① 单工方式 在这种方式下，数据只能向一个方向传送。单工方式如图12-5（a）所示，数据只能由发送端传输给接收端。

② 半双工方式 在这种方式下，数据可以双向传送，但同一时间内，只能向一个方向传送，只有一个方向的数据传送完成后，才能往另一个方向传送数据。半双工方式如图12-5（b）所示，通信的双方都有发送器和接收器，一方发送时，另一方接收，由于只有一条数据线，所以双方不能在发送的同时进行接收。

③ 全双工方式 在这种方式下，数据可以双向传送，通信的双方都有发送器和接收器，由于有两条数据线，所以双方在发送数据的同时可以接收数据。全双工方式如图12-5（c）所示。

12.2 串行通信口的结构与原理

单片机通过串行通信口可以与其他设备进行数据通信，将数据传送给外部设备或接受外部设备传送来的数据，从而实现更强大的功能。

12.2.1 串行通信口的结构

51 单片机的串行通信口的结构如图 12-6 所示。

图 12-6　串行通信口的结构

与串行通信口有关的部件主要有：

① 两个数据缓冲器 SBUF　SBUF 是可以直接寻址的特殊功能寄存器（SFR），它包括发送 SBUF 和接收 SBUF，发送 SBUF 用来发送串行数据，接收 SBUF 用来接收数据，两者共用一个地址（99H）。在发送数据时，该地址指向发送 SBUF；而在接收数据时，该地址指向接收 SBUF。

② 输入移位寄存器　在接收控制器的控制下，将输入的数据逐位移入接收 SBUF。

③ 串行控制寄存器 SCON　SCON 的功能是控制串行通信口的工作方式，并反映串行通信口的工作状态。

④ 定时器 T1　T1 用作波特率发生器，用来产生接收和发送数据所需的移位脉冲，移位脉冲的频率越高，接收和传送数据的速率越快。

12.2.2 串行通信口的工作原理

串行通信口有接收数据和发送数据两个工作过程，下面以图 12-6 所示的串行通信口结构为例来说明这两个工作过程。

（1）接收数据

在接收数据时，若 RXD 端（与 P3.2 引脚共用）接收到一帧数据的起始信号（低电平），SCON 寄存器马上向接收控制器发出允许接收信号，接收控制器在定时器 / 计数器 T1 产生的移位脉冲信号控制下，控制输入移位寄存器，将 RXD 端输入的数据由低到高逐位移入输入移位寄存器中，数据全部移入输入移位寄存器后，移位寄存器再将全部数据送入接收 SBUF 中，同时接收控制器通过或门向 CPU 发出中断请求，CPU 马上响应中断，将接收 SBUF 中的数据全部取走，从而完成了一帧数据的接收。后面各帧的数据接收过程与上述相同。

（2）发送数据

相对于接收过程来说，串行通信口发送数据的过程较简单。当 CPU 要发送数据时，只要将数据直接写入发送 SBUF 中，就启动了发送过程。在发送控制器的控制下，发送门打开，先发送一位起始信号（低电平），然后依次由低到高逐位发送数据，数据发送完毕，最后发送一位停止位（高电平），从而结束一帧数据的发送。一帧数据发送完成后，发送控制器通过或门向 CPU 发出中断请求，CPU 响应中断，将下一帧数据送入 SBUF，开始发送下一帧数据。

12.3 串行通信口的控制寄存器

串行通信口的工作受串行控制寄存器 SCON 和电源控制寄存器 PCON 的控制。

12.3.1 串行控制寄存器（SCON）

SCON 寄存器用来控制串行通信的工作方式及反映串行通信口的一些工作状态。SCON 寄存器是一个 8 位寄存器，它的地址为 98H，其中每位都可以位寻址。SCON 寄存器各位的名称和地址如下。

串行控制寄存器(SCON)

位地址 →	9FH	9EH	9DH	9CH	9BH	9AH	99H	98H
字节地址 → 98H	SM0	SM1	SM2	REN	TB8	RB8	TI	RI

① SM0、SM1 位　串行通信口工作方式设置位。

通过设置这两位的值，可以让串行通信口工作在四种不同的方式，具体见表 12-1，这几种工作方式在后面将会详细介绍。

表 12-1　串行通信口工作方式设置位及其功能

SM0	SM1	工作方式	功　能	波特率
0	0	方式 0	8 位同步移位寄存器方式（用于扩展 I/O 口数量）	$f_{osc}/12$
0	1	方式 1	10 位异步收发方式	可变
1	0	方式 2	11 位异步收发方式	$f_{osc}/64$，$f_{osc}/32$
1	1	方式 3	11 位异步收发方式	可变

② SM2 位　用来设置主 - 从式多机通信。

当一个单片机（主机）要与其他几个单片机（从机）通信时，就要对这些位进行设置。当 SM2=1 时，允许多机通信；当 SM2=0 时，不允许多机通信。

③ REN 位　允许 / 禁止数据接收的控制位。

当 REN=1 时，允许串行通信口接收数据；当 REN=0 时，禁止串行通信口接收数据。

④ TB8 位　方式 2、3 中发送数据的第 9 位。

该位可以用软件规定其作用，可用作奇偶校验位，或在多机通信时，用作地址帧或数据帧的标志位，在方式 0 和方式 1 中，该位不用。

⑤ RB8 位　方式 2、3 中接收数据的第 9 位。

该位可以用软件规定其作用，可用作奇偶校验位，或在多机通信时，用作地址帧或数据帧的标志位，在方式 1 中，若 SM2=0，则 RB8 接收到的是停止位。

⑥ TI 位　发送中断标志位。

当串行通信口工作在方式 0 时，发送完 8 位数据后，该位自动置"1"（即硬件置"1"），向 CPU 发出中断请求，在 CPU 响应中断后，必须用软件对该位清 0；在其他几种工作方式中，该位在停止位开始发送前自动置"1"，向 CPU 发出中断请求，在 CPU 响应中断后，也必须用软件对该位清 0。

⑦ RI 位　接收中断标志位。

当工作在方式 0 时，接收完 8 位数据后，该位自动置"1"，向 CPU 发出接收中断请求，在 CPU 响应中断后，必须用软件对该位清 0；在其他几种工作方式中，该位在接收到停止位期间自动置"1"，向 CPU 发出中断请求，在 CPU 响应中断取走数据后，必须用软件对该位清 0，以准备开始接收下一帧数据。

在上电复位时，SCON 各位均为"0"。

12.3.2　电源控制寄存器（PCON）

PCON 寄存器是一个 8 位寄存器，它的字节地址为 87H，不可位寻址，并且只有最高位 SMOD 与串行通信口控制有关。PCON 寄存器各位的名称和字节地址如下。

电源控制寄存器(PCON)

	D7	D6	D5	D4	D3	D2	D1	D0
字节地址 → 87H	SMOD	—	—	—	GF1	GF0	PD	IDL

SMOD 位：波特率设置位。在串行通信口工作在方式 1～3 时起作用。若 SMOD=0，波特率不变；当 SMOD=1 时，波特率加倍。在上电复位时，SMOD=0。

12.4　四种工作方式与波特率的设置

串行通信口有四种工作方式，工作在何种方式受 SCON 寄存器的控制。在串行通信时，要改变数据传送速率（波特率），可对波特率进行设置。

12.4.1　方式 0

当 SCON 寄存器中的 SM0=0、SM1=0 时，串行通信口工作在方式 0。

方式 0 称为同步移位寄存器输入 / 输出方式，常用于扩展 I/O 端口。在单片机发送或接收串行数据时，通过 RXD 端发送数据或接收数据，而通过 TXD 端送出数据传输所需的移位脉冲。

在方式 0 时，串行通信口又分两种工作情况：发送数据和接收数据。

（1）方式 0—数据发送

当串行通信口工作在方式 0 时，若要发送数据，通常在外部接 8 位串 / 并转换移位寄存器 74LS164，具体连接电路如图 12-7 所示。其中 RXD 端用来输出串行数据，TXD 端用来输出移位脉冲，P1.0 端用来对 74LS164 进行清 0。

图 12-7 串行通信在方式 0 时的数据发送电路

在单片机发送数据前，先从 P1.0 引脚发出一个清 0 信号（低电平）到 74LS164 的 CLR 引脚，对其进行清 0，让 D7～D0 全部为"0"；然后单片机在内部执行写 SBUF 指令，开始从 RXD 端（P3.0 引脚）送出 8 位数据；与此同时，单片机的 TXD 端输出移位脉冲到 74LS164 的 CLK 引脚，在移位脉冲的控制下，74LS164 接收单片机 RXD 端送到的 8 位数据（先低位后高位）；数据发送完毕，在 74LS164 的 D7～D0 端输出 8 位数据。另外，在数据发送结束后，SCON 寄存器的发送中断标志位 TI 自动置"1"。

（2）方式 0—数据接收

当串行通信口工作在方式 0 时，若要接收数据，一般在外部接 8 位并 / 串转换移位寄存器 74LS165，具体连接电路如图 12-8 所示。在这种方式时，RXD 端用来接收输入的串行数据，TXD 端用来输出移位脉冲，P1.0 端用来对 74LS165 的数据进行锁存。

图 12-8 串行通信口在方式 0 时的数据接收电路

在单片机接收数据前，先从 P1.0 引脚发出一个低电平信号到 74LS165 的 S/$\overline{L}$ 引脚，让 74LS165 锁存由 D7～D0 端输入的 8 位数据，然后单片机内部执行读 SBUF 指令，与此同时，单片机的 TXD 端送移位脉冲到 74LS165 的 CLK1 引脚，在移位脉冲的控制下，74LS165 中的数据逐位从 RXD 端送入单片机，单片机接收数据完毕，SCON 寄存器的接收中断标志位 RI 自动置"1"。

在方式 0 中，串行通信口发送和接收数据的波特率都是 f_{osc}/12。

12.4.2 方式1

当 SCON 寄存器中的 SM0=0、SM1=1 时，串行通信口工作在方式 1。

在方式 1 时，串行通信口可以发送和接收每帧 10 位的串行数据。其中 TXD 端用来发送数据，RXD 端用来接收数据。在方式 1 中，一帧数据中有 10 位，包括 1 位起始位（低电平）、8 位数据位（低位在前）和 1 位停止位（高电平）。在方式 1 时，串行通信口又分两种工作情况：发送数据和接收数据。

（1）方式 1—发送数据

在发送数据时，若执行写 SBUF 指令，发送控制器在移位脉冲（由定时器/计数器 T1 产生的信号再经 16 或 32 分频而得到）的控制下，先从 TXD 端送出一个起始位（低电平），然后再逐位将 8 位数据从 TXD 端送出，当最后一位数据发送完成，发送控制器马上将 SCON 的 TI 位置"1"，向 CPU 发出中断请求，同时从 TXD 端输出停止位（高电平）。

（2）方式 1—接收数据

在方式 1 时，需要设置 SCON 中的 REN=1，串行通信口才允许接收数据。由于不知道外部设备何时会发送数据，所以串行通信口会不断检测 RXD 端，当检测到 RXD 端有负跳变（由"1"变为"0"）时，说明外部设备发来了数据的起始位，于是启动 RXD 端接收数据，将输入的 8 位数据逐位移入内部的输入移位寄存器。8 位数据全部进入输入移位寄存器后，如果满足 RI 位为"0"、SM2 位为"0"（若 SM2 不为"0"，但接收到的数据停止位为"1"也可以）的条件，输入移位寄存器中的 8 位数据才可以放入 SBUF，停止位的"1"才能送入 SCON 的 RB8 位中，RI 位就会被置"1"，向 CPU 发出中断请求，让 CPU 取走 SBUF 中的数据；如果条件不满足，输入移位寄存器中的数据将无法送入 SBUF 而被丢弃，串行通信口将重新等待接收新的数据。

12.4.3 方式2

当 SCON 寄存器中的 SM0=1、SM1=0 时，串行通信口工作在方式 2。

在方式 2 时，串行通信口可以发送和接收每帧 11 位的串行数据，其中包括 1 位起始位、8 位数据位、1 位可编程位和 1 位停止位。TXD 端用来发送数据，RXD 端用来接收数据。在方式 2 时，串行通信口又分两种工作情况：发送数据和接收数据。

（1）方式 2—发送数据

在方式 2 时，发送的一帧数据有 11 位，其中有 9 位数据，第 9 位数据取自 SCON 中的 TB8 位。在发送数据前，先用软件设置 TB8 位的值，然后执行写 SBUF 指令（如 MOV SBUF，A），发送控制器在内部移位脉冲的控制下，从 TXD 端送出一个起始位（低电平），然后逐位送出 8 位数据，再从 TB8 位中取出第 9 位并送出，当最后一位数据发送完成，发送控制器马上将 SCON 的 TI 位置"1"，向 CPU 发出中断请求，同时从 TXD 端输出停止位（高电平）。

（2）方式 2—接收数据

在方式 2 时，同样需设置 SCON 的 REN=1，串行通信口才允许接收数据，然后不断检测 RXD 端是否有负跳变（由"1"变为"0"），若有，说明外部设备发来了数据的起始位，于是启动 RXD 端接收数据。当 8 位数据全部进入输入移位寄存器后，如果 RI 位为"0"、SM2 位为"0"（若 SM2 不为"0"，但接收到的第 9 位数据为"1"也可以），输入移位寄存器中的 8 位数据才可以送入 SBUF，第 9 位会放进 SCON 的 RB8 位，同时 RI 位置 "1"，向 CPU 发出中断请求，让 CPU 取走 SBUF 中的数据，否则输入移位寄存器中的数据将无法送入 SBUF 而被丢弃。

12.4.4　方式 3

当 SCON 中的 SM0=1、SM1=1 时，串行通信口工作在方式 3。

方式 3 与方式 2 一样，传送的一帧数据都为 11 位，工作原理也相同，两者的区别仅在于波特率不同，方式 2 的波特率固定为 $f_{osc}/64$ 或 $f_{osc}/32$，而方式 3 的波特率则可以设置。

12.4.5　波特率的设置

在串行通信中，为了保证数据的发送和接收成功，要求发送方发送数据的速率与接收方接收数据的速率相同，而将双方的波特率设置相同就可以达到这个要求。在串行通信的四种方式中，方式 0 的波特率是固定的，而方式 1～方式 3 的波特率则是可变的。波特率是数据传送的速率，它用每秒传送的二进制数的位数来表示，单位符号是 bit/s。

（1）方式 0 的波特率

方式 0 的波特率固定为时钟振荡频率的 1/12，即

$$方式 0 的波特率 =1/12f_{osc}$$

（2）方式 2 的波特率

方式 2 的波特率由 PCON 寄存器中的 SMOD 位决定。当 SMOD=0 时，方式 2 的波特率为时钟振荡频率的 1/64；当 SMOD=1 时，方式 2 的波特率加倍，为时钟振荡频率的 1/32，即

$$方式 2 的波特率 =(2^{SMOD}/64)f_{osc}$$

（3）方式 1 和方式 3 的波特率

方式 1 和方式 3 的波特率除了与 SMOD 位有关，还与定时器 / 计数器 T1 的溢出率有关。方式 1 和方式 3 的波特率可用下式计算：

$$方式 1、3 的波特率 =(2^{SMOD}/32)T1 的溢出率$$

T1 的溢出率是指定时器 / 计数器 T1 在单位时间内计数产生的溢出次数，也即溢出脉冲的频率。

在将定时器 / 计数器 T0 在设作工作方式 3 时（设置方法见 "定时器 / 计数器" 一章内容），T1 可以工作在方式 0、方式 1 或方式 2 三种方式下。当 T1 工作于方式 0 时，它对脉冲信号（由时钟信号 f_{osc} 经 12 分频得到）进行计数，计到 2^{13} 时会产生一个溢出脉冲到串行通信口作为移位脉冲；当 T1 工作于方式 1 和方式 2 时，则分别要计到 2^{16} 和 2^8-X（X 为 T1 的初值，可以设定）才产生溢出脉冲。

如果要提高串行通信口的波特率，可让 T1 工作在方式 2，因为该方式计数时间短，溢出脉冲频率高，并且能通过设置 T1 的初值来调节计数时间，从而改变 T1 产生的溢出脉冲的频率（又称 T1 的溢出率）。

当 T1 工作在方式 2 时，T1 两次溢出的时间间隔，也即 T1 的溢出周期为

$$T1 的溢出周期 =(12/f_{osc})(2^8-X)$$

T1 的溢出率为溢出周期的倒数，即

$$T1 的溢出率 =f_{osc}/[12(2^8-X)]$$

故当 T1 工作在方式 2 时，串行通信口工作方式 1、3 的波特率为

$$方式 1、3 的波特率 =(2^{SMOD}/32)f_{osc}/[12(2^8-X)]$$

由上式可推导出 T1 在方式 2 时，其初值 X 为

$$X=2^8-2^{SMOD}f_{osc}/(384\ 波特率\ )$$

举例：单片机的时钟频率 f_{osc}=11.0592MHz，现要让串行通信的波特率为 2400bit/s，可将串行通信口的工作方式设为 1，T1 的方式设为 2，并求出 T1 应设的初值。

求 T1 初值的过程如下。

先进行寄存器设置：为了让波特率不倍增，将 PCON 寄存器中的数据设为 00H，这样 SMOD 位就为"0"；设置 TMOD 寄存器中的数据为 02H，这样 T1 就工作在方式 2。

再计算并设置 T1 的初值：

$$X=2^8-2^{SMOD}f_{osc}/(384\ 波特率\ )=256-2^0\times11.0592\times10^6/(384\times2400)=244$$

十进制数 244 转换成十六进制数为 F4H，将 T1 的初值设为 F4H。

由于设置波特率和初值需要计算，比较麻烦，一般情况下可查表来进行设置。常用的波特率设置见表 12-2。

表 12-2　常用的波特率设置

波特率	振荡频率 f_{osc}/(Mbit/s)	SMOD	定时器 T1		
			C/$\overline{T}$	方式	初值
工作方式 0: 1Mbit/s	12	×	×	×	×
工作方式 2: 375Kbit/s	12	1	×	×	×
工作方式 1、3: 62.5Kbit/s	12	1	0	2	FFH
工作方式 1、3: 19.2Kbit/s	11.0592	1	0	2	FDH
工作方式 1、3: 9.6Kbit/s	11.0592	0	0	2	FDH
工作方式 1、3: 4.8Kbit/s	11.0592	0	0	2	FAH
工作方式 1、3: 2.4Kbit/s	11.0592	0	0	2	F4H
工作方式 1、3: 1.2Kbit/s	11.0592	0	0	2	E8H
工作方式 1、3: 137.5bit/s	11.986	0	0	2	1DH
工作方式 1、3: 110bit/s	6	0	0	2	72H
工作方式 1、3: 110bit/s	12	0	0	1	FEEBH

12.5　串行通信的应用编程

12.5.1　利用串行通信的方式 0 实现产品计数显示的电路及编程

（1）电路

图 12-9 是利用串行通信的方式 0 实现产品计数显示的电路。按键 S1 模拟产品计数输入，每按一次 S1 键，产品数量增 1，单片机以串行数据的形式从 RXD 端（P3.0 口）输出产品数量数字的字符码（8 位），从 TXD 端（P3.1 口）输出移位脉冲，8 位字符码逐位进入 74LS164 后从 Q7~Q0 端并行输出，去一位数码管的 a~g、dp 引脚，数码管显示出产品数量的数字（0~9）。

图 12-9 利用串行通信的方式 0 实现产品计数显示的电路

（2）程序及说明

图 12-10 是利用串行通信的方式 0 进行串并转换以实现产品计数显示的程序。

① 现象 每按一次 S1 键，数码管显示的数字就增 1，当数字达到 9 时再按一次 S1 键，数字由 9 变为 0，如此反复。

② 程序说明 程序运行时首先进入主程序的 main 函数，在 main 函数中，声明一个变量 i 后执行 "SCON=0x00"，往 SCON 寄存器写入 00000000，SCON 的 SM0、SM1 位均为 0，让串行通信口工作在方式 0；再进入 while 主循环（主循环内的语句会反复执行），while 主循环的第一个 if 语句先检测按键 S1 的状态，一旦发现 S1 键按下（S1=0），马上执行 "DelayMs(10)" 延时防抖，延时后执行第二个 if 语句；再检测 S1 键的状态，如果 S1≠0，说明按键未按下，会执行 "SendByte(table[i])"，将 table 表格中的第 i+1 个字符码从 RXD 端（即 P3.0 口）发送出去，如果发现 S1=0，说明按键完全按下，执行 "while(S1==0);" 语句等待 S1 键松开释放（如果 S1=0 会反复执行本条语句等待），S1 键松开后执行 "i++"，将 i 值增 1，如果 i 值不等于 8，则执行 "SendByte(table[i])"，如果 i 值等于 8，则执行 "i=0" 将 i 值清 0，再执行 "SendByte(table[i])"；然后程序又返回到第一个 if 语句检测 S1 键的状态。

12.5.2 利用串行通信的方式 1 实现双机通信的电路及编程

（1）电路

图 12-11 是利用串行通信的方式 1 实现双机通信的电路。甲机的 RXD 端（接收端）与乙机的 TXD 端（发送端）连接，甲机的 TXD 端与乙机的 RXD 端连接，通过双机串行通信，可以实现一个单片机控制另一个单片机，例如甲机向乙机的 P1 端口传送数据 0x99（即

```
/*利用串行通信的方式0进行串并转换以实现产品计数显示的程序*/
#include<reg51.h>        //调用reg51.h文件对单片机各特殊功能寄存器进行地址定义
sbit S1=P1^0;            //用位定义关键字sbit将S1代表P1.0端口
unsigned char code table[]={0xc0,0xf9,0xa4,0xb0, 0x99,0x92,0x82,0xf8, 0x80,0x90};
        //定义一个无符号(unsigned)字符型(char)表格(table)，code表示表格数据存在单片机的代码区
        //(ROM中)，表格按顺序存放0～9的字符码，每个字符码8位，0的字符码为C0H，即11000000B

/*以下DelayUs为微秒级延时函数，其输入参数为unsigned char tu（无符号字符型变量tu），
tu值为8位，取值范围 0～255，如果单片机的晶振频率为12MHz，本函数延时时间可用
T= (tu×2+5) μs 近似计算，比如tu=248，T=501 μs≈0.5ms */
void DelayUs (unsigned char tu)   //DelayUs为微秒级延时函数，其输入参数为无符号字符型变量tu
{
  while(--tu);                   //while为循环语句，每执行一次while语句，tu值就减1，
                                 //直到tu值为0时才执行while尾大括号之后的语句
 }

/*以下DelayMs为毫秒级延时函数，其输入参数为unsigned char tm（无符号字符型变量tm），该函数内部
使用了两个DelayUs (248)函数，它们共延时1002μs（约1ms），由于tm值最大为255，故本DelayMs函数
最大延时时间为255ms，若将输入参数定义为unsigned int tm，则最长可获得65535ms的延时时间*/
void DelayMs(unsigned char tm)
{
  while(tm--)
   {
    DelayUs (248);
    DelayUs (248);
   }
 }

/*以下SendByte为发送单字节函数，其输入参数为unsigned char dat（无符号字符型变量dat），其功能是
将dat数据从RXD端（即P3.0口）发送出去*/
void SendByte(unsigned char dat)
{
 SBUF = dat;       //将变量dat的数据赋给串行通信口的SBUF寄存器，该寄存器马上将数据由低到高位
                   //从RXD端（即P3.0口）送出
 while(TI==0);     //检测SCON寄存器的TI位，若为0表示数据未发送完成，反复执行本条语句检测TI位，
                   //一旦TI位为1，表示SBUF中的数据已发送完成，马上执行下条语句
 TI=0;             //将TI位清0
}

/*以下为主程序部分*/
void main (void)
{
unsigned char i;    //声明一个无符号字符型变量i
SCON=0x00;          //往SCON寄存器写入00000000，SCON的SM0、SM1位均为0，串行通信口工作在方式0
while (1)           //主循环，本while语句首尾大括号内的语句反复执行
  {
   if(S1==0)        // if(如果)S1=0，表示S1键按下，则执行本if大括号内的语句，
                    //否则(即S1≠0)执行本if尾大括号之后的语句
    {
     DelayMs(10);   //执行DelayMs延时函数进行按键防抖，输入参数为10时可延时约10ms
     if(S1==0)      //再次检测S1键是否按下，按下则执行本if首尾大括号内的语句
      {
       while(S1==0);  //若S1键处于按下(S1=0)，反复执行本条语句，一旦S1键松开释放，
                      //S1≠0，马上执行下条语句
       i++;           //将i值增1
       if(i==8)       //如果i=8，执行本if大括号内的语句，否则执行本if尾大括号之后的语句
        {
         i=0;         //将i值置0
        }
       SendByte(table[i]);  //执行SendByte函数，将table表格中的第i+1个字符码
                            //从RXD端（即P3.0口）发送出去
      }
    }
  }
}
```

图 12-10　利用串行通信的方式 0 进行串并转换以实现产品计数显示的程序

10011001B），可以使得乙机 P1 端口外接的 8 个 LED 四亮四灭。

（2）程序及说明

在进行双机通信时，需要为双机分别编写程序，图 12-12（a）是为甲机编写的发送数据程序，要写入甲机单片机，图 12-12（b）是为乙机编写的接收数据程序，要写入乙机单片机。甲机程序的功能是将数据 0x99（即 10011001B）从本机的 TXD 端（P3.1 端）发送出去，乙机程序的功能是从本机的 RXD 端（P3.0 端）接收数据（0x99，即 10011001B），并将数据传送给 P1 端口，P1=0x99=10011001B，P1 端口外接的 8 个 LED 四亮四灭（VD8、VD5、VD4、VD1 灭，VD7、VD6、VD3、VD2 亮）。

图 12-11　利用串行通信的方式 1 实现双机通信的电路

甲机程序如图 12-12（a）所示。程序运行时首先进入主程序的 main 函数，在 main 函数中，首先执行 InitUART 函数，对串行通信口进行初始化设置，然后执行 while 主循环，在 while 主循环中，先执行 SendByte 函数，将数据 0x99（即 10011001B）从 TXD 端（即 P3.1 口）发送出去，再执行两次"DelayMs(250)"延时 0.5s，也就是说每隔 0.5s 执行一次 SendByte 函数，从 TXD 端（即 P3.1 口）发送一次数据 0x99。

乙机程序如图 12-12（b）所示。程序运行时首先进入主程序的 main 函数，在 main 函数中，首先执行 InitUART 函数，对串行通信口进行初始化设置，然后执行 while 主循环，在 while 主循环中，先执行 ReceiveByte 函数，从本机的 RXD 端（即 P3.0 口）接收数据，再将接收到的数据赋给 ReceiveByte 函数的输出参数，然后将 ReceiveByte 函数的输出参数值（0x99，即 10011001B）传给 LEDP1，即传送给 P1 端口。

```
/*利用串行通信的方式1实现双机通信的发送程序_写入甲机*/
#include<reg51.h>  //包含头文件，一般情况不需要改动，头文件包含特殊功能寄存器的定义

/*以下DelayUs为微秒级延时函数，其输入参数为unsigned char tu(无符号字符型变量tu)，
tu值为8位，取值范围 0～255，如果单片机的晶振频率为12MHz，本函数延时时间可用
T=(tux2+5)μs 近似计算，比如tu=248，T=501 μs≈0.5ms */
void DelayUs (unsigned char tu)   //DelayUs为微秒级延时函数，其输入参数为无符号字符型变量tu
{
  while(--tu);                    //while为循环语句，每执行一次while语句，tu值就减1，
                                  //直到tu值为0时才执行while尾大括号之后的语句
}

/*以下DelayMs为毫秒级延时函数，其输入参数为unsigned char tm(无符号字符型变量tm)，该函数内部
使用了两个DelayUs (248)函数，它们共延时1002μs(约1ms)，由于tm值最大为255，故本DelayMs函数
最长延时时间为255ms，若将输入参数定义为unsigned int tm，则最长可获得65535ms的延时时间*/
void DelayMs(unsigned char tm)
{
  while(tm--)
  {
   DelayUs (248);
   DelayUs (248);
  }
}

/*以下InitUART为串行通信口初始化设置函数，输入、输出参数均为空(void)*/
void InitUART (void)
{
 SCON=0x50;    //往SCON寄存器写入01010000，SM0=0、SM1=1，让串行口工作在方式1，REN=1，允许接收数据
 TMOD=0x20;    //往TMOD寄存器写入00100000，M1=1、M0=0，让定时器T1工作在方式2(8位自动重装计数器)
 TH1=0xfa;     //往定时器T1的TH1寄存器写入重装值FAH，将串行通信波特率设为4.8Kbit/s(晶振为11.0592MHz)
 TR1=1;        //往TCON寄存器的TR1位写入1，启动定时器T1工作
 PCON=0x00;    //往PCON寄存器写入00H，SMOD位=0，波特率保持不变
 EA=1;         //往IE寄存器的EA位写入1，打开总中断
 ES=1;         //往TCON寄存器的ES位写入1，打开串口中断
}

/*以下SendByte为发送单字节函数，输入参数为无符号字符型变量dat，输出参数为空 */
void SendByte(unsigned char dat)
{
 SBUF = dat;      //将变量dat的数据赋给串行通信口的SBUF寄存器，该寄存器马上将数据由低到高位
                  //从TXD端（即P3.1口)发送出去
 while(TI==0);    //检测SCON寄存器的TI位，若为0表示数据未发送完成，反复执行本条语句检测TI位，
                  //一旦TI位为1，表示SBUF中的数据已发送完成，马上执行下条语句
 TI=0;            //将TI位清0，以准备下一次发送数据
}

/*以下为主程序部分*/
void main (void)
{
 InitUART();      //执行InitUART函数，对串行通信口进行初始化设置
 while (1)        //主循环，本while语句首尾大括号内的语句反复执行，每隔0.5s执行一次SendByte函数
                  //以发送一次数据
 {
  SendByte(0x99); //执行SendByte函数，将数据10011001从TXD端(即P3.1口)发送出去
  DelayMs(250);   //延时250ms
  DelayMs(250);   //延时250ms
 }
}
```

(a) 写入甲机的发送程序

```
/*利用串行通信的方式1实现双机通信的接收程序_写入乙机*/
#include<reg51.h> //包含头文件，一般情况不需要改动，头文件包含特殊功能寄存器的定义
#define LEDP1 P1 //用define(宏定义)命令将LEDP1代表P1，程序中LEDP1与P1等同

/*以下InitUART为串行通信口初始化设置函数*/
void InitUART (void)
{
 SCON=0x50;  //往SCON寄存器写入01010000，SM0=0、SM1=1，让串行口工作在方式1，REN=1，允许接收数据
 TMOD=0x20;  //往TMOD寄存器写入00100000，M1=1、M0=0，让定时器T1工作在方式2(8位自动重装计数器)，
 TH1=0xfa;   //往定时器T1的TH1寄存器写入重装值FAH，将串行通信波特率设为4.8Kbit/s (晶振为11.0592MHz)
 TR1=1;      //往TCON寄存器的TR1位写入1，启动定时器T1工作
 PCON=0x00;  //往PCON寄存器写入00H，SMOD位=0，波特率保持不变
 EA=1;       //往IE寄存器的EA位写入1，打开总中断
 ES=1;       //往TCON寄存器的ES位写入1，打开串口中断
}

/*以下ReceiveByte为接收单字节函数，输入参数为空，输出参数为无符号字符型变量*/
unsigned char ReceiveByte ()
{
 unsigned char dat;  //声明一个无符号字符型变量dat
 while(RI==0);       //检测SCON寄存器的RI位，若为0表示数据接收未完成，反复执行本条语句检测RI位，一旦
                     //RI位为1，表示接收的数据已全部送入SBUF寄存器，即数据接收完成，马上执行下条语句
 dat=SBUF;           //将SBUF寄存器的数据赋给变量dat
 return dat;         //将变量dat数据返回给ReceiveByte函数的输出参数
 RI=0;               //将RI位清0，以准备下一次接收数据
}

/*以下为主程序部分*/
void main (void)
{
 InitUART();   //执行InitUART函数，对串行通信口进行初始化设置
 while(1)      //主循环，本while语句首尾大括号内的语句反复执行，
   {
    LEDP1=ReceiveByte();  //将ReceiveByte函数的输出参数赋给LEDP1，即传送给P1端口
   }
}
```

(b) 写入乙机的接收程序

图 12-12　利用串行通信的方式 1 实现双机通信的程序

第13章　模拟 I²C 总线通信及编程

13.1　I²C 总线

13.1.1　概述

I²C（Inter-Integrated Circuit）总线是由 Philips 公司开发的两线式串行通信总线，是微电子通信控制领域广泛采用的一种总线标准。

I²C 总线可以将单片机与其他具有 I²C 总线通信接口的外围设备连接起来，如图 13-1 所示，通过串行数据（SDA）线和串行时钟（SCL）线与连接到该双线的器件传递信息。每个 I²C 器件都有一个唯一的识别地址（I²C 总线支持 7 位和 10 位地址），而且都可以作为一个发送器或接收器（由器件的功能决定，例如 LCD 驱动器只能作为接收器，而存储器则既可以作为接收器接收数据，也可以用作发送器发送数据）使用。I²C 器件在执行数据传输时也可以看作是主机或从机，主机是初始化总线数据传输并产生允许传输时钟信号的器件，此时任何被寻址的其他 I²C 器件都被认为是从机。

I²C 总线有标准（100Kbps）、快速（400Kbps）和高速（3.4Mbps）三种数据传输速度模式，支持高速模式的可以向下支持低速模式。I²C 总线连接的 I²C 器件数量仅受到总线的最大电容 400pF 限制，总线连接的器件越多，连线越长，分布电容越大。

在图 13-1 中，如果单片机需要往 I²C 器件 3 写入数据，会先从 SDA 数据线送出 I²C 器件 3 的地址，挂在总线上众多的器件只有 I²C 器件 3 与总线接通，单片机再将数据从 SDA 数据线送出，该数据则被 I²C 器件 3 接收。这里的单片机是主机兼发送器，I²C 器件 3 及其他器件均为从机，I²C 器件 3 为接收器。

图 13-1　单片机通过 I²C 总线连接多个 I²C 器件

13.1.2　I²C 总线通信协议

通信协议是通信各方必须遵守的规则，否则通信无法进行，在编写通信程序时需要了解相应的通信协议。

I²C 总线通信协议主要内容有：

① 总线空闲　SCL 线和 SDA 线均为高电平。

② 开始信号　在 SCL 线为高电平时，SDA 线出现下降沿，该下降沿即为开始信号。

③ 数据传送　开始信号出现后，SCL 线为高电平时从 SDA 线读取的电平为数据；SCL 线为高电平时，SDA 线的电平不允许变化，只有 SCL 线为低电平时才可以改变 SDA 线的电平；SDA 线传送数据时，从高位到低位逐位进行，一个 SCL 脉冲高电平对应 1 位数据。

④ 停止信号　SCL 线为高电平时，SDA 线出现上升沿，该上升沿为停止信号，停止信号过后，总线被认为空闲（SCL 线、SDA 线均为高电平）。

13.1.3　I²C 总线的数据传送格式

I²C 总线可以一次传送单字节数据，也可以一次传送多字节数据，不管是传送单字节数据还是多字节数据，都要在满足协议的前提下进行。

（1）单字节数据传送格式

I²C 总线的单字节数据传送格式如图 13-2 所示，传送单字节数据的格式为"开始信号—传送的数据（从高位到低位）—应答（ACK）信号—停止信号"。在传送数据前，SCL、SDA 线均为高电平（总线空闲），在需要传送数据时，主机让 SDA 线由高电平变为低电平，产生一个下降沿（开始信号）去从机，从机准备接收数据；然后主机从 SCL 线逐个输出时钟脉冲信号，同时从 SDA 线逐位（从高位到低位）输出数据，只有 SCL 脉冲高电平到从机时，从机才读取 SDA 线的电平值（0 或 1），并将其作为一位数据值；8 位数据传送结束后，接收方将 SDA 线电平拉低，该低电平作为 ACK 应答信号由 SDA 线送给发送方，ACK 信号之后可以继续传送下一个字节数据；若只传送单字节数据，在 SCL 线为高电平时，SDA 线由低电平变为高电平形成一个上升沿，该上升沿即为停止信号，本次数据传送结束。

图 13-2　I²C 总线的单字节数据传送格式

（2）多字节数据传送格式

为了提高工作效率，I²C 总线往往需要一次传送多个字节。图 13-3 是典型的 I²C 总线多字节数据传送格式，该多字节数据的格式为"开始信号—第 1 个字节数据（7 位从机地址 +1 位读 / 写设定值）—应答信号—第 2 个字节数据（8 位从机内部单元地址）—应答信号—第

3 个字节数据（8 位数据）—应答信号（或停止应答信号）—停止信号"。

图 13-3 传送了三个字节数据，第 1 个字节数据为从机的地址和数据读写设定值，由于 I²C 总线挂接很多从机，传送从机地址用于选中指定的从机进行通信，读写设定值用于确定数据传输方向（是往从机写入数据还是由从机读出数据）；第 2 个字节数据为从机内部单元待读写的单元地址（若传送的数据很多，则为起始单元的地址，数据从起始单元依次读写）；第 3 个字节为 8 位数据，写入第 1、2 字节指定的从机单元中。在传送多字节数据时，每传送完一个字节数据，接收方需要往发送方传送一个 ACK 信号（接收方将 SDA 线电平拉低），若一个字节传送结束后接收方未向发送方返回 ACK 信号，发送方认为返回的是 NACK（停止应答）信号，则停止继续传送数据。

图 13-3 典型的 I²C 总线多字节数据传送格式

13.2 I²C 总线存储器 24C02（E²PROM）

24CXX 系列芯片是采用了 I²C 总线标准的常用 E²PROM（电可擦写只读存储器）存储芯片，其中 24C02 最为常用，24C02 存储容量为 256×8bit（24C01、24C04、24C08、24C16 分别为 128×8bit、512×8bit、1024×8bit、2048×8bit），24C02 芯片的每个字节可重复擦写 100 万次，数据保存期大于 100 年。

13.2.1 外形与引脚功能

24C02 的外形与引脚功能如图 13-4 所示，引脚功能说明见表 13-1。

(a) 外形   (b) 引脚功能
图 13-4 24C02 的外形与引脚功能

13.2.2 器件地址的设置

当 24C02 和其他器件挂接在 I²C 总线时，为了区分它们，需要给每个器件设定一个地址，该地址即为器件地址，挂在同一 I²C 总线上的器件地址不能相同。24C02 有 A0、A1、A2

表 13-1 24C02 引脚功能说明

引脚名称	功能说明
A0、A1、A2	器件地址设置引脚。I²C 总线最多可同时连接 8 个 24C02 芯片，在外部将 A0、A1、A2 引脚接高、低电平可给 8 个芯片设置不同的器件地址（000～111），当这些引脚悬空时默认值为 0
SCL	串行时钟脉冲输入引脚
SDA	串行数据输入 / 输出引脚
WP	写保护引脚。当 WP 引脚接 VCC 时，只能从芯片读取数据，不能往芯片写入数据；当 WP 引脚接 VSS 或悬空时，允许对芯片进行读 / 写操作
VCC	电源正极（+1.8～6.0V）
VSS	电源负极（接地）

三个地址引脚，可以设置 8 个不同的器件地址，24C02 的器件地址为 7 位，高 4 位固定为 1010，低 3 位由 A0、A1、A2 引脚电平值决定。24C02 的器件地址设置如图 13-5 所示，当 A0、A1、A2 引脚都接地时，器件地址设为 1010000，当 A0、A2 引脚接地，A1 引脚接电源时，器件地址设为 1010010。

A0、A1、A2引脚都接地，器件地址设为1010000
(7位地址，1010为固定值，A2、A1、A0可自主设定)

(a) A0、A1、A2引脚均接地

A0、A2引脚接地，A1引脚接电源，器件地址设为1010010

(b) A0、A2引脚接地，A1引脚接电源

图 13-5 24C02 器件地址的设置

13.2.3 读 / 写操作

（1）写操作

24C02 的写操作分为单字节写操作和页写操作。

① 单字节写操作 24C02 单字节写操作的数据格式如图 13-6 所示。主器件发送开始信号后，再发送 7 位器件地址和 1 位读写信号（写操作时读写信号为 0），被器件地址选中的 24C02 往主器件发送一个 ACK 信号，主器件接着发送 8 位字节地址给 24C02 选中其内部相应存储单元，24C02 往主器件发送一个 ACK 信号，主器件马上发送一个字节数据给 24C02，

图 13-6 24C02 单字节写操作的数据格式

24C02往主器件发送一个ACK信号，当主器件发出停止信号后，24C02开始将主器件发送来的数据写入字节地址选中的存储单元。

② 页写操作　页写操作即多字节写操作，24C02可根据需要一次写入2～16个字节数据。24C02页写操作的数据格式（一次写入16个字节数据时）如图13-7所示。

图13-7　24C02页写操作的数据格式（一次写入16个字节数据时）

主器件发送开始信号后，再发送7位器件地址和读写信号，被器件地址选中的24C02往主器件发送一个ACK信号，主器件接着发送第1个字节数据的地址给24C02，24C02往主器件发送一个ACK信号，主器件发送第1个字节数据给24C02，24C02往主器件发送一个ACK信号，主器件发送第2个字节数据给24C02，24C02往主器件发送一个ACK信号，当主器件将第16个字节数据发送给24C02，24C02往主器件发送一个ACK信号，待主器件发出停止信号后，24C02开始将主器件发送来的16个字节数据依次写入以第一个字节数据地址为起始地址的连续16个存储单元中。如果在第16个字节数据之后还继续发送第17个字节数据，第17个字节数据将覆盖第1个字节数据写入第1个字节地址，后续发送字节数据将依次覆盖先前的字节数据。

（2）读操作

24C02的读操作分为立即地址读操作、选择读操作和连续读操作。

① 立即地址读操作　立即地址读操作是指不发送字节地址而是直接读取上次操作地址N之后的地址N+1的数据，24C02的N值为0～255（00H～FFH），如果上次操作地址N=255，立即地址读操作会跳转读取地址0的数据。

24C02立即地址读操作的数据格式如图13-8所示。主器件发送开始信号后，再发送7位器件地址和读写信号（读操作时读写位为1），被器件地址选中的24C02首先往主器件发送一个ACK信号，再往主器件发送一个字节数据，主器件无需发出ACK信号应答，但要发出一个停止信号给24C02。

图13-8　24C02立即地址读操作的数据格式

② 选择读操作　选择读操作是指读取任意地址单元的字节数据。24C02选择读操作的数据格式如图13-9所示。主器件先发送开始信号和7位器件地址，再发送一个低电平读写信

号执行伪写操作（以便将后续的 n 单元字节地址发送给 24C02），被器件地址选中的 24C02 往主器件发送一个 ACK 信号，主器件接着发送 n 单元字节地址，从器件回复一个 ACK 信号，主器件又发送开始信号和 7 位器件地址，再发送一个高电平读写信号执行读操作，从器件回复一个 ACK 信号，并将 n 单元的字节数据发送给主器件，主器件无需发出 ACK 信号应答，但要发出一个停止信号给 24C02。

图 13-9　24C02 选择读操作的数据格式

③ 连续读操作　连续读操作指从指定单元开始一次连续读取多个字节数据。在进行立即地址读操作或选择读操作时，如果 24C02 每发送完一个字节数据后，主器件都回复一个 ACK 信号，24C02 就会连续不断将后续单元的数据发送给主器件，直到主器件不回复 ACK 信号，才停止数据的发送，主器件发出停止信号后则结束本次连续读操作。

连续读操作由立即地址读操作或选择读操作启动。图 13-10（a）是由立即地址读操作启动的连续读的数据格式，24C02 内部有 256 个字节存储单元，如果 24C02 将第 256 个字节单元（地址为 FFH）的数据传送给主器件后，主器件继续回复 ACK 信号，24C02 就会从头开始将第 1 个存储单元（地址为 00H）的数据传送给主器件。图 13-10（b）为由选择读操作启动的连续读的数据格式。

(a) 由立即地址读操作启动的连续读的数据格式

(b) 由选择读操作启动的连续读的数据格式

图 13-10　24C02 连续读操作的数据格式

13.3 单片机与 24C02 的 I²C 总线通信电路及编程

13.3.1 模拟 I²C 总线通信的程序及详解

51 单片机内部有串行通信（UART）模块，没有 I²C 总线通信模块，要让单片机与其他 I²C 总线器件通信，可以给单片机编写模拟 I²C 总线通信的程序，以软件方式模拟实现硬件功能。I²C 总线通信遵守 I²C 总线协议，因此编写模拟 I²C 总线通信程序时要了解 I²C 总线通信协议。

图 13-11 是模拟 I²C 总线通信的程序，该程序由 10 个函数组成，Start_I²C 为开始信号发送函数，Stop_I²C 为停止信号发送函数，SendByte 为字节数据发送函数，ReceiveByte 为字节数据接收函数，Ack_I²C 为应答函数，NoAck_I²C 为非应答函数，ISendByte 为无字节地址发送字节数据函数，ISendStr 为有字节地址发送多字节数据函数，IReceiveByte 为无字节地址接收（读取）字节数据函数，IReceiveStr 为有字节地址接收（读取）多字节数据函数，由于该程序不含 main 函数，不能独立执行，但这些函数可以被 main 函数调用来进行 I²C 总线通信，程序中采用 P2.1 当作 SDA 来传送数据，P2.0 当作 SCL 来传送时钟信号，也可以根据需要使用单片机的其他端口作为 SDA 和 SCL。

```
/*模拟I²C总线协议编写的发送和接收数据的各种函数*/
#include <reg51.h>          //调用reg51.h文件对单片机各特殊功能寄存器进行地址定义
#include <intrins.h>        //调用intrins.h文件对本程序用到的"_nop_()"函数进行声明
#define  Nop()  _nop_()     //用define(宏定义)命令将Nop()代表_nop_()，程序中Nop()与_nop_()等同
sbit SDA=P2^1;              //用位定义关键字sbit将SDA(数据)代表P2.1端口(也可以使用其他端口)
sbit SCL=P2^0;              //用位定义关键字sbit将SCL(时钟)代表P2.0端口(也可以使用其他端口)
bit ack;                    //用关键字bit将ack定义为位变量

/*以下Start_I²C为开始信号发送函数，用于发送开始信号。该函数执行时，先让SCL、SDA都为高电平，然后在保持
SCL为高电平时让SDA变为低电平，SDA由高电平变为低电平形成一个下降沿即为开始信号，接着SCL变为低电平，
SDA可以变化电平准备传送数据*/
void Start_I2C()            //Start_I²C函数无输入输出参数
{
 SDA=1;      //让SDA为高电平，一种电平变为另一种电平都需要一定的时间
 Nop();      //延时1μs(单片机晶振为12MHz时，频率低延时长)，让SDA能顺利变为高电平
 SCL=1;      //让SCL为高电平
 Nop();      //执行5次Nop函数延时5μs，让SDA、SCL高电平持续时间大于4μs
 Nop();
 Nop();
 Nop();
 Nop();
 SDA=0;      //让SDA变为低电平，在SCL为高电平时，SDA由高电平变为低电平形成一个下降沿，该下降沿即为开始信号
 Nop();      //执行5次Nop函数延时5μs，让SDA的开始信号形成及低电平维续时间大于4μs
 Nop();
 Nop();
 Nop();
 Nop();
 SCL=0;      //让SCL为低电平，SCL为低电平时SDA可以变化电平发送数据
 Nop();      //执行2次Nop函数延时2μs，让SCL高电平变为低电平能顺利完成
 Nop();
}

/*以下Stop_I²C为停止信号发送函数，用于发送停止信号。该函数执行时，先让SDA为低电平，然后让SCL为高电平，
再让SDA变为高电平，在SCL为高电平时SDA由低电平变为高电平形成一个上升沿即为停止信号*/
void Stop_I2C()    //Start_I²C函数无输入输出参数
{
 SDA=0;      //让SDA为低电平
 Nop();      //延时1μs
 SCL=1;      //让SCL为高电平
 Nop();      //执行5次Nop函数延时5μs，让SCL变为高电平及高电平维续时间大于4μs
 Nop();
 Nop();
 Nop();
 Nop();
 SDA=1;      //让SDA变为高电平，在SCL为高电平时，SDA由低电平变为高电平形成一个上升沿，该上升沿即停止信号
 Nop();      //执行4次Nop函数延时4μs，让SDA的停止信号顺利形成及让高电平持续一定的时间
 Nop();
 Nop();
 Nop();
}
```

```
/*以下SendByte 为字节数据发送函数,用于发送一个8位数据。该函数执行时,将变量sdat的8位数据(数据或地址)
由高到低逐位赋给SDA,在SCL为高电平时,SDA值被接收器读取,8位数据发送完后,让SDA=1,在SCL为高电平时,
若SDA电平被接收器拉低,表示有ACK信号应答,若SDA仍为高电平,表示无ACK信号应答或数据损坏*/
void SendByte(unsigned char sdat)  //SendByte函数的输入参数为无符号字符型变量sdat,无输出参数
{
 unsigned char BitN;          //声明一个无符号字符型变量BitN
 for(BitN=0;BitN<8;BitN++)    //for为循环语句,先让BitN =0,再判断BitN<8是否成立,成立执行for首尾大括号内
                              //的语句,执行完后执行BitN++将BitN加1,然后又判断BitN<8是否成立,如此反复,
                              //直到BitN<8不成立,才跳出for语句。本for首尾大括号内的语句执行8次,
                              //由高到低逐位将变量sdat的8位数据从SDA线发送出去
  {
   if((sdat<<BitN)&0x80)      //将变量sdat的数据左移BitN位再与10000000(0x80)逐位相与,如果结果的最高位为1,
                              //执行SDA=1,否则执行SDA=0,即将sdat数据逐位赋给SDA
    {SDA=1;}   //将1赋给SDA
   else         //否则
    {SDA=0;}   //将0赋给SDA
    Nop();      //延时1µs
    SCL=1;      //让SCL为高电平,在SCL为高电平时SDA值可以被接收器读取
    Nop();      //执行5次Nop函数,让SCL高电平持续时间不小于4µs
    Nop();
    Nop();
    Nop();
    SCL=0;      //让SCL为低电平,在SCL为低电平时接收器不会从SDA读取数据
  }
    Nop();      //8位数据发送结束后延时2µs
    Nop();
    SDA=1;      //让SDA=1,准备接收应答信号(准备让接收器拉低SDA)
    Nop();      //延时2µs,让SDA顺利变为高电平并持续一定时间
    Nop();
    SCL=1;      //让SCL=1,开始读取应答信号(在SCL为高电平时检查SDA是否变为低电平)
    Nop();      //延时3µs,让SCL高电平持续一定时间,以便顺利读取SDA的电平
    Nop();
    Nop();
    if(SDA==1)  //如果SDA=1,表示SDA线电平未被接收器拉低(即无ACK信号应答),执行ack=0,否则(即SDA=0),
                //SDA线电平被接收器拉低,表示有ACK信号应答,执行ack=1
     {ack=0;}   //无ACK信号应答时将位变量ack置0
    else         //否则(即SDA=0)
     {ack=1;}   //有ACK信号应答时将位变量ack置1
    SCL=0;      //让SCL为低电平,在SCL为低电平时接收器不会从SDA线读取数据
    Nop();      //延时2µs,让SCL高电平转低电平能顺利完成
    Nop();
}

/*以下ReceiveByte为字节数据接收函数,用于接收一个8位数据。该函数执行时从SDA线由高到低逐位读取8位数据
并存放到变量rdat中,在SCL为高电平时,SDA值被主器件读取,因为只接收8位数据,故8位数据接收完后,
主器件不发送ACK应答信号,如需发送ACK信号可使用应答函数*/
unsigned char ReceiveByte()  //ReceiveByte函数的输出参数类型为无符号字符型变量,无输入参数
{
 unsigned char rdat;  //声明一个无符号字符型变量rdat
 unsigned char BitN;  //声明一个无符号字符型变量BitN
 rdat=0;              //将变量rdat初值设为0
 SDA=1;               //让SDA为高电平
 for(BitN=0;BitN<8;BitN++)   //for为循环语句,先让BitN =0,再判断BitN<8是否成立,成立执行for首尾
                             //大括号内的语句,执行完后执行BitN++将BitN加1,然后又判断BitN<8是否成立,
                             //如此反复,直到BitN<8不成立,才跳出for语句。本for首尾大括号内的语句
                             //执行8次,逐位从SDA读取8位数据,并存放到变量rdat中
  {
   Nop();      //延时1µs
   SCL=0;      //让SCL为低电平,SCL为低电平时,SDA电平值允许变化,此期间从器件可将数据发送到SDA线
   Nop();      //执行5次Nop函数延时5µs,让SCL低电平持续时间大于4µs
   Nop();
   Nop();
   Nop();
   Nop();
   SCL=1;      //让SCL变为高电平,在SCL为高电平时,SDA电平值才能被读取
   Nop();      //延时2µs,让SCL顺利变为高电平并持续一定时间
   Nop();
   rdat=rdat<<1;  //将变量rdat数据左移一位,最低位为0,用于放置SDA值
   if(SDA==1)     //如果SDA=1,执行rdat=rdat+1,如果SDA=0,跳出本if语句
    {rdat=rdat+1;} //将变量rdat数据加1,即将从SDA读的1放到rdat的最低位
   Nop();      //延时2µs,让SCL高电平再维持一定时间
   Nop();
  }
 SCL=0;      //将SCL变为低电平
 Nop();      //延时2µs,让SCL顺利变为低电平并让低电平持续一定时间
 Nop();
 return(rdat);   //将变量rdat的数据返回给ReceiveByte函数的输出参数
}

/*以下Ack_I2C 为应答函数,用于发送一个ACK信号,该函数执行时,在SCL为高电平时让SDA为低电平,
SDA的此低电平即为ACK应答信号*/
void Ack_I2C(void)   //Ack_I²C函数无输入输出参数
{
 SDA=0;   //让SDA为低电平
 Nop();   //延时3µs,让SDA低电平维持一段时间
 Nop();
 Nop();
 SCL=1;   //让SCL为高电平
 Nop();   //延时5µs,让SCL高电平持续时间大于4µs,以便SDA的低电平作为ACK信号被顺利读取
 Nop();
 Nop();
```

图 13-11

```
    Nop();
    Nop();
    SCL=0;          //让SCL变为低电平
    Nop();          //延时2μs，让SCL顺利变为低电平并维持一定时间
    Nop();
}

/*以下NoAck_I²C为非应答函数，用于发送一个NACK信号(非应答信号)。该函数执行时，在SCL为高电平时
让SDA为高电平，SDA的此高电平即为NACK应答信号 */
void NoAck_I2C(void)    //NoAck_I²C函数无输入输出参数
{
    SDA=1;          //让SDA为高电平
    Nop();          //延时3μs，让SDA高电平维持一段时间
    Nop();
    Nop();
    SCL=1;          //让SCL为高电平
    Nop();          //延时5μs，让SCL高电平持续时间大于4μs，以便SDA的高电平作为NACK信号被顺利读取
    Nop();
    Nop();
    Nop();
    Nop();
    SCL=0;          //让SCL变为低电平
    Nop();          //延时2μs，让SCL顺利变为低电平并维持一定时间
    Nop();
}

/*以下ISendByte为无字节地址发送字节数据函数，用于向从器件当前字节地址单元发送(写入)一个字节数据。
该函数执行时，先执行Start_I²C函数发送开始信号，接着执行SendByte函数发送7位器件地址和1位读写位(0-写，
1-读)，如果有ACK信号应答，表示器件地址发送成功，再执行SendByte函数发送8位数据，有ACK信号应答表示
8位数据发送成功，然后执行Stop_I²C函数发送停止信号，在地址或数据发送成功时均会将1返回给ISendByte函数
的输出参数，不成功则返回0并退出ISendByte函数 */
bit ISendByte(unsigned char sladr,unsigned char sdat)  //ISendByte函数的输入参数为无符号字符型变量
                                                        //sladr和sdat，输出参数为位变量
{
    Start_I2C();        //执行Start_I²C函数，发送开始信号
    SendByte(sladr);    //执行SendByte函数，发送7位器件地址和1位读写位(0-写，1-读)
    if(ack==0)          //如果位变量ack=0，表示未接收到ACK信号，执行return(0)并退出函数，ack=1则执行
                        //本if尾大括号之后的语句
      {return(0);}      //将0返回给ISendByte的输出参数，表示发送数据失败，同时退出函数
    SendByte(sdat);     //执行SendByte函数，发送sdat的8位数据
    if(ack==0)          //如果位变量ack=0，表示未接收到ACK信号，执行return(0)并退出函数，ack=1则执行本
                        //if尾大括号之后的语句
      {return(0);}      //将0返回给ISendByte的输出参数，表示发送数据失败，同时退出函数
    Stop_I2C();         //执行Stop_I²C函数，发送停止信号
    return(1);          //将1返回给ISendByte的输出参数，表示发送数据成功
}

/*以下ISendStr为有字节地址发送多字节数据函数，用于向从器件指定首地址的连续字节单元发送(写入)多个
字节数据。该函数执行时，先执行Start_I²C函数发送开始信号，接着执行SendByte函数发送7位器件地址和1位
读写位(0-写，1-读)，若有ACK信号应答，再执行SendByte函数发送8位器件子地址(器件内部字节单元的地址)，
有ACK信号应答会执行for语句，将指针变量s所指的no个数据依次发送出去 */
bit ISendStr(unsigned char sladr,unsigned char subadr,unsigned char *s,unsigned char no)
                //ISendStr函数有4个无符号字符型输入参数，分别是sladr、subadr、*s(指针变量)、no，输出参数为位变量
{
    unsigned char i;    //声明一个无符号字符型变量i
    Start_I2C();        //执行Start_I²C函数，发送开始信号
    SendByte(sladr);    //执行SendByte函数，发送7位器件地址和1位读写位(0-写，1-读)
    if(ack==0)          //如果位变量ack=0，表示未接收到ACK信号，执行return(0)并退出函数，ack=1则执行
                        //本if尾大括号之后的语句
      {return(0);}      //将0返回给ISendStr的输出参数，表示发送数据失败，同时退出函数
    SendByte(subadr);   //执行SendByte函数，发送器件子地址(器件内部字节单元的地址)
    if(ack==0)          //如果位变量ack=0，表示未接收到ACK信号，执行return(0)并退出函数，ack=1则执行
                        //本if尾大括号之后的语句
      {return(0);}      //将0返回给ISendStr的输出参数，表示发送数据失败，同时退出函数
    for(i=0;i<no;i++)   //for为循环语句，先让i =0，再判断i<no是否成立，成立执行for首尾大括号内的语句，
                        //执行完后执行i++将i加1，然后又判断i<no是否成立，
                        //如此反复，直到i<no不成立，才跳出本for语句。本for首尾大括号内的语句执行no次，
                        //依次将指针变量s所指地址的数据逐个发送出去
      {
        SendByte(*s);   //执行SendByte函数，将指针变量s所指地址的数据发送出去
        if(ack==0)      //如果位变量ack=0，表示未接收到ACK信号，执行return(0)并退出函数，ack=1则执行
                        //本if尾大括号之后的语句
          {return(0);}  //将0返回给ISendStr的输出参数，表示发送数据失败，同时退出函数
        s++;            //将s值加1，让指针变量指向下一个发送数据的地址
      }
    Stop_I2C();         //执行Stop_I²C()函数，发送停止信号
    return(1);          //将1返回给ISendStr的输出参数，表示发送数据成功
}

/*以下IReceiveByte为无字节地址接收(读取)字节数据函数，用于从从器件当前地址接收(读取)一个字节数据。
该函数执行时，先执行Start_I²C函数发送开始信号，接着执行SendByte函数发送7位器件地址和1位读写位(0-写，
1-读)，若有ACK信号应答，再执行ReceiveByte函数从从器件的当前字节地址(上次操作器件的字节地址的下一个地址)
读取8位数据，然后主器件发送NACK信号，从器件停止发送数据，最后发送停止信号 */
bit IReceiveByte(unsigned char sladr,unsigned char *c)
                //IReceiveByte函数有2个无符号字符型输入参数，分别是sladr、*c(指针变量)，输出参数为位变量
{
    Start_I2C();        //执行Start_I²C函数，发送开始信号
    SendByte(sladr+1);  //执行SendByte函数，发送7位器件地址和1位读写位(0-写，1-读)
    if(ack==0)          //如果位变量ack=0，表示未接收到ACK信号，执行return(0)并退出函数，ack=1则执行
                        //本if尾大括号之后的语句
      {return(0);}      //将0返回给IReceiveByte的输出参数，表示发送数据失败，同时退出函数
    *c=ReceiveByte();   //执行ReceiveByte函数，将该函数的输出参数值(即接收到的数据)存放到指针变量c所指地址中
    NoAck_I2C();        //执行NoAck_I²C函数，往SDA线发送NACK(非应答)信号，不再接收数据
    Stop_I2C();         //执行Stop_I²C()函数，发送停止信号
```

```
  return(1);           //将1返回给IReceiveByte的输出参数，表示接收数据成功
}

/*以下IReceiveStr为有字节地址接收(读取)多字节数据函数，用于从从器件的指定首地址的连续单元接收多个
字节数据。该函数执行时，先执行Start_I²C函数发送开始信号，接着执行SendByte函数发送7位器件地址和
1位读写位(0-写，1-读)，若有ACK信号应答，再执行SendByte函数发送器件子地址，用于选中从器件内部待读写
字节单元的地址，然后重新执行Start_I²C和SendByte函数发送开始信号和从器件的器件地址，接着执行
for语句(for内部的ReceiveByte函数会执行多次)，将先后读取的数据依次存放到指针变量s所指的no个地址中*/
bit IReceiveStr(unsigned char sladr,unsigned char subadr,unsigned char *s,unsigned char no)
    //IReceiveStr函数有4个无符号字符型输入参数，分别是sladr、subadr、*s(指针变量)、no，输出参数为位变量
{
unsigned char i;       //声明一个无符号字符型变量i
Start_I2C();           //执行Start_I²C函数发送开始信号
SendByte(sladr);       //执行SendByte函数，发送7位器件地址和1位读写位(0-写，1-读)
if(ack==0)             //如果位变量ack=0，表示未接收到ACK信号，执行return(0)并退出函数，ack=1则执行
                       //本if尾大括号之后的语句
  {return(0);}         //将0返回给ISendStr的输出参数，表示发送数据失败，同时退出函数
SendByte(subadr);      //执行SendByte函数，发送器件子地址，选中从器件内部待读写字节单元的地址
if(ack==0)             //如果位变量ack=0，表示未接收到ACK信号，执行return(0)并退出函数，ack=1则
                       //执行本if尾大括号之后的语句
  {return(0);}         //将0返回给ISendStr的输出参数，表示发送数据失败，同时退出函数
Start_I2C();           //执行Start_I²C函数，发送开始信号
SendByte(sladr+1);     //执行SendByte函数，发送7位器件地址和1位读写位(0-写，1-读)
if(ack==0)             //如果位变量ack=0，表示未接收到ACK信号，执行return(0)并退出函数，ack=1则执行
                       //本if尾大括号之后的语句
  {return(0);}         //将0返回给IReceiveByte的输出参数，表示发送数据失败，同时退出函数
for(i=0;i<no-1;i++)    //for为循环语句，先让i=0，再判断i<no-1是否成立，成立执行for首尾大括号内的语句，
                       //执行完后执行i++将i加1，然后又判断i<no-1是否成立，如此反复，直到i<no-1不成立，
                       //才跳出本for语句。本for首尾大括号内的语句执行no-1次，依次将ReceiveByte函数
                       //读取的数据存放到指针变量s所指no-1个地址中
  {
  *s=ReceiveByte();    //执行ReceiveByte函数，将该函数的输出参数值(即接收到的数据)存放到指针变量s所指地址中
  Ack_I2C();           //执行Ack_I²C(应答)信号，发送ACK信号，以继续接收数据(即让从器件继续发送数据)
  s++;                 //将s值加1，让指针变量指向下一个接收数据的地址
  }
*s=ReceiveByte();      //执行ReceiveByte函数，将该函数的输出参数值(即接收到的数据)存放到指针变量s所指的
                       //第no地址中
NoAck_I2C();           // 执行NoAck_I²C函数，发送NACK(非应答)信号，不再接收数据
Stop_I2C();            //执行Stop_I²C()函数，发送停止信号
return(1);             //将1返回给IReceiveByte的输出参数，表示接收数据成功
}
```

图 13-11　模拟 I²C 总线通信的程序

13.3.2　利用 I²C 总线从 24C02 读写一个数据并用 LED 显示的电路及程序详解

（1）电路

利用 I²C 总线从 24C02 读写数据并用 LED 显示的电路如图 13-12 所示。STC89C51 单片机将 P2.0、P2.1 端口分别用作 SCL、SDA 端，与 24C02 的 SCL、SDA 引脚连接，24C02 的 A2、A1、A0 端均接电源，其器件地址被设为 1010111（24C02 的地址为 7 位，高 4 位固定为 1010，低 3 位为 111），24C02 的 WP 端接地，芯片被允许读写。单片机的 P1.7～P1.0 端口连接了 8 个 LED，当某个端口为低电平时，该端口连接的 LED 点亮。

（2）程序

图 13-13 是单片机利用 I²C 总线从 24C02 读写数据并用 LED 显示的程序，由于 51 单片机无 I²C 总线通信模块，需要用程序来模拟 I²C 总线通信的有关操作，故应将模拟 I²C 总线通信的有关操作函数加到程序中，以便程序调用。程序运行时，单片机先从 24C02 内部第 5 个存储单元读取数据（上次断电或复位时保存下来的），并将该数据送到 P1 端口，通过外接的 8 个 LED 将数据显示出来，延时 1s 后，将读取的数据值加 1 并把该数据写入 24C02 的第 5 个存储单元，然后单片机又从 24C02 的第 5 个存储单元读取数据，之后不断重复。假设单片机上电后首次从 24C02 读取的数据为 11110000，那么 1s 后，该数据加 1 变成 11110001 并写入 24C02，单片机第 2 次从 24C02 读的数据即为 11110001，P1.0 端口外接的 VD1 由亮变灭，随着程序不断重复执行，24C02 的第 5 个存储单元的数据不断变化，如果突然断电，24C02 中的数据会保存下来，下次上电后单片机首次读取的将是该数据。

图 13-12　利用 I²C 总线从 24C02 读写数据并用 LED 显示的电路

```
/*利用模拟I²C总线通信函数从24C02读取和写入一个数据的程序*/
#include <reg51.h>        //调用reg51.h文件对单片机各特殊功能寄存器进行地址定义
#include <intrins.h>      //调用intrins.h文件对本程序用到的"_nop_()"函数进行声明
#define  Nop() _nop_()    //用define(宏定义)命令将Nop()代表_nop_(), 程序中Nop()与_nop_()等同
sbit SDA=P2^1;            //用位定义关键字sbit将SDA(数据)代表P2.1端口(也可以使用其他端口)
sbit SCL=P2^0;            //用位定义关键字sbit将SCL(时钟)代表P2.0端口(也可以使用其他端口)
bit ack;                  //用关键字bit将ack定义为位变量
```

将模拟I²C总线通信的10个函数加到此处

```
/*以下DelayUs为微秒级延时函数, 其输入参数为unsigned char tu(无符号字符型变量tu), tu值为8位, 取值范围为
0～255, 若单片机的晶振频率为12MHz。本函数延时时间可用T=(tux2+5) μs 近似计算, 比如tu=248, T=501 μs≈0.5ms*/
void DelayUs (unsigned char tu)   //DelayUs为微秒级延时函数, 其输入参数为无符号字符型变量tu
{
  while(--tu);                    //while为循环语句, 每执行一次while语句, tu值就减1,
}                                 //直到tu值为0时才执行while尾大括号之后的语句

/*以下DelayMs为毫秒级延时函数, 其输入参数为unsigned char tm (无符号字符型变量tm), 该函数内部使用了两个
DelayUs (248)函数, 它们共延时1002us (约1ms), 由于tm值最大为255, 故本DelayMs函数最大延时时间为255ms,
若将输入参数定义为unsigned int tm, 则最长可获得65535ms的延时时间*/
void DelayMs(unsigned char tm)
{
  while(tm--)
    {
     DelayUs (248);
     DelayUs (248);
    }
}

/*以下为主程序, 程序从main函数开始运行*/
void main()
{
 unsigned char temp;        //定义一个无符号字符型变量temp
 unsigned char i;           //定义一个无符号字符型变量i
 IReceiveStr(0xae,4,&temp,1);   //执行IReceiveStr函数, 选中器件地址为1010111(7位地址, 在地址之后加读写位0
                            //即0xae)的从器件的第5个地址单元, 再从该单元读取数据并送到
                            //变量temp所在的地址单元中
 while(1)                   //主循环, while首尾大括号内的语句会反复执行
   {
    P1=temp;                //将变量temp的值赋给P1端口
    for(i=0;i<5;i++)        //for为循环语句, 其首尾大括号内的语句"DelayMs(200)"会反复执行5次, 共延时1s,
                            //再执行尾大括号之后的语句
    {DelayMs(200);}         //执行DelayMs函数, 延时200ms
    temp++;                 //将变量temp的值加1
    ISendStr(0xae,4,&temp,1);   //执行ISendStr函数, 将变量temp所在地址单元中的数据(即变量temp的值)发送到
                            //器件地址为1010111(7位地址, 在地址之后加读写位0则为10101110, 即0xae)的
                            //从器件的第5个地址单元中
   }
}
```

图 13-13　利用 I²C 总线从 24C02 读写数据并用 LED 显示的程序

程序在执行时，首先进入主程序的 main 函数，在 main 函数中，声明两个变量 temp 和 i 后执行 "IReceiveStr(0xae,4,&temp,1)"，选中器件地址为 1010111 的从器件的第 5 个地址单元，24C02 的器件地址为 7 位 1010111，在最低位之后加上 1 位读写位则为 10101110（即 0xae），再从该单元读取数据并送到变量 temp 所在的地址单元中，然后进入反复执行的 while 主循环。在 while 主循环中，先将变量 temp 的值赋给 P1 端口，P1 端口外接的 LED 会将数据的各位值显示出来（位值为 0 时 LED 亮），再执行 for 语句，for 语句内的 "DelayMs（200）" 函数会执行 5 次，延时 1s，然后执行 "temp++"，将 temp 值加 1，接着执行 "ISendStr(0xae,4,&temp,1)"，将变量 temp 所在地址单元中的数据 (即 temp 的值) 发送到 24C02 的第 5 个地址单元中，之后又返回到前面执行 "P1=temp"。

13.3.3 利用 I²C 总线从 24C02 读写多个数据的电路及程序详解

（1）电路

利用 I²C 总线从 24C02 读写多个数据并用 LED 显示的电路与图 13-12 所示电路相同。

（2）程序

图 13-14 是单片机利用 I²C 总线从 24C02 读写多个数据并用 LED 显示的程序。程序运

图 13-14　利用 I²C 总线从 24C02 读写多个数据并用 LED 显示的程序

行时，先将 dat 表格中的 8 个字节数据写入 24C02，然后将 dat 表格中 8 个数据清 0，再以 1s 的时间间隔从 24C02 中依次逐个读取先前写入的 8 个数据，每读出一个数据都会送到 P1 端口，通过 P1 端口外接的 LED 亮灭状态将数据值显示出来。

13.3.4 利用 24C02 存储按键的操作信息的电路及程序详解

（1）电路

利用 24C02 存储按键的操作信息并用 8 位 LED 数码管显示的电路如图 13-15 所示。单片机接通电源后，先通过 I²C 总线从 24C02 指定单元读取数据（8 位），并将该数据的有关显示信息从 P2.2、P2.3 和 P0 端口输出去段码、位码锁存芯片 74HC573 和 8 位 LED 数码管，

图 13-15 利用 24C02 存储按键的操作信息并用 8 位 LED 数码管显示的电路

数码管将该数据以十进制数的形式显示出来（只能显示3位，000～255），如果操作增键或减键，单片机的数据会增大或减小，数码管显示的数字也会发生变化，同时单片机还会将增或减后的数据重新写入24C02。如果单片机突然断电（或复位）再上电时，会重新读取断电前保存在24C02中的数据并用数码管将读取的数据显示出来。

（2）程序

图13-16是利用24C02存储按键的操作信息并用8位LED数码管显示的程序。程序运行时，单片机从24C02读取上次断电前保存的数据，8位数码管将该数据显示出来，操作增键或减键可以将读取的数据增大或减小，并同步保存到24C02，数码管显示的数据也随之变化。

```
/*利用24C02存储关机前按键的操作信息并用8位LED数码管显示的程序*/
#include <reg51.h>              //调用reg51.h文件对单片机各特殊功能寄存器进行地址定义
#include <intrins.h>            //调用intrins.h文件对本程序用到的"_nop_()"函数进行声明
#define  Nop()  _nop_()         //用define(宏定义)命令将Nop()代表_nop_()，程序中Nop()与_nop_()等同
sbit SDA=P2^1;                  //用位定义关键字sbit将SDA(数据)代表P2.1端口(也可以使用其他端口)
sbit SCL=P2^0;                  //用位定义关键字sbit将SCL(时钟)代表P2.0端口(也可以使用其他端口)
bit ack;                        //用关键字bit将ack定义为位变量

sbit KeyAdd=P3^3;               //用位定义关键字sbit将KeyAdd(增键)代表P3.3端口
sbit KeyDec=P3^4;               //用位定义关键字sbit将KeyDec(减键)代表P3.4端口
sbit DuanSuo=P2^2;              //用位定义关键字sbit将DuanSuo代表P2.2端口
sbit WeiSuo =P2^3;
#define WDM P0                  //用define（宏定义）命令将WDM代表P0，程序中WDM与P0等同
unsigned char code DMtable[]={0x3f,0x06,0x5b,0x4f,0x66,0x6d,0x7d,0x07,   //定义一个DMtable表格，依次
                              0x7f,0x6f,0x77,0x7c,0x39,0x5e,0x79,0x71};  //存放字符0～F的段码
unsigned char code WMtable[]={0xfe,0xfd,0xfb,0xf7,0xef,0xdf,0xbf,0x7f};  //定义一个WMtable表格，依次存放
                                                                        //8位数码管低位到高位的位码
unsigned char TData[8]; //定义一个可存放8个元素的一维数组(表格)TData
```

将模拟I²C总线通信的10个函数加到此处

```
/*以下DelayUs为微秒级延时函数，其输入参数为unsigned char tu(无符号字符型变量tu),tu值为8位,取值范围 0～255,
如果单片机的晶振频率为12MHz,本函数延时时间可用T=（tu×2+5）μs 近似计算，比如tu=248，T=501 μs≈0.5ms */
void DelayUs (unsigned char tu)   //DelayUs为微秒级延时函数，其输入参数为无符号字符型变量tu
{
 while(--tu);                     //while为循环语句，每执行一次while语句，tu值就减1，
                                  //直到tu值为0时才执行while尾大括号之后的语句
 }

/*以下DelayMs为毫秒级延时函数，其输入参数为unsigned char tm（无符号字符型变量tm），该函数内部使用了两个
DelayUs(248)函数，它们共延时1002μs（约1ms），由于tm值最大为255，故本DelayMs函数最大延时时间为255ms，
若将输入参数定义为unsigned int tm，则最长可获得65535ms的延时时间*/
void DelayMs(unsigned char tm)
{
 while(tm--)
  {
   DelayUs (248);
   DelayUs (248);
  }
 }

/*以下为Display显示函数，用于驱动8位数码管动态扫描显示字符，输入参数 ShiWei 表示显示的开始位，如ShiWei
为0表示从第一个数码管开始显示，WeiShu表示显示的位数，如显示99两位数应让WeiShu为2 */
void Display(unsigned char ShiWei,unsigned char WeiShu)  // Display(显示)函数有两个输入参数，
                                                         //分别为ShiWei(开始位)和WeiShu(位数)
 {
  static  unsigned char i;        //声明一个静态(static)无符号字符型变量i(表示显示位，0表示第1位)，
                                  //静态变量占用的存储单元在程序退出前不会释放给变量使用
  WDM=WMtable[i+ShiWei];          //将WMtable表格中的第i+ShiWei +1个位码送给P0端口输出
  WeiSuo=1;                       //让P2.3端口输出高电平，开通位码锁存器，锁存器输入变化时输出会随之变化
  WeiSuo=0;                       //让P2.3端口输出低电平，位码锁存器被封锁，锁存器的输出值被锁定不变

  WDM=TData[i];                   //将TData表格中的第i+1个段码送给P0端口输出
  DuanSuo=1;                      //让P2.2端口输出高电平，开通段码锁存器，锁存器输入变化时输出会随之变化
  DuanSuo=0;                      //让P2.2端口输出低电平，段码锁存器被封锁，锁存器的输出值被锁定不变

  i++;                            //将i值加1，准备显示下一位数字
  if(i==WeiShu)                   //如果i= WeiShu表示显示到最后一位，执行i=0
   {
    i=0;                          //将i值清0，以便从数码管的第1位开始再次显示
   }
 }

/*以下为定时器及相关中断设置函数*/
void T0Int_S (void)      //函数名为T0Int_S，输入和输出参数均为void（空）
{
 TMOD=0x01;                       //让TMOD寄存器的M1M0=01，设T0工作在方式1（16位计数器）
 TH0=0;                           //将TH0寄存器清0
 TL0=0;                           //将TL0寄存器清0
 EA=1;                            //让IE寄存器的EA=1，打开总中断
 ET0=1;                           //让IE寄存器的ET0=1，允许T0的中断请求
 TR0=1;                           //让TCON寄存器的TR0=1，启动T0在TH0、TL0初值基础上开始计数
}
```

图 13-16

203

```
/*以下T0Int_Z为定时器中断函数，用"(返回值)函数名(输入参数)interrupt n using m"格式定义一个函数名为
T0Int_Z的中断函数，n为中断源编号，n=0~4，m为用作保护中断断点的寄存器组，可使用4组寄存器（0~3），每组
有7个寄存器（R0~R7），m=0~3，若只有一个中断，可不写"using m"，使用多个中断时，不同中断应使用不同m*/
void T0Int_Z(void) interrupt 1     //T0中断函数(用interrupt定义)，并且为T0的中断函数
                                   //(中断源编号n=1)
{
THO=(65536-2000)/256;              //将定时初值的高8位放入THO，"/"为除法运算符号
TLO=(65536-2000)%256;              //将定时初值的低8位放入TLO，"%"为相除取余数符号
Display(0,8);                      //执行Display显示函数，从第1位(0)开始显示，共显示8位(8)

/*以下为主程序部分*/
void main()
{
unsigned char num=0;      //声明一个无符号字符型变量num，且让num初值为0
T0Int_S();                //执行T0Int_S函数，对定时器T0及相关中断进行设置，启动T0计时
IReceiveStr(0xae,0,&num,1);  //执行IReceiveStr函数，选中器件地址为1010111(7位地址，在地址之后加读写位0
                          //则为10101110，即0xae)的从器件的第1个地址单元，再从该单元读取一个数据
                          //并送到变量num所在的地址单元中
KeyAdd=1;                 //将增键的输入端口置高电平
KeyDec=1;                 //将减键的输入端口置高电平
while (1)                 //主循环,本while语句首尾大括号内的语句会反复循环执行
  {
  if(!KeyAdd)             //!KeyAdd可写成KeyAdd!=1,if(如果)KeyAdd的反值为1,表示增键按下,
                          //则执行if大括号内的语句,否则(增键未按下)执行本if尾大括号之后的语句
    {                     //第一个if语句首大括号
    DelayMs(10);          //执行DelayMs延时函数进行按键防抖,输入参数为10时可延时约10ms
    if(!KeyAdd)           //再次检测增键是否按下,未按下执行本if尾大括号之后的语句
      {                   //第二个if语句首大括号
      while(!KeyAdd);     //检测增键的状态,增键处于闭合(!KeyAdd为1)反复执行while语句,
                          //增键一旦释放断开马上执行while之后的语句
      if(num<999)         //加操作
        {
        num++;            //将num值加1
        ISendStr(0xae,0,&num,1);  //执行ISendStr函数,将变量num所在地址单元中的数据(即num的值)发送到
                          //器件地址为1010111(7位地址,在地址之后加读写位0则为10101110,即0xae)的
                          //从器件的第1个地址单元中
        DelayMs(2);       //执行DelayMs函数延时2ms,让发送到24C02的数据能被烧录下来
        }
      }
    }
  if(!KeyDec)             //检测减键是否按下,如果KeyDec反值为1(减键按下),执行本if大括号内语句
    {
    DelayMs(10);          //执行DelayMs延时函数进行按键防抖,输入参数为10时可延时约10ms
    if(!KeyDec)           //再次检测减键是否按下,按下则执行本if大括号内语句,否则跳出本if语句
      {
      while(!KeyDec);     //检测减键的状态,减键处于闭合(!KeyAdd为1)时反复执行while语句,
                          //减键一旦释放断开马上执行while之后的语句
      if(num>0)           //减操作
        {
        num--;            //将num值减1
        ISendStr(0xae,0,&num,1);  //执行ISendStr函数,将变量num所在地址单元中的数据(即num的值)发送到
                          //器件地址为1010111(7位地址,在地址之后加读写位0则为10101110,即0xae)的
                          //从器件的第1个地址单元中
        DelayMs(2);       //执行DelayMs函数延时2ms,让发送到24C02的数据能被烧录下来
        }
      }
    }
  TData[0]=DMtable[num/100];       //以num=236为例,num/100意为num除100取整,num/100=2,即将DMtable表格的
                          //第3段码(2的段码)传送到TData数组的第1个位置
  TData[1]=DMtable[(num%100)/10];  //num%100意为除100取余,(num%100)/10=36/10=3,即将DMtable表格的
                          //第4段码(3的段码)传送到TData数组的第2个位置
  TData[2]=DMtable[(num%100)%10];  //(num%100)%10=36%10=6,即将DMtable表格第7个段码(6的段码)传送到
                          //TData数组的第3个位置
  //此处可添加其他需要一直工作的程序
  }
}
```

图 13-16　利用 24C02 存储按键的操作信息并用 8 位 LED 数码管显示的程序

　　程序在执行时，首先进入主程序的 main 函数，声明一个变量 num 后执行 T0Int_S 函数，对定时器 T0 及相关中断进行设置，启动 T0 开始 2ms 计时，再执行 IReceiveStr 函数，选中 24C02 的第 1 个地址单元，从该单元读取一个数据并送到变量 num 所在的地址单元中，然后将增、减键的输入端口（P3.3、P3.4）置高电平，接着进入 while 主循环。在 while 主循环语句中，有 3 个程序段：第 1 个程序段是增键检测操作，若检测到增键按下，先进行延时防抖，在增键松开时执行"num++"将 num 值加 1，再执行 ISendStr 函数将加 1 后的 num 值发送到 24C02；第 2 个程序段是减键检测操作，若检测到减键按下，先进行延时防抖，在减键松开时执行"num--"将 num 值减 1，再执行 ISendStr 函数将减 1 后的 num 值发送到 24C02；第 3 个程序段用于将 num 值（二进制为 8 位，十进制 num 值为 000~255）的 3 位

数字的段码分别送到 TData 表格的第 1、2、3 个位置，让 Display 显示函数读取并驱动 8 位数码管显示出来。

在主程序中执行 T0Int_S 函数时，会对定时器 T0 及相关中断进行设置，启动 T0 开始 2ms 计时，T0 定时器每计时 2ms 就会溢出一次，触发 T0Int_Z 定时中断函数每隔 2ms 执行一次→ T0Int_Z 每次执行时会执行一次 Display 显示函数→ Display 函数第 1 次执行时，其静态变量 i=0（与主程序中变量 i 不是同一个变量），Display 函数从 WMtable 表格读取第 1 位位码（WMtable[i+ShiWei]=WMtable[0]），从 TData 表格读取第 1 个数字（保存在第 1 个位置）的段码（TData[i]=TData[0]），并通过 P0 端口先后发送到位码和段码锁存器，驱动 8 位数码管第 1 位显示 TData 表格的第 1 个数字（num 的最高位数字）→ Display 函数第 2 次执行时，其静态变量 i=1，Display 函数从 WMtable 表格读取第 2 位位码，从 TData 表格读取第 2 个数字的段码，通过 P0 端口先后发送到位码和段码锁存器，驱动 8 位数码管第 2 位显示 TData 表格的第 2 个数字（次高位）→ Display 函数第 3 次执行时，其静态变量 i=2，Display 函数从 WMtable 表格读取第 3 位位码，从 TData 表格读取第 3 个数字的段码，通过 P0 端口先后发送到位码和段码锁存器，驱动 8 位数码管第 3 位显示 TData 表格的第 3 个数字（最低位）→ Display 函数第 4～8 次执行过程与前述相同，由于 TData 表格第 4～6 个位置没有段码，故数码管的第 4～6 位不会显示数字。

在操作增键或减键时，num 值会发生变化，TData 表格的第 1～3 个位置的数字的段码也会发生变化，数码管显示的数字则做相应的显示变化。

第14章　A/D(模/数)与D/A(数/模)转换电路及编程

14.1　A/D（模/数）与D/A（数/模）转换原理

14.1.1　A/D 转换

（1）模拟信号与数字信号

模拟信号是一种大小随时间连续变化的信号（如连续变化的电流或电压），如图 14-1（a）所示就是一种模拟信号。从图中看出，在 $0\sim t_1$ 时间内，信号电压慢慢上升，在 $t_1\sim t_2$ 时间内，信号电压又慢慢下降，它们的变化都是连续的。

数字信号是一种突变的信号（如突变的电压或电流），如图 14-1（b）所示是一种脉冲信号，是数字信号中的一种。从图中可以看出，在 $0\sim t_1$ 期间，信号电压大小始终为 0.1V，而在 t_1 时刻，电压瞬间由 0.1V 上升至 3V，在 $t_1\sim t_2$ 期间，电压始终为 3V，在 t_2 时刻，电压又瞬间由 3V 降到 0.1V。

由此可以看出，模拟信号电压或电流的大小是随时间连续缓慢变化的，而数字信号的特点是"保持"（一段时间内维持低电压或高电压）和"突变"（低电压与高电压的转换瞬间完成）。为了分析方便，在数字电路中常将 0～1V 范围的电压称为低电平，用"0"表示；而将 3～5V 范围的电压称为高电平，用"1"表示。

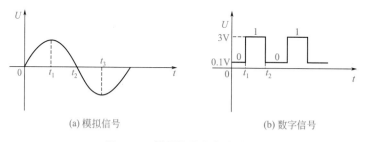

(a) 模拟信号　　　　　　　　　　(b) 数字信号

图 14-1　模拟信号和数字信号

（2）A/D 转换过程

A/D 转换也称模/数转换，其功能是将模拟信号转换成数字信号。A/D 转换由采样、保持及量化、编码四个步骤完成。A/D 转换过程如图 14-2 所示，模拟信号经采样、保持、量化和编码后就转换成数字信号。

① 采样与保持　采样就是每隔一定的时间对模拟信号进行取值，保持则是将采样取得的信号电压保存下来。采样和保持通常结合在一起应用，图 14-3 为采样与保持电路和有关

图 14-2　A/D 转换过程

(a) 电路

(b) 波形

图 14-3　采样与保持电路及有关信号波形

信号波形。

图 14-3（a）中的 S 为模拟开关，实际上一般为三极管或场效应管。S 的通断受采样脉冲 U_s 的控制，当采样脉冲到来时，S 闭合，输入信号可以通过；采样脉冲过后，S 断开，输入信号无法通过，S 起采样作用。电容 C 为保持电容，它能保存采样过来的信号电压值。

给采样开关 S 输入图 14-3（b）所示的模拟信号 U_i，同时给开关 S 控制端加采样脉冲 U_s。当第 1 个采样脉冲到来时，S 闭合，此时正好模拟信号 A 点电压到来，A 点电压通过开关 S 对保持电容 C 充电，在电容 C 上充得与 A 点相同的电压，脉冲过后，S 断开，电容 C 无法放电，所以在电容 C 上保持了与 A 点一样的电压。

当第 2 个采样脉冲到来时，S 闭合，此时正好模拟信号 B 点电压到来，B 点电压通过开关 S 对保持电容 C 充电，在电容上充得与 B 点相同的电压，脉冲过后，S 断开，电容 C 无法放电，所以在电容 C 上保持了与 B 点一样的电压。当第 3 个采样脉冲到来时，在电容 C 上保持了与 C 点一样的电压。

当第 4 个采样脉冲到来时，S 闭合，此时正好模拟信号 D 点电压到来，由于 D 点电压较电容 C 上的电压（第 3 个脉冲到来时 C 点对电容 C 充得的电压）略低，电容 C 通过开关 S 向输入端放电，放电使电容 C 上的电压下降到与模拟信号 D 点相同，脉冲过后，S 断开，电容 C 无法放电，所以在电容 C 上保持了与 D 点一样的电压。当第 5 个采样脉冲到来时，S 闭合，此时正好模拟信号 E 点电压到来，由于 E 点电压较电容 C 上的电压低，电容 C 通过开关 S 向输入端放电，放电使电容 C 上的电压下降到与模拟信号 E 点相同，脉冲过后，S 断开，电容 C 无法放电，所以在电容 C 上保持了与 E 点一样的电压。

如此工作后，在电容 C 上就得到如图 14-3（b）所示的 U_o 信号。

② 量化与编码　量化是指根据编码位数的需要，将采样信号电压分割成整数个电压段的过程。编码是指将每个电压段用相应的二进制数表示的过程。

以如图 14-3（b）所示信号为例，模拟信号 U_i 经采样、保持得到采样信号电压 U_o，U_o 的电压变化范围是 0～7.5V，现在需要用 3 位二进制数对它进行编码，由于 3 位二进制数只有 2^3=8 个数值，所以将 0～7.5V 分成 8 份：0～0.5V 为第一份（又称第一等级），以 0V 作为基准，即在 0～0.5V 范围内的电压都当成 0V，编码时用 000 表示；0.5～1.5V 为第二份，基准值为 1V，编码时用 001 表示；1.5～2.5V 为第三份，基准值为 2V，编码时用 010 表示；依此类推，5.5～6.5V 为第七份，基准值为 6V，编码时用 110 表示；6.5～7.5V 为第八份，基准值为 7V，编码时用 111 表示。

综上所述，图 14-3（b）中一个周期的模拟信号 U_i 经采样、保持后得到采样电压 U_o，采样电压 U_o 再经量化、编码后就转换成一串数字信号（100 110 111 111 101 011 001 000 001 100），从而完成了 A/D 转换过程。

14.1.2　D/A 转换

D/A 转换也称数 / 模转换，其功能是将数字信号转换成模拟信号。D/A 转换如图 14-4 所示，数字信号输入 D/A 转换电路，当第 1 个数字信号 100 输入时，经 D/A 转换输出 4V 电压，当第 2 个数字信号 110 输入时，经 D/A 转换输出 6V 电压……当第 10 个数字信号 100 输入时，经 D/A 转换输出 4V 电压，D/A 转换电路输出的电压变化不是连续的，有一定的跳跃变化，经平滑电路平滑后输出较平滑的模拟信号。

图 14-4　D/A 转换过程

14.2　A/D 与 D/A 转换芯片 PCF8591

PCF8591 是一种带 I²C 总线通信接口的具有 4 路 A/D 转换和 1 路 D/A 转换的芯片。在 A/D 转换时，先将输入的模拟信号转换成数字信号，再通过 I²C 总线将数字信号传送给单片机。在 D/A 转换时，先通过 I²C 总线从单片机读取数字信号，再将数字信号转换成模拟信号输出。

14.2.1　外形与引脚功能

PCF8591 的外形与引脚功能如图 14-5 所示。

AIN0～AIN3： 4路模拟信号输入端
A0～A2： 器件地址设置端
VDD、VSS： 电源正、负端(2.5～6V)
SDA： I²C总线数据线
SCL： I²C总线时钟线
OSC： 外部时钟输入端或内部时钟输出端
EXT： 内部、外部时钟选择端
　　　　EXT 接地时使用内部时钟
AGND： 模拟信号地
AOUT： D/A转换输出端
VREF： 基准电源端

(a) 外形　　　　　　　　　　　　　　(b) 引脚功能

图 14-5　PCF8591 的外形与引脚功能

14.2.2　器件地址和功能设置

PCF8591 内部具有 I²C 总线接口，单片机通过 I²C 总线与 PCF8591 连接，在通信时，单片机会传送 3 个字节数据给 PCF8591，第 1 个字节为 PCF8591 的 7 位器件地址加 1 位读写位，第 2 个字节用于设置 PCF8591 内部电路操作功能，第 3 个字节为转换的数据（在 A/D 转换时，单片机从 PCF8591 读取模拟信号转换成的数据，在 D/A 转换时，单片机将需转换成模拟信号的数据写入 PCF8591）。

（1）器件地址的设置

PCF8591 和其他器件挂接在 I²C 总线时，为了区分它们，需要给每个器件设定一个地址，该地址即为器件地址，挂在同一 I²C 总线上的器件地址不能相同。PCF8591 有 A0、A1、A2 三个地址引脚，可以设置 8 个不同的器件地址，PCF8591 的器件地址为 7 位，高 4 位固定为 1001，低 3 位由 A0、A1、A2 引脚电平值决定。PCF8591 的器件地址如图 14-6 所示，当 PCF8591 的 A0、A1、A2 引脚都接地时，器件地址设为 1001000，当 A0、A2 引脚接地，A1 引脚接电源时，器件地址设为 1001010。

| 1 | 0 | 0 | 1 | A2 | A1 | A0 |

高4位固定为1001　　　　　　低3位可自主设置

图 14-6　PCF8591 的器件地址设置

（2）器件功能设置

PCF8591 内部有很多电路，单片机通过发送一个控制字节到 PCF8591 内部的控制寄存器，使之控制一些电路的功能。PCF8591 的控制字节含义如图 14-7 所示。

（3）单端输入与差分输入

单端输入和差分输入如图 14-8 所示。单端输入是以接地线 0V（或一个固定电压）为基准，信号从另一端输入，输入信号为输入线与接地线（或一个固定电压）之间的差值；差分输入采用双输入，双线电压都不固定，输入信号为两根输入线间的差值。

与单端输入方式相比，差分输入有很好的抗干扰性。以图 14-8 为例，同样是输入 2V 的信号电压，若信号由前级电路传送到输入电路时混入 0.2V 的干扰电压，对于单端输入，由

图 14-7　PCF8591 的控制字节含义

图 14-8　单端输入和差分输入

于地线电压始终为 0V，故其输入信号电压由 2V 变为 2.2V；对于差分输入，如果干扰电压同时混入两根输入线（共模干扰信号），两根线的电压差值不变，即输入信号电压仍为 2V。

单端输入方式一般适合用于输入信号电压高（高于 1V）、电路的输入导线短且共用地线的场合；如果遇到输入信号小、电路的输入导线长、电路之间不共用地线的场合，可采用差分输入方式。

14.3　由 PCF8591 芯片构成的 A/D 和 D/A 转换电路及编程

14.3.1　单片机、PCF8591 芯片与 8 位数码管构成的 A/D 和 D/A 转换及显示电路

单片机、PCF8591 芯片与 8 位数码管构成的 A/D 和 D/A 转换及显示电路如图 14-9 所示。

14.3.2　1 路 A/D 转换并显示转换值的程序及详解

图 14-10 是 1 路 A/D 转换并显示转换值的程序，与之对应的电路如图 14-9 所示。

（1）现象

8 位数码管显示 3 位数字（显示在第 1～3 位），调节电位器 RP2 使 PCF8591 的 AIN1 端电压在 0～5V 范围内变化时，数码管显示的 3 位数字也会发生变化，变化范围为 000～255。

图 14-9　单片机、PCF8591 芯片与 8 位数码管构成的 A/D 和 D/A 转换及显示电路

```
/*从PCF8591的AD CH1通道读取模拟量转换成的数字量并用8位LED数码管显示读取值的程序*/
#include <reg51.h>          //调用reg51.h文件对单片机各特殊功能寄存器进行地址定义
#include <intrins.h>        //调用intrins.h文件对本程序用到的"_nop_()"函数进行声明
#define  Nop()  _nop_()     //用define(宏定义)命令将Nop()代表_nop_(),程序中Nop()与_nop_()等同
sbit SDA=P2^1;              //用位定义关键字sbit将SDA(数据)代表P2.1端口(也可以使用其他端口)
sbit SCL=P2^0;              //用位定义关键字sbit将SCL(时钟)代表P2.0端口(也可以使用其他端口)
bit ack;                    //用关键字bit将ack定义为位变量

sbit DuanSuo=P2^2;  //用位定义关键字sbit将DuanSuo代表P2.2端口
sbit WeiSuo =P2^3;  //用位定义关键字sbit将WeiSuo代表P2.3端口
#define WDM P0         //用define(宏定义)命令将WDM代表P0,程序中WDM与P0等同
unsigned char code DMtable[]={0x3f,0x06,0x5b,0x4f,0x66,0x6d,0x7d,0x07, //定义一个DMtable表格,依次
                    0x7f,0x6f,0x77,0x7c,0x39,0x5e,0x79,0x71}; //存放字符0~F的段码
unsigned char code WMtable[]={0xfe,0xfd,0xfb,0xf7,0xef,0xdf,0xbf,0x7f}; //定义一个WMtable表格,依次存放
                                                                //8位数码管低位到高位的位码
unsigned char TData[8]; //定义一个可存放8个元素的一维数组(表格)TData
```

将模拟I²C总线通信的10个函数加到此处

```
/*以下DelayUs为微秒级延时函数,其输入参数为unsigned char tu(无符号字符型变量tu),tu值为8位,取值范围 0~255.
如果单片机的晶振频率为12MHz,本函数延时时间可用T=(tux2+5) μs 近似计算,比如tu=248, T=501 μs≈0.5ms */
void DelayUs (unsigned char tu)    //DelayUs为微秒级延时函数,其输入参数为无符号字符型变量tu
{
  while(--tu);                     //while为循环语句,每执行一次while语句,tu值就减1,
                                   //直到tu值为0时才执行while尾大括号之后的语句
}

/*以下DelayMs为毫秒级延时函数,其输入参数为unsigned char tm(无符号字符型变量tm),该函数内部使用了两个
DelayUs(248)函数,它们共延时1002μs(约1ms),由于tm值最大为255,故本DelayMs函数最大延时时间为255ms,
若将输入参数定义为unsigned int tm,则最长可获得65535ms的延时时间*/
void DelayMs(unsigned char tm)
{
  while(tm--)
  {
    DelayUs (248);
    DelayUs (248);
  }
}

/*以下为Display显示函数,用于驱动8位数码管动态扫描显示字符,输入参数 ShiWei 表示显示的开始位,如ShiWei
为0表示从第一个数码管开始显示,WeiShu表示显示的位数,如显示99可让WeiShu应让WeiShu为2 */
void Display(unsigned char ShiWei,unsigned char WeiShu)  // Display(显示)函数有两个输入参数,
                                                          //分别为ShiWei(开始位)和WeiShu(位数)
  {
  static  unsigned char i;         //声明一个静态(static)无符号字符型变量i(表示显示位,0表示第1位),
                                   //静态变量占用的存储单元在程序退出前不会释放给变量使用
  WDM=WMtable[i+ShiWei];  //将WMtable表格中的第i+ShiWei +1个码送给P0端口输出
  WeiSuo=1;                //让P2.3端口输出高电平,开通位码锁存器,锁存器输入变化时输出会随之变化
  WeiSuo=0;                //让P2.3端口输出低电平,位码锁存器被封锁,锁存器的输出值被锁定不变

  WDM=TData[i];            //将TData表格中的第i+1个段码送给P0端口输出
  DuanSuo=1;               //让P2.2端口输出高电平,开通段码锁存器,锁存器输入变化时输出会随之变化
  DuanSuo=0;               //让P2.2端口输出低电平,段码锁存器被封锁,锁存器的输出值被锁定不变

  i++;             //将i值加1,准备显示下一位数字
  if(i==WeiShu)    //如果i=WeiShu表示显示到最后一位,执行i=0
    {
    i=0;           //将i值清0,以便从数码管的第1位开始再次显示
    }
  }

/*以下为定时器及相关中断设置函数*/
void T0Int_S (void)      //函数名为T0Int_S,输入和输出参数均为void(空)
{
  TMOD=0x01;             //让TMOD寄存器的M1M0=01,设T0工作在方式1(16位计数器)
  TH0=0;                 //将TH0寄存器清0
  TL0=0;                 //将TL0寄存器清0
  EA=1;                  //让IE寄存器的EA=1,打开总中断
  ET0=1;                 //让IE寄存器的ET0=1,允许T0的中断请求
  TR0=1;                 //让TCON寄存器的TR0=1,启动T0在TH0、TL0初值基础上开始计数
}

/*以下T0Int_Z为定时器中断函数,用"(返回值)函数名 (输入参数) interrupt n using m"格式定义一个函数名为
T0Int_Z的中断函数,n为中断源编号,n=0~4, m为用作保护中断断点的寄存器组,可使用4组寄存器(0~3),每组
有7个寄存器(R0~R7), m=0~3,若只有一个中断,可不写"using m",使用多个中断时,不同中断应使用不同m*/
void T0Int_Z (void)  interrupt 1     // T0Int_Z为中断函数(用interrupt定义),并且为T0的中断函数
                                     //(中断源编号n=1)
{
  TH0=(65536-2000)/256;             //将定时初值的高8位放入TH0, "/"为除法运算符号
  TL0=(65536-2000)%256;             //将定时初值的低8位放入TL0, "%"为相除取余数符号
  Display(0,8);                      //执行Display显示函数,从第1位(0)开始显示,共显示8位(8)
}

/*以下ReadADC为读取AD转换值函数,用于从PCF8591读取模拟量转换成的数字量,数字量范围为00H~FFH(十六进制表示)
或0~256(十进制表示) */
unsigned char ReadADC(unsigned char Ch)  // ReadADC函数的输入参数为无符号字符型变量Ch,输出参数为
                                          //无符号字符型变量
{
  unsigned char Val;  //声明一个无符号字型变量Val
  Start_I2C();        //执行Start_I²C函数,发送开始信号
  SendByte(0x90);     //执行SendByte函数,发送PCF8591的7位器件地址(1001000)和1位读写位(0-写,1-读)
  if(ack==0)          //如果位变量ack=0,表示未接收到ACK信号,执行return(0)并退出函数, ack=1则执行
                      //本if尾大括号之后的语句
  {return(0);}        //将0返回给ReadADC的输出参数,表示发送数据失败,同时退出函数
  SendByte(0x00|Ch);  //执行SendByte函数,给PCF8591发送控制字节, "|"意为位或运算,让Ch通道工作
```

```
   if(ack==0)              //如果位变量ack=0,表示未接收到ACK信号,执行return(0)并退出函数,ack=1则执行
                           //本if尾大括号之后的语句
    {return(0);}           //将0返回给ReadADC的输出参数,表示发送数据失败,同时退出函数
   Start_I2C();            //执行Start_I²C函数,发送开始信号
   SendByte(0x91);         //执行SendByte函数,发送PCF8591的7位器件地址和1位读写位(0-写,1-读),执行读操作
   if(ack==0)              //如果位变量ack=0,表示未接收到ACK信号,执行return(0)并退出函数,ack=1则执行
                           //本if尾大括号之后的语句
    {return(0);}           //将0返回给ReadADC的输出参数,表示发送数据失败,同时退出函数
   Val=ReceiveByte();      //执行ReceiveByte函数,从PCF8591的AD CH1通道读取AD转换成的数据,并将该数据赋给变量Val
   NoAck_I2C();            //执行NoAck_I²C函数,发送NACK(非应答)信号,不再接收数据
   Stop_I2C();             //执行Stop_I²C()函数,发送停止信号
   return(Val);            //将变量Val的值返回给ReadADC函数的输出参数
}

/*以下为主程序部分*/
void main()
{
 unsigned char num=0;   //声明一个无符号字符型变量num,且让num初值为0
 T0Int_S();             //执行T0Int_S函数,对定时器T0及相关中断进行设置,启动T0计时
 while (1)              //主循环,while首尾大括号内的语句会反复执行
  {
   num=ReadADC(1);      //执行ReadADC函数,从PCF8591的CH1通道读取AD转换成的数据,将ReadADC函数的
                        //输出参数(即读取的AD转换值)赋给变量num
   TData[0]=DMtable[num/100];     //以num=236为例,num/100意为num除100取整,num/100=2,即将DMtable表格的
                                  //第3个段码(2的段码)传送到TData数组的第1个位置
   TData[1]=DMtable[(num%100)/10]; //num%100意为除100取余,(num%100)/10=36/10=3,即将DMtable表格的
                                  //第4个段码(3的段码)传送到TData数组的第2个位置
   TData[2]=DMtable[(num%100)%10]; //(num%100)%10=36%10=6,即将DMtable表格第7个段码(6的段码)传送到
                                  //TData数组的第3个位置
              //此处可添加其他需要一直工作的程序
   DelayMs(100);        //执行DelayMs函数延时100ms,即每隔100ms从PCF8591读取一次AD转换值
  }
}
```

图 14-10　1 路 A/D 转换并显示转换值的程序

（2）程序说明

程序在运行时首先进入 main 函数→在 main 函数中执行并进入 T0Int_S() 函数→在 T0Int_S() 函数中对定时器 T0 及有关中断进行设置，并启动 T0 定时器开始 2ms 计时→ T0 每隔 2ms 产生一次中断来执行 T0Int_Z 函数（定时器中断函数）→ T0Int_Z 函数中的 Display 函数（显示函数）执行，读取 TData 表格的第 1 个位置的段码，驱动 8 位数码管的第 1 位显示出段码对应的数字→当 T0 定时器产生第 2 次中断时，Display 函数第 2 次执行，读取 TData 表格的第 2 个位置的段码，驱动 8 位数码管的第 2 位显示出段码对应的数字→如此工作，当数码管显示完 8 位后，Display 函数再次执行时，又读取 TData 表格的第 1 个位置的段码，驱动 8 位数码管的第 1 位再次显示。

在 main 函数中执行 T0Int_S() 函数后，进入 while 主循环，先执行 ReadADC 函数（读取 A/D 转换值函数），从 PCF8591 的 AD CH1 通道读取 A/D 转换成的数据，将 ReadADC 函数的输出参数（即读取的 A/D 转换值）赋给变量 num，再将 num 值（000～255）的 3 位数字的段码分别存到 TData 表格的第 1～3 个位置（即 [0]～[2]），然后执行 DelayMs 函数延时 100ms，在这段时间内，Display 函数每隔 2ms 执行一次，按顺序从 TData 表格第 1～8 个位置读取数字的段码并显示在数码管相应位上，并且反复进行。由于 TData 表格的第 4～8 个位置没有数字的段码，故 8 位数码管只有第 1～3 位显示数字。

ReadADC 函数为读取 A/D 转换值函数，用于从 PCF8591 读取模拟量转换成的数字量，其详细工作过程见该函数内部各条语句说明。

14.3.3　4 路电压测量显示的程序及详解

图 14-11 为 4 路电压测量显示的程序（程序中标有下划线和用框围住的语句为在图 14-10 程序基础上增加的部分），与之对应的电路如图 14-9 所示。

```
/*从PCF8591的CH0~CH3 4个AD通道读取模拟量转换成的数字量并用8位LED数码管显示4路电压值的程序*/
#include <reg51.h>              //调用reg51.h文件对单片机各特殊功能寄存器进行地址定义
#include <intrins.h>            //调用intrins.h文件对本程序用到的"_nop_()"函数进行声明
#define  Nop()  _nop_()         //用define(宏定义)命令将Nop()代表_nop_(),程序中Nop()与_nop_()等同
sbit SDA=P2^1;                  //用位定义关键字sbit将SDA(数据)代表P2.1端口(也可以使用其他端口)
sbit SCL=P2^0;                  //用位定义关键字sbit将SCL(时钟)代表P2.0端口(也可以使用其他端口)
bit ack;                        //用关键字bit将ack定义为位变量
bit ReadADFlag;

sbit DuanSuo=P2^2;   //用位定义关键字sbit将DuanSuo代表P2.2端口
sbit WeiSuo =P2^3;
#define WDM P0         //用define(宏定义)命令将WDM代表P0,程序中WDM与P0等同
unsigned char code DMtable[]={0x3f,0x06,0x5b,0x4f,0x66,0x6d,0x7d,0x07,   //定义一个DMtable表格,依次
                0x7f,0x6f,0x77,0x7c,0x39,0x5e,0x79,0x71};   //存放字符0~F的段码
unsigned char code WMtable[]={0xfe,0xfd,0xfb,0xf7,0xef,0xdf,0xbf,0x7f};  //定义一个WMtable表格,依次存放
                                                                        //8位数码管低位到高位的位码
unsigned char TData[8];  //定义一个可存放8个元素的一维数组(表格)TData
```

将模拟I²C总线通信的10个函数加到此处

```
/*以下DelayUs为微秒级延时函数,其输入参数为unsigned char tu(无符号字符型变量tu),tu值为8位,取值范围 0~255,
如果单片机的晶振频率为12MHz,本函数延时时间可用T=(tux2+5)μs 近似计算,比如tu=248, T=501 μs≈0.5ms */
void DelayUs (unsigned char tu)    //DelayUs为微秒级延时函数,其输入参数为无符号字符型变量tu
{
  while(--tu);                      //while为循环语句,每执行一次while语句,tu值就减1,
                                    //直到tu值为0时才执行while尾大括号之后的语句
}

/*以下DelayMs为毫秒级延时函数,其输入参数为unsigned char tm(无符号字符型变量tm),该函数内部使用了两个
DelayUs(248)函数,它们共延时1002μs(约1ms),由于tm值最大为255,故本DelayMs函数最大延时时间为255ms,
若将输入参数定义为unsigned int tm,则最长可获得65535ms的延时时间*/
void DelayMs(unsigned char tm)
{
 while(tm--)
  {
   DelayUs (248);
   DelayUs (248);
  }
}

/*以下为Display显示函数,用于驱动8位数码管动态扫描显示字符,输入参数 ShiWei 表示显示的开始位,如ShiWei
为0表示从第一个数码管开始显示,WeiShu表示显示的位数,如显示99两位数应让WeiShu为2 */
void Display(unsigned char ShiWei,unsigned char WeiShu)  // Display(显示)函数有两个输入参数,
                                                         //分别为ShiWei(开始位)和WeiShu(位数)
 {
  static  unsigned char i;          //声明一个静态(static)无符号字符型变量i(表示显示位, 0表示第1位),
                                    //静态变量占用的存储单元在程序退出前不会释放给变量使用
  WDM=WMtable[i+ShiWei];   //将WMtable表格中的第i+ShiWei +1个位码给P0端口输出
  WeiSuo=1;                //让P2.3端口输出高电平,开通位码锁存器,锁存器输入变化时输出会随之变化
  WeiSuo=0;                //让P2.3端口输出低电平,位码锁存器被封锁,锁存器的输出值被锁定不变

  WDM=TData[i];            //将TData表格中的第i+1个段码给P0端口输出
  DuanSuo=1;               //让P2.2端口输出高电平,开通段码锁存器,锁存器输入变化时输出会随之变化
  DuanSuo=0;               //让P2.2端口输出低电平,段码锁存器被封锁,锁存器的输出值被锁定不变

  i++;               //将i值加1,准备显示下一位数字
  if(i==WeiShu)      //如果i=WeiShu表示显示到最后一位,执行i=0
   {
    i=0;             //将i值清0,以便从数码管的第1位开始再次显示
   }
 }

/*以下为定时器及相关中断设置函数*/
void T0Int_S (void)       //函数名为T0Int_S,输入和输出参数均为void(空)
{
 TMOD=0x01;               //让TMOD寄存器的M1M0=01,设T0工作在方式1(16位计数器)
 TH0=0;                   //将TH0寄存器清0
 TL0=0;                   //将TL0寄存器清0
 EA=1;                    //让IE寄存器的EA=1,打开总中断
 ET0=1;                   //让IE寄存器的ET0=1,允许T0的中断请求
 TR0=1;                   //让TCON寄存器的TR0=1,启动T0在TH0、TL0初值基础上开始计数
}

/*以下T0Int_Z为定时器中断函数,用"(返回值) 函数名 (输入参数) interrupt n using m"格式定义一个函数名为
T0Int_Z的中断函数,n为0~4,用作中断保护中断断点的寄存器组,可使用4组寄存器(0~3),每组
有7个寄存器(R0~R7),m=0~3,若只有一个中断,可不写"using m",使用多个中断时,不同中断应使用不同m*/
void T0Int_Z (void)  interrupt 1    // T0Int_Z为中断函数(用interrupt定义),并且为T0的中断函数
{                                   //(中断编号n=1)
 static unsigned int num;    //声明一个静态(static)无符号整数型变量num
 TH0=(65536-2000)/256;       //将定时初值的高8位放入TH0,"/"为除法运算符号
 TL0=(65536-2000)%256;       //将定时初值的低8位放入TL0,"%"为相除取余数符号
 Display(0,8);               //执行Display显示函数,从第1位(0)开始显示,共显示8位(8)
 num++;                      //将num值加1
 if(num==50)                 //如果T0Int_Z函数(或Display)执行50次(约需100ms)后,将num值清0,将位变量ReadADFlag置1
  {
   num=0;                    //将num值清0
   ReadADFlag=1;             //将读标志位ReadADFlag置1
  }
}

/*以下ReadADC为读取AD转换值函数,用于从PCF8591读取模拟量转换成的数字量,数字量范围为00H~FFH(十六进制表示)
或0~256(十进制表示) */
unsigned char ReadADC(unsigned char Ch)  // ReadADC函数的输入参数为无符号字符型变量Ch,输出参数为
                                         //无符号字符型变量
{
```

```
unsigned char Val;          //声明一个无符号字型变量Val
Start_I2C();                //执行Start_I²C函数，发送开始信号
SendByte(0x90);             //执行SendByte函数，发送PCF8591的7位器件地址(1001000)和1位读写位(0-写，1-读)
if(ack==0)                  //如果位变量ack=0，表示未接收到ACK信号，执行return(0)并退出函数，ack=1则执行
                            //本if尾大括号之后的语句
 {return(0);}               //将0返回给ReadADC的输出参数，表示发送数据失败，同时退出函数
SendByte(0x00|Ch);          //执行SendByte函数，给PCF8591发送控制字节，"|"意为位或运算，让Ch通道工作
if(ack==0)                  //如果位变量ack=0，表示未接收到ACK信号，执行return(0)并退出函数，ack=1则执行
                            //本if尾大括号之后的语句
 {return(0);}               //将0返回给ReadADC的输出参数，表示发送数据失败，同时退出函数
Start_I2C();                //执行Start_I²C函数，发送开始信号
SendByte(0x91);             //执行SendByte函数，发送PCF8591的7位器件地址和1位读写位(0-写，1-读)，执行读操作
if(ack==0)                  //如果位变量ack=0，表示未接收到ACK信号，执行return(0)并退出函数，ack=1则执行
                            //本if尾大括号之后的语句
 {return(0);}               //将0返回给ReadADC的输出参数，表示发送数据失败，同时退出函数
Val=ReceiveByte();          //执行ReceiveByte函数，从PCF8591的AD CH1通道读取AD转换成的数据，并将该数据赋给变量Val
NoAck_I2C();                //发送NACK(非应答)信号，不再接收数据
Stop_I2C();                 //执行Stop_I²C()函数，发送停止信号
return(Val);                //将变量Val的值返回给ReadADC函数的输出参数
}


/*以下为主程序部分*/
void main()
{
unsigned char num=0,i;      //声明两个无符号字符型变量num和i,且让num初值为0
T0Int_S();                  //执行T0Int_S函数，对定时器T0及相关中断进行设置，启动T0计时
DelayMs(20);                //执行DelayMs函数，延时20ms
while (1)                   //主循环,while首尾大括号内的语句会反复执行
 {
  if(ReadADFlag)   //如果ReadADFlag=1(即Display显示函数执行了50次,读取值持续约5s)，再次读取各通道值
   {
    ReadADFlag=0;           //将位变量ReadADFlag置0
    for(i=0;i<5;i++)        //执行5次"num=ReadADC(0)",连续从PCF8591的AD CH0通道读5次数据,num存放最后一次读取值
     {num=ReadADC(0);}      //执行ReadADC函数，从PCF8591的AD CH0通道读取数据，存入变量num
    num=num*5*10/256;       //将num值扩大50倍再除以256,这样将num值由0~255近似变成0~50,便于直观表示电压大小
    TData[0]=DMtable[num/10]|0x80;  //以num=25为例,num/10意为num除10取整,num/10=2,即将DMtable表格的
                                    //第3个段码(2的段码)值与0x80进行位或运算(即让段码最高位为1以显示
                                    //小数点)后，将结果传送到TData数组的第1个位置
    TData[1]=DMtable[num%10];       //num%10意为除10取余，(num%10)=25%10=5,将DMtable表格的
                                    //第6个段码(5的段码)传送到TData数组的第2个位置

    for(i=0;i<5;i++)        //从CH1通道读取模拟量转换成的数据，将数据0~255转成0~50,
                            //并在数码管的第3、4位显示0.0~5.0范围内的数值
     {num=ReadADC(1);}
    num=num*5*10/256;
    TData[2]=DMtable[num/10]|0x80;
    TData[3]=DMtable[num%10];

    for(i=0;i<5;i++)        //从CH2通道读取模拟量转换成的数据，将数据0~255转成0~50,
                            //并在数码管的第5、6位显示0.0~5.0范围内的数值
     {num=ReadADC(2);}
    num=num*5*10/256;
    TData[4]=DMtable[num/10]|0x80;
    TData[5]=DMtable[num%10];

    for(i=0;i<5;i++)        //从CH3通道读取模拟量转换成的数据，将数据0~255转变成0~50,
                            //并在数码管的第7、8位显示0.0~5.0范围内的数值
     {num=ReadADC(3);}
    num=num*5*10/256;
    TData[6]=DMtable[num/10]|0x80;
    TData[7]=DMtable[num%10];
                            //此处可添加其他需要一直执行的程序
   }
 }
}
```

图 14-11　4 路电压测量显示的程序

（1）现象

8 位数码管显示四组数值（每组两位带小数点），调节电位器 RP1 使 PCF8591 的 AIN0 端电压在 0~5V 范围内变化时，8 位数码管的第一组数值在 0.0~5.0 范围内变化，调节电位器 RP2、RP3、RP4 可分别使 8 位数码管的第 2、3、4 组数值在 0.0~5.0 范围内变化。

（2）程序说明

程序在运行时首先进入 main 函数→在 main 函数中执行并进入 T0Int_S() 函数→在 T0Int_S() 函数中对定时器 T0 及有关中断进行设置，并启动 T0 定时器开始 2ms 计时→T0 每隔 2ms 产生一次中断来执行 T0Int_Z 函数（定时器中断函数）→T0Int_Z 函数中的 Display 函数（显示函数）每隔 2ms 执行一次，按 [0]~[7] 顺序每次从 TData 表格读取一个数字的段码驱动 8 位数码管将该数字显示在相应位上。在 Display 函数中增加了一个静态变量 num（退

出 Display 函数时静态变量 num 不会被占用，num 值仍保持），用于对 Display 函数执行次数进行计数，当 Display 函数执行了 50 次（约需 100ms），将读标志位 ReadADFlag 置 1。

在 main 函数中执行 T0Int_S() 函数后，进入 while 主循环，先执行检查 ReadADFlag 位值，如果 ReadADFlag=1，表示 Display 函数已执行了 50 次，数码管显示数值持续时间达到 100ms，先将 ReadADFlag 清 0，再执行第 1 个 for 语句，连续从 PCF8591 的 AD CH0 通道读 5 次数据，num 保存最后一次读取值，然后将 num 值扩大 50 倍后除以 256，这样将 num 值由 0～255 近似转换成 00～50 便于直观显示电压大小，再将转换成的数值的两位数字的段码分别存放到 TData 表格的第 1、2 个位置，以让 Display 函数读取并显示在数码管的第 1 位（带小数点）和第 2 位，用同样的方法读取 CH1、CH2、CH3 通道的数据，转换后显示在 8 位数码管的第 3～8 位上。

让 Display 函数执行 50 次（约需 100ms）后再次读取 4 个通道的数值，可以避免前后数值读取时间间隔短而使数码管同一位置显示数值重叠不清。ReadADC 函数为读取 A/D 转换值函数，用于从 PCF8591 读取模拟量转换成的数字量，其详细工作过程见该函数内部各条语句说明。

14.3.4　D/A 转换输出显示的程序及详解

图 14-12 是 D/A 转换输出显示的程序，与之对应的电路如图 14-9 所示。

```
/*往PCF8591的DA转换器写入数字量(DA转换器会自动将其转换成模拟量输出)并用8位LED数码管显示写入值的程序*/
#include <reg51.h>        //调用reg51.h文件对单片机各特殊功能寄存器进行地址定义
#include <intrins.h>      //调用intrins.h文件对本程序用到的"_nop_()"函数进行声明
#define  Nop()  _nop_()   //用define(宏定义)命令将Nop()代表_nop_()，程序中Nop()与_nop_()等同
sbit SDA=P2^1;            //用位定义关键字sbit将SDA(数据)代表P2.1端口(也可以使用其他端口)
sbit SCL=P2^0;            //用位定义关键字sbit将SCL(时钟)代表P2.0端口(也可以使用其他端口)
bit ack;                  //用关键字bit将ack定义为位变量

sbit DuanSuo=P2^2;  //用位定义关键字sbit将DuanSuo代表P2.2端口
sbit WeiSuo =P2^3;
#define WDM P0    //用define(宏定义)命令将WDM代表P0，程序中WDM与P0等同
unsigned char code DMtable[]={0x3f,0x06,0x5b,0x4f,0x66,0x6d,0x7d,0x07,  //定义一个DMtable表格,依次
                     0x7f,0x6f,0x77,0x7c,0x39,0x5e,0x79,0x71};  //存放字符0～F的段码
unsigned char code WMtable[]={0xfe,0xfd,0xfb,0xf7,0xef,0xdf,0xbf,0x7f};  //定义一个WMtable表格,依次存放
                                                                //8位数码管低位到高位的位码
unsigned char TData[8];  //定义一个可存放8个元素的一维数组(表格)TData

              将模拟I²C总线通信的10个函数加到此处

/*以下DelayUs为微秒级延时函数,其输入参数为unsigned char tu(无符号字符型变量tu),tu值为8位,取值范围 0～255,
如果单片机的晶振频率为12MHz,本函数延时时间可用T=(tu×2+5) μs 近似计算,比如tu=248,T=501 μs≈0.5ms */
void DelayUs (unsigned char tu)  //DelayUs为微秒级延时函数,其输入参数为无符号字符型变量tu
{
 while(--tu);                    //while为循环语句,每执行一次while语句,tu值就减1,
                                 //直到tu值为0时才执行while尾大括号之后的语句
}

/*以下DelayMs为毫秒级延时函数,其输入参数为unsigned char tm(无符号字符型变量tm),该函数内部使用了两个
DelayUs (248)函数,它们共延时1002μs(约1ms),由于tm值最大为255,故本DelayMs函数最大延时时间为255ms,
若将输入参数定义为unsigned int tm,则最长可获得65535ms的延时时间*/
void DelayMs(unsigned char tm)
{
 while(tm--)
   {
    DelayUs (248);
    DelayUs (248);
   }
}

/*以下为Display显示函数,用于驱动8位数码管动态扫描显示字符,输入参数 ShiWei 表示显示的开始位,如ShiWei
为0表示从第一个数码管开始显示,WeiShu表示显示的位数,如显示99两位数应让WeiShu为2 */
void Display(unsigned char ShiWei,unsigned char WeiShu)  // Display(显示)函数有两个输入参数,
                                                //分别为ShiWei(开始位)和WeiShu(位数)
{
  static  unsigned char i;       //声明一个静态(static)无符号字符型变量i(表示显示位, 0表示第1位),
                                 //静态变量占用的存储单元在程序退出前不会释放给变量使用
WDM=WMtable[i+ShiWei];  //将WMtable表格中的第i+ShiWei +1位位码送给P0端口输出
WeiSuo=1;               //让P2.3端口输出高电平, 开通位码锁存器, 锁存器输入变化时输出会随之变化
WeiSuo=0;               //让P2.3端口输出低电平, 位码锁存器被封锁, 锁存器的输出值被锁定不变
```

```
  WDM=TData[i];            //将TData表格中的第i+1个段码送给P0端口输出
  DuanSuo=1;               //让P2.2端口输出高电平，开通段码锁存器，锁存器输入变化时输出会随之变化
  DuanSuo=0;               //让P2.2端口输出低电平，段码锁存器被封锁，锁存器的输出值被锁定不变

  i++;                     //将i值加1，准备显示下一位数字
  if(i==WeiShu)            //如果i=WeiShu表示显示到最后一位，执行i=0
   {
    i=0;                   //将i值清0，以便从数码管的第1位开始再次显示
   }
 }

/*以下为定时器及相关中断设置函数*/
void T0Int_S (void)        //函数名为T0Int_S，输入和输出参数均为void（空）
{
 TMOD=0x01;               //让TMOD寄存器的M1M0=01，设T0工作在方式1（16位计数器）
 TH0=0;                   //将TH0寄存器清0
 TL0=0;                   //将TL0寄存器清0
 EA=1;                    //让IE寄存器的EA=1，打开总中断
 ET0=1;                   //让IE寄存器的ET0=1，允许T0的中断请求
 TR0=1;                   //让TCON寄存器的TR0=1，启动T0在TH0、TL0初值基础上开始计数
}

/*以下T0Int_Z为定时器中断函数，用"(返回值) 函数名 (输入参数) interrupt n using m"格式定义一个函数名为
T0Int_Z的中断函数，n为中断源编号，n=0～4，m为用作保护中断断点的寄存器组，可使用4组寄存器（0～3），每组
有7个寄存器（R0～R7），m=0～3，若只有一个中断，可不写"using m"，使用多个中断时，不同中断应使用不同m*/
void T0Int_Z (void)  interrupt 1    // T0Int_Z为中断函数(用interrupt定义)，并且为T0的中断函数
                                    //（中断源编号n=1）
{
 TH0=(65536-2000)/256;    //将定时初值的高8位放入TH0，"/"为除法运算符号
 TL0=(65536-2000)%256;    //将定时初值的低8位放入TL0，"%"为相除取余数符号
 Display(0,8);            //执行Display显示函数，从第1位(0)开始显示，共显示8位(8)
}

/*以下WriteDAC为写DA转换值函数，用于将需要转换成模拟量的数据写入PCF8591，数字量范围为
00H～FFH(十六进制表示)或0～256(十进制表示) */
bit WriteDAC(unsigned char dat)     //WriteDAC函数的输入参数为无符号字符型变量dat，输出参数为位变量
{
 Start_I2C();             //执行Start_I²C函数，发送开始信号
 SendByte(0x90);          //执行SendByte函数，发送PCF8591的7位器件地址(1001000)和1位读写位(0-写，1-读)
 if(ack==0)               //如果位变量ack=0，表示未接收到ACK信号，执行return(0)并退出函数，ack=1则执行
                          //本if尾大括号之后的语句
  {return(0);}            //将0返回给WriteDAC的输出参数，表示发送数据失败，同时退出函数
 SendByte(0x40);          //执行SendByte函数，发送PCF8591的控制字节0x40(即01000000)，允许DA输出
 if(ack==0)               //如果位变量ack=0，表示未接收到ACK信号，执行return(0)并退出函数，ack=1则执行
                          //本if尾大括号之后的语句
  {return(0);}            //将0返回给WriteDAC的输出参数，表示发送数据失败，同时退出函数
 SendByte(dat);           //执行SendByte函数，将变量dat的值写入PCF8591进行DA转换
 if(ack==0)               //如果位变量ack=0，表示未接收到ACK信号，执行return(0)并退出函数，ack=1则执行
                          //本if尾大括号之后的语句
  {return(0);}            //将0返回给WriteDAC的输出参数，表示发送数据失败，同时退出函数
 Stop_I2C();              //执行Stop_I²C()函数，发送停止信号
}

/*以下为主程序部分*/
void main()
{
 unsigned char num=0;     //声明一个无符号字符型变量num，且让num初值为0
 T0Int_S();               //执行T0Int_S函数，对定时器T0及相关中断进行设置，启动T0计时
 while (1)                //主循环，while首尾大括号内的语句会反复执行(每隔100ms执行一次),每执行一次num值增1
  {
   WriteDAC(num);         //执行WriteDAC函数，将num值写入PCF8591的DA转换器，使之将num(数字量)转换成模拟量
   num++;                 //将num值加1，num从0增到255时再加1会变为0，反复循环
   TData[0]=DMtable[num/100];     //以num=236为例，num/100意为num除100取整，num/100=2,即将DMtable表格的
                                  //第3个段码(2的段码)传送到TData数组的第1个位置
   TData[1]=DMtable[(num%100)/10];//num%100意为除100取余，(num%100)/10=36/10=3，即将DMtable表格的
                                  //第4个段码(3的段码)传送到TData数组的第2个位置
   TData[2]=DMtable[(num%100)%10];//(num%100)%10=36%10=6,即将DMtable表格第7个段码(6的段码)传送到
                                  //TData数组的第3个位置
   DelayMs(100);          //执行DelayMs函数延时100ms，即每隔100ms往PCF8591的DA转换器写一次要转换的数据
                          //此处可添加其他需要一直工作的程序
  }
}
```

图14-12　D/A转换输出显示的程序

（1）现象

程序运行时，8位数码管显示要转换成模拟量的3位数字，数字每隔100ms递增1，从000一直增到255再变为000后又增大，如此反复进行，在3位数字增大的同时，PCF8591的D/A输出端外接的LED逐渐变暗，也就是说，当单片机写入PCF8591的D/A转换器的

数字量逐渐增大时，D/A 转换器输出的模拟量电压逐渐升高。

（2）程序说明

程序在运行时首先进入 main 函数 → 在 main 函数中执行并进入 T0Int_S() 函数 → 在 T0Int_S() 函数中对定时器 T0 及有关中断进行设置，并启动 T0 定时器开始 2ms 计时 → T0 每隔 2ms 产生一次中断来执行 T0Int_Z 函数（定时器中断函数）→ T0Int_Z 函数中的 Display 函数（显示函数）每隔 2ms 执行一次，按 [0]~[7] 顺序每次从 TData 表格读取一个数字的段码并驱动 8 位数码管将该数字显示在相应位上，如读 TData[0] 的段码并将其显示在最高位。

在 main 函数中执行 T0Int_S() 函数后，进入 while 主循环，先执行 WriteDAC 函数，将 num 值写入 PCF8591 的 D/A 转换器，使之将 num(数字量) 转换成模拟量，再将 num 值加 1，然后将 num 值 (000~255) 的 3 位数字的段码分别存到 TData 表格的第 1~3 个位置（即 [0]~[2]），然后执行 DelayMs 函数延时 100ms，在这段时间内，Display 函数每隔 2ms 执行一次，按顺序从 TData 表格第 1~8 个位置读取数字的段码并显示在数码管相应位上，并且反复进行。由于 TData 表格的第 4~8 个位置没有数字的段码，故 8 位数码管只有第 1~3 位显示数字。

WriteDAC 函数为读取 D/A 转换值函数，用于将单片机写入 PCF8591 的 D/A 转换器的数字量转换成模拟量，其详细工作过程见该函数内部各条语句说明。

第 15 章　51 单片机的硬件系统

　　51 系列（又称 MCS-51 系列）单片机是目前广泛使用的一种单片机，这种单片机的生产厂家很多，同一厂家又有很多不同的型号，虽然 51 系列单片机的型号很多，但它们都是在 8051 单片机的基础上通过改善和新增功能的方式生产出来的。8051 单片机是 51 系列单片机的基础，在此基础上再学习一些改善和新增的功能，就能掌握多种新型号的 51 单片机。目前市面上最常用的 51 单片机是宏晶（STC）公司生产的 STC89C5X 系列单片机。

15.1　8051 单片机的引脚功能与内部结构

15.1.1　引脚功能

8051单片机引脚功能说明

　　8051 单片机有 40 个引脚，各引脚功能标注如图 15-1 所示。8051 单片机的引脚可分为三类，分别是基本工作条件引脚、I/O（输入 / 输出）引脚和控制引脚。

图 15-1　8051 单片机的各引脚功能标注

（1）基本工作条件引脚

单片机的基本工作条件引脚有电源引脚、复位引脚和时钟引脚，只有具备了基本工作条件，单片机才能开始工作。

① 电源引脚　40 脚（VCC）为电源正极引脚，20 脚（VSS 或 GND）为电源负极引脚。VCC 引脚接 5V 电源的正极，VSS 或 GND 引脚接 5V 电源的负极（即接地）。

② 复位引脚　9 脚（RST/VPD）为复位引脚。

在单片机接通电源后，内部很多电路状态混乱，需要复位电路为它们提供复位信号，使这些电路进入初始状态，然后才开始工作。8051 单片机采用高电平复位，当 RST 引脚输入高电平（持续时间需超过 24 个时钟周期）时，即可完成内部电路的复位。

9 脚还具有掉电保持功能，为了防止掉电导致的单片机内部 RAM 数据丢失，可在该脚再接一个备用电源，掉电时，由备用电源为该脚提供 4.5～5.5V 电压，可保持 RAM 的数据不会丢失。

③ 时钟引脚　18、19 引脚（XTAL2、XTAL1）为时钟引脚。

单片机内部有大量的数字电路，这些数字电路工作时需要时钟信号进行控制才能有次序、有节拍地工作。单片机 XTAL2、XTAL1 引脚外接的晶振及电容与内部的振荡器构成时钟电路，产生时钟信号供给内部电路使用；另外，时钟信号也可以由外部其他的电路提供，外部时钟信号通过 XTAL2 引脚送入单片机，此时 XTAL1 引脚悬空。

（2）I/O（输入/输出）引脚

8051 单片机有 P0、P1、P2 和 P3 共四组 I/O 端口，每组端口有 8 个引脚，P0 端口 8 个引脚编号为 P0.0～P0.7，P1 端口 8 个引脚编号为 P1.0～P1.7，P2 端口 8 个引脚编号为 P2.0～P2.7，P3 端口 8 个引脚编号为 P3.0～P3.7。

① P0 端口　P0 端口（P0.0～P0.7）的引脚号为 39～32，其功能如下：

a. 用作 I/O 端口，既可以作为 8 个输入端，也可以作为 8 个输出端。

b. 用作 16 位地址总线中的低 8 位地址总线。当单片机外接存储器时，会从这些引脚输出地址（16 位地址中的低 8 位）来选择外部存储器的某些存储单元。

c. 用作 8 位数据总线。当单片机外接存储器并需要读写数据时，先让这些引脚成为 8 位地址总线，从这些引脚输出低 8 位地址，与 P2.0～P2.7 引脚同时输出的高 8 位地址组成 16 位地址，选中外部存储器的某个存储单元，然后单片机让这些引脚转换成 8 位数据总线，通过这 8 个引脚往存储单元写入 8 位数据或从这个存储单元将 8 位数据读入单片机。

② P1 端口　P1 端口（P1.0～P1.7）的引脚号为 1～8，它只能用作 I/O 端口，可以作为 8 个输入端，也可作为 8 个输出端。

③ P2 端口 P2 端口（P2.0～P2.7）的引脚号为 21～28，其功能如下：

a. 用作 I/O 端口，可以作为 8 个输入端，也可以作为 8 个输出端。

b. 用作 16 位地址总线中的高 8 位地址总线。当单片机外接存储器时，会从这些引脚输出高 8 位地址，与 P0.0～P0.7 引脚同时输出的低 8 位地址组成 16 位地址，选中外部存储器的某个存储单元，然后单片机通过 P0.0～P0.7 引脚往选中的存储单元读写数据。

④ P3 端口　P3 端口（P3.0～P3.7）的引脚号为 10～17，除了可以用作 I/O 端口，各个引脚还具有其他功能，具体说明如下。

P3.0（RXD）——串行数据接收端。外部的串行数据可由此脚进入单片机。

P3.1（TXD）——串行数据发送端。单片机内部的串行数据可由此脚输出，发送给外部电路或设备。

P3.2（$\overline{INT0}$）——外部中断信号 0 输入端。

P3.3（$\overline{INT1}$）——外部中断信号 1 输入端。

P3.4（T0）——定时器 / 计数器 T0 的外部信号输入端。

P3.5（T1）——定时器 / 计数器 T1 的外部信号输入端。

P3.6（$\overline{WR}$）——写片外 RAM 的控制信号输出端。

P3.7（$\overline{RD}$）——读片外 RAM 的控制信号输出端。

P0、P1、P2、P3 端口具有多种功能，具体应用哪一种功能，由单片机根据内部程序自动确定。需要注意的是，在某一时刻，端口的某一引脚只能用作一种功能。

（3）控制引脚

控制引脚的功能主要有：当单片机外接存储器（RAM 或 ROM）时，通过控制引脚控制外接存储器，使单片机能像使用内部存储器一样使用外接存储器；在向单片机编程（即向单片机内部写入编好的程序）时，编程器通过有关控制引脚使单片机进入编程状态，然后将程序写入单片机。

8051 单片机的控制引脚的功能说明如下。

$\overline{EA}$/VPP（31 脚）：内、外部 ROM（程序存储器）选择控制端 / 编程电压输入端。

当 EA=1（高电平）时，单片机使用内、外部 ROM，先使用内部 ROM，超出范围时再使用外部 ROM；当 EA=0（低电平）时，单片机只使用外部 ROM，不会使用内部 ROM。在用编程器往单片机写入程序时，要在该脚加 12～25V 的编程电压，才能将程序写入单片机内部 ROM。

$\overline{PSEN}$（29 脚）：片外 ROM 选通控制端。当单片机需要从外部 ROM 读取程序时，会从该脚输出低电平到外部 ROM，外部 ROM 才允许单片机从中读取程序。

ALE/$\overline{PROG}$（30 脚）：片外低 8 位地址锁存控制端 / 编程脉冲输入端。单片机在读写片外 RAM 或读片外 ROM 时，该引脚会送出 ALE 脉冲信号，将 P0.0～P0.7 引脚输出的低 8 位地址锁存在外部的锁存器中，然后让 P0.0～P0.7 引脚输出 8 位数据，即让 P0.0～P0.7 引脚先作地址输出端，再作数据输出端。在通过编程器将程序写入单片机时，编程器会通过该脚往单片机输入编程脉冲。

15.1.2　单片机与片外存储器的连接与控制

单片机与片外存储器的连接与控制

8051 单片机内部 RAM（可读写存储器，也称数据存储器）的容量为 256B（含特殊功能寄存器），内部 ROM（只读存储器，也称程序存储器）的容量为 4KB，如果单片机内部的 RAM 或 ROM 容量不够用，可以外接 RAM 或 ROM。在 8051 单片机与片外 RAM 或片外 ROM 连接时，使用 P0.0～P0.7 和 P2.0～P2.7 引脚输出 16 位地址，可以最大寻址 2^{16}=65536=64K 个存储单元，每个存储单元可以存储 1 个字节（1Byte），也就是 8 位二进制数（8bit），即 1Byte=8bit，故 8051 单片机外接 RAM 或 ROM 容量最大不要超过 64KB，超出范围的存储单元无法识别使用。

8051 单片机与片外 RAM 连接如图 15-2 所示。

当单片机需要从片外 RAM 读写数据时，会从 P0.0～P0.7 引脚输出低 8 位地址（如00000011），再通过 8 路锁存器送到片外 RAM 的 A0～A7 引脚，此低 8 位地址与 P2.0～P2.7 引脚输出并送到片外 RAM 的 A8～A15 引脚的高 8 位地址一起拼成 16 位地址，从 64K 个

图 15-2　8051 单片机与片外 RAM 的连接

（即 2^{16} 个）存储单元中选中某个存储单元。如果单片机要往片外 RAM 写入数据，会从 WR 引脚送出低电平到片外 RAM 的 WE 脚，片外 RAM 被选中的单元准备接收数据，与此同时，单片机的 ALE 端送出 ALE 脉冲信号去锁存器的 C 端，将 1Q～8Q 端与 1D～8D 端隔离开，并将 1Q～8Q 端的地址锁存起来（保持输出不变），单片机再从 P0.0～P0.7 引脚输出 8 位数据，送到片外 RAM 的 D0～D7 引脚，存入内部选中的存储单元。如果单片机要从片外 RAM 读取数据，同样先发出地址选中片外 RAM 的某个存储单元，并让 RD 端输出低电平去片外 RAM 的 OE 端，再将 P0.0～P0.7 引脚输出的低 8 位地址锁存起来，然后让 P0.0～P0.7 引脚接收片外 RAM 的 D0～D7 引脚送来的 8 位数据。

如果外部存储器是 ROM（只读存储器），单片机不使用 WR 端和 RD 端，但会用到 PSEN 端，并将 PSEN 引脚与片外 ROM 的 OE 引脚连接起来，在单片机从片外 ROM 读数据时，会从 PSEN 引脚送出低电平到片外 ROM 的 OE 引脚，此外，单片机读片外 ROM 的过程与片外 RAM 基本相同。

如图 15-2 所示的 8051 单片机与片外存储器连接线有地址总线（AB）、数据总线（DB）和控制总线（CB）。地址总线由 A0～A15 共 16 根线组成，最大可寻址 2^{16}=65536=64K 个存储单元。数据总线由 D0～D7 共 8 根线组成（与低 8 位地址总线分时使用），一次可存取 8 位二进制数（即一个字节）。控制总线由 RD、WR 和 ALE 共 3 根线组成。单片机在执行到读写片外存储器的程序时，会自动按一定的时序发送地址和控制信号，再读写数据，无需人工编程参与。

15.1.3　内部结构

8051单片机内部结构如图15-3所示，从图中可以看出，单片机内部主要由CPU、电源电路、时钟电路、复位电路、ROM（程序存储器）、RAM（数据存储器）、中断控制器、串行通信口、定时器/计数器、P0～P3端口的锁存器和输入/输出电路组成。

图15-3　8051单片机内部结构

（1）CPU

CPU又称中央处理器（Central Processing Unit），主要由算术/逻辑运算器（ALU）和控制器组成。单片机在工作时，CPU会按先后顺序从ROM（程序存储器）的第一个存储单元（0000H单元）开始读取程序指令和数据，然后按指令要求对数据进行算术（如加运算）或逻辑运算（如与运算），运算结果存入RAM（数据存储器），在此过程中，CPU的控制器会输出相应的控制信号，以完成指定的操作。

（2）时钟电路

时钟电路的功能是产生时钟信号送给单片机内部各电路，控制这些电路使之有节拍地工作。时钟信号频率越高，内部电路工作速度越快。

时钟信号的周期称为时钟周期（也称振荡周期）。两个时钟周期组成一个状态周期（S），它分为P1、P2两个节拍，P1节拍完成算术、逻辑运算，P2节拍传送数据。6个状态周期组成一个机器周期（12个时钟周期），而执行一条指令一般需要1～4个机器周期（12～48个时钟周期）。如果单片机的时钟信号频率为12MHz，那么时钟周期为1/12μs，状态周期为1/6μs，机器周期为1μs，指令周期为1～4μs。

（3）ROM（程序存储器）

ROM（程序存储器）又称只读存储器，是一种具有存储功能的电路，断电后存储的信息不会消失。ROM主要用来存储程序和常数，用编程软件编写好的程序经编译后写入ROM。

ROM 主要有下面几种。

① Mask ROM（掩膜只读存储器） Mask ROM 中的内容由厂家生产时一次性写入，以后不能改变。这种 ROM 成本低，适用于大批量生产。

② PROM（可编程只读存储器） 全新的 PROM 没有内容，可将程序写入内部，但只能写一次，以后不能更改。如果 PROM 在单片机内部，PROM 中的程序写错了，整个单片机便不能使用了。

③ EPROM（紫外线可擦写只读存储器） EPROM 是一种可擦写的 PROM，采用 EPROM 的单片机上面有一块透明的石英窗口，平时该窗口被不透明的标签贴封，当需要擦除 EPROM 内部的内容时，可撕开标签，再用紫外线照射透明窗口 15～30min，即可将内部的信息全部擦除，然后重新写入新的信息。

④ EEPROM（电可擦写只读存储器） EEPROM 也称作 E2PROM 或 E²PROM，是一种可反复擦写的只读存储器，但它不像 EPROM 需要用紫外线来擦除信息，这种 ROM 只要加适当的擦除电压，就可以轻松快速地擦除其中的信息，然后重新写入信息。EEPROM 反复擦写可达 1000 次以上。

⑤ Flash Memory（快闪存储器） Flash Memory 简称闪存，是一种长寿命非易失性（在断电情况下仍能保持所存储的数据信息）的存储器，数据删除不是以单个字节为单位，而是以固定的区块（扇区）为单位，区块大小一般为 256KB～20MB。

Flash Memory 是 EEPROM 的变种，两者的区别主要在于：EEPROM 能在字节水平上进行删除和重写，而大多数 Flash Memory 需要按区块擦除或重写。由于 Flash Memory 断电时仍能保存数据，且数据擦写方便，故被广泛使用（如手机、数码相机使用的存储卡）。STC89C5x 系列 51 单片机就采用 Flash Memory 作为程序存储器。

（4）RAM（数据寄存器）

RAM（数据寄存器）又称随机存取存储器，也称可读写存储器。RAM 的特点是：可以存入信息（称作写），也可以将信息取出（称作读），断电后存储的信息会全部消失。RAM 可分为 DRAM（动态存储器）和 SRAM（静态存储器）。

DRAM 的存储单元采用了 MOS 管，它利用 MOS 管的栅极电容来存储信息，由于栅极电容容量小且漏电，故栅极电容保存的信息容易消失，为了避免存储的信息丢失，必须定时给栅极电容重写信息，这种操作称为"刷新"，故 DRAM 内部要有刷新电路。DRAM 虽然有刷新电路，但其存储单元结构简单、使用元件少、功耗低，且集成度高、单位容量价格低，因此需要大容量 RAM 的电路或电子产品（如计算机的内存条）一般采用 DRAM 作为 RAM。

SRAM 的存储单元由具有记忆功能的触发器构成，它具有存取速度快、使用简单、不需刷新和静态功耗极低等优点，但元件数多、集成度低、运行时功耗大、单位容量价格高。因此一般需要小容量 RAM 的电路或电子产品（如单片机的 RAM）一般采用 SRAM 作为 RAM。

（5）中断控制器

当 CPU 正在按顺序执行 ROM 中的程序时，若 INT0（P3.2）或 INT1（P3.3）端送入一个中断信号（一般为低电平信号），编程时又将中断设为允许，则中断控制器马上发出控制信号让 CPU 停止正在执行的程序，转而去执行 ROM 中已编写好的另外的某段程序（中断程序），中断程序执行完成后，CPU 又返回执行先前中断的程序。

8051 单片机中断控制器可以接受 5 个中断请求：INT0 和 INT1 端发出的两个外部中断请

求，T0、T1 定时器 / 计数器发出的两个中断请求和串行通信口发出的中断请求。

要让中断控制器响应中断请求，先要设置允许总中断，再设置允许某个或某些中断请求有效，若允许多个中断请求有效，还要设置优先级别（优先级别高的中断请求先响应），这些都是通过编程来设置的，另外还需要为每个允许的中断编写相应的中断程序，例如允许 INT0 和 T1 的中断请求，就需要编写 INT0 和 T1 的中断程序，以便 CPU 响应了 INT0 请求马上执行 INT0 中断程序，响应了 T1 请求马上执行 T1 中断程序。

（6）定时器 / 计数器

定时器 / 计数器是单片机内部具有计数功能的电路，可以根据需要将它设为定时器或计数器。如果要求 CPU 在一段时间（如 5ms）后执行某段程序，可让定时器 / 计数器工作在定时状态，定时器 / 计数器开始计时，当计到 5ms 后马上产生一个请求信号送到中断控制器，中断控制器则输出信号让 CPU 停止正在执行的程序，转而去执行 ROM 中特定的某段程序。

如果让定时器 / 计数器工作在计数状态，可以从单片机的 T0 或 T1 引脚输入脉冲信号，定时器 / 计数器开始对输入的脉冲进行计数，当计数到某个数值（如 1000）时，马上输出一个信号送到中断控制器，让中断控制器控制 CPU 去执行 ROM 中特定的某段程序（如让 P0.0 引脚输出低电平点亮外接 LED 灯的程序）。

（7）串行通信口

串行通信口是单片机与外部设备进行串行通信的接口。当单片机要将数据传送给外部设备时，可以通过串行通信口将数据由 TXD 端输出；外部设备送来的数据可以从 RXD 端输入，通过串行通信口将数据送入单片机。串行是指数据传递的一种方式，串行传递数据时，数据是一位一位传送的。

（8）P0～P3 端口的锁存器和输入 / 输出电路

8051 单片机有 P0～P3 四组端口，每组端口有 8 个输入 / 输出引脚，每个引脚内部都有一个输入电路、一个输出电路和一个锁存器。以 P0.0 引脚为例，当 CPU 根据程序需要读取 P0.0 引脚输入信号时，会往 P0.0 端口发出读控制信号，P0.0 端口的输入电路工作，P0.0 引脚的输入信号经输入电路后，分作两路，一路进入 P0.0 锁存器保存下来，另一路送给 CPU；当 CPU 根据程序需要从 P0.0 引脚输出信号时，会往 P0.0 端口发出写控制信号，同时往 P0.0 锁存器写入信号，P0.0 锁存器在保存信号的同时，会将信号送给 P0.0 输出电路（写 P0.0 端口时其输入电路被禁止工作），P0.0 输出电路再将信号通过 P0.0 引脚送出。

P0～P3 端口的每个引脚都有两个或两个以上的功能，在同一时刻一个引脚只能用作一个功能，用作何种功能由程序决定，例如当 CPU 执行到程序的某条指令时，若指令是要求读取某端口引脚的输入信号，CPU 执行该指令时会发出读控制信号，让该端口电路切换到信号输入模式（输入电路允许工作，输出电路被禁止），再读取该端口引脚输入的信号。

15.2　8051 单片机 I/O 端口的结构与工作原理

单片机的 I/O 端口是输入信号和输出信号的通道。8051 单片机有 P0、P1、P2、P3 四组 I/O 端口，每组端口有 8 个引脚。要学好单片机技术，应了解这些端口内部电路结构与工作原理。

单片机I/O端口
结构与原理

15.2.1 P0 端口

P0 端口有 P0.0～P0.7 共 8 个引脚，这些引脚除了可用作输入引脚和输出引脚外，在外接存储器时，还可用作地址 / 数据总线引脚。P0 端口每个引脚的内部电路结构都相同，其内部电路结构如图 15-4 所示。

图 15-4　P0 端口的内部电路结构

（1）P0 端口用作输出端口的工作原理

以单片机需要从 P0.X 引脚输出高电平"1"为例。单片机内部相关电路通过控制线送出"0（低电平）"到与门的一个输入端和电子开关的控制端，控制线上的"0"一方面使与门关闭（即与门的一端为"0"时，不管另一端输入何种信号，输出都为"0"），晶体管 VT1 栅极为"0"处于截止，地址 / 数据线送来的信号无法通过与门和晶体管 VT1；控制线上的"0"另一方面控制电子开关，让电子开关与锁存器的 $\overline{Q}$ 端连接。CPU 再从内部总线送高电平"1"到锁存器的 D 端，同时往锁存器的 CL 端送写锁存器信号，D 端的"1"马上存入锁存器并从 Q 和 $\overline{Q}$ 端输出，D 端输入"1"，Q 端输出"1"，$\overline{Q}$ 端则输出"0"，$\overline{Q}$ 端输出"0"经电子开关送到晶体管 VT2 的栅极，VT2 截止，由于 VT1 也处于截止，P0.X 引脚处于悬浮状态，因此需要在 P0.X 引脚上接上拉电阻，在 VT2 截止时，P0.X 引脚输出高电平。

也就是说，当单片机需要将 P0 端口用作输出端口时，内部 CPU 会送控制信号"0"到与门和电子开关，与门关闭（上晶体管 VT1 同时截止，将地址 / 数据线与输出电路隔开），电子开关将锁存器与输出电路连接，然后 CPU 通过内部总线往 P0 端口锁存器送数据和写锁存器信号，数据通过锁存器、电子开关和输出电路从 P0 端口的引脚输出。

在 P0 端口用作输出端口时，内部输出电路的上晶体管处于截止（开路），下晶体管的漏极处于开路状态（称为晶体管开漏），因此需要在 P0 端口引脚接外部上拉电阻，否则无法可靠输出"1"或"0"。

（2）P0 端口用作输入端口的工作原理

当单片机需要将 P0 端口用作输入端口时，内部 CPU 会先往 P0 端口锁存器写入"1"（往锁存器 D 端送"1"，同时给 CL 端送写锁存器信号），让 $\overline{Q}$=0，VT2 截止，关闭输出电路。P0 端口引脚输入的信号送到输入三态门的输入端，此时 CPU 再给三态门的控制端送读引脚控制信号，输入三态门打开，P0 端口引脚输入的信号就可以通过三态门送到内部总线。

如果单片机的 CPU 需要读取 P0 端口锁存器的值（或称读取锁存器存储的数据），会送读锁存器控制信号到三态门（上方的三态门），三态门打开，P0 锁存器的值（Q 值）给三态门送到内部总线。

（3）P0 端口用作地址 / 数据总线的工作原理

如果要将 P0 端口用作地址 / 数据总线，单片机内部相关电路会通过控制线发出"1"，让与门打开，让电子开关和非门输出端连接。当内部地址 / 数据线为"1"时，"1"一方面通过与门送到 VT1 的栅极，VT1 导通，另一方面送到非门，反相后变为"0"，经电子开关送到 VT2 的栅极，VT2 截止，VT1 导通，P0 端口引脚输出为"1"；当内部地址 / 数据线为"0"时，VT1 截止，VT2 导通，P0 端口引脚输出"0"。

也就是说，当单片机需要将 P0 端口用作地址 / 数据总线时，CPU 会给与门和电子开关的控制端送"1"，与门打开，将内部地址 / 数据线与输出电路的上晶体管 VT1 接通，电子开关切断输出电路与锁存器的连接，同时将内部地址 / 数据线经非门反相后与输出电路的下晶体管 VT2 接通，这样 VT1、VT2 状态相反，让 P0 端口引脚能稳定输出数据或地址信号（1 或 0）。

15.2.2　P1 端口

P1 端口有 P1.0～P1.7 共 8 个引脚，这些引脚可作输入引脚和输出引脚。P1 端口每个引脚的内部电路结构都相同，其内部电路结构如图 15-5 所示。P1 端口的结构较 P0 端口简单很多，其输出电路采用了一个晶体管，在晶体管的漏极接了一只内部上拉电阻，所以在 P1 端口引脚外部可以不接上拉电阻。

图 15-5　P1 端口内部电路结构

（1）P1 端口用作输出端口的工作原理

当需要将 P1 端口用作输出端口时，单片机内部相关电路除了会往锁存器的 D 端送数据外，还会往锁存器 CL 端送写锁存器信号，内部总线送来的数据通过 D 端进入锁存器，并从 Q 和 $\overline{Q}$ 端输出，如 D 端输入"1"，则 $\overline{Q}$ 端输出"0"（Q 端输出"1"），$\overline{Q}$ 端的"0"送到晶体管的栅极，晶体管截止，从 P1 端口引脚输出"1"。

（2）P1 端口用作输入端口的工作原理

当需要将 P1 端口用作输入端口时，单片机内部相关电路会先往 P1 锁存器写"1"，让 Q=1、$\overline{Q}$=0，$\overline{Q}$=0 会使晶体管截止，关闭 P1 端口的输出电路，然后 CPU 往输入三态门控制端送一个读引脚控制信号，输入三态门打开，从 P1 端口引脚输入的信号经输入三态门送到内部总线。

15.2.3　P2 端口

P2 端口有 P2.0～P2.7 共 8 个引脚，这些引脚除了可用作输入引脚和输出引脚外，在外接存储器时，还可用作地址总线（高 8 位）引脚。P2 端口每个引脚的内部电路结构都相同，其内部电路结构如图 15-6 所示。

图 15-6　P2 端口内部电路结构

（1）P2 端口用作输入 / 输出（I/O）端口的工作原理

当需要将 P2 端口用作 I/O 端口时，单片机内部相关电路会送控制信号到电子开关的控制端，让电子开关与 P2 锁存器的 Q 端连接。

若要将 P2 端口用作输出端口，CPU 会通过内部总线将数据送到锁存器的 D 端，同时给锁存器的 CL 端送写锁存器信号，D 端数据存入锁存器并从 Q 端输出，再通过电子开关、非门和晶体管从 P2 端口引脚输出。

若要将 P2 端口用作输入端口，CPU 会先往 P2 锁存器写"1"，让 Q=1、$\overline{Q}$=0，Q=1 会使晶体管截止，关闭 P2 端口的输出电路，然后 CPU 往输入三态门控制端送一个读引脚控制信号，输入三态门打开，从 P2 端口引脚输入的信号经输入三态门送到内部总线。

（2）P2 端口用作地址总线引脚的工作原理

如果要将 P2 端口用作地址总线引脚，单片机内部相关电路会发出一个控制信号到电子开关的控制端，让电子开关与内部地址线接通，地址总线上的信号就可以通过电子开关、非门和晶体管后从 P2 端口引脚输出。

15.2.4　P3 端口

P3 端口有 P3.0～P3.7 共 8 个引脚，P3 端口除了可用作输入引脚和输出引脚外，还具有第二功能。P3 端口每个引脚的内部电路结构都相同，其内部电路结构如图 15-7 所示。

（1）P3 端口用作 I/O 端口的工作原理

当需要将 P3 端口用作 I/O 端口时，单片机内部相关电路会送出"1"到与非门的一个输入端（第二功能输出端），打开与非门（与非门的特点是：一个输入端为"1"时，输出端与另一个输入端状态始终相反）。

若要将 P3 端口用作输出端口，CPU 给锁存器的 CL 端送写锁存器信号，内部总线送来的数据通过 D 端进入锁存器并从 Q 端输出，再通过与非门和晶体管两次反相后从 P3 端口引脚输出。

图 15-7　P3 端口内部电路结构

　　若要将 P3 端口用作输入端口，CPU 会先往 P3 锁存器写"1"，让 Q=1，与非门输出"0"，晶体管截止，关闭 P3 端口的输出电路，然后 CPU 往输入三态门控制端送一个读引脚控制信号，输入三态门打开，从 P3 端口引脚输入的信号经过输入缓冲器和输入三态门送到内部总线。

（2）当 P3 端口用作第二功能时

　　P3 端口的每个引脚都有第二功能，具体见表15-1。P3 端口用作第二功能（又称复用功能）时，实际上也是在该端口输入或输出信号，只不过输入、输出的是一些特殊功能的信号。

　　当单片机需要将 P3 端口用作第二功能输出信号（如 RD、WR 信号）时，CPU 会先往 P3 锁存器写"1"，Q=1，它送到与非门的一个输入端，与非门打开，内部的第二功能输出信号送到与非门的另一个输入端，反相后输出去晶体管的栅极，经晶体管再次反相后从 P3 端口引脚输出。

　　当单片机需要将 P3 端口用作第二功能输入信号（如 T0、T1 信号）时，CPU 也会往 P3 锁存器写"1"，Q=1，同时第二功能输出端也为"1"，与非门输出为"0"，晶体管截止，关闭输出电路，P3 端口引脚输入的第二功能信号经输入缓冲器送往特定的电路（如 T0、T1 计数器）。

表 15-1　8051 单片机 P3 端口各引脚的第二功能

端口引脚	第二功能名称及说明	端口引脚	第二功能名称及说明
P3.0	RXD：串行数据接收	P3.4	T0：定时器／计数器 0 输入
P3.1	TXD：串行数据发送	P3.5	T1：定时器／计数器 1 输入
P3.2	$\overline{INT0}$：外部中断 0 申请	P3.6	$\overline{WR}$：外部 RAM 写选通
P3.3	$\overline{INT1}$：外部中断 1 申请	P3.7	$\overline{RD}$：外部 RAM 读选通

15.3　8051 单片机的存储器

15.3.1　存储器的存储单位与编址

存储器的存储单位、
编址与读写操作

（1）常用存储单位

　　位（bit）：它是计算机中最小的数据单位。由于计算机采用二进制数，所以 1 位二进制数称作 1bit，例如 101011 为 6bit。

字节（Byte，单位简写为 B）：8 位二进制数称为一个字节，1B=8bit。

字（Word）：两个字节构成一个字，即 2Byte=1Word。

在单片机中还有一个常用术语：字长。字长是指单片机一次能处理的二进制数的位数。51 单片机一次能处理 8 位二进制数，所以 51 单片机的字长为 8 位。

（2）存储器的编址与数据的读写说明

图 15-8 是一个容量为 256B 的存储器，其内部有 256 个存储单元，每个存储单元可以存放 8 位二进制数，为了存取数据方便，需要对每个存储单元进行编号，也即对存储单元编址，编址采用二进制数，对 256 个存储单元全部编址至少要用到 8 位二进制数，第 1 个存储单元编址为 00000000，编写程序时为了方便，一般用十六进制数表示，二进制数 00000000 用十六进制表示就是 00H，H 表示十六进制数，第二个存储单元编址为 01H，第 256 个存储单元编址为 FFH（也可以写成 0FFH）。

要对 256B 存储器的每个存储单元进行读写，需要 8 根地址线和 8 根数据线，先送 8 位地址选中某个存储单元，再根据读控制或写控制，将选中的存储单元的 8 位数据从 8 根数据线送出，或通过 8 根数据线将 8 位数据存入选中的存储单元中。以图 15-8 为例，当地址总线 A7～A0 将 8 位地址 0001 1111（1FH）送入存储器时，会选中内部编号为 1FH 的存储单元，这时再从读控制线送入一个读控制信号，1FH 存储单元中的数据 00010111 则从 8 根数据总线 D7～D0 送出。

图 15-8　256B 存储器的编址

15.3.2　片内外程序存储器的使用与编址

单片机的程序存储器主要用来存储程序、常数和表格数据。8051 单片机内部有 4KB 的程序存储器（8052 单片机内部有 8KB 的程序存储器，8031 单片机内部没有程序存储器，需要外接程序存储器），如果内部程序存储器不够用（或无内部程序存储器），可以外接程序存储器。

8051 单片机最大可以外接容量为 64KB 的程序存储器（ROM），它与片内 4KB 程序存储器统一编址，当单片机的 EA 端接高电平（接电源正极）时，片内、片外程序存储器都可以使用，片内 4KB 程序存储器的编址为 0000H～0FFFH，片外 64KB 程序存储器的编址为 1000H～FFFFH，片外程序存储器低 4KB 存储空间无法使用，如图 15-9（a）所示，当单片机的 EA 端接低电平（接地）时，只能使用片外程序存储器，其编址为 0000H～FFFFH 片内 4KB 程序存储器无法使用，如图 15-9（b）所示。

(a) EA＝1时　　　　　　　　　　　　　(b) EA＝0时

图 15-9　8051 单片机片内、外程序存储器的使用与编址

15.3.3　片内外数据存储器的使用与编址

单片机的数据存储器主要用来存储运算的中间结果和暂存数据、控制位和标志位。8051 单片机内部有 256B 的数据存储器，如果内部数据存储器不够用，可以外接数据存储器。

8051 单片机最大可以外接容量为 64KB 的数据存储器（RAM），它与片内 256B 数据存储器分开编址，如图 15-10 所示。当 8051 单片机连接片外 RAM 时，片内 RAM 的 00H～FFH 存储单元地址与片外 RAM 的 0000H～00FFH 存储单元地址相同。为了区分两者，在用汇编语言编程时，读写片外 RAM 时要用 "MOVX" 指令（读写片内 RAM 时要用 "MOV" 指令）。在用 C 语言编程时，读写 RAM 时须先声明数据类型（内部数据或外部数据），若读写的数据存放在片内 RAM 中，要声明数据类型为内部数据类型（如用 "data" 声明），若读写的数据存放在片外 RAM 中，应声明数据类型为外部数据类型（如用 "xdata" 声明），单片机会根据声明的数据类型自动选择读写片内或片外 RAM。

15.3.4　数据存储器的分区

8051 单片机内部有 128B 的数据存储器（地址为 00H～7FH）和 128B 的特殊功能寄存器区（地址为 80H～FFH），8052 单片机内部有 256B 的数据存

数据存储器的分区

图 15-10　8051 单片机片内、外数据存储器的使用与编址

储器（地址为 00H～FFH）和 128B 的特殊功能寄存器区（地址为 80H～FFH），如图 15-11 所示。

　　根据功能不同，8051、8052 单片机的数据存储器可分为工作寄存器区（0～3 组）、位寻址区和用户 RAM 区，从图 15-11 可以看出，8052 单片机的用户 RAM 区空间较 8051 单片机多出 128B，该 128B 存储区地址与特殊功能寄存器区（SFR）的地址相同，但两者是两个不同的区域。特殊功能寄存器区的每个寄存器都有一个符号名称，如 P0（即 P0 锁存器）、SCON（串行通信控制寄存器），特殊功能寄存器区只能用直接寻址方式访问，8052 单片机的新增的 128B 用户 RAM 区只能用间接方式访问。

图 15-11　8051、8052 单片机的数据存储器分区

（1）工作寄存器区

　　单片机在工作时需要处理很多数据，有些数据要用来运算，有些要反复调用，有些要用来比较校验等，在处理这些数据时需要有地方能暂时存放这些数据，单片机提供暂存数据的

地方就是工作寄存器。

8051 单片机的工作寄存器区总存储空间为 32B，由 0～3 组工作寄存器组成，每组有 8 个工作寄存器（R0～R7），共 32 个工作寄存器（存储单元），地址编号为 00H～1FH，每个工作寄存器可存储一个字节数据（8 位）。四组工作寄存器的各个寄存器地址编号如下：

数据存储器的工作寄存器的地址与使用

组号	R0	R1	R2	R3	R4	R5	R6	R7
0	00H	01H	02H	03H	04H	05H	06H	07H
1	08H	09H	0AH	0BH	0CH	0DH	0EH	0FH
2	10H	11H	12H	13H	14H	15H	16H	17H
3	18H	19H	1AH	1BH	1CH	1DH	1EH	1FH

单片机上电复位后，默认使用第 0 组工作寄存器，可以通过编程设置 PSW（程序状态字寄存器）的 RS1、RS0 位的值来换成其他组工作寄存器。当 PSW 的 RS1 位 =0、RS0 位 =0 时，使用第 0 组工作寄存器；RS1 位 =0、RS0 位 =1 时使用第 1 组工作寄存器；RS1 位 =1、RS0 位 =0 时使用第 2 组工作寄存器；RS1 位 =1、RS0 位 =1 时使用第 3 组工作寄存器，如图 15-12 所示。不使用的工作寄存器可当作一般的数据存储器使用。

图 15-12　PSW 的 RS1、RS0 位决定使用的工作寄存器组号

（2）位寻址区

位寻址区位于工作寄存器区之后，总存储空间为 16B，有 16 个字节存储单元，字节地址为 20H～2FH，每个字节存储单元有 8 个存储位，一共有 16×8=128 个存储位，每个位都有地址，称为位地址，利用位地址可以直接对位进行读写。

数据存储器的位寻址区的地址与访问

可位寻址区的 16 个字节单元与 128 个位的地址编号如图 15-13 所示，从图中可以看出，字节单元和存储位有部分相同的地址编号，单片机以指令类型来区分访问地址为字节单元还是位单元。例如用字节指令访问地址 20H 时，访问的为 20H 字节单元，可以同时操作该字节单元的 8 位数；用位指令访问地址 20H 时，访问的为 24H 字节单元的 D0 位，只能操作该位的数据。

（3）用户 RAM 区

用户 RAM 区又称为数据缓存区，8051 单片机的用户 RAM 区有 80 个存储单元（字节），地址编号为 30H～7FH，8052 单片机的用户 RAM 区有 208 个存储单元（字节），地址编号为 30H～FFH。用户 RAM 区一般用来存储随机数据和运算中间结果等。

15.3.5　特殊功能寄存器（SFR）

特殊功能寄存器简称 SFR（Special Function Register），主要用于管理单片机内部各功能部

字节地址　位地址

位地址	7F	7E	7D	7C	7B	7A	79	78
2FH	D7	D6	D5	D4	D3	D2	D1	D0

2EH	77	76	75	74	73	72	71	70

2DH	6F	6E	6D	6C	6B	6A	69	68

2CH	67	66	65	64	63	62	61	60

2BH	5F	5E	5D	5C	5B	5A	59	58

2AH	57	56	55	54	53	52	51	50

29H	4F	4E	4D	4C	4B	4A	49	48

28H	47	46	45	44	43	42	41	40

27H	3F	3E	3D	3C	3B	3A	39	38

26H	37	36	35	34	33	32	31	30

25H	2F	2E	2D	2C	2B	2A	29	28

24H	27	26	25	24	23	22	21	20

用位指令访问地址20H时，访问的为该位，只能读写1位数据

23H	1F	1E	1D	1C	1B	1A	19	18

22H	17	16	15	14	13	12	11	10

21H	0F	0E	0D	0C	0B	0A	09	08

20H	07	06	05	04	03	02	01	00

用字节指令访问地址20H时，访问的为该字节单元，可读写8位数据

图 15-13　位寻址区的 16 个字节单元与 128 个位的地址编号

单片机的特殊功能
寄存器（SFR）

件（如定时器 / 计数器、I/O 端口、中断控制器和串行通信口等），通过编程设定一些特殊功能寄存器的值，可以让相对应的功能部件进入设定的工作状态。

（1）特殊功能寄存器的符号、字节地址、位地址和复位值

　　8051 单片机有 21 个特殊功能寄存器（SFR），见表 15-2，每个特殊功能寄存器都是一个字节单元（有 8 位），它们的地址离散分布在 80H～FFH 范围内，这个地址范围与数据存储器用户 RAM 区（对于 8052 单片机而言）的 80H～FFH 地址重叠，为了避免寻址产生混乱，51 单片机规定特殊功能寄存器只能用直接寻址（直接写出 SFR 的地址或符号）方式访问，8052 单片机新增的 128B 用户 RAM 区的 80H～FFH 单元只能用间接寻址方式访问。

　　21 个特殊功能寄存器都能以字节为单位进行访问，其中有一些特殊功能寄存器还可以进行位访问，能访问的位都有符号和位地址，位地址为特殊功能寄存器的字节地址加位号。以特殊功能寄存器 P0 为例，其字节地址为 80H（字节地址值可以被 8 整除），其 P0.0～P0.7 位的位地址为 80H～87H，访问字节地址 80H 时可读写 8 位（P0.0～P0.7 位），访问位地址

82H 时仅可读写 P0.2 位。

有位地址的特殊功能寄存器既可以用字节地址访问整个寄存器（8位），也可以用位地址（或位符号）访问寄存器的某个位，无位地址的特殊功能寄存器只能用字节地址访问整个寄存器。当位地址和字节地址相同时，单片机会根据指令类型来确定该地址的类型。单片机上电复位后，各特殊功能寄存器都有个复位初始值，具体见表15-2，X 表示数值不定（或1或0）。

表 15-2　8051 单片机的 21 个特殊功能寄存器（SFR）

符号		名称	字节地址	位符号与位地址								复位值
P0		P0 锁存器	80H	87H P0.7	P0.6	P0.5	P0.4	P0.3	P0.2	P0.1	80H P0.0	1111 1111B
SP		堆栈指针	81H									0000 0111B
DPTR	DPL	数据指针（低）	82H									0000 0000B
	DPH	数据指针（高）	83H									0000 0000B
PCON		电源控制寄存器	87H	SMOD	SMOD0	—	POF	GF1	GF0	PD	IDL	00X1 0000B
TCON		定时器控制寄存器	88H	8FH TF1	TR1	TF0	TR0	IE1	IT1	IE0	88H IT0	0000 0000B
TMOD		定时器工作方式寄存器	89H	GATE	C/$\overline{T}$	M1	M0	CATE	C/$\overline{T}$	M1	M0	0000 0000B
TL0		定时器 0 低 8 位寄存器	8AH									0000 0000B
TL1		定时器 1 低 8 位寄存器	8BH									0000 0000B
TH0		定时器 0 高 8 位寄存器	8CH									0000 0000B
TH1		定时器 1 高 8 位寄存器	8DH									0000 0000B
P1		P1 锁存器	90H	97H P1.7	P1.6	P1.5	P1.4	P1.3	P1.2	P1.1	90H P1.0	1111 1111B
SCON		串口控制寄存器	98H	9FH SM0	SM1	SM2	REN	TB8	RB8	T1	98H R1	0000 0000B
SBUF		串口数据缓冲器	99H									XXXX,XXXX
P2		P2 锁存器	A0H	A7H P2.7	P2.6	P2.5	P2.4	P2.3	P2.2	P2.1	A0H P2.0	1111 1111B
IE		中断允许寄存器	A8H	AFH EA	—	ET2	ES	ET1	EX1	ET0	A8H EX0	0X00 0000B
P3		P3 锁存器	B0H	B7H P3.7	P3.6	P3.5	P3.4	P3.3	P3.2	P3.1	B0H P3.0	1111 1111B
IP		中断优先级寄存器	B8H	BFH —	—	PT2	PS	PT1	PX1	PT0	B8H PX0	XX00 0000B
PSW		程序状态字寄存器	D0H	D7H CY	AC	F0	RS1	RS0	OV	F1	D0H P	0000 0000B
ACC		累加器	E0H									0000 0000B
B		B 寄存器	F0H									0000 0000B

（2）部分特殊功能寄存器介绍

单片机的特殊功能寄存器很多，可以分为特定功能型和通用型。对于特定功能型特殊功能寄存器，当往某些位写入不同的值时，可以将其控制的功能部件设为不同工作方式，读取某些位的值，可以了解相应功能部件的工作状态；通用型特殊功能寄存器主要用于运算、寻址和反映运算结果状态。

特定功能型特殊功能寄存器将在后面介绍功能部件的章节说明，下面介绍一些通用型特殊功能寄存器。

① 累加器（ACC） 累加器又称ACC，简称A，是一个8位寄存器，其字节地址为E0H。累加器是单片机中使用最频繁的寄存器，在进行算术或逻辑运算时，数据大多数先进入ACC，运算完成后，结果大多数也送入ACC。

② 寄存器（B） 寄存器（B）主要用于乘、除运算，其字节地址是F0H。在乘法运算时，一个数存放在A（累加器）中，另一个数存放在B中，运算结果得到的积（16位），积的高字节存放在B中，低字节存放在A中；在除法运算时，被除数取自A，除数取自B，运算结果得到的商（8位）和余数（8位），商存放在A中，余数存放在B中。

③ 数据指针寄存器（DPTR） 数据指针寄存器（DPTR）简称数据指针，是一个16位寄存器，由DPH和DPL两个8位寄存器组成，地址分别为83H、82H。DPTR主要在单片机访问片外RAM时使用，用于存放片外RAM的16位地址，DPH保存高8位地址，DPL保存低8位地址。

④ 堆栈指针寄存器（SP） 人们在洗碗碟时，通常是将洗完的碗碟一只一只由下往上堆起来，使用时则是将碗碟从上往下一只一只取走。这个过程有两个要点：一是这些碗碟的堆放是连续的；二是先堆放的后取走，后堆放的先取走。单片机的堆栈与上述情况类似。堆栈是指在单片机数据存储器中划分出的一个连续的存储空间，这个存储空间存取数据时具有"先进后出，后进先出"的特点。

在存储器存取数据时，首先根据地址选中某个单元，再将数据存入或取出。如果有一批数据要连续存入存储器，例如将5个数据（每个数据为8位）依次存入地址为30H～34H的5个存储单元中，按一般的操作方法是：先选中地址为30H的存储单元，将第1个数据存入该单元；然后选中地址为31H的存储单元，将第2个数据存入该单元…… 显然这样存取数据比较麻烦，采用堆栈可以很好地解决这个问题。

在数据存储器中划分堆栈的方法是：通过编程的方法设置堆栈指针寄存器（SP）的值，如让SP=2FH，SP就将存储器地址为2FH的存储单元设为堆栈的栈底地址，2FH单元后面的连续存储单元就构成了堆栈，如图15-14所示。堆栈设置好后，就可以将数据按顺序依次存入堆栈或从堆栈中取出，在堆栈中存取数据按照"先进后出，后进先出"的规则进行。

需要注意的是，堆栈指针寄存器（SP）中的值并不是堆栈的第一个存储单元的地址，而是前一个单元的地址，例如SP=2FH，那么堆栈的第一个存储单元的地址是30H，第1个数据存入30H单元。单片机通电复位后，SP的初始值为07H，这样堆栈第一个存储单元的地址就为08H，由于08H～1FH地址已划分给1～3组工作寄存器，在需要用到堆栈时，通常在编程时设SP=2FH，这样就将堆栈设置在数据存储器的用户RAM区（30H～7FH）。

⑤ 程序状态字寄存器（PSW） 程序状态字寄存器（PSW）的地址是D0H，它是一个状态指示寄存器（又称标志寄存器），用来指示系统的工作状态。PSW是一个8位寄存器，可

以存储 8 位数，各位代表不同的功能。程序状态字寄存器（PSW）的字节地址、各位地址和各位功能如图 15-15 所示。

图 15-14 堆栈的使用

图 15-15 程序状态字寄存器（PSW）的字节地址、各位地址和各位功能

D7 位（C）：进位标志位。当单片机进行加、减运算时，若运算结果最高位有进位或借位时，C 位置 1；无进位或借位时，C 位置 0。在进行位操作时，C 位用作位操作累加器。

D6 位（AC）：半进位标志位。单片机进行加、减运算时，当低半字节的 D3 位向高半字节的 D4 位有进位或借位时，AC 位置 1，否则 AC 位置 0。

D5 位（F0）：用户标志位 0。用户可设定的标志位，可置 1 或置 0。

D4 位（RS1）、D3 位（RS0）：工作寄存器组选择位。这两位有 4 种组合状态，用来控制工作寄存器区（00H～1FH）4 组中的某一组寄存器进入工作状态，具体见图 15-12。

D2 位（OV）：溢出标志位。在进行有符号数运算时，若运算结果超出 –128～+127 范围，OV=1，否则 OV=0；当进行无符号数乘法运算时，若运算结果超出 255，OV=1，否则 OV=0；当进行无符号数除法运算时，若除数为 0，OV=1，否则 OV=0。

D1 位（F1）：用户标志位 1。同 F0 位，用户可设定的标志位，可置 1 或置 0。

D0 位（P）：奇偶校验位。该位用于对累加器 A 中的数据进行奇偶校验，当累加器 A 中"1"的个数为奇数值时，P=1，若累加器 A 中"1"的个数为偶数值时，P=0。51 系列单片机总是保持累加器 A 与 P 中"1"的总个数为偶数值，例如累加器 A 中有 3 个"1"，即"1"的个数为奇数值，那么 P 应为"1"，这样才能让两者"1"的总个数为偶数值，这种校验方式称作偶校验。

15.4 STC89C5X 系列单片机

STC 公司（宏晶科技公司）设计的单片机性能出众，使用广泛。STC 公司以 8051 单片机为内核，对其功能进行改进、增加或缩减，生产出多个系列的 51 单片机：89 系列、90 系列、10 系列、11 系列、12 系列和 15 系列。89 系列是最基础的 51 单片机，可以完全兼容 Atmel 的 AT89 系列单片机，属于 12T 单片机（1 个机器周期占用 12 个时钟周期）。90 系列是基于 89 系列的改进型产品系列。10 系列和 11 系列是 1T 单片机（1 个机器周期为 1 个时钟周期），运算速度快。12 系列是增强型功能的 1T 单片机，型号标有"AD"的具有 A/D（模 / 数）转换功能。15 系列是最新推出的产品，其最大的特点是内部集成了高精度的 R/C 时钟，可以无需外接晶振和外接复位电路来代替 89 系列。

STC 公司设计生产的 51 单片机有多个系列，有些系列是过渡产品，市场上较为少见，有些系列是新产品，还未很好地被市场接受。89 系列单片机是 STC 公司最基础的单片机，也是市场上最常用的 51 单片机，学习该系列单片机不但可轻松掌握 STC 公司其他系列单片机，也能很容易掌握其他公司的 51 单片机。

15.4.1 STC89C5X 单片机的版本、封装形式和引脚

（1）两种版本与封装形式

STC89C5X 系列单片机分为 HD 和 90C 两种版本，两种版本的区别方法是查看单片机表面文字最后一行的最后几个标识，若为 90C 则表示该单片机为 90C 版本，若为 HD 则表示该单片机为 HD 版本，如图 15-16 所示。

图 15-16 STC89C5X 系列单片机的版本识别方法

HD 版为早期版本，其引脚功能与 8051 单片机更为接近，它有 EA、PSEN 引脚；90C 版为改进版本，它将不常用的 EA、PSEN 引脚分别改成了 P4.6、P4.4，并将 ALE 引脚改成了 ALE/P4.5 复用功能引脚。STC89C5X 系列单片机的 HD 版和 90C 版的常用封装形式及引脚区别如图 15-17 所示。

STC89C5X 系列单片机采用的封装形式主要有 PDIP、LQFP、PQFP 和 PLCC，这几种封装的实物芯片外形如图 15-18 所示，PDIP、LQFP 封装更为常用。

（2）引脚功能说明

STC89C5X 系列单片机的引脚功能说明见表 15-3，阴影部分为在 8051 单片机基础上改进或新增的功能引脚。

图 15-17 STC89C5X 系列单片机的 HD 版和 90C 版的常用封装形式及引脚区别

PDIP	LQFP	PQFP	PLCC
(塑料双列直插式封装)	(薄型方块扁平封装)	(塑料方块扁平封装)	(塑封带引线芯片载体封装)

图 15-18　四种常见的芯片封装形式

表 15-3　STC89C5X 系列单片机的引脚功能说明

引脚	引脚编号			说明	
	LQFP44 PQFP44	PDIP40	PLCC44		
P0.0～P0.7	37～30	39～32	43～36	P0:P0 口既可作为输入 / 输出口，也可作为地址 / 数据复用总线使用。当 P0 口作为输入 / 输出口时，P0 是一个 8 位准双向口，上电复位后处于开漏模式。P0 口内部无上拉电阻，所以 I/O 必须外接 10kΩ～4.7kΩ 的上拉电阻。当 P0 作为地址 / 数据复用总线使用时，是低 8 位地址线 [A0～A7]，数据线的 [D0～D7]，此时无需外接上拉电阻	
P1.0/T2	40	1	2	P1.0	标准 I/O 口
				T2	定时器 / 计数器 2 的外部输入
P1.1/T2EX	41	2	3	P1.1	标准 I/O 口
				T2EX	定时器 / 计数器 2 捕捉 / 重装方式的触发控制
P1.2	42	3	4	标准 I/O 口	
P1.3	43	4	5	标准 I/O 口	
P1.4	44	5	6	标准 I/O 口	
P1.5	1	6	7	标准 I/O 口	
P1.6	2	7	8	标准 I/O 口	
P1.7	3	8	9	标准 I/O 口	
P2.0～P2.7	18～25	21～28	24～31	P2 口内部有上拉电阻，既可作为输入 / 输出口，也可作为高 8 位地址总线使用（A8～A15）。当 P2 口作为输入 / 输出口时，P2 是一个 8 位准双向口	
P3.0/RXD	5	10	11	P3.0	标准 I/O 口
				RXD	串口 1 数据接收端
P3.1/TXD	7	11	13	P3.1	标准 I/O 口
				TXD	串口 1 数据发送端
P3.2/INT0	8	12	14	P3.2	标准 I/O 口
				INT0	外部中断 0，下降沿中断或低电平中断

引脚	引脚编号			说明	
	LQFP44 PQFP44	PDIP40	PLCC44		
P3.3/$\overline{\text{INT1}}$	9	13	15	P3.3	标准 I/O 口
				$\overline{\text{INT1}}$	外部中断 1，下降沿中断或低电平中断
P3.4/T0	10	14	16	P3.4	标准 I/O 口
				T0	定时器 / 计数器 0 的外部输入
P3.5/T1	11	15	17	P3.5	标准 I/O 口
				T1	定时器 / 计数器 1 的外部输入
P3.6/$\overline{\text{WR}}$	12	16	18	P3.6	标准 I/O 口
				$\overline{\text{WR}}$	外部数据存储器写脉冲
P3.7/$\overline{\text{RD}}$	13	17	19	P3.7	标准 I/O 口
				$\overline{\text{RD}}$	外部数据存储器读脉冲
P4.0	17		23	P4.0	标准 I/O 口
P4.1	28		34	P4.1	标准 I/O 口
P4.2/$\overline{\text{INT3}}$	39		1	P4.2	标准 I/O 口
				$\overline{\text{INT3}}$	外部中断 3，下降沿中断或低电平中断
P4.3/$\overline{\text{INT2}}$	6		12	P4.3	标准 I/O 口
				$\overline{\text{INT3}}$	外部中断 2，下降沿中断或低电平中断
P4.4/$\overline{\text{PSEN}}$	26	29	32	P4.4	标准 I/O 口
				$\overline{\text{PSEN}}$	外部程序存储器选通信号输出引脚
P4.5/ALE	27	30	33	P4.5	标准 I/O 口
				ALE	地址锁存允许信号输出引脚 / 编程脉冲输入引脚
P4.6/$\overline{\text{EA}}$	29	31	35	P4.6	标准 I/O 口
				$\overline{\text{EA}}$	内外存储器选择引脚
RST	4	9	10	RST	复位脚
XTAL1	15	19	21	内部时钟电路反相放大器输入端，接外部晶振的一个引脚。当直接使用外部时钟源时，此引脚是外部时钟源的输入端	
XTAL2	14	18	20	内部时钟电路反相放大器的输出端，接外部晶振的另一端。当直接使用外部时钟源时，此引脚可悬空，此时 XTAL2 实际将 XTAL1 输入的时钟进行输出	
VCC	38	40	44	电源正极	
GND	16	20	22	电源负极，接地	

15.4.2 STC89C5X 系列单片机的型号命名规则

STC89C5X 系列单片机的型号命名规则如下：

15.4.3 STC89C5X 系列单片机的常用型号的主要参数

STC89C5X 系列单片机常用型号的主要参数见表 15-4，为便于比较，表中也列出了部分最新的 15 系列单片机主要参数。

15.4.4 STC89C5X 系列单片机的 I/O 端口

（1）I/O 端口上电复位状态与灌电流、拉电流

STC89C5X 系列单片机有 P0、P1、P2、P3 和 P4 端口，P4 端口为新增端口。单片机上电复位后，P1、P2、P3、P4 端口的锁存器均为 1，各端口引脚内部的晶体管截止，晶体管漏极有上拉电阻（阻值很大，称为弱上拉），P0 端口的锁存器也为 1，端口引脚内部的晶体管截止，晶体管漏极无上拉电阻（称为晶体管开漏）。

P0 端口上电复位后内部晶体管无上拉电阻，处于开漏状态，如果该端口用作输入、输出端口，需要外接 4.7～10kΩ 的上拉电阻，如果 P0 端口用作外部存储器的地址 / 数据线，可不用外接上拉电阻。

单片机端口引脚可以流入电流，也可以流出电流，从外部流入引脚的电流称为灌电流，从引脚内部流出的电流称为拉电流，如图 15-19 所示。STC89C5X 系列单片机 P0 端口的灌电流最大为 12mA，其他端口的灌电流最大为 6mA。各端口的拉电流很小，一般在 0.23mA 以下。

表 15-4　STC89C5X 系列单片机常用型号的主要参数

型号	工作电压 /V	Flash 程序存储器/字节	SRAM 字节	EEPROM 字节	定时器/个	A/D10 位 8 路	降低 EMI	双倍速	最多有 I/O口 /个	支持掉电唤醒外部中断/个	内置复位	看门狗	ISP	IAP	功能更强不需外部时钟不需外部复位的替代型号（需修改硬件电路）
STC89C51	5.5~3.8	4K	512	9K	3	—	✓	✓	39	4	有	有	✓	✓	STC15W404S
STC89LE51	2.4~3.6	4K	512	9K	3	—	✓	✓	39	4	有	有	✓	✓	STC15W404S
STC15W404S	5.5~2.5	4K	512	9K	3	—	✓		42	5	强	强	✓	✓	
STC89C52	5.5~3.8	8K	512	5K	3	—	✓	✓	39	4	有	有	✓	✓	STC15W408S
STC89LE52	2.4~3.6	8K	512	5K	3	—	✓	✓	39	4	有	有	✓	✓	STC15W408S
STC15W408S	5.5~2.5	8K	512	5K	3	—	✓		42	5	强	强	✓	✓	
STC89C53	5.5~3.8	12K	512	2K	3	—	✓	✓	39	4	有	有	✓	✓	IAP15W413S
STC89LE53	2.4~3.6	12K	512	2K	3	—	✓	✓	39	4	有	有	✓	✓	IAP15W413S
STC89C14	5.5~3.8	14K	512	—	3	—	✓	✓	39	4	有	有	✓	✓	IAP15W413S
STC89LE14	2.4~3.6	14K	512	—	3	—	✓	✓	39	4	有	有	✓	✓	IAP15W413S
IAP15W413S	5.5~2.5	13K	512	IAP	3	—	✓		42	5	强	强	✓	✓	
STC89C54	5.5~3.8	16K	1280	45K	3	—	✓	✓	39	4	有	有	✓	✓	STC15W1K16S
STC89LE54	2.4~3.4	16K	1280	45K	3	—	✓	✓	39	4	有	有	✓	✓	STC15W1K16S
STC15W1K16S	5.5~2.6	16K	1024	13K	3	—	✓		42	5	强	强	✓	✓	
STC89C58	5.5~3.8	32K	1280	29K	3	—	✓	✓	39	4	有	有	✓	✓	IAP15W1K29S
STC89LE58	2.4~3.4	32K	1280	29K	3	—	✓	✓	39	4	有	有	✓	✓	IAP15W1K29S
IAP15W1K29S	2.4~2.6	29K	1024	IAP	3	—	✓		42	5	强	强	✓	✓	
STC89C516	5.5~3.8	62K	1280		3	—	✓	✓	39	4	有	有	✓	✓	IAP15F2K61S
IAP15F2K61S	5.5~3.8	61K	2048	IAP	3	—	✓	✓	42	5	强	强	✓	✓	
STC89LE516	2.4~3.4	62K	1280		3	—	✓		39	4	有	有	✓	✓	IAP15L2K61S
IAP15L2K61S	2.4~3.6	61K	2048	IAP	3	—	✓		42	5	强	强	✓	✓	
STC89C510	5.5~3.8	40K	1280	22K	3	—	✓	✓	39	4	有	有	✓	✓	
STC89LE510	2.4~3.4	40K	1280	22K	3	—	✓	✓	39	4	有	有	✓	✓	
STC89C512	5.5~3.8	48K	1280	14K	3	—	✓	✓	39	4	有	有	✓	✓	
STC89LE512	2.4~3.4	48K	1280	14K	3	—	✓	✓	39	4	有	有	✓	✓	
STC89C514	5.5~3.8	56K	1280	6K	3	—	✓	✓	39	4	有	有	✓	✓	
STC89LE514	2.4~3.4	56K	1280	6K	3	—	✓	✓	39	4	有	有	✓	✓	

图 15-19　单片机的拉电流和灌电流

（2）P4 端口的使用

STC89C5X 系列单片机在 8051 单片机的基础上增加了 P4 端口，P4 端口锁存器与 P0～P3 锁存器一样，属于特殊功能寄存器，它是一个 8 位寄存器，由 8 个位锁存器组成。

① P4 锁存器的字节地址、位地址与地址定义　P4 锁存器的字节地址和各位地址如图 15-20 所示。

位地址→	EFH	EEH	EDH	ECH	EBH	EAH	E9H	E8H
字节地址→E8H	—	P4.6	P4.5	P4.4	P4.3	P4.2	P4.1	P4.0

图 15-20　P4 锁存器的字节地址和各位地址

8051 单片机没有 P4 端口，故 C 语言编程时调用的头文件"reg51.h"中也没有 P4 锁存器的地址定义，要使用 P4 端口，编程时需要先定义 P4 锁存器的地址，也可以把 P4 锁存器的地址定义写进"reg51.h"。在 Keil C51 软件中定义 P4 锁存器的字节地址和各位地址如图 15-21 所示。

图 15-21　在 Keil C51 软件中定义 P4 锁存器的字节地址和各位地址

② ALE/P4.5 引脚的使用 90C 版本的 STC89C5X 系列单片机的 ALE 引脚具有 ALE 和 P4.5 两种功能，该脚用作何种功能，可在给单片机下载程序时，在烧录软件中设置，具体如图 15-22 所示，旧版的烧录软件无该设置项。

图 15-22 在烧录软件中设置 ALE 引脚的功能

（3）I/O 端口与外部电路的连接

① P0 端口与外部电路的连接 P0 端口用作输入或输出端口时，内部晶体管漏极与电源之间无上拉电阻，即内部晶体管开漏，需要在引脚外部连接 $4.7 \sim 10 \text{k}\Omega$ 的上拉电阻，如图 15-23 所示，P0 端口用作地址 / 数据总线端口时，可以不外接上拉电阻。

图 15-23 P0 端口用作输入或输出端口时要外接上拉电阻

② P0~P4 端用作输出端口的外部驱动电路 P0~P4 端用作输出端口时，输出电流（上拉电流）很小，很难直接驱动负载，可在引脚外部连接如图 15-24 所示的电路。

图 15-24 P0~P4 端用作输出端口时的外部驱动电路

③ I/O 端口连接高电压的电路 STC89C5X 单片机的电源为 5V，其内部电路也是按 5V 供电标准设计的，当 I/O 端口与外部高于 5V 的电路连接时，为避免高电压进入 I/O 端口损坏单片机内部电路，需要给 I/O 端口连接一些隔离保护电路。

当 I/O 端口用作输入电路且连接高电压电路时，可在 I/O 端口连接一个二极管来隔离高电压，如图 15-25（a）所示，输入低电平（开关 S 闭合）时，二极管 VD 导通，I/O 端口电压被拉低到 0.7V（低电平），输入高电压（S 断开）时，VD 负极电压高于 5V，VD 截止，I/O 端口电压在内部被拉高，即 I/O 端口输入为高电平。

当 I/O 端口用作输出电路且连接高电压电路时，可在 I/O 端口连接三极管来隔离高电压，如图 15-25（b）所示，该电路同时还能放大 I/O 端口的输出信号。

(a) I/O端口用作输入电路时可外接一个二极管来隔离高电压　　(b) I/O端口用作输出电路时可外接三极管来隔离高电压

图 15-25　单片机 I/O 端口连接高电压电路的隔离高电压电路

15.4.5　STC89C5X 系列单片机的程序存储器与数据存储器

（1）程序存储器

程序存储器用于存放用户程序、表格数据和常数等信息。STC89C5X 系列单片机内部集成了 4～62KB 的 Flash 程序存储器，各型号单片机的程序存储器容量大小见表 15-4。

STC89C5X 系列单片机分为 HD 版和 90C 版（可查看单片机表面最下一行的最后几个标识），90C 版无 EA 引脚和 PSEN 引脚，只能使用片内程序存储器，HD 版有 EA 引脚和 PSEN 引脚，除了可使用片内程序存储器外，还可使用片外程序存储器。以 HD 版的 STC89C54 型单片机为例，当 EA=1 时，单片机先使用片内 16KB 的程序储器（地址范围为 0000H～3FFFH），片内程序存储器用完后自动使用片外程序存储器（地址范围为 4000H～FFFFH）。

当用户编写的程序很大时，建议直接选用大容量程序存储器的单片机，尽量不采用小容量单片机加片外程序存储器的方式。

（2）数据存储器

数据存储器用于存放程序执行的中间结果和过程数据。STC89C5X 系列单片机内部数据存储器由内部 RAM 和内部扩展 RAM 组成，小容量单片机（如 STC89C51、STC89C14 等）内部集成了 512B 的数据存储器（256B 内部 RAM+256B 内部扩展 RAM），大容量单片机（如 STC89C54、STC89C516 等）内部集成了 1280B 的数据存储器（256B 内部 RAM+1024B 内部扩展 RAM）。

① 256B 内部 RAM　STC89C5X 系列单片机 256B 内部 RAM 由低 128B 的 RAM（地址为 00H～7FH，与 8051 单片机一样）和高 128B 的 RAM（地址为 80H～FFH）组成，即 STC89C5X 系列单片机 256B 内部 RAM 的使用与 8052 单片机一样，可参见图 15-11。

② 256B 或 1024B 内部扩展 RAM　STC89C5X 系列单片机的内部扩展 RAM 虽然在单片机内部，但单片机将它当作片外 RAM 使用，像 8051 单片机使用片外 RAM 一样访问，不过 P0、P2 端口不会输出地址和数据信号，RD、WR 端也不会输出读、写控制信号。小容量

单片机的 256B 内部扩展 RAM 的地址为 00H～FFH，大容量单片机的 1024B 内部扩展 RAM 的地址为 0000H～03FFH。

内部扩展 RAM 的一部分地址（00H～FFH）与内部 RAM 地址相同，在访问两者相同的地址时，单片机会根据指令的类型（汇编语言编程时）或数据存储类型（C 语言编程时）来区别该地址是指向内部 RAM 还是内部扩展 RAM。

③ 内部扩展 RAM 的使用　若要访问内部扩展 RAM，在用汇编语言编程时，要用到访问外部 RAM 的 MOVX 指令，如"MOVX　@DPTA A""MOVX　A　@R1"，在用 C 语言编程时，可使用 xdata 声明存储类型，如"unsigned char xdata i=0;"。

另外，访问内部扩展 RAM 还要设置 AUXR（辅助寄存器，属于特殊功能寄存器）。辅助寄存器 AUXR 的字节地址为 8EH，各位定义及复位值如图 15-26 所示。

图 15-26　AUXR（辅助寄存器）的字节地址、位定义及复位值

a. EXTRAM：内部 / 外部扩展 RAM 存取控制位。

当 EXTRAM=0 时，可存取内部扩展 RAM。对于 STC89C5X 系列小容量单片机，可访问 256B 内部扩展 RAM，（地址范围为 00H～FFH），一旦访问地址超过了 FFH，单片机会访问片外 RAM；对于 STC89C5X 系列大容量单片机，可访问 1024B 内部扩展 RAM（地址范围为 00H～3FFH），一旦访问地址超过了 3FFH，单片机会访问片外 RAM。

当 EXTRAM=1 时，禁止访问内部扩展 RAM，允许存取片外 RAM。访问片外 RAM 的方法与 8051 单片机一样。

b. ALEOFF：ALE 引脚功能关闭。

当 ALEOFF=0 时，在 12 时钟模式（一个机器周期为 12 个时钟周期，又称 12T 模式）时，ALE 引脚固定输出 1/6 晶振频率的信号，在 6 时钟模式（6T）时，ALE 引脚固定输出 1/3 晶振频率的信号。

当 ALEOFF=1 时，ALE 引脚仅在访问片外存储器时才输出信号，其他情况下无输出，减少对外部电路的干扰。

此外，访问内部扩展 RAM 要在烧录程序时，在烧录软件中设置内部扩展 RAM 可用，如图 15-27 所示。

15.4.6　STC89C5X 系列单片机的特殊功能寄存器

特殊功能寄存器（SFR）区是单片机内部一个特殊功能的 RAM 区，该区域内的特殊功能寄存器主要用来管理、控制和监视各功能模块。SFR 区的地址范围为 80H～FFH，它与单片机内部高 128 字节 RAM 的地址相同，但前者只能使用直接地址访问。

STC89C5X 系列单片机的特殊功能寄存器见表 15-5，STC89C5X 系列单片机在 8051 单片机基础上增加了很多特殊功能寄存器，阴影部分为增加的特殊功能寄存器，字节地址最低位为 0 或 8（如 80H、98H、D0H 等）的特殊功能寄存器可位寻址，即这些寄存器可直接访问某位。

图 15-27　在烧录软件中设置选用内部扩展 RAM

表 15-5　STC89C5X 系列单片机的特殊功能寄存器

符号		名称	字节地址	位符号与位地址 （字节地址最低位为 0 或 8 的寄存器可位寻址）								复位值
P0		P0 锁存器	80H	87H							80H	1111 1111B
				P0.7	P0.6	P0.5	P0.4	P0.3	P0.2	P0.1	P0.0	
SP		堆栈指针	81H									0000 0111B
DPTR	DPL	数据指针（低）	82H									0000 0000B
	DPH	数据指针（高）	83H									0000 0000B
PCON		电源控制寄存器	87H	SMOD	SMOD0	—	POF	GF1	GF0	PD	IDL	00X1 0000B
TCON		定时器控制寄存器	88H	8FH							88H	0000 0000B
				TF1	TR1	TF0	TR0	IE1	IT1	IE0	IT0	
TMOD		定时器工作方式寄存器	89H	GATE	C/$\overline{\text{T}}$	M1	M0	CATE	C/$\overline{\text{T}}$	M1	M0	0000 0000B
LT0		定时器 0 低 8 位寄存器	8AH									0000 0000B
TL1		定时器 1 低 8 位寄存器	8BH									0000 0000B
TH0		定时器 0 高 8 位寄存器	8CH									0000 0000B
TH1		定时器 1 高 8 位寄存器	8DH									0000 0000B
AUXR		辅助寄存器	8EH	—	—	—	—	—	—	EXTRAM	ALEOFF	XXXX XX00B
P1		P1 锁存器	90H	97H							90H	1111 1111B
				P1.7	P1.6	P1.5	P1.4	P1.3	P1.2	P1.1	P1.0	
SCON		串口控制寄存器	98H	9FH							98H	0000 0000B
				SM0	SM1	SM2	REN	TB8	RB8	T1	R1	
SBUF		串口数据缓冲器	99H									XXXX XXXX
P2		P2 锁存器	A0H	A7H							A0H	1111 1111B
				P2.7	P2.6	P2.5	P2.4	P2.3	P2.2	P2.1	P2.0	
AUXR1		辅助寄存器 1	A2H	—	—	—	—	GF2	—	—	DPS	XXXX 0XX0B

符号	名称	字节地址	位符号与位地址（字节地址最低位为0或8的寄存器可位寻址）								复位值
IE	中断允许寄存器	A8H	AFH							A8H	0X00 0000B
			EA	—	ET2	ES	ET1	EX1	ET0	EX0	
SADDR	从机地址控制寄存器	A9H									0000 0000B
P3	P3 锁存器	B0H	B7H							B0H	1111 1111B
			P3.7	P3.6	P3.5	P3.4	P3.3	P3.2	P3.1	P3.0	
IPH	中断优先级寄存器（高）	B7H	PX3H	PX2H	PT2H	PSH	PT1H	PX1H	PT0H	PX0H	0000 0000B
IP	中断优先级寄存器	B8H	BFH							B8H	XX00 0000B
			—	—	PT2	PS	PT1	PX1	PT0	PX0	
SADEN	从机地址掩模寄存器	B9H									0000 0000B
XICON	辅助中断控制寄存器	C0H	C7H							C0H	0000 0000B
			PX3	EX3	IE3	IT3	PX2	EX2	IE2	IT2	
T2CON	定时器 2 控制寄存器	C8H	CFH							C8H	0000 0000B
			TF2	EXF2	RCLK	TCLK	EXEN2	TR2	C/$\overline{T2}$	CP/RL2	
T2MOD	定时器 2 工作模式寄存器	C9H	—	—	—	—	—	—	T2OE	DCEN	XXXX XX00B
RCAP2L	定时器 2 重装 / 捕捉低 8 位寄存器	CAH									0000 0000B
RCAP2H	定时器 2 重装 / 捕捉高 8 位寄存器	CBH									0000 0000B
TL2	定时器 2 低 8 位寄存器	CCH									0000 0000B
TH2	定时器 2 高 8 位寄存器	CDH									0000 0000B
PSW	程序状态字寄存器	D0H	D7H							D0H	0000 0000B
			CY	AC	F0	RS1	RS0	OV	F1	P	
ACC	累加器	E0H									0000 0000B
WDT_CONTR	看门狗控制寄存器	E1H	—	—	EN_WDT	CLR_WDT	IDLE_WDT	PS2	PS1	PS0	XX00 0000B
ISP_DATA	ISP/IAP 数据寄存器	E2H									1111 1111B
ISP_ADDRH	ISP/IAP 高 8 位地址寄存器	E3H									0000 0000B
ISP_ADDRL	ISP/IAP 低 8 位地址寄存器	E4H									0000 0000B
ISP_CMD	ISP/IAP 命令寄存器	E5H	—	—	—	—	—	MS2	MS1	MS0	XXXX X000B
ISP_TRIG	ISP/IAP 命令触发寄存器	E6H									XXXX XXXXB
ISP_CONTR	ISP/IAP 控制寄存器	E7H	ISPEN	SWBS	SWRST	—	—	WT2	WT1	WT0	000X X000B
P4	P4 锁存器	E8H	EFH							E8H	XXXX 1111B
			—	—	—	—	P4.3	P4.2	P4.1	P4.0	
B	B 寄存器	F0H									0000 0000B

第16章 单片机开发常用电子元器件

16.1 基本电子元器件

16.1.1 电阻器

（1）外形与符号

电阻器的实物外形和电路符号如图 16-1 所示。

固定电阻器的
检测

(a) 实物外形

(b) 电路符号

国家标准符号

国外常用符号

图 16-1 电阻器

（2）阻值标注法

为了表示阻值的大小，电阻器在出厂时会在表面标注阻值。电阻器标注阻值和误差的方法主要有直标法和色环法。

① 直标法　直标法是指用文字符号（数字和字母）在电阻器上直接标注出阻值和误差的方法。直标法的阻值单位有欧姆（Ω）、千欧姆（$k\Omega$）和兆欧姆（$M\Omega$）。常用直标法表示的阻值形式如图 16-2 所示。

| 12kΩ±10% | 12kΩ±10% | 12kΩ |
| 12kΩⅡ | 12kΩK | 12k |

阻值均为12kΩ、误差均为±10%　　　阻值均为12kΩ、误差为±20%

(a) 用"数值+单位+误差"表示　　　(b) 用"数值+单位"表示

1k2	3R3	12
1.2kΩ	3.3Ω	12Ω
3M3	R33	120
3.3MΩ	0.33Ω	120Ω

(c) 用单位代表小数点表示　　　(d) 用数字直接表示

图 16-2　直标法常见的表示形式

直标法表示误差一般采用两种方式：一是用罗马数字Ⅰ、Ⅱ、Ⅲ分别表示误差为±5%、±10%、±20%，如果不标注误差，则误差为±20%；二是用字母来表示，各字母对应的误差见表16-1，如J、K分别表示误差为±5%、±10%。

表16-1 字母与对应误差的表示

字母	W	B	C	D	F	G	J	K	M	N
对应误差/%	±0.05	±0.1	±0.25	±0.5	±1	±2	±5	±10	±20	±30

② 色环法 色环法是指在电阻器上标注不同颜色圆环来表示阻值和误差的方法。要正确识读色环电阻器的阻值和误差，必须先了解各种色环代表的意义。四环色环电阻器各色环颜色代表的意义及数值见表16-2。

表16-2 四环色环电阻器各色环颜色代表的意义及数值

色环颜色	第一环（有效数）	第二环（有效数）	第三环（倍乘数）	第四环（误差数）
棕	1	1	$\times 10^1$	±1%
红	2	2	$\times 10^2$	±2%
橙	3	3	$\times 10^3$	
黄	4	4	$\times 10^4$	
绿	5	5	$\times 10^5$	±0.5%
蓝	6	6	$\times 10^6$	±0.2%
紫	7	7	$\times 10^7$	±0.1%
灰	8	8	$\times 10^8$	
白	9	9	$\times 10^9$	
黑	0	0	$\times 10^0=1$	
金				±5%
银				±10%
无色环				±20%

色环电阻器的识读如图16-3所示。

第一步：判别色环排列顺序。

色环电阻器的色环顺序判别规律为：

• 色环电阻的第四条色环为误差环，一般为金色或银色，因此如果靠近电阻器一个引脚的色环颜色为金、银色，该色环必为第四环，从该环向另一引脚方向排列的三条色环顺序依次为三、二、一。

• 对于色环标注标准的电阻器，一般第四环与第三环间隔较远。

第二步：识读色环。

按照第一、二环为有效数环，第三环为倍乘数环，第四环为误差数环，再对照表16-2各色环代表的数字，识读出色环电阻器的阻值和误差。

五环电阻器阻值与误差的识读方法与四环电阻器基本相同，不同在于五环电阻器的第一、二、三环为有效数环，第四环为倍乘数环，第五环为误差数环。另外，五环电阻器的误差数环颜色除了有金、银色外，还可能是棕、红、绿、蓝和紫色。五环电阻器的识读如图16-4所示。

第一环 红色(代表"2")
第二环 黑色(代表"0")
第三环 红色(代表"10^2")
第四环 金色(±5%)

标称阻值为$20×10^2Ω(1±5\%)=2kΩ(95\%〜105\%)$

图 16-3　色环电阻器的识读

第一环 红色(代表"2")
第二环 红色(代表"2")
第三环 黑色(代表"0")
第四环 红色(代表"10^2")
第五环 棕色(代表"±1%")

标称阻值为$220×10^2Ω(1±1\%)=22kΩ(99\%〜101\%)$

图 16-4　五环电阻器阻值和误差的识读

（3）选用举例

在选用电阻器时，主要考虑电阻器的阻值、误差、额定功率和极限电压。

在图 16-5 中，要求通过电阻器 R 的电流 $I=0.01A$，请选择合适的电阻器来满足电路实际要求。电阻器的选用过程如下：

① 确定阻值　用欧姆定律可求出电阻器的阻值 $R=U/I=220V/0.01A=22000Ω=22kΩ$。

② 确定误差　对于电路来说，误差越小越好，这里选择电阻器误差为 ±5%，若难于找到误差为 ±5% 的电阻器，也可选择误差为 ±10% 的电阻器。

③ 确定功率　根据功率计算公式可求出电阻器的功率大小为 $P=I^2R=(0.01A)^2×22000Ω=2.2W$，为了让电阻器能长时间使用，选择的电阻器功率应在实际功率的两倍以上，这里选择电阻器功率为 5W。

④ 确定被选电阻器的极限电压是否满足电路需要　当电阻器用在高电压小电流的电路时，可能功率满足要求，但电阻器的极限电压小于电路加到它两端的电压，电阻器会被击穿。

电阻器的极限电压可用 $U=\sqrt{PR}$ 来求，这里的电阻器极限电压 $U=\sqrt{5×22000}≈331V$，该值大于两端所加的 220V 电压，故可正常使用。当电阻器的极限电压不够时，为了保证电阻器在电路中不被击穿，可根据情况选择阻值更大或功率更大的电阻器。

图 16-5　电阻器选用例图

综上所述，为了让图 16-5 电路中电阻器 R 能正常工作并满足要求，应选择阻值为 22kΩ、误差为 ±5%、额定功率为 5W 的电阻器。

16.1.2　电位器

（1）外形与符号

电位器是一种阻值可以通过调节而变化的电阻器，又称可变电阻器。常见电位器的实物外形及电位器的电路符号如图 16-6 所示。

电位器的检测

(a) 实物外形

(b) 电路符号

图 16-6　电位器实物外形与电路符号

（2）结构与工作原理

电位器种类很多，但基本结构与原理是相同的。电位器的结构如图 16-7 所示，电位器有 A、C、B 三个引出极，在 A、B 极之间连接着一段电阻体，该电阻体的阻值用 R_{AB} 表示，对于一个电位器，R_{AB} 的值是固定不变的，该值为电位器的标称阻值。C 极连接一个导体滑动片，该滑动片与电阻体接触，A 极与 C 极之间电阻体的阻值用 R_{AC} 表示，B 极与 C 极之间电阻体的阻值用 R_{BC} 表示，$R_{AC}+R_{BC}=R_{AB}$。

当转轴逆时针旋转时，滑动片往 B 极滑动，R_{BC} 减小，R_{AC} 增大；当转轴顺时针旋转时，滑动片往 A 极滑动，R_{BC} 增大，R_{AC} 减小，当滑动片移到 A 极时，$R_{AC}=0$，而 $R_{BC}=R_{AB}$。

(a) 结构示意图　　　　(b) 电路符号

图 16-7　电位器的结构

16.1.3　排阻

排阻又称网络电阻，它是由多个电阻器按一定的方式制作并封装在一起而构成的。排阻具有安装密度高和安装方便等优点，广泛用在数字电路系统中。

排阻的检测

（1）实物外形

排阻实物外形如图 16-8 所示，前面两种为直插封装式（SIP）排阻，后一种为表面贴装式（SMD）排阻。

图 16-8　常见的排阻实物外形

（2）命名方法

排阻命名一般由四部分组成：

第一部分为内部电路类型；

第二部分为引脚数（由于引脚数可直接看出，故该部分可省略）；

第三部分为阻值；

第四部分为阻值误差。

排阻命名方法见表 16-3。

表 16-3　排阻命名方法

第一部分 电路类型	第二部分 引脚数	第三部分 阻值	第四部分 阻值误差
A：所有电阻共用一端，公共端从左端（第 1 引脚）引出 B：每个电阻有各自独立引脚，相互间无连接 C：各个电阻首尾相连，各连接端均有引出脚 D：所有电阻共用一端，公共端从中间引出 E、F、G、H：内部连接较为复杂	4～14	3 位数字 （第 1、2 位为有效数，第 3 位为有效数后面 0 的个数，如 102 表示 1000Ω）	F：±1% G：±2% J：±5%

举例：排阻 A08472J 表示八个引脚、阻值为 4700（1±5%）Ω 的 A 类排阻。

（3）种类与结构

根据内部电路结构不同，排阻种类有 A、B、C、D、E、F、G、H。排阻虽然种类很多，但常用的为 A、B、C、D 类。排阻的常用种类及结构见表 16-4。

表 16-4　排阻的常用种类及结构

电路结构代码	等效电路		电路结构代码	等效电路	
A	（见图） $R1=R2=\cdots=Rn$		C	（见图） $R1=R2=\cdots=Rn$	
B	（见图） $R1=R2=\cdots=Rn$		D	（见图） $R1=R2=\cdots=Rn$	

16.1.4　电容器

固定电容器的
检测

（1）结构、外形与符号

电容器是一种可以储存电荷的元器件。相距很近且中间隔有绝缘介质（如空气、纸和陶瓷等）的两块导电极板就构成了电容器，电容器简称电容。电容器的结构、外形与电路符号如图 16-9 所示。

(a) 结构　　　　　　　　(b) 实物外形　　　　　　　　(c) 电路符号

图 16-9　电容器

电容器能储存电荷，其储存电荷的多少称为容量。这一点与蓄电池类似，不过蓄电池储存电荷的能力比电容器大得多。电容器的容量越大，储存的电荷越多。电容器的容量大小与下面的因素有关：

① 两导电极板相对面积　相对面积越大，容量越大。

② 两极板之间的距离　极板相距越近，容量越大。

③ 两极板中间的绝缘介质　在极板相对面积和距离相同的情况下，绝缘介质不同的电容器，其容量不同。

电容器的容量单位有法拉（F）、毫法（mF）、微法（μF）、纳法（nF）和皮法（pF），它们的关系是

$$1F=10^3mF=10^6\mu F=10^9nF=10^{12}pF$$

（2）无极性电容器和有极性电容器

无极性电容器的引脚无正、负极之分。无极性电容器的电路符号如图 16-10（a）所示，

常见无极性电容器外形如图 16-10（b）所示。无极性电容器的容量小，但耐压高。

有极性电容器又称电解电容器，引脚有正、负之分。有极性电容器的电路符号如图 16-11（a）所示，常见有极性电容器外形如图 16-11（b）所示。有极性电容器的容量大，但耐压较低。

| (a) 电路符号 | (b) 实物外形 | (a) 电路符号 | (b) 实物外形 |

图 16-10　无极性电容器　　　　　　图 16-11　有极性电容器

有极性电容器引脚有正负极之分，在电路中不能乱接，若正负位置接错，轻则电容器不能正常工作，重则电容器炸裂。有极性电容器正确的连接方法是：电容器正极接电路中的高电位，负极接电路中的低电位。有极性电容器正确和错误的接法示例如图 16-12 所示。

(a) 正确的接法　　　　　　　　　(b) 错误的接法

图 16-12　有极性电容器在电路中的正确与错误连接方式

（3）有极性电容器的引脚极性判别

由于有极性电容器有正负之分，在电路中又不能乱接，所以在使用有极性电容器前需要判别出正、负极。有极性电容器的正、负极直观判别方法如下。

方法一：对于未使用过的新电容，可以根据引脚长短来判别。引脚长的为正极，引脚短的为负极，如图 16-13 所示。

方法二：根据电容器上标注的极性判别。电容器上标"＋"为正极，标"－"为负极，如图 16-14 所示。

图 16-13　较长的引脚为正极　　　　图 16-14　标"－"的引脚为负极

（4）电容量表示方法

电容器容量的常用表示方法见表 16-5。

16.1.5　电感器

电感器的检测

（1）外形与符号

将导线在绝缘支架上绕制一定的匝数（圈数）就构成了电感器。常见的电感器的实物外形如图 16-15（a）所示，根据绕制的支架不同，电感器可分为空芯电感器（无支架）、磁芯

表 16-5　电容器容量的常用表示方法

电容量表示方法	说明	例图
直标法	直标法是指在电容器上直接标出容量值和容量单位。电解电容器常采用直标法，右图左侧的电容器的容量为 2200μF，耐压为 63V，误差为 ±20%，右方电容器的容量为 68nF，J 表示误差为 ±5%	
小数点标注法	容量较大的无极性电容器常采用小数点标注法。小数点标注法的容量单位是 μF。右图中的两个实物电容器的容量分别是 0.01μF 和 0.033μF。有的电容器用 μ、n、p 来表示小数点，同时指明容量单位，如图中的 p1、4n7、3μ 分别表示容量 0.1pF、4.7nF、3.3μF，如果用 R 表示小数点，单位则为 μF，如 R33 表示容量是 0.33μF	
整数标注法	容量较小的无极性电容器常采用整数标注法，单位为 pF。若整数末位是 0，如标"330"则表示该电容器容量为 330pF；若整数末位不是 0，如标"103"，则表示容量为 $10×10^3$pF。右图中的几个电容器的容量分别是 180pF、330pF 和 22000pF。如果整数末尾是 9，不是表示 10^9，而是表示 10^{-1}，如 339 表示 3.3pF	

(a) 实物外形　　　　(b) 电路符号

图 16-15　电感器

电感器（磁性材料支架）和铁芯电感器（硅钢片支架），电感器的电路符号如图 16-15（b）所示。

　　电感器由线圈组成，当电感器通过电流时就会产生磁场，电流越大，产生的磁场越强，穿过电感器的磁场（又称为磁通量 Φ）就越大。电感量的基本单位为亨利（简称亨），用字母"H"表示，此外还有毫亨（mH）和微亨（μH），它们之间的关系是：

$$1H=10^3mH=10^6μH$$

　　电感器的电感量大小主要与线圈的匝数（圈数）、绕制方式和磁芯材料等有关。线圈匝数越多、绕制的线圈越密集，电感量就越大；有磁芯的电感器比无磁芯的电感器电感量大；电感器的磁芯导磁率越高，电感量也就越大。

（2）电感量标注方法

　　电感器的电感量标注方法见表 16-6。

16.1.6　变压器

变压器的检测

（1）外形与符号

　　变压器可以改变交流电压或交流电流的大小。常见变压器的实物外形及电路符号如图 16-16 所示。

（2）工作原理

　　变压器是利用电 – 磁和磁 – 电转换原理工作的。下面以如图 16-17 所示电路来说明变压器的工作原理。

　　当交流电压 U_1 送到变压器的一次绕组 L1 两端时（L1 的匝数为 N_1），有交流电流 I_1 流过 L1，L1 马上产生磁场，磁场的磁感线沿着导磁良好的铁芯穿过二次绕组 L2（其匝数

表 16-6 电感器的电感量标注方法

电感量标注方法	说明	例图
直标法	电感器采用直标法标注时，一般会在外壳上标注电感量、误差和额定电流值。右图列出了几个采用直标法标注的电感器。在标注电感量时，通常会将电感量值及单位直接标出。在标注误差时，分别用 Ⅰ、Ⅱ、Ⅲ 表示 ±5%、±10%、±20%。在标注额定电流时，用 A、B、C、D、E 分 别 表 示 50mA、150mA、300mA、0.7A 和 1.6A	
色标法	色标法是采用色点或色环标在电感器上来表示电感量和误差的方法。色码电感器采用色标法标注，其电感量和误差标注方法同色环电阻器，单位为 μH。色码电感器的各种颜色含义及代表的数值与色环电阻器相同。色码电感器颜色的排列顺序方法也与色环电阻器相同。色码电感器与色环电阻器识读不同之处仅在于单位不同，色码电感器单位为 μH。 　　色码电感器的识别如右图所示，右图的色码电感器上标注"红棕黑银"表示电感量为 21μH，误差为 ±10%	第一环　红色(代表"2") 第二环　棕色(代表"1") 第三环　黑色(代表"10^0＝1") 第四环　银色(±10%) 电感量为 21×1μH(1±10%)＝21μH(90%～110%)

　　　(a) 实物外形　　　　　(b) 电路符号

图 16-16 变压器

　　(a) 结构图形式　　　　　　　　　　(b) 电路图形式

图 16-17 变压器的工作原理

为 N_2 ），有磁感线穿过 L2，L2 上马上产生感应电动势，此时 L2 相当于一个电源，由于 L2 与电阻 R 连接成闭合电路，L2 就有交流电流 I_2 输出并流过电阻 R，R 两端的电压为 U_2。

变压器的一次绕组进行电 - 磁转换，而二次绕组进行磁 - 电转换。

（3）变压器"变压"和"变流"说明

变压器可以改变交流电压大小，也可以改变交流电流大小。

① 改变交流电压　变压器既可以升高交流电压，也可以降低交流电压。在忽略电能损耗的情况下，变压器一次电压 U_1、二次电压 U_2 与一次绕组匝数 N_1、二次绕组匝数 N_2 的关系为：

$$\frac{U_1}{U_2} = \frac{N_1}{N_2} = n$$

n 称作匝数比或电压比，由上面的式子可知：

· 当二次绕组匝数 N_2 多于一次绕组的匝数 N_1 时，二次电压 U_2 就会高于一次电压 U_1。即 $n = \frac{N_1}{N_2} < 1$ 时，变压器可以提升交流电压，故电压比 $n<1$ 的变压器称为升压变压器。

· 当二次绕组匝数 N_2 少于一次绕组的匝数 N_1 时，变压器能降低交流电压，故 $n>1$ 的变压器称为降压变压器。

· 当二次绕组匝数 N_2 与一次绕组的匝数 N_1 相等时，变压器不会改变交流电压的大小，即一次电压 U_1 与二次电压 U_2 相等。这种变压器虽然不能改变电压大小，但能对一次、二次电路进行电气隔离，故 $n=1$ 变压器常用作隔离变压器。

② 改变交流电流　变压器不但能改变交流电压的大小，还能改变交流电流的大小。由于变压器对电能损耗很少，可忽略不计，故变压器的输入功率 P_1 与输出功率 P_2 相等，即：

$$P_1 = P_2$$
$$U_1 I_1 = U_2 I_2$$
$$\frac{U_1}{U_2} = \frac{I_2}{I_1}$$

从上面式子可知，变压器的一次、二次电压与一次、二次电流成反比，若提升了二次电压，就会使二次电流减小，降低二次电压，二次电流会增大。

综上所述，对于变压器来说，匝数越多的线圈两端电压越高，流过的电流越小。例如某个电源变压器上标注"输入电压220V，输出电压6V"，那么该变压器的一、二次绕组匝数比 $n=220/6=110/3 \approx 37$，当将该变压器接在电路中时，二次绕组流出的电流是一次绕组流入电流的 37 倍。

（4）电源变压器的选用

图 16-18　电源变压器
选用例图

选用电源变压器时，输入、输出电压要符合电路的需要，额定功率应大于电路所需的功率。如图 16-18 所示，该电路需要 6V 交流电压供电、最大输入电流为 0.4A，为了满足该电路的要求，可选用输入电压为 220V、输出电压为 6V、功率为 3V·A（3V·A>6V×0.4A）的电源变压器。

对于一般电源电路，可选用 E 形铁芯的电源变压器，若是高保真音频功率放大器的电源电路，则应选用"C"形或环形铁芯的变压器。对于输出电压、输出功率相同且都是铁芯材料的电源变压器，通常可以直接互换。

16.2　半导体元器件

16.2.1　二极管

（1）结构和符号

二极管内部结构、电路符号和实物外形如图 16-19 所示。从含有 PN 结的 P 型半导体和 N 型半导体两端各引出一个电极并封装起来就构成了二极管，与 P 型半导体连接的电极称为正极（或阳极），用"+"或"A"表示，与 N 型半导体连接的电极称为负极（或阴极），用"−"或"K"表示。

(a) 内部结构　　　　(b) 电路符号　　　　(c) 实物外形

图 16-19　二极管

（2）二极管的单向导电性

在图 16-20（a）电路中，当闭合开关 S 后，发现灯泡会发光，表明有电流流过二极管，二极管导通；而在图 16-20（b）电路中，当开关 S 闭合后灯泡不亮，说明无电流流过二极管，二极管不导通。通过观察这两个电路中二极管的接法可以发现：在图 16-20（a）中，二极管的正极通过开关 S 与电源的正极连接，二极管的负极通过灯泡与电源负极相连，而在图 16-20（b）中，二极管的负极通过开关 S 与电源的正极连接，二极管的正极通过灯泡与电源负极相连。

(a) 二极管正向导通　　　　　　　(b) 二极管反向截止

图 16-20　二极管的性质说明图

由此可以得出这样的结论：当二极管正极与电源正极连接，负极与电源负极相连时，二极管能导通，反之二极管不能导通。二极管这种单方向导通的性质称为二极管的单向导电性。

（3）二极管的主要参数

① 最大整流电流 I_F　二极管长时间使用时允许流过的最大正向平均电流称为最大整流电流，或称作二极管的额定工作电流。当流过二极管的电流大于最大整流电流时，二极管容易被烧坏。二极管的最大整流电流与 PN 结面积、散热条件有关。PN 结面积大的面接触型二极管的 I_F 大，点接触型二极管的 I_F 小；金属封装二极管的 I_F 大，而塑封二极管的 I_F 小。

② 最高反向工作电压 U_R　最高反向工作电压是指二极管正常工作时两端能承受的最高反向电压。最高反向工作电压一般为反向击穿电压的一半。在高压电路中需要采用 U_R 大的二极管，否则二极管易被击穿损坏。

③ 最大反向电流 I_R　最大反向电流是指二极管两端加最高反向工作电压时流过的反向电流。该值越小，表明二极管的单向导电性越佳。

④ 最高工作频率 f_M　最高工作频率是指二极管在正常工作条件下的最高频率。如果加给二极管的信号频率高于该频率，二极管将不能正常工作，f_M 的大小通常与二极管的 PN 结面积有关，PN 结面积越大，f_M 越低，故点接触型二极管的 f_M 较高，而面接触型二极管的 f_M 较低。

（4）二极管正、负极性判别

二极管引脚有正、负之分，在电路中乱接，轻则不能正常工作，重则损坏。为了让人们更好区分出二极管正、负极，有些二极管会在表面做一定的标志来指示正、负极，有些特殊的二极管，从外形也可找出正、负极。

在图 16-21 中，左上方的二极管表面标有二极管符号，其中三角形端对应的电极为正极，另一端为负极；左下方的二极管标有白色圆环的一端为负极；右方的二极管金属螺栓为负极，另一端为正极。

三角形对应着正极

2AP30

白色圆环对应着负极

金属螺栓
为负极

图 16-21　根据标注或外形判断二极管的极性

整流二极管的
检测

16.2.2　整流二极管与整流桥堆

（1）整流二极管

整流二极管的功能是将交流电转换成直流电。表 16-7 列出了一些常用整流二极管的主要参数。

表 16-7　常用整流二极管的主要参数

电流规格系列 ＼ 最高反向工作电压 /V	50	100	200	300	400	500	600	800	1000
1A 系列	1N4001	1N4002	1N4003		1N4004		1N4005	1N4006	1N4007
1.5A 系列	1N5391	1N5392	1N5393	1N5394	1N5395	1N5396	1N5397	1N5398	1N5399
2A 系列	PS200	PS201	PS202		PS204		PS206	PS208	PS2010
3A 系列	1N5400	1N5401	1N5402	1N5403	1N5404	1N5405	1N5406	1N5407	1N5408
6A 系列	P600A	P600B	P600D		P600G		P600J	P600K	P600L

（2）整流桥堆

桥式整流电路使用了四个二极管，为了方便起见，有些元件厂家将四个二极管做在一起并封装成一个器件，该器件称为整流全桥，其实物外形与内部连接如图16-22所示。全桥有四个引脚，标有"～"的两个引脚为交流电压输入端，标有"+"和"-"的两个引脚分别为直流电压"+"和"-"输出端。

整流桥的检测

(a) 实物外形　　　　　(b) 内部连接

图 16-22　整流全桥

16.2.3　稳压二极管

（1）外形与符号

稳压二极管又称齐纳二极管或反向击穿二极管，它在电路中起稳压作用。稳压二极管的实物外形和电路符号如图16-23所示。

稳压二极管的检测

新符号

旧符号

(a) 实物外形　　　　(b) 电路符号

图 16-23　稳压二极管

（2）两种应用形式

稳压二极管在电路中通常有两种应用连接方式，如图16-24所示。在图16-24（a）电路中，输出电压 U_o 取自稳压二极管 VD 两端，故 $U_o=U_{VD}$，当电源电压上升时，由于稳压二极管的稳压作用，U_{VD} 稳定不变，输出电压 U_o 也不变。也就是说在电源电压变化的情况下，稳压二极管两端电压始终保持不变，该稳定不变的电压可供给其他电路，使电路能稳定正常工作。在图16-24（b）电路中，输出电压取自限流电阻 R 两端，当电源电压上升时，稳压

(a) 形式一　　　　　　　　　(b) 形式二

图 16-24　稳压二极管在电路中的两种应用连接方式

二极管两端电压 U_{VD} 不变，限流电阻 R 两端电压上升，故输出电压 U_o 也上升，稳压二极管按这种接法是不能为电路提供稳定电压的。

（3）常用稳压二极管型号及参数

表 16-8 是常用的 1N 系列稳压二极管型号及参数。

表 16-8　常用的 1N 系列稳压二极管型号及参数

型号	最大耗散功率/W	稳定电压/V	最大工作电流/mA	可代换型号	型号	最大耗散功率/W	稳定电压/V	最大工作电流/mA	可代换型号
1N5236/A/B	0.5	7.5	61	2CW105-7.5V，2CW5236	1N5987	0.5	3	141	2CW51-3V，2CW5225
1N5237/A/B	0.5	8.2	55	2CW106-8.2V，2CW5237	1N5988	0.5	3.3	128	2CW51-3V3，2CW5226
1N5238/A/B	0.5	8.7	52	2CW106-8.7V，2CW5238	1N5989	0.5	3.6	118	2GW51-3V6，2CW5227
1N5239/A/B	0.5	9.1	50	2CW107-9.1V，2CW5239	1N5990	0.5	3.9	100	2CW52-3V9，2CW5228
1N5240/A/B	0.5	10	45	2CW108-10V，2CW5240	1N5991	0.5	4.3	99	2CW52-4V3，2CW5229
1N5241/A/B	0.5	11	41	2CW109-11V，2CW5241	1N5992	0.5	4.7	90	2CW53-4V7，2CW5230
1N5242/A/B	0.5	12	38	2CW110-12V，2CW5242	1N5993	0.5	5.1	83	2CW53-5V1，2CW5231
1N5243/A/B	0.5	13	35	2CW111-13V，2CW5243	1N5994	0.5	5.6	76	2CW53-5V6，2CW5232
1N5244/A/B	0.5	14	32	2CW111-14V，2CW5244	1N5995	0.5	6.2	68	2CW54-6V2，2CW5234
1N5245/A/B	0.5	15	30	2CW112-15V，2CW5245	1N5996	0.5	6.8	63	2CW54-6V8，2CW5235
1N5246/A/B	0.5	16	28	2CW112-16V，2CW5246	1N5997	0.5	7.5	57	2CW55-7V5，2CW5236
1N5247/A/B	0.5	17	27	2CW113-17V，2CW5247	1N5998	0.5	8.2	52	2CW55-8V2，2CW5237
1N5248/A/B	0.5	18	25	2CW113-18V，2CW5248	1N5999	0.5	9.1	47	2CW57-9V1，2CW5239
1N5249/A/B	0.5	19	24	2CW114-19V，2CW5249	1N6000	0.5	10	43	2CW58-10V，2CW5240
1N5250/A/B	0.5	20	23	2CW114-20V，2CW5250	1N6001	0.5	11	39	2CW59-11V，2CW5241
1N5251/A/B	0.5	22	21	2CW115-22V，2CW5251	1N6002	0.5	12	35	2CW60-12V，2CW5242
1N5252/A/B	0.5	24	19.1	2CW115-24V，2CW5252	1N6003	0.5	13	33	2CW61-13V，2CW5243

16.2.4　肖特基二极管

肖特基二极管的检测

（1）外形与图形符号

肖特基二极管又称肖特基势垒二极管（SBD），其图形符号与普通二极管相同。常见的肖特基二极管实物外形如图 16-25（a）所示，三引脚的肖特基二极管内部有两个二极管组成，其连接有多种方式，如图 16-25（b）所示。

（2）特点、应用和检测

肖特基二极管是一种低功耗、大电流、超高速的半导体整流二极管，其工作电流可达几千安，而反向恢复时间可短至几纳秒。二极管的反向恢复时间越短，从截止转为导通的切换速度越快，普通整流二极管反向恢复时间长，无法在高速整流电路中正常工作。另外，肖特基二极管的正向导通电压较普通硅二极管低，约 0.4V。

由于肖特基二极管导通、截止状态可高速切换，主要用在高频电路中。由于面接触型的肖特基二极管工作电流大，故变频器、电机驱动器、逆变器和开关电源等设备中的整流二极管、续流二极管和保护二极管常采用面接触型的肖特基二极管；点接触型肖特基二极管的工

(a) 实物外形　　　　　　　　　　　(b) 内部连接方式

图 16-25　肖特基二极管

作电流稍小，常在高频电路中用作检波或小电流整流。

肖特基二极管的缺点是反向耐压低，一般在 100V 以下，因此不能用在高电压电路中。肖特基二极管与普通二极管一样具有单向导电性，其极性及好坏检测方法与普通二极管相同。

16.2.5　快恢复二极管

（1）外形与图形符号

快恢复二极管（FRD）、超快恢复二极管（SRD）的图形符号与普通二极管相同。常见的快恢复二极管实物外形如图 16-26（a）所示。三引脚的快恢复二极管内部由两个二极管组成，其连接有共阳和共阴两种方式，如图 16-26（b）所示。

(a) 实物外形　　　　　　　　(b) 内部连接方式　　　　　　快恢复二极
管的检测

图 16-26　快恢复二极管

（2）特点、应用和检测

快恢复二极管是一种反向工作电压高、工作电流较大的高速半导体二极管，其反向击穿电压可达几千伏，反向恢复时间一般为几百纳秒（超快恢复二极管可达几十纳秒）。快恢复二极管广泛应用于开关电源、不间断电源、变频器和电机驱动器中，主要用作高频、高压和大电流整流或续流。

快恢复二极管与肖特基二极管的区别主要有：

• 快恢复二极管的反向恢复时间为几百纳秒，肖特基二极管更快，可达几纳秒。

• 快恢复二极管的反向击穿电压高（可达几千伏），肖特基二极管的反向击穿电压低（一般在 100V 以下）。

• 快恢复二极管的功耗较大，而肖特基二极管功耗相对较小。

快恢复二极管主要用在高电压小电流的高频电路中，肖特基二极管主要用在低电压大电流的高频电路中。

快恢复二极管与普通二极管一样具有单向导电性，其极性及好坏检测方法与普通二极管相同。

（3）肖特基二极管、快恢复二极管、高速整流二极管和开关二极管的比较

表 16-9 列出了一些典型肖特基二极管、快恢复二极管、高速整流二极管和开关二极管的参数。从表中列出的参数可以看出各元件的一些特点，例如肖特基二极管平均整流电流（工作电流）最大，正向导通电压低，反向恢复时间短，反向峰值电压（反向最高工作电压）低；开关二极管反向恢复时间很短，但工作电流很小，故只适合小电流整流或用作开关。

表 16-9　一些典型肖特基二极管、快恢复二极管、高速整流二极管和开关二极管的参数比较

半导体器件名称	典型产品型号	平均整流电流 I_d/A	正向导通电压		反向恢复时间 t_{rr}/ns	反向峰值电压 V_{RM}/V
			典型值 V_F/V	最大值 V_{FM}/V		
肖特基二极管	161CMQ050	160	0.4	0.8	<10	50
超快恢复二极管	MURS0100A	30	0.8	1.0	35	1000
快恢复二极管	D25-02	15	0.6	1.0	400	200
硅高频整流二极管	PR3006	8	0.6	1.2	400	800
硅高速开关二极管	1N4148	0.15	0.6	1.0	4	100

PNP型三极　NPN型三极
管的检测　管的检测

16.2.6　三极管

三极管是电子电路中广泛应用的半导体元器件，它有放大、饱和和截止三种状态，因此不但可在电路中用来放大，还可当作电子开关使用。

（1）外形与符号

三极管又称晶体三极管，是一种具有放大功能的半导体器件。图 16-27（a）是一些常见的三极管实物外形，三极管的电路符号如图 16-27（b）所示。

(a) 实物外形　　　　　　　　(b) 电路符号

图 16-27　三极管

（2）放大、饱和和截止状态的应用

三极管的状态有三种：放大、饱和和截止。当三极管处于放大状态时，可以对信号进行放大，当三极管处于饱和与截止状态时，可以当成电子开关使用。

① 放大状态的应用电路　在图 16-28（a）电路中，电阻 $R1$ 的阻值很大，流进三极管基极的电流 I_b 较小，从集电极流入的 I_c 电流也不是很大，I_b 电流变化时 I_c 也会随之变化，故三极管处于放大状态。

当闭合开关 S 后，有 I_b 电流通过 $R1$ 流入三极管 VT 的基极，马上有 I_c 电流流入 VT 的集电极，从 VT 的发射极流出 I_e 电流，三极管有正常大小的 I_b、I_c、I_e 流过，处于放大状态。这时如果将一个微弱的交流信号经 $C1$ 送到三极管的基极，三极管就会对它进行放大，然后从集电极输出幅度大的信号，该信号经 $C2$ 送往后级电路。

要注意的是，当交流信号从基极输入，经三极管放大后从集电极输出时，三极管除了对信号放大外，还会对信号进行倒相再从集电极输出。若交流信号从基极输入、从发射极输出时，三极管会对信号进行放大但不会将信号倒相，如图 16-28（b）所示。

(a) 基极输入集电极输出　　　　　　　　　　　(b) 基极输入发射极输出

图 16-28　三极管放大状态的应用电路

② 饱和与截止状态的应用电路　三极管饱和与截止状态的应用电路如图 16-29 所示。

(a) 饱和状态的应用　　　　　　　　　　　(b) 截止状态的应用

图 16-29　三极管饱和与截止状态的应用电路

在图 16-29（a）中，当闭合开关 S1 后，有 I_b 电流经 S1、R 流入三极管 VT 的基极，马上有 I_c 电流流入 VT 的集电极，然后从发射极输出 I_e 电流，由于 R 的阻值很小，故 VT 基极电压很高，I_b 电流很大，I_c 电流也很大，并且 $I_c<\beta I_b$，三极管处于饱和状态。三极管进入饱和状态后，从集电极流入、发射极流出的电流很大，三极管集射极之间就相当于一个闭合的开关。

在图 16-29（b）中，当开关 S1 断开后，三极管基极无电压，基极无 I_b 电流流入，集电极无 I_c 电流流入，发射极也就没有 I_e 电流流出，三极管处于截止状态。三极管进入截止状态后，集电极电流无法流入，发射极无电流流出，三极管集射极之间就相当于一个断开的开关。

三极管处于饱和与截止状态时，集射极之间分别相当于开关闭合与断开，由于三极管具有这种性质，故在电路中可以当作电子开关（依靠电压来控制通断）使用，当三极管基极加较高的电压时，集射极之间接通，当基极不加电压时，集射极之间断开。

（3）主要参数

① 电流放大倍数　三极管的电流放大倍数有直流电流放大倍数和交流电流放大倍数。三极管集电极电流 I_c 与基极电流 I_b 的比值称为三极管的直流电流放大倍数（用 $\bar{\beta}$ 或 h_{FE} 表示），即

$$\bar{\beta}=\frac{集电极电流 I_c}{基极电流 I_b}$$

三极管集电极电流变化量 ΔI_c 与基极电流变化量 ΔI_b 的比值称为交流电流放大倍数（用 β 或 h_{fe} 表示），即

$$\beta=\frac{集电极电流变化量 \Delta I_c}{基极电流变化量 \Delta I_b}$$

上面两个电流放大倍数的含义虽然不同，但两者近似相等，故在以后应用时一般不加区分。三极管的 β 值过小，电流放大作用小，β 值过大，三极管的稳定性会变差，在实际使用时，一般选用 β 在 40～80 的管子较为合适。

② 穿透电流 I_{ceo}　穿透电流又称集电极 - 发射极反向电流，它是指在基极开路时，给集电极与发射极之间加一定的电压，由集电极流往发射极的电流。穿透电流的大小受温度的影响较大，三极管的穿透电流越小，热稳定性越好，通常锗管的穿透电流较硅管的要大些。

③ 集电极最大允许电流 I_{cm}　当三极管的集电极电流 I_c 在一定的范围内变化时，其 β 值基本保持不变，但当 I_c 增大到某一值时，β 值会下降。使电流放大倍数 β 明显减小（约减小到 $2/3\beta$）的 I_c 电流称为集电极最大允许电流。三极管作放大使用时，I_c 电流不能超过 I_{cm}。

④ 击穿电压 $U_{BR(ceo)}$　击穿电压 $U_{BR(ceo)}$ 是指基极开路时，允许加在集 - 射极之间的最高电压。在使用时，若三极管集 - 射极之间的电压 $U_{ce}>U_{BR(ceo)}$，集电极电流 I_c 将急剧增大，这种现象称为击穿。击穿的三极管属于永久损坏，故选用三极管时要注意其反向击穿电压不能低于电路的电源电压，一般三极管的反向击穿电压应是电源电压的两倍。

⑤ 集电极最大允许功耗 P_{cm}　三极管在工作时，集电极电流流过集电结时会产生热量，从而使三极管温度升高。在规定的散热条件下，集电极电流 I_c 在流过三极管集电极时允许消耗的最大功率称为集电极最大允许功耗 P_{cm}。当三极管的实际功耗超过 P_{cm} 时，温度会上升很高而烧坏三极管。三极管散热良好时的 P_{cm} 较正常时要大。

集电极最大允许功耗 P_{cm} 可用下面式子计算：

$$P_{cm}=I_c U_{ce}$$

三极管的 I_c 电流过大或 U_{ce} 电压过高，都会导致功耗过大而超出 P_{cm}。三极管手册上列出的 P_{cm} 值是在常温 25℃时测得的。硅管的集电结上限温度为 150℃左右，锗管为 70℃左右，使用时应注意不要超过此值，否则管子将损坏。

⑥ 特征频率 f_T　在工作时，三极管的放大倍数 β 会随着信号的频率升高而减小。使三极管的放大倍数 β 下降到 1 的频率称为三极管的特征频率。当信号频率 f 等于 f_T 时，三极管对该信号将失去电流放大功能，信号频率大于 f_T 时，三极管将不能正常工作。

（4）常用三极管型号及参数

表 16-10 是一些常用的三极管型号及参数。

表 16-10　常用三极管型号及参数

型号	材料与极性	P_{cm}/W	I_{cm}/mA	BU_{ceo}/V	f_T/MHz	h_{fe}	主要用途
9011	硅 NPN	0.4	30	30	370	28～180	通用型，可作为高放
9012	硅 PNP	0.625	500	20	150	64～202	1W 输出，可作为功率放大
9013	硅 NPN		500	20			
9014			100	45	270	60～1000	低噪声放大通用型，低噪声放大
9015	硅 PNP	0.45	100	45	190	60～600	
9016	硅 NPN	0.4	25	20	620	28～198	低噪声，高频放大，振荡
9018			50	15	1100		
8050	硅 NPN	1	1.5A	25	190	85～300	高频功率放大
8055	硅 PNP		1.5A	25	200	60～300	

16.2.7　单向晶闸管

（1）外形与符号

单向晶闸管旧称单向可控硅（SCR），它有三个电极，分别是阳极（A）、阴极（K）和门极（G）。图 16-30（a）是一些常见的单向晶闸管的实物外形，图 16-30（b）为单向晶闸管的电路符号。

(a) 实物外形　　　　　(b) 电路符号　　　　　单向晶闸管的检测

图 16-30　单向晶闸管

晶闸管有以下性质：

· 无论 A、K 极之间加什么电压，只要 G、K 极之间没有加正向电压，晶闸管就无法导通。

· 只有 A、K 极之间加正向电压，并且 G、K 极之间也加一定的正向电压，晶闸管才能导通。

· 晶闸管导通后，撤掉 G、K 极之间的正向电压后晶闸管仍继续导通。要让导通的晶闸管截止，可采用两种方法：一是让流入晶闸管 A 极的电流减小到某一值 I_H（维持电流），晶闸管会截止；二是让 A、K 极之间的正向电压 U_{AK} 减小到 0 或为反向电压，也可以使晶闸管由导通转为截止。

（2）应用举例

图 16-31 是由单向晶闸管构成的单相可控整流电路。

单相交流电压 U_1 经变压器 T 降压后，在二次侧线圈 L2 上得到 U_2 电压，该电压送到晶闸管 VT 的 A 极，在晶闸管的 G 极加有 U_g 触发信号（由触发电路产生）。电路工作过程说明如下：

在 0～t_1 期间，U_2 电压的极性是上正下负，上正电压送到晶闸管的 A 极，由于无触发信号送到晶闸管的 G 极，晶闸管不导通。

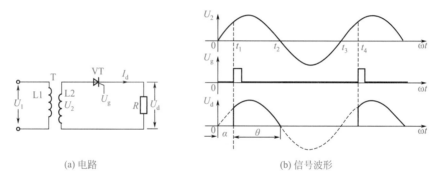

图 16-31　由单向晶闸管构成的单相可控整流电路

在 $t_1 \sim t_2$ 期间，U_2 电压的极性仍是上正下负，t_1 时刻有一个正触发脉冲送到晶闸管的 G 极，晶闸管导通，有电流经晶闸管流过负载 R。

在 t_2 时刻，U_2 电压为 0，晶闸管由导通转为截止（称作过零关断）。

在 $t_2 \sim t_3$ 期间，U_2 电压的极性变为上负下正，晶闸管仍处于截止。

在 $t_3 \sim t_4$ 时刻，U_2 电压的极性变为上正下负，因无触发信号送到晶闸管的 G 极，晶闸管不导通。

在 t_4 时刻，第二个正触发脉冲送到晶闸管的 G 极，晶闸管又导通。以后电路会重复 $0 \sim t_4$ 期间的工作过程，从而在负载 R 上得到如图 16-31（b）所示的直流电压 U_L。

从晶闸管单相半波整流电路工作过程可知，触发信号能控制晶闸管的导通，在 θ 角度范围内晶闸管是导通的，故 θ 称为导通角（$0° \leq \theta \leq 180°$ 或 $0 \leq \theta \leq \pi$），如图 16-31（b）所示，而在 α 角度范围内晶闸管是不导通的，$\alpha = \pi - \theta$，α 称为控制角。控制角 α 越大，导通角 θ 越小，晶闸管导通时间越短，在负载上得到的直流电压越低。控制角 α 的大小与触发信号出现时间有关。

单相半波可控整流电路输出电压的平均值 U_L 可用下面公式计算：

$$U_L = 0.45 U_2 \frac{(1+\cos \alpha)}{2}$$

16.2.8　绝缘栅型场效应管（MOS 管）

绝缘栅型场效应管（MOSFET）简称 MOS 管，绝缘栅型场效应管分为耗尽型和增强型，每种类型又分为 P 沟道和 N 沟道。

（1）外形与符号

增强型 MOS 管分为 N 沟道 MOS 管和 P 沟道 MOS 管，增强型 MOS 管外形与符号如图 16-32 所示。

N沟道增强型
MOS管的检测

图 16-32　增强型 MOS 管

（2）结构与工作原理

增强型 MOS 管有 N 沟道和 P 沟道之分，分别称作增强型 NMOS 管和增强型 PMOS 管，其结构与工作原理基本相似，在实际中增强型 NMOS 管更为常用。增强型 NMOS 场效应管需要加合适的电压才能工作。加有电压的增强型 NMOS 场效应管如图 16-33 所示，图 16-33（a）为结构图形式，图 16-33（b）为电路图形式。

图 16-33　加有电压的增强型 NMOS 场效应管

如图 16-33（a）所示，电源 E_1 通过 $R1$ 接场效应管的 D、S 极，电源 E_2 通过开关 S 接场效应管的 G、S 极。在开关 S 断开时，场效应管的 G 极无电压，D、S 极所接的两个 N 区之间没有导电沟道，所以两个 N 区之间不能导通，I_D 电流为 0；如果将开关 S 闭合，场效应管的 G 极获得正电压，与 G 极连接的铝电极有正电荷，它产生的电场穿过 SiO_2 层，将 P 衬底很多电子吸引靠近 SiO_2 层，从而在两个 N 区之间出现导电沟道，由于此时 D、S 极之间被加上正向电压，就有 I_D 电流从 D 极流入，再经导电沟道从 S 极流出。

如果改变 E2 电压的大小，也即是改变 G、S 极之间的电压 U_{GS}，与 G 极相通的铝层产生的电场大小就会变化，SiO_2 下面的电子数量就会变化，两个 N 区之间沟道宽度变化，流过的 I_D 电流大小变化。U_{GS} 电压越高，沟道就会越宽，I_D 电流就会越大。

由此可见，改变 G、S 极之间的电压 U_{GS}，D、S 极之间的内部沟道宽窄就会发生变化，从 D 极流向 S 极的 I_D 电流大小也就发生变化，并且 I_D 电流变化较 U_{GS} 电压变化大得多，这就是场效应管的放大原理（即电压控制电流变化原理）。为了表示场效应管的放大能力，引入一个参数——跨导 g_m，g_m 用下面公式计算：

$$g_m = \frac{\Delta I_D}{\Delta U_{GS}}$$

g_m 反映了栅源电压 U_{GS} 对漏极电流 I_D 的控制能力，g_m 是表述场效应管放大能力的一个重要的参数（相当于三极管的 β），g_m 的单位是西门子（S），也可以用 A/V 表示。

增强型绝缘栅场效应管具有以下特点：在 G、S 极之间未加电压（即 U_{GS}=0）时，D、S 极之间没有沟道，I_D=0；当 G、S 极之间加上合适电压（大于开启电压 U_T）时，D、S 极之间有沟道形成，U_{GS} 电压变化时，沟道宽窄会发生变化，I_D 电流也会变化。

对于 N 沟道增强型绝缘栅场效应管，G、S 极之间应加正电压（即 $U_G > U_S$，$U_{GS}=U_G-U_S$ 为正压），D、S 极之间才会形成沟道；对于 P 沟道增强型绝缘栅场效应管，G、S 极之间须加负电压（即 $U_G < U_S$，$U_{GS}=U_G-U_S$ 为负压），D、S 极之间才有沟道形成。

16.3 其他类型元器件

16.3.1 双色发光二极管

（1）外形与符号

双色发光二极管可以发出多种颜色的光线。双色发光二极管有两引脚和三引脚之分，常见的双色发光二极管实物外形如图 16-34（a）所示，图 16-34（b）为双色发光二极管的电路符号。

发光二极管的检测

(a) 实物外形

三个引脚形式　　　两个引脚形式

(b) 电路符号

图 16-34　双色发光二极管

（2）应用电路

双色发光二极管是将两种颜色的发光二极管制作封装在一起构成的，常见的有红绿双色发光二极管。双色发光二极管内部两个二极管的连接方式有两种：一是共阳或共阴形式（即正极或负极连接成公共端）；二是正负连接形式（即一只二极管正极与另一只二极管负极连接）。共阳或共阴式双色二极管有三个引脚，正负连接式双色二极管有两个引脚。下面以如图 16-35 所示的电路来说明双色发光二极管的工作原理。

(a) 三个引脚的双色发光二极管应用电路　　　(b) 两个引脚的双色发光二极管应用电路

图 16-35　双色发光二极管的应用电路

图 16-35（a）为三个引脚的双色发光二极管应用电路。当闭合开关 S1 时，有电流流过双色发光二极管内部的绿管，双色发光二极管发出绿色光；当闭合开关 S2 时，电流通过内部红管，双色发光二极管发出红光；若两个开关都闭合，红、绿管都亮，双色二极管发出混合色光——黄光。

图 16-35（b）为两个引脚的双色发光二极管应用电路。当闭合开关 S1 时，有电流流过红管，双色发光二极管发出红色光；当闭合开关 S2 时，电流通过内部绿管，双色发光二极

管发出绿光；当闭合开关 S3 时，由于交流电源极性周期性变化，它产生的电流交替流过红、绿管，红、绿管都亮，双色二极管发出的光线呈红、绿混合色——黄色。

16.3.2 红外线接收组件

（1）外形

红外线接收组件又称红外线接收头，广泛用在各种具有红外线遥控接收功能的电子产品中。图 16-36 列出了三种常见的红外线接收组件。

（2）内部电路结构及原理

红外线接收组件内部由红外接收二极管和接收集成电路组成，接收集成电路内部主要由放大、选频及解调电路组成，红外线接收组件内部电路结构如图 16-37 所示。接收头内的红外接收二极管将遥控器发射来的红外光转换成电信号，送入接收集成电路进行放大，然后经选频电路选出特定频率的信号（频率多数为 38kHz），再由解调电路从该信号中取出遥控指令信号，从 OUT 端输出去单片机。

VS838　　　　1838　　　　LF0038M

图 16-36　红外线接收组件

图 16-37　红外线接收组件内部电路结构

16.3.3 光电耦合器

（1）外形与符号

光电耦合器是将发光二极管和光敏管组合在一起并封装起来构成的。图 16-38（a）是一些常见的光电耦合器的实物外形，图 16-38（b）为光电耦合器的电路符号。

光电耦合器的检测

(a) 实物外形　　　　四引脚型　　　　六引脚型　　　　(b) 电路符号

图 16-38　光电耦合器

（2）应用电路

光电耦合器内部集成了发光二极管和光敏管。下面以如图 16-39 所示的电路来说明光电耦合器的工作原理。

图 16-39　光电耦合器的应用电路

在图 16-39 中，当闭合开关 S 时，电源 E1 经开关 S 和电位器 RP 为光电耦合器内部的发光管提供电压，有电流流过发光管，发光管发出光线，光线照射到内部的光敏管，光敏管导通，电源 E2 输出的电流经电阻 R、发光二极管 VD 流入光电耦合器的 C 极，然后从 E 极流出回到 E2 的负极，有电流流过发光二极管 VD，VD 发光。

调节电位器 RP 可以改变发光二极管 VD 的光线亮度。当 RP 滑动端右移时，其阻值变小，流入光电耦合器内发光管的电流大，发光管光线强，光敏管导通程度深，光敏管 C、E 极之间电阻变小，电源 E2 的回路总电阻变小，流经发光二极管 VD 的电流大，VD 变得更亮。

若断开开关 S，无电流流过光电耦合器内的发光管，发光管不亮，光敏管无光线照射不能导通，电源 E2 回路切断，发光二极管 VD 无电流通过而熄灭。

16.3.4　光遮断器

光遮断器又称光断续器、穿透型光电感应器，它与光电耦合器一样，都是由发光管和光敏管组成的，但光遮断器的发光管和光敏管并没有封装成一体，而是相互独立。

（1）外形与符号

光遮断器实物外形与电路符号如图 16-40 所示。

对射型　　　　　贴片对射型　　　　反射型

(a) 实物外形　　　　　　　　　　　　　　(b) 电路符号

图 16-40　光遮断器

（2）应用电路

光遮断器可分为对射型和反射型，下面以如图 16-41 所示电路为例来说明这两种光遮断器的工作原理。

(a) 对射型　　　　　　　　　　　　　　　(b) 反射型

图 16-41　光遮断器工作原理

图 16-41（a）为对射型光遮断器的结构及应用电路。当电源通过 $R1$ 为发光二极管供电时，发光二极管发光，其光线通过小孔照射到光敏管，光敏管受光导通，输出电压 U_o 为低电平，如果用一个遮光体放在发光管和光敏管之间，发光管的光线无法照射到光敏管，光敏管截止，输出电压 U_o 为高电平。

图 16-41（b）为反射型光遮断器的结构及应用电路。当电源通过 R_1 为发光二极管供电时，发光二极管发光，其光线先照射到反光体上，再反射到光敏管，光敏管受光导通，输出电压 U_o 为高电平，如果无反光体存在，发光管的光线无法反射到光敏管，光敏管截止，输出电压 U_o 为低电平。

16.3.5　耳机

（1）外形与图形符号

耳机与扬声器一样，是一种电－声转换器件，其功能是将电信号转换成声音。耳机的实物外形和图形符号如图 16-42 所示。

(a) 实物外形　　　　(b) 图形符号　　　　耳机的检测

图 16-42　耳机

（2）双声道耳机的内部接线

图 16-43 是双声道耳机的接线示意图，从图中可以看出，耳机插头有 L、R、公共三个导电节，由两个绝缘环隔开，三个导电节内部接出三根导线，一根导线引出后一分为二，三根导线变为四根后两两与左、右声道耳机线圈连接。

图 16-43　双声道耳机的接线示意图

（3）手机线控耳麦的内部电路及接线

线控耳麦由耳机、话筒和控制按键组成。图 16-44 是一种常见的手机线控耳麦，其外形如图 16-44（a）所示，该耳麦由左右声道耳机、话筒、控制按键和四节插头组成，其内部电路及接线如图 16-44（b）所示。当按下话筒键时，话筒被短接，耳麦插头的话筒端与公共端（接地端）之间短路，通过手机耳麦插孔给手机接入一个零电阻，控制手机接听电话或挂断电话；当按下音量＋键时，话筒端与公共端之间接入一个 200Ω 左右的电阻（不同的耳麦电阻大小略有不同），该电阻通过耳麦插头接入手机，控制手机增大音量；当按下音量－键时，

(a) 实物外形

(b) 内部电路及接线

图16-44　一种常见的手机线控耳麦

话筒端与公共端之间接入一个300～400Ω的电阻，该电阻通过耳麦插头接入手机，控制手机减小音量。

16.3.6　蜂鸣器

蜂鸣器是一种一体化结构的电子讯响器，广泛应用于空调器、计算机、打印机、复印机、报警器、电子玩具、汽车电子设备、电话机、定时器等电子产品中，作发声器件。

（1）外形与符号

蜂鸣器实物外形和符号如图16-45所示，蜂鸣器在电路中用字母"H"或"HA"表示。蜂鸣器种类很多，根据发声材料不同，可分为压电式蜂鸣器和电磁式蜂鸣器，根据是否含有音源电路，可分为无源蜂鸣器和有源蜂鸣器。

有源蜂鸣器的
检测

(a) 实物外形

通用蜂鸣器

压电式蜂鸣器

(b) 符号

图16-45　蜂鸣器

（2）种类及结构原理

① 压电式蜂鸣器 有源压电式蜂鸣器主要由音源电路（多谐振荡器）、压电蜂鸣片、阻抗匹配器及共鸣腔、外壳等组成。有的压电式蜂鸣器外壳上还装有发光二极管。多谐振荡器由晶体管或集成电路构成，如果需要提供直流电源（约 1.5～15V），音源电路则会产生 1.5～2.5kHz 的音频信号，经阻抗匹配器推动压电蜂鸣片发声。压电蜂鸣片由锆钛酸铅或铌镁酸铅压电陶瓷材料制成，在陶瓷片的两面镀上银电极，经极化和老化处理后，再与黄铜片或不锈钢片粘在一起。无源压电蜂鸣器内部不含音源电路，需要外部提供音频信号才能使之发声。

② 电磁式蜂鸣器 有源电磁式蜂鸣器由音源电路、电磁线圈、磁铁、振动膜片及外壳等组成。接通电源后，音源电路产生的音频信号电流通过电磁线圈，使电磁线圈产生磁场。振动膜片在电磁线圈和磁铁的相互作用下，周期性地振动发声。无源电磁式蜂鸣器的内部无音源电路，需要外部提供音频信号才能使之发声。

（3）类型判别

蜂鸣器的类型可以从以下几个方面进行判别：

• 从外观上看，有源蜂鸣器引脚有正、负极性之分（引脚旁会标注极性或用不同颜色引线），无源蜂鸣器引脚则无极性，这是因为有源蜂鸣器内部音源电路的供电有极性要求。

• 给蜂鸣器两引脚加合适的电压（3～24V），能连续发音的为有源蜂鸣器，仅接通断开电源时发出"咔咔"声为无源电磁式蜂鸣器，不发声的为无源压电式蜂鸣器。

• 用万用表合适的欧姆挡测量蜂鸣器两引脚间的正反电阻，正反向电阻相同且很小（一般 8Ω 或 16Ω 左右，用 R×1Ω 挡测量）的为无源电磁式蜂鸣器，正反向电阻均为无穷大（用 R×10kΩ 挡）的为无源压电式蜂鸣器，正反向电阻在几百欧以上且测量时可能会发出连续音的为有源蜂鸣器。

（4）应用电路

图 16-46 是两种常见的蜂鸣器电路。图 16-46（a）电路采用了有源蜂鸣器，蜂鸣器内部含有音源电路，在工作时，单片机会从 15 脚输出高电平，三极管 VT 饱和导通，三极管饱和导通后 U_{ce} 约为 0.1～0.3V，即蜂鸣器两端加有 5V 电压，其内部的音源电路工作，产生音频信号推动内部发声器件发声；不工作时，单片机 15 脚输出低电平，VT 截止，VT 的 U_{ce}=5V，蜂鸣器两端电压为 0V，蜂鸣器停止发声。

图 16-46（b）电路采用了无源蜂鸣器，蜂鸣器内部无音源电路，在工作时，单片机会从

(a) 有源蜂鸣器　　　　　　　　　(b) 无源蜂鸣器

图 16-46 蜂鸣器的应用电路

20 脚输出音频信号（一般为 2kHz 矩形信号），经三极管 VT3 放大后从集电极输出，音频信号送给蜂鸣器，推动蜂鸣器发声；不工作时，单片机 20 脚停止输出音频信号，蜂鸣器停止发声。

16.3.7 石英晶体谐振器（晶振）

（1）外形与结构

在石英晶体上按一定方向切下薄片，将薄片两端抛光并涂上导电的银层，再从银层上连出两个电极并封装起来，这样就构成了石英晶体谐振器，简称晶振。石英晶体谐振器的外形、结构和电路符号如图 16-47 所示。

(a) 外形   (b) 结构   (c) 电路符号

图 16-47　石英晶体谐振器

（2）单片机的时钟振荡电路

单片机是一种大规模集成电路，内部有各种各样的数字电路，为了让这些电路按节拍工作，需要为这些电路提供时钟信号。图 16-48 是典型的单片机时钟电路，单片机 XTAL1、XTAL2 引脚外接频率为 12MHz 的晶振 X 和两个电容 $C1$ 与 $C2$，与内部的放大器构成时钟振荡电路，产生 12MHz 时钟信号供给内部电路使用。时钟信号的频率主要由晶振的频率决定，改变 $C1$、$C2$ 的容量可以对时钟信号频率进行微调。

图 16-48　典型的单片机时钟电路

对于像单片机这样需要时钟信号的数字电路，如果时钟电路损坏不能产生时钟信号，整个电路不能工作。另外，时钟信号频率越高，数字电路工作速度越快，但相应功耗会增大，容易发热。

图 16-49　有源晶体振荡器外形

（3）有源晶体振荡器

有源晶体振荡器是将晶振和有关元件集成在一起，再封装起来构成的元器件，当给有源晶体振荡器提供电源时，内部的晶体振荡器工作，会输出某一频率的信号。有源晶体振荡器外形如图 16-49 所示。

有源晶体振荡器通常有 4 个引脚，其中一个引脚为空脚（NC），其他三个引脚分别为电源（VCC）、接地（GND）和输出（OUT）引脚。有源晶体振荡器元件的典型外部接线电路如图 16-50 所示，L1、C1、C2 构成电源滤波电路，用于滤除电源中的波动成分，使提供给晶体振荡器电源引脚的电压稳定波动小，晶体振荡器元件的 VCC 引脚获得供电后，内部晶体振荡器开始工作，从 OUT 端输出某频率的信号（晶体振荡器元件外壳会标注频率值）。NC 引脚为空脚，可以接电源、接地或者悬空。

（4）晶振的开路检测和在路检测

① 开路检测晶振　开路检测晶振是指从电路中拆下晶振进行检测。用数字万用表开路检测晶振如图 16-51 所示，挡位开关选择 20MΩ 挡（最高电阻挡），红、黑表笔接晶振的两个引脚，正常均显示溢出符号 OL，如果显示一定的电阻值，则为晶振漏电或短路。

如果使用指针万用表检测晶振，挡位开关选择 R×10kΩ 挡，晶振正常时测得的正反向电阻值均为无穷大。

图 16-50　有源晶体振荡器元件的典型外部接线电路

图 16-51　开路检测晶振

② 在路通电检测晶振　在路通电检测晶振是指给晶振电路通电使之工作，再检测晶振引脚电压来判别晶振电路是否工作。对于大多数使用了晶振的电路，晶振电路正常工作时，晶振两个引脚的电压接近相等（相差零点几伏），约为电源电压的一半，如果两引脚电压相差很大或相等，则晶振电路工作不正常。

16.3.8　电磁继电器

电磁继电器是一种利用线圈通电产生磁场来吸合衔铁而带动触点开关通、断的元器件。

（1）外形与图形符号

电磁继电器实物外形和图形符号如图 16-52 所示。

(a) 实物外形　　　　　　　　　　(b) 图形符号　　　　　　　　　　电磁继电器的检测

图 16-52　电磁继电器

（2）应用电路

电磁继电器典型应用电路如图 16-53 所示。当开关 S 断开时，继电器线圈无电流流过，

图 16-53　电磁继电器典型应用电路

线圈没有磁场产生，继电器的常开触点断开，常闭触点闭合，灯泡 HL1 不亮，灯泡 HL2 亮。当开关 S 闭合时，继电器的线圈有电流流过，线圈产生磁场吸合内部衔铁，使常开触点闭合、常闭触点断开，结果灯泡 HL1 亮，灯泡 HL2 熄灭。

（3）主要参数

① 额定工作电压　额定工作电压是指继电器正常工作时线圈所需要的电压。根据继电器的型号不同，继电器额定工作电压可以是交流电压，也可以是直流电压。继电器线圈所加的工作电压，一般不要超过额定工作电压的 1.5 倍。

② 吸合电流　吸合电流是指继电器能够产生吸合动作的最小电流。在正常使用时，通过线圈的电流必须略大于吸合电流，这样继电器才能稳定地工作。

③ 直流电阻　直流电阻是指继电器中线圈的直流电阻。直流电阻的大小可以用万用表来测量。

④ 释放电流　释放电流是指继电器产生释放动作的最大电流。当继电器线圈的电流减小到释放电流值时，继电器就会恢复到释放状态。释放电流远小于吸合电流。

⑤ 触点电压和电流　触点电压和电流又称触点负荷，是指继电器触点允许承受的电压和电流。在使用时，不能超过此值，否则继电器的触点容易损坏。

16.3.9　干簧管

（1）外形与符号

干簧管是一种利用磁场直接磁化触点而让触点开关产生接通或断开动作的器件。如图 16-54（a）所示是一些常见干簧管的实物外形，如图 16-54（b）所示为干簧管的图形符号。

干簧管的检测

(a) 实物外形　　　　　　　　(b) 图形符号

图 16-54　干簧管

（2）工作原理

干簧管的工作原理如图 16-55 所示。当干簧管未加磁场时，内部两个簧片不带磁性，处于断开状态。若将磁铁靠近干簧管，内部两个簧片被磁化而带上磁性，一个簧片磁性为 N，另一个簧片磁性为 S，两个簧片磁性相异产生吸引，从而使两簧片的触点接触。

16.3.10　自恢复熔断器

自恢复熔断器是一种可恢复型熔断器，它采用高分子有机聚合物在高压、高温、硫化反应的条件下，掺加导电粒子材料后，经过特殊的工艺加工而成。自恢复熔断器的外形如图 16-56 所示。

（1）工作原理

自恢复熔断器是在经特殊处理的高分子聚合树脂中掺加导电粒子材料后制成的。在正常情况下，聚合树脂与导电粒子紧密结构在一起，此时的自恢复熔断器呈低阻状态，如果流过

图 16-55　干簧管的工作原理

图 16-56　自恢复熔断器的外形

的电流在允许范围内，其产生的热量较小，不会改变导电树脂结构。当电路发生短路或过载时，流经自恢复熔断器的电流很大，其产生的热量使聚合树脂融化，体积迅速增大，自恢复熔断器呈高阻状态，工作电流迅速减小，从而对电路进行过流保护。当故障排除，聚合树脂重新冷却缩小，导电粒子重新紧密接触而形成导电通路，自恢复熔断器重新恢复为低阻状态，从而完成对电路的保护，由于具有自恢复功能，不需要人工更换。

自恢复熔断器是否动作与本身热量有关，如果电流使本身产生的热量大于其向外界散发的热量，其温度会不断升高，内部聚合树脂体积增大而使熔断器阻值变大，流过的电流减小，该电流用于维持聚合树脂的温度，让熔断器保持高阻状态。当故障排除后或切断电源后，通过自恢复熔断器的电流减小到维持电流以下，其内部聚合物温度下降而恢复为低阻状态。一般来说，体积大、散热条件好的自恢复熔断器动作电流更大些。

（2）主要参数

自恢复熔断器的主要参数有：

① I_h——最大工作电流（额定电流、维持电流）　元件在 25℃ 环境温度下保持不动作的最大工作电流。

② I_t——最小动作电流　元件在 25℃ 环境温度下启动保护的最小电流。I_t 约为 I_h 的 1.7～3 倍，一般为 2。

③ I_{max}——最大过载电流　元件能承受的最大电流。

④ Pd_{max}——最大允许功耗　元件在工作状态下的允许消耗最大功率。

⑤ U_{max}——最大工作电压（耐压、额定电压）　元件的最大工作电压。

⑥ U_{maxi}——最大过载电压　元件在阻断状态下所承受的最大电压。

⑦ R_{min}——最小阻值　元件在工作前的初始最小阻值。

⑧ R_{max}——最大阻值　元件在工作前的初始最大阻值，自恢复熔断器的初始阻值应在 R_{min}～R_{max} 之间。

16.3.11　瞬态电压抑制二极管

（1）外形与图形符号

瞬态电压抑制二极管又称瞬态抑制二极管，简称 TVS，是一种二极管形式的高效能保护器件，当它两极间的电压超过一定值时，能以极快的速度导

瞬态电压抑制二极管的检测

通，吸收高达几百到几千瓦的浪涌功率，将两极间的电压固定在一个预定值上，从而有效地保护电子线路中的精密元器件。常见的瞬态电压抑制二极管实物外形如图 16-57（a）所示。瞬态电压抑制二极管有单向型和双向型之分，其图形符号如图 16-57（b）所示。

（a）实物外形　　　（b）图形符号

图 16-57　瞬态电压抑制二极管

（2）单向和双向瞬态电压抑制二极管的应用电路

单向瞬态电压抑制二极管用来抑制单向瞬间高压，如图 16-58（a）所示，当大幅度正脉冲的尖峰来时，单向 TVS 反向导通，正脉冲被钳在固定值上，在大幅度负脉冲来时，若 A 点电压低于 -0.7V，单向 TVS 正向导通，B 点电压被钳在 -0.7V。

双向瞬态电压抑制二极管可抑制双向瞬间高压，如图 16-58（b）所示，当大幅度正脉冲的尖峰来时，双向 TVS 导通，正脉冲被钳在固定值上，当大幅度负脉冲的尖峰来时，双向 TVS 导通，负脉冲被钳在固定值上。在实际电路中，双向瞬态电压抑制二极管更为常用，如无特别说明，瞬态电压抑制二极管均是指双向。

（a）单向瞬态电压抑制二极管　　　　　　（b）双向瞬态电压抑制二极管

图 16-58　两种类型瞬态电压抑制二极管的应用电路

（3）选用

在选用瞬态电压抑制二极管时，主要考虑极性、反向击穿电压和峰值功率，在峰值功率一定的情况下，反向击穿电压越高，允许的峰值电流越小。

从型号了解瞬态电压抑制二极管的主要参数，举例如下：

① 型号 P6SMB6.8A　P6——峰值功率为 600W，6.8——反向击穿电压为 6.8V，A——单向；

② 型号 P6SMB18CA　P6——峰值功率为 600W，18——反向击穿电压为 18V，CA——双向；

③ 型号 1.5KE10A　1.5K——峰值功率为 1.5kW，10——反向击穿电压为 10V，A——单向；

④ 型号 P6KE33CA　P6——峰值功率为 600W，33——反向击穿电压为 33V，CA——双向。

16.4　贴片元器件

16.4.1　贴片封装规格

SMT 元器件封装规格是指外形尺寸规格，有英制和公制两种单位，英制单位为 inch（英寸），公制单位为 mm（毫米），1inch=25.4mm，公制规格容易看出 SMT 元器件长、宽尺寸，但实际用英制规格更为常见。SMT 元器件常见的封装规格如图 16-59 所示。

16.4.2　手工焊接方法

SMT 元器件通常都是用机器焊接的，少量焊接时可使用手工焊接。SMT 元器件手工焊接方法如图 16-60 所示。

英制 /inch	公制 /mm	长(L) /mm	宽(W) /mm	高(H) /mm	a /mm	b /mm
0201	0603	0.60±0.05	0.30±0.05	0.23±0.05	0.10±0.05	0.15±0.05
0402	1005	1.00±0.10	0.50±0.10	0.30±0.10	0.20±0.10	0.25±0.10
0603	1608	1.60±0.15	0.80±0.15	0.40±0.10	0.30±0.20	0.30±0.20
0805	2012	2.00±0.20	1.25±0.15	0.50±0.10	0.40±0.20	0.40±0.20
1206	3216	3.20±0.20	1.60±0.15	0.55±0.10	0.50±0.20	0.50±0.20
1210	3225	3.20±0.20	2.50±0.20	0.55±0.10	0.50±0.20	0.50±0.20
1812	4832	4.50±0.20	3.20±0.20	0.55±0.10	0.50±0.20	0.50±0.20
2010	5025	5.00±0.20	2.50±0.20	0.55±0.10	0.60±0.20	0.60±0.20
2512	6432	6.40±0.20	3.20±0.20	0.55±0.10	0.60±0.20	0.60±0.20

图 16-59　SMT 元器件常见的封装规格

(a) 电路板上的 SMT 元器件焊盘

(b) 在一个焊盘上用烙铁熔化焊锡（之后烙铁不要拿开）

(c) 将元件一个引脚放在有熔化焊锡的焊盘上

(d) 移动烙铁使焊锡在元件的引脚上分布均匀

(e) 将元件另一个引脚焊接在另一个焊盘上

(f)SMT 元器件焊接完成

图 16-60　SMT 元器件手工焊接方法

16.4.3 贴片电阻器

（1）阻值标注形式

贴片电阻器阻值表示有色环标注法，也有数字标注法。色环标注的贴片电阻，其阻值识读方法同普通的电阻器。数字标注的贴片电阻器有三位和四位之分，对于三位数字标注的贴片电阻器，前两位表示有效数字，第三位表示 0 的个数；对于四位数字标注的贴片电阻器，前三位表示有效数字，第四位表示 0 的个数。

贴片电阻器的常见标注形式如图 16-61 所示。在生产电子产品时，贴片元件一般采用贴片机安装，为了便于机器高效安装，贴片元件通常装载在连续条带的凹坑内，凹坑由塑料带盖住并卷成盘状，图 16-62 是一盘贴片元件（几千个）。卷成盘状的贴片电阻器通常会在盘体标签上标明元件型号和有关参数。

图 16-61　贴片电阻器的常见标注形式　　　图 16-62　盘状包装的贴片电阻器

（2）尺寸与功率

贴片电阻器体积小，故功率不大，一般体积越大，功率就越大。表 16-11 列出常用规格的矩形贴片电阻器外形尺寸与功率的关系。

表 16-11　矩形贴片电阻器外形尺寸与功率的关系

尺寸代码		外形尺寸 /mm		额定功率 /W
公制	英制	长（L）	宽（W）	
0603	0201	0.6	0.3	1/20
1005	0402	1.0	0.5	1/16 或 1/20
1608	0603	1.6	0.8	1/10
2012	0805	2.0	1.25	1/8 或 1/10
3216	1206	3.2	1.6	1/4 或 1/6
3225	1210	3.2	2.5	1/4
5025	2010	5.0	2.5	1/2
6432	2512	6.4	3.2	1

（3）标注含义

贴片电阻器各项标注的含义见表 16-12。

16.4.4 贴片电位器

贴片电位器是一种阻值可以调节的元件，体积小巧，贴片电位器的功率一般在 0.1～0.25W，其阻值标注方法与贴片电阻器相同。图 16-63 列出了一些贴片电位器。

表 16-12 贴片电阻器各项标注的含义

产品代号		型号		电阻温度系数		阻 值		电阻值误差		包装方法	
代号		代号	型号	代号	温度系数/($10^{-6}\Omega$/℃)	表示方式	阻值	代号	误差值	代号	包装方式
RC	片状电阻器	02	0402	K	≤ ±100	E-24	前两位表示有效数字第三位表示零的个数	F	±1%	T	编带包装
		03	0603	L	≤ ±250			G	±2%		
		05	0805	U	≤ ±400	E-96	前三位表示有效数字第四位表示零的个数	J	±5%	B	塑料盒散包装
		06	1206	M	≤ ±500			0	跨接电阻		
示例	RC	05		K			103	J			
备注	小数点用 R 表示 例如 E-24：1R0=1.0Ω 103=10kΩ R047=0.047Ω E-96：1003=100kΩ；跨接电阻采用 "000" 表示										

图 16-63 贴片电位器

16.4.5 贴片熔断器

贴片熔断器又称贴片保险丝，是一种在电路中用作过流保护的电阻器，其阻值一般很小，当流过的电流超过一定值时，会熔断开路。贴片熔断器可分为快熔断型、慢熔断型（延时型）和可恢复型（PTC 正温度系数热敏电阻）。图 16-64 列出了一些贴片熔断器。

16.4.6 贴片电容器

（1）外形

贴片电容器可分为无极性电容器和有极性电容器（电解电容器）。图 16-65 是一些常见的贴片电容器。

图 16-64 贴片熔断器　　　　　　图 16-65 贴片电容器

（2）容量标注方法

贴片电容器的体积较小，故有很多电容器不标注容量，对于这类电容器，可用电容表测量，或者查看包装上的标签来识别容量。

① 直标法 直标法是指将电容器的容量直接标出来的标注方法。体积较大的贴片有极性电容器一般采用这种方法，如图 16-66 所示。

容量为100μF，耐压为4V　　容量为47μF，耐压为6V
铝电解电容器　　　　　　　钽电解电容器

图 16-66 用直标法标注容量

② 数字标注法　数字标注法是用三位数字来表示电容器容量的方法，该表示方法与贴片电阻器相同，前两位表示有效数字，第三位表示 0 的个数，如 820 表示 82pF，272 表示 2700pF。用数字标注法表示的容量单位为 pF。标注字符中的"R"表示小数点，如 1R0 表示 1.0pF，0R5 或 R50 均表示 0.5pF。

16.4.7　贴片电感器

（1）外形

贴片电感器功能与普通电感器相同，图 16-67 是一些常见的贴片电感器。

（2）电感量的标注方法

贴片电感器的电感量标注方法与贴片电阻器基本相同，前两位表示有效数字，第三位表示 0 的个数，如果含有字母 N 或 R，字母均表示小数点，含字母 N 的单位为 nH，含字母 R 的单位为 μH。常见贴片电感器标注形式如图 16-68 所示。

图 16-67　贴片电感器

1N5	12N	R12	1R5
1.5nH	12nH	0.12μH	1.5μH
100	101	5R6	2.2μH
10μH	100μH	5.6μH	2.2μH

图 16-68　常见贴片电感器标注形式

16.4.8　贴片二极管

（1）结构

贴片二极管有单管和对管之分，单管式贴片二极管内部只有一个二极管，而对管式贴片二极管内部有两个二极管。单管式贴片二极管一般有两个端极，标有白色横条的为负极，另一端为正极，也有些单管式贴片二极管有三个端极，其中一个端极为空，其内部结构如图 16-69 所示。

对管式贴片二极管根据内部两个二极管的连接方式不同，可分为共阳极对管（两个二极管正极共用）、共阴极对管（两个二极管负极共用）和串联对管，如图 16-70 所示。

图 16-69　贴片二极管的内部结构

图 16-70　对管式贴片二极管的内部结构

（2）贴片整流二极管和整流桥堆

整流二极管的作用是将交流电转换成直流电。普通的整流二极管（如 1N4001、1N4007等）只能对 3kHz 以下的交流电（如 50Hz、220V 的市电）进行整流，对 3kHz 以上的交流电整流要用快恢复二极管或肖特基二极管。

① 外形　桥式整流电路是最常用的整流电路，它需要用到 4 只整流二极管，为了简化安装过程，通常将 4 只整流二极管连接成桥式整流电路并封装成一个元器件，称之为整流桥堆。贴片整流二极管和贴片整流桥堆如图 16-71 所示。

图 16-71 贴片整流二极管和贴片整流桥堆

② 常用型号代码与参数 由于贴片二极管体积小，不能标注过多的字符，因此常用一些简单的代码表示型号。表 16-13 是一些常用贴片整流二极管型号代码及主要参数，例如贴片二极管上标注代码"D7"，表示该二极管的型号为 SOD4007，相当于插脚整流二极管 1N4007。

表 16-13 常用贴片整流二极管型号代码及主要参数

代码	对应型号	主要参数	代码	对应型号	主要参数
24	RR264M-400	400V、0.7A	M2	4002	100V、1A
91	RR255M-400	400V、0.7A	M3	4003	200V、1A
D1	SOD4001	50V、1A	M4	4004	400V、1A
D2	SOD4002	100V、1A	M5	4005	600V、1A
D3	SOD4003	200V、1A	M6	4006	800V、1A
D4	SOD4004	400V、1A	M7	4007	1000V、1A
D5	SOD4005	600V、1A	TE25	1SR154-400	400V、1A
D6	SOD4006	800V、1A		1SR154-600	400V、1A
D7	SOD4007	1000V、1A	TR	RR274EA-400	400V、1A
M1	4001	50V、1A			

16.4.9 贴片三极管

（1）引脚极性规律与内部结构

贴片三极管有 C、B、E 三个端极，对于如图 16-72（a）所示单列贴片三极管，正面朝上，粘贴面朝下，从左到右依次为 B、C、E 极。对于如图 16-72（b）所示双列贴片三极管，正面朝上，粘贴面朝下，单端极为 C 极，双端极左为 B 极，右为 E 极。

与普通三极管一样，贴片三极管也有 NPN 型和 PNP 型之分，这两种类型的贴片三极管内部结构如图 16-73 所示。

(a) 单列贴片三极管 (b) 双列贴片三极管	(a) NPN型 (b) PNP型
图 16-72 贴片三极管引脚极性规律	图 16-73 贴片三极管内部结构

（2）标注代码与对应型号

贴片三极管的型号一般是通过在表面标注代码来表示的。常用贴片三极管标注代码与对应的型号见表 16-14。

表 16-14　常用贴片三极管标注代码与对应的型号

标注代码	对应型号	标注代码	对应型号	标注代码	对应型号
1T	S9011	2A	2N3906	6A	BC817-16
2T	S9012	1D	BTA42	6B	BC817-25
J3	S9013	2D	BTA92	1A	BC846A
J6	S9014	2L	2N5401	1B	BC846B
M6	S9015	G1	2N5551	1E	BC847A
Y6	S9016	702	2N7002	1F	BC847B
J8	S9018	V1	2N2111	1G	BC847C
J3Y	S8050	V2	2N2112	1J	BC848A
2TY	S8550	V3	2N2113	1K	BC848B
Y1	C8050	V4	2N2211	1L	BC848C
Y2	C8550	V5	2N2212	3A	BC856A
HF	2SC1815	V6	2N2213	3B	BC856B
BA	2SA1015	R23	2SC3359	3E	BC857A
CR	2SC945	AD	2SC3838	3F	BC857B
CS	2SA733	5A	BC807-16	3J	BC858A
1P	2N2222	5B	BC807-25	3K	BC858B
1AM	2N3904	5C	BC807-40	3L	BC858C

16.5　集成电路

将许多电阻、二极管和三极管等元器件以电路的形式制作在半导体硅片上，然后接出引脚并封装起来，就构成了集成电路。集成电路简称为集成块，又称 IC 芯片。

16.5.1　集成电路的引脚识别

集成电路的引脚很多，少则几个，多则几百个，各个引脚功能又不一样，所以在使用时一定要对号入座，否则集成电路不工作甚至会烧坏。因此一定要知道集成电路引脚的识别方法。

不管什么集成电路，它们都有一个标记指出第一脚，常见的标记有小圆点、小突起、缺口、缺角，找到该脚后，逆时针依次为 2、3、4……如图 16-74（a）所示。对于单列或双列引脚的集成电路，若表面标有文字，识别引脚时正对标注文字，文字左下角为第 1 引脚，然后逆时针依次为 2、3、4……如图 16-74（b）所示。

16.5.2　三端固定输出稳压器（78XX/79XX）

三端固定输出稳压器是指输出电压固定不变的具有 3 个引脚的集成稳压芯片。78XX/79XX 系列稳压器是最常用的三端固定输出稳压器，其中 78XX 系列输出固定正电压，79XX 系列输出固定负电压。

（1）外形与引脚排列规律

常见的三端固定输出稳压器外形如图 16-75 所示，它有输入、输出和接地共三个引脚，引脚排列规律如图 16-76 所示。

逆时针方向

标注文字

标注文字正对识读者，左下角为第1引脚

图 16-74　集成电路引脚识别

图 16-75　常见的三端固定输出稳压器

图 16-76　78XX/79XX 系列三端固定输出稳压器的引脚排列规律

（2）型号含义

78（79）XX 系列稳压器型号含义如下：

用数字表示输出电压值（如05表示5V，18表示18V）

最大输出电流值
L—0.1A；M—0.5A；无字母—1.5A；S—2A；H—5A；P—10A

78：输出固定正电压

79：输出固定负电压

（3）应用电路

三端固定输出稳压器典型应用电路如图 16-77 所示。

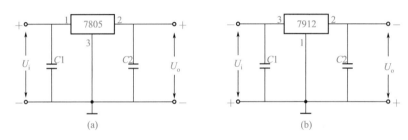

图 16-77   三端固定输出稳压器典型应用电路

图 16-77（a）为 7805 型固定输出稳压器的应用电路。稳压器的 1 脚为电压输入端，2 脚为电压输出端，3 脚为接地端。输入电压 U_i（电压极性为上正下负）送到稳压器的 1 脚，经内部电路稳压后从 2 脚输出 +5V 的电压，在电容 C2 上得到的输出电压 U_o=+5V。

图 16-77（b）为 7912 型固定输出稳压器的应用电路。稳压器的 3 脚为电压输入端，2 脚为电压输出端，1 脚为接地端。输入电压 U_i（电压极性为上负下正）送到稳压器的 3 脚，经内部电路稳压后从 2 脚输出 –12V 的电压，在电容 C2 上得到的输出电压 U_o=–12V。

为了让三端固定输出稳压器能正常工作，要求其输入输出的电压差在 2V 以上，例如对于 7805 要输出 5V 电压，输入端电压不能低于 7V。

（4）通电检测

通电测量是指给三端固定输出稳压器的输入端加上适当的电压，然后测量输出端电压来判断稳压器是否正常。用通电测量法检测三端固定输出稳压器（7805）如图 16-78 所示，如果输出电压正常（5V），表明稳压器正常，如果输出电压偏离正常值过大，则稳压器损坏。

图 16-78   用通电测量法检测三端固定输出稳压器（7805）

16.5.3   三端精密稳压器（TL431）

TL431 是一个有良好热稳定性能的三端精密稳压器，其输出电压用两个电阻就可以任意地设置为从 2.5～36V 范围内的任何值。该器件的典型动态阻抗为 0.2Ω，在很多应用中可以用它代替稳压二极管，例如数字电压表、运放电路、可调压电源和开关电源等。

（1）封装形式（外形）与引脚排列规律

TL431 常见的封装形式与引脚排列规律如图 16-79 所示。

图 16-79　TL431 常见的封装形式及引脚排列规律

（2）应用电路形式

TL431 在电路中主要有两种应用形式，如图 16-80 所示。在图 16-80（a）电路中，将 R 极与 K 极直接连接，当输入电压 U_i 在 2.5V 以上变化时，其输出电压 U_o 稳定为 2.5V；在图 16-80（b）电路中，将 R 极接在分压电阻 $R2$、$R3$ 之间，当输入电压 U_i 在 2.5V 以上变化时，其输出电压 U_o 稳定为 2.5（1+$R2/R3$）V。

图 16-80　TL431 在电路中的两种应用形式

16.5.4　双运算放大器（LM358）

LM358 内部有两个独立、带频率补偿的高增益运算放大器，可使用电源电压范围很宽的单电源供电，也可使用双电源，在一定的工作条件下，工作电流与电源电压无关。LM358 可用作传感放大器、直流放大器和其他可用单电源供电的使用运算放大器的场合。

（1）内部结构、引脚功能和特性

LM358 内部结构、引脚功能和特性如图 16-81 所示。

（2）应用电路

图 16-82 是一个采用 LM358 作为放大器的高增益话筒信号放大电路。9V 电源经 $R2$、$R3$ 分压得到 4.5V（$1/2V_{CC}$）电压提供给两个运算放大器的同相输入端，第一级运算放大器的放大倍数 $A_1=R5/R4=110$，第二级运算放大器的放大倍数 $A_2=R7/R6=500$，两级放大电路的总放大倍数 $A=A_1A_2=55000$。9V 电源经 $R1$ 为话筒提供电源，话筒工作后将声音转换成电信号（音频信号），通过 $C1$、$R4$ 送到第一个运算放大器反相输入端，放大后输出经 $C3$、RP 和 $C4$ 后送到第二个运算放大器反相输入端，放大后输出经 $C5$ 送到耳机插孔，如果在插孔

特性：
· 内部频率补偿
· 直流电压增益高（约100dB）
· 单位增益频宽（约1MHz）
· 电源电压范围宽：单电源(3～30V)
  双电源(±1.5～±15V)
· 低功耗电流，适合于电池供电
· 低输入偏流
· 低输入失调电压和失调电流
· 共模输入电压范围宽，包括接地
· 差模输入电压范围宽，等于电源电压范围
· 输出电压摆幅大(0～VCC－1.5V)

单个运算放大器电路结构

图 16-81　LM358 内部结构、引脚功能和特性

图 16-82　采用 LM358 作为放大器的高增益话筒信号放大电路

中插入耳机，将会在耳机中听到话筒收集到的声音。C6 为电源退耦电容，可以滤除电源中的波动成分，使供给电路的电压平滑稳定；C2 为交流旁路电容，可以提高两个放大器对交流信号的增益（放大能力）；RP、S 为带开关电位器，旋转手柄时，先闭合开关，继续旋转时可以调节电位器，从而调节送到第二级放大器的信号大小。

16.5.5 双电压比较器（LM393）

LM393 是一个内含两个独立电压比较器的集成电路，可以单电源供电（2～36V），也可以双电源供电（±1～±18V）。

（1）内部结构、引脚功能和特性

LM393 内部结构、引脚功能和特性如图 16-83 所示。

特性如下。
- 工作电源电压范围宽,单电源、双电源均可工作，单电源: 2～36V，双电源: ±1～±18V
- 消耗电流小，$I_{CC}=0.4mA$
- 输入失调电压小,$V_{IO}=\pm2mV$
- 共模输入电压范围宽，$V_{IC}=0\sim V_{CC}-1.5V$
- 输出端可与TTL、DTL、MOS、CMOS等电路连接

- 输出可以用开路集电极连接"或"门

LM393单个电压比较器的电路结构

图 16-83 LM393 内部结构、引脚功能和特性

（2）应用电路

图 16-84 是一个采用 LM393 构成的电压检测指示电路。+12V 电压经 R1、R2、R3 分压后，得到 4V 和 8V 电压，8V 提供给电压比较器 A1 的反相输入端，4V 提供给电压比较器 A2 的同相输入端。

当电压检测点的电压小于 4V 时，A2 的 $V+ > V-$，A2 输出高电平，A1 的 $V+ < V-$，A1 输出低电平，三极管 VT2 导通，发光二极管 VD2 亮，发出绿光指示；当电压检测点的电压大于 4V 小于 8V 时，A2 的 $V+ < V-$，A2 输出低电平，A1 的 $V+ < V-$，A1 输出低电平，三极管 VT1、VT2 均不导通，发光二极管 VD1、VD2 都不亮；当电压检测点的电压大于 8V

图 16-84　采用 LM393 构成的电压检测指示电路

时，A2 的 $V+ < V-$，A2 输出低电平，A1 的 $V+ > V-$，A1 输出高电平，三极管 VT1 导通，发光二极管 VD1 亮，发出红光指示。

16.5.6　单全桥 / 单 H 桥 / 电机驱动芯片（L9110）

L9110 是一款为控制和驱动电机设计的双通道推挽式功率放大的单全桥驱动芯片。该芯片有两个 TTL/CMOS 兼容电平的输入端，两个输出端可以直接驱动电机正反转，每通道能通过 800mA 的持续电流（峰值电流允许 1.5A），内置的钳位二极管能释放感性负载（含线圈的负载，如继电器、电机）产生的反电动势。L9110 广泛应用于驱动玩具汽车电机、脉冲电磁阀门、步进电机和开关功率管等。

（1）内部结构、引脚功能和特性

L9110 内部结构、引脚功能、特性和输入输出关系如图 16-85 所示，L9110 内部 4 个三极管 VT1～VT4 构成全桥，也称 H 桥。

输入输出关系表(H：高电平；L：低电平；Z：高阻)

IA	IB	OA	OB
H	L	H	L
L	H	L	H
L	L	L	L
H	H	Z(高阻)	Z(高阻)

图 16-85　L9110 内部结构、引脚功能、特性和输入输出关系

（2）应用电路

图 16-86 是采用 L9110 作驱动电路的直流电机正反转控制电路。当单片机输出高电平（H）到 L9110 的 IA 端时，内部的三极管 VT1、VT4 导通（见图 16-85），有电流流过电机，电流途径是 VCC 端入→ VT1 的 ce 极→ OA 端出→电机→ OB 端入→ VT4 的 ce 极→ GND，电机正转；当单片机输出高电平（H）到 L9110 的 IB 端（IA 端此时为低电平）时，内部的三极管 VT2、VT3 导通（见图 16-85），有电流流过电机，电流途径是 VCC 端入→ VT2 的 ce 极→ OB 端出→电机→ OA 端入→ VT3 的 ce 极→ GND，流过电机的电流方向变反，电机反转。

图 16-86　采用 L9110 作驱动电路的直流电机正反转控制电路

16.5.7　常用的 74 系列芯片型号

74 系列芯片的具体型号有几百种，表 16-15 列出了一些常用的 74 系列芯片及其主要参数。

表 16-15　一些常用的 74 系列芯片及其主要参数

型号	逻辑功能	工作电压 /V	电平	驱动电流 /mA	传输延迟
74HC00	4 路 2 输入【与非门】	2.0～6.0	CMOS	+/-5.2	7ns@5V
74HC02	4 路 2 输入【或非门】	2.0～6.0	CMOS	+/-5.2	7ns@5V
74HC04	6 路【反相器】	2.0～6.0	CMOS	+/-5.2	7ns@5V
74LS06	具有集电极开路高压输出的六路【反相缓冲器 / 驱动器】	4.75～5.25	TTL	0.25/40	20ns
74LS07	具有集电极开路高压输出的六路【缓冲器 / 驱动器】	4.75～5.25	TTL	0.25/40	30ns
74HC08	4 路 2 输入【与门】	2.0～6.0	CMOS	+/-5.2	7ns@5V
74HC11	3 路 3 输入【与门】	2.0～6.0	CMOS	+/-5.2	10ns@5V
74HC14	6 路【施密特触发反相器】	2.0～6.0	CMOS	+/-5.2	12ns@5V
74HC32	4 路 2 输入【或门】	2.0～6.0	CMOS	+/-5.2	6ns@5V
74HC74	具有清零和预设功能的双路【D 型上升沿触发器】	2.0～6.0	CMOS	+/-5.2	14ns@5V
74HC86	4 路 2 输入【异或门】	2.0～6.0	CMOS	+/-5.2	11ns@5V
74HC123	带复位功能的双路可再触发【单稳多谐振荡器】	2.0～6.0	CMOS	+/-5.2	26ns@5V

型号	逻辑功能	工作电压 /V	电平	驱动电流 /mA	传输延迟
74HC125	具有三态输出的 4 路【总线缓冲器】	2.0～6.0	CMOS	-6/6	26ns
74HC132	具有施密特触发器输入的 4 路 2 输入【正 - 与非门】	2.0～6.0	CMOS	-4/4	27ns
74HC138	3-8 线反相【译码器 / 多路分配器】	2.0～6.0	CMOS	+/-5.2	12ns@5V
74HC154	4-16 线【译码器 / 多路分配器】	2.0～6.0	CMOS	+/-5.2	11ns@5V
74HC157	4 路 2 输入【多路选择器】	2.0～6.0	CMOS	+/-5.2	11ns@5V
74HC164	8 位串进并出【移位寄存器】	2.0～6.0	CMOS	+/-5.2	12ns@5V
74HC165	8 位并进串出【移位寄存器】	2.0～6.0	CMOS	+/-5.2	16ns@5V
74HC240	具有三态输出的 8 路反相【缓冲器 / 线路驱动器】	2.0～6.0	CMOS	+/-7.8	9ns@5V
74HC244	具有三态输出的 8 路正相【缓冲器 / 线路驱动器】	2.0～6.0	CMOS	+/-7.8	9ns@5V
74HC245	具有三态输出的 8 路【总线收发器】	2.0～6.0	CMOS	+/-7.8	7ns@5V
74HC273	具有复位功能的 8 路【D 型上升沿触发器】	2.0～6.0	CMOS	+/-5.2	15ns@5V
74HC373	具有三态输出的 8 路【D 型锁存器】	2.0～6.0	CMOS	+/-7.8	12ns@5V
74HC541	具有三态输出的 8 路【缓冲器 / 线路驱动器】	2.0～6.0	CMOS	-6/6	25ns
74HC573	具有三态输出的 8 路【D 型锁存器】	2.0～6.0	CMOS	+/-7.8	14ns@5V
74HC595	具有三态输出锁存的 8 位【移位寄存器】	2.0～6.0	CMOS	+/-7.8	16ns@5V
74HC4051	8 通道模拟【多路选择器 / 多路分配器】	2.0～10.0	CMOS	—	4ns@6V
74HC4052	双路 4 通道模拟【多路选择器 / 多路分配器】	2.0～10.0	CMOS	—	4ns@6V
74HC4053	3 路 2 通道模拟双掷【多路选择器 / 多路分配器】	2.0～10.0	CMOS	—	4ns@6V
74HC4060	14 阶脉动进位二进制【计数器和振荡器】	2.0～6.0	CMOS	+/-5.2	31ns@5V
74HC4066	低导通阻抗单刀单掷 4 路双向【模拟开关】	2.0～10.0	CMOS	—	2ns@6V

16.5.8　8 路三态输出 D 型锁存器芯片（74HC573）

74HC573 是一种 8 路三态输出 D 型锁存器芯片，输出为三态门，能驱动大电容或低阻抗负载，可直接与系统总线连接并驱动总线，适用于缓冲寄存器，I/O 通道，双向总线驱动器和工作寄存器等。

（1）外形

74HC573 封装形式主要有双列直插式和贴片式，其外形与封装形式如图 16-87 所示。

图 16-87　74HC573 的外形与封装形式

（2）内部结构与真值表

74HC573 的内部结构与真值表如图 16-88 所示，图中仅画出了一路电路结构，其他七路与此相同，真值表中的"X"表示任意值，"Z"表示高阻态。

当 OE（输出允许控制）端为低电平、LE（锁存控制）端为高电平时，输出端（Q 端）与输入端（D 端）状态保持一致，即输入端为高电平（或低电平）时，输出端也为高电平（或低电平）。

当 $\overline{OE}$ 端 =L（低电平）、LE 端 =L 时，输出端状态不受输入端控制，输出端保持先前的状态（LE 端变为低电平前输出端的状态），此时不管输入端状态如何变化，输出端状态都不会变化，即输出状态被锁存下来。

当 $\overline{OE}$ 端 =H（高电平）时，输出端与输入端断开，不管 LE 端和输入端为何状态值，输出端均为高阻态（相当于输出端与输入端之间断开，好像两者之间连接了一个阻值极大的电阻）。

真值表

INPUT			OUTPUT
$\overline{OE}$	LE	D	Q
L	H	H	H
L	H	L	L
L	L	X	Q0
H	X	X	Z

图 16-88 74HC573 的内部结构与真值表

（3）应用电路

图 16-89 是采用 74HC573 作锁存器的电路。当 $\overline{OE}$=0、LE=1 时，74HC573 输出端的值与输入端保持相同，D0～D7 端输入值为 10101100，输出端的值也为 10101100，然后让 LE=0，输出端的值马上被锁存下来，此时即使输入端的值发生变化，输出值也不变，仍为 10101100，

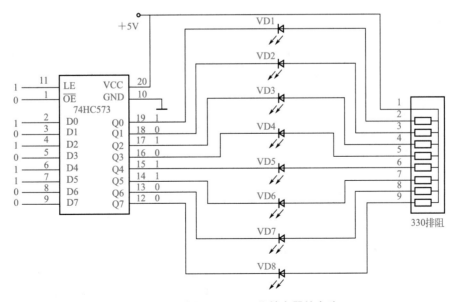

图 16-89 采用 74HC573 作锁存器的电路

发光二极管 VD2、VD4、VD7、VD8 点亮，其他发光二极管则不亮。如果让 OE=1，74HC573 的输出端变为高阻态（相当于输出端与内部电路之间断开），8 个发光二极管均熄灭。

16.5.9　三－八线译码器 / 多路分配器芯片（74HC138）

74HC138 是一种三 - 八线译码器，可以将 3 位二进制数译成 8 种不同的输出状态。

（1）外形

74HC138 封装形式主要有双列直插式和贴片式，其外形与封装形式如图 16-90 所示。

图 16-90　74HC138 的外形与封装形式

（2）真值表

表 16-16 为 74HC138 的真值表。

表 16-16　74HC138 的真值表

输入						输出							
使能			选择										
G1	$\overline{\text{G2A}}$	$\overline{\text{G2B}}$	C	B	A	Y0	Y1	Y2	Y3	Y4	Y5	Y6	Y7
X	H	X	X	X	X	H	H	H	H	H	H	H	H
X	X	H	X	X	X	H	H	H	H	H	H	H	H
L	X	X	X	X	X	H	H	H	H	H	H	H	H
H	L	L	L	L	L	L	H	H	H	H	H	H	H
H	L	L	L	L	H	H	L	H	H	H	H	H	H
H	L	L	L	H	L	H	H	L	H	H	H	H	H
H	L	L	L	H	H	H	H	H	L	H	H	H	H
H	L	L	H	L	L	H	H	H	H	L	H	H	H
H	L	L	H	L	H	H	H	H	H	H	L	H	H
H	L	L	H	H	L	H	H	H	H	H	H	L	H
H	L	L	H	H	H	H	H	H	H	H	H	H	L

从真值表不难看出：

• 当 G1=L 或 G2=H（G2=$\overline{\text{G2A}}$+$\overline{\text{G2B}}$）时，C、B、A 端无论输入何值，输出端均为 H。即 G1=L 或 G2=H 时，译码器无法译码。

• 当 G1=H、G2=L 时，译码器允许译码，当 C、B、A 端输入不同的代码时，相应的输出端会输出低电平，如 CBA=001 时，Y1 端会输出低电平（其他输出端均为高电平）。

（3）应用电路

74HC138 的应用电路如图 16-91 所示。图中 74HC138 的 G1 端接 VCC 电源，G1 为高电平，$\overline{G2A}$、$\overline{G2B}$ 均接地，$\overline{G2A}$、$\overline{G2B}$ 都为低电平，译码器可以进行译码工作，当输入端 CBA=000 时，输出端 Y0=0（Y1~Y7 均为高电平），发光二极管 VD1 点亮，当输入端 CBA=011 时，从表 16-16 真值表可以看出，输出端 Y3=0（其他输出端均为高电平），发光二极管 VD4 点亮。如果将 G1 端改接地，即让 G1=0，74HC138 不会译码，输入端 CBA 无论为何值，所有的输出端均为高电平。

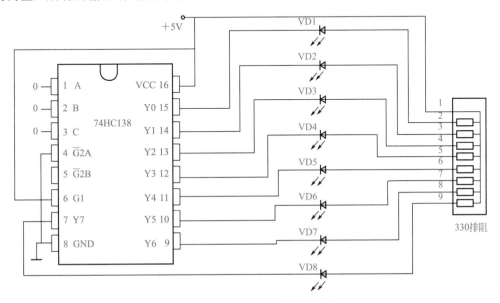

图 16-91　74HC138 的应用电路

16.5.10　8 路选择器 / 分配器芯片（74HC4051）

74HC4051 是一款 8 通道模拟多路选择器 / 多路分配器芯片，它有 3 个选择控制端（S0~S2），1 个低电平有效使能端（$\overline{E}$），8 个输入 / 输出端（Y0 至 Y7）和 1 个公共输入 / 输出端（Z）。

（1）外形

74HC4051 封装形式主要有双列直插式和贴片式，其外形与封装形式如图 16-92 所示。

图 16-92　74HC4051 的外形与封装形式

297

（2）内部结构与真值表

74HC4051的内部结构与真值表如图16-93所示，Y0～Y7端可以当作8个输出端，也可以当作8个输入端，Z端可以当作是一个输入端，也可以是一个输出端，但Y端和Z端不能同时是输入端或输出端。

当 $\overline{E}$（使能控制）端为低电平，S2、S1、S0端均为低电平时，Y0通道接通，见图16-93中的真值表，Z端输入信号可以通过Y0通道从Y0端输出，或者Y0端输入信号可以通过Y0通道从Z端输出。

当 $\overline{E}$（使能控制）端为高电平时，无论S2、S1、S0端为何值，不选择任何通道，所有通道关闭。

74HC4051真值表

控制端				选择通道
$\overline{E}$	S2	S1	S0	
L	L	L	L	Y0－Z
L	L	L	H	Y1－Z
L	L	H	L	Y2－Z
L	L	H	H	Y3－Z
L	H	L	L	Y4－Z
L	H	L	H	Y5－Z
L	H	H	L	Y6－Z
L	H	H	H	Y7－Z
H	X	X	X	不选任何通道

图 16-93　74HC4051 的内部结构与真值表

16.5.11　串/并转换芯片（74HC164）

74HC164是一款8位串行输入转8位并行输出的芯片，当串行输入端逐位（一位接一位）送入8个数（1或0）后，在并行输出端会将这8个数同时输出。

（1）外形

74HC164封装形式主要有双列直插式和贴片式，其外形与封装形式如图16-94所示。

（2）内部结构与工作原理

74HC164的内部结构如图16-95所示。DSA、DSB为两个串行输入端，两者功能一样，可使用其中一个，也可以将两端接在一起当作一个串行输入端；CP为移位脉冲输入端，每输入一个脉冲，DSA或DSB端的数据就会往内移入一位；$\overline{MR}$ 为复位端，当该端为低电平时，对内部8位移位寄存器进行复位，8位并行输出端Q7～Q0的数据全部变为0；Q7～Q0为8位并行输出端。

图 16-94 74HC164 的外形与封装形式

图 16-95 74HC164 的内部结构

16.5.12 并 / 串转换芯片（74HC165）

74HC165 是一款 8 位并行输入转 8 位串行输出的芯片，当并行输入端送入 8 位数后，这 8 位数在串行输出端会逐位输出。

（1）外形

74HC165 封装形式主要有双列直插式和贴片式，其外形与引脚名称如图 16-96 所示。

图 16-96 74HC165 的外形与引脚名称

（2）内部结构与工作原理

74HC165 的内部结构如图 16-97 所示。

在进行并串转换时，先给 S/$\overline{L}$（移位 / 置数）端送一个低电平脉冲，A～H 端的 8 位数 a～h 被存入内部的移位寄存器。S/$\overline{L}$（移位 / 置数）端变为高电平后，再让 INH（时钟控制）端 为低电平，使 CP（时钟输入）端输入有效。然后从 CP 端输入移位脉冲，第 1 个移位脉冲 输入时，数 g 从 Q$_H$（串行输出）端输出（数 h 在存数时已从 Q$_H$ 端输出），第 2 个移位脉冲 输入时，数 f 从 Q$_H$ 端输出，第 7 个移位脉冲输入时，数 a 从 Q$_H$ 端输出。

图 16-97　74HC165 的内部结构

当 S/$\overline{\text{L}}$=0 时，将 A～H 端的 8 位数 a～h 存入移位寄存器，此时 INH、CP、S$_A$ 端输入均无效，Q$_H$ 输出最高位数 h；当 S/$\overline{\text{L}}$=1、INH=0 时，CP 端每输入一个脉冲，移位寄存器的 8 位数会由高位到低位逐位从 Q$_H$ 端输出一位数，S$_A$（串行输入）端则会将一位数移入移位寄存器最低位（移位寄存器原最低位数会移到次低位）；当 S/$\overline{\text{L}}$=1、INH=1 时，所有的输入均无效。

视频讲解清单